本书出版获得教育部省属高校人文社会科学重点研究基地河北大学宋史研究中心建设经费、河北大学中国史"双一流"学科建设经费、河北大学历史学强势特色学科经费、河北大学燕赵高等研究院学科建设经费资助。

北宋黄河水灾防治与水利资源开发研究

郭志安 著

人民出版社

责任编辑：邵永忠

封面设计：黄桂月

图书在版编目（CIP）数据

北宋黄河水灾防治与水利资源开发研究 / 郭志安　著 . —北京：人民出版社，2021.8

ISBN 978-7-01-022419-0

Ⅰ . ①北… Ⅱ . ①郭… Ⅲ . ①黄河—水灾—防治—研究—中国—北宋 ②黄河—水资源

开发—研究—中国—北宋 Ⅳ . ① P426.616 ② TV213

中国版本图书馆 CIP 数据核字（2020）第 155394 号

北宋黄河水灾防治与水利资源开发研究

BEISONG HUANGHE SHUIZAI FANGZHI YU SHUILI ZIYUAN KAIFA YANJIU

郭志安　著

人民出版社出版发行

（100706　北京市东城区隆福寺街 99 号）

北京中科印刷有限公司印刷　新华书店经销

2021 年 8 月第 1 版　2021 年 8 月北京第 1 次印刷

开本：710 毫米 ×1000 毫米 1/16　印张：31

字数：480 千字

ISBN 978-7-01-022419-0　定价：100.00 元

邮购地址　100706　北京市东城区隆福寺街 99 号金隆基大厦

人民东方图书销售中心　电话（010）65250042　65289539

《河北大学历史学丛书》出版缘起

河北大学的前身，是成立于1921年的天津工商大学，后改称天津工商学院、津沽大学、天津师范学院、天津师范大学。1960年定名为河北大学，1970年从天津迁至古城保定。河北大学的历史学科，创建于1945年天津工商学院的史地系，侯仁之院士出任首届系主任。聘请齐思和教授讲授中国通史，1946年9月至1948年先后由方豪、王华隆任系主任。1949年1月天津解放，钱君晔任系主任。1952年王仁忱出任系主任。1953年史地系分为历史系和地理系。在20世纪50—60年代，河北大学历史学科以拥有漆侠、李光璧、钱君晔、傅尚文、周庆基、乔明顺、葛鼎华等史学专家，与北京大学、南开大学等创办《历史教学》杂志而著称于世。改革开放以来，河北大学历史学科再创佳绩，获得全国第二批、河北省第一个博士点，建成全国宋史界唯一的教育部"省属高校人文社会科学重点研究基地"。中国宋史研究会秘书处挂靠于此，并负责编辑出版《宋史研究通讯》。2005年以来，又获得中国近现代史博士点，历史学一级学科博士点，建成历史学博士后科研流动站，河北大学历史学科被评定为河北省强势特色学科，2009年1月河北大学历史学院成立，本学科获得空前大的支持力度，迎来更新更好的发展机遇。2011年全国学科调整后，中国史成为一级学科博士点，世界史、考古学成为一级学科硕士点，另有中国史博士后科研流动站。宋史研究中心和历史学院的关系是"各自独立，资源共享，密切合作，共建历史学科"；目前共有教职员工60余人，下设"三系七所"等教学研究机构。在继续编印《宋史研究论丛》（CSSCI来源集刊）和《宋史研究丛书》的同时，我们决定隆重推出《河北大学历史学丛书》。该丛书编委会成员除河北大学历史学强势特色学科建设领导小组外，主要有：郭东旭、刘敬忠、郑志廷、汪圣铎、张家唐、闫孟祥、刘秋根、刘金柱、吕变庭、杨学新、雷戈、肖爱民、肖红松等先生。

研究历史，教书育人，奉献社会，是我们的天职。

不吝赐教，日新月进，臻于完善，是我们的期待。

最后，衷心感谢各级领导和各位专家对本学科的长期厚爱和支持。特别鸣谢人民出版社对《河北大学历史学丛书》的鼎力襄助。

教育部省属高校人文社会科学重点研究基地
河北大学宋史研究中心
河北大学历史学院
河北大学历史学强势特色学科建设领导小组
组长：姜锡东
成员：王菱菱、范铁权、丁建军

序

　　郭志安是我在河北大学任教职时带的第一位硕博连读的学生。时光荏苒，转眼就过去近二十年了，现在重读郭志安在博士学位论文基础上修改加工的这部书稿，真是感慨万千。咫尺韶华，归去来兮。

　　博士学位论文选做黄河史方面的题目是很难的。黄河是中华文明发祥的母亲河，又是给中华民族带来苦难最多的河。黄河既是水利史研究的重中之重，也是自然灾害史不可回避的课题。因而，黄河受到学界的特别关注也是情理之中的事。郭志安选做博士学位论文之时，不论是中国水利史还是宋代水利史研究已多有较高水准的研究成果问世，就是关于宋代黄河的专门研究日本学界和复旦大学历史地理研究所也都做了颇为深入的研究。岑仲勉《黄河变迁史》（人民出版社 1957 年版）更是通家之作。在这样的学术背景下，我之所以同意志安选做北宋黄河史方面的题目，一是因为当时正值我受中国社会科学院历史研究所赫治清和李世愉两位先生邀请参加中国社会科学院重大招标课题"历代灾害与对策研究"，我负责宋代部分的撰写，说实话当时我有点私心，希望志安在做论文时能对我的撰写工作有所帮助；二是自汉代以后黄河平流八百年至唐末五代又开始泛滥，宋代黄河泛滥的规模很大，给北宋的社会生产和民众的生命财产都造成了巨大破坏，尽管黄河水利史和黄河本身的研究已很深入，但是黄河与社会之间的研究还有较大空间可以进行。

志安完成博士学位论文撰写后，随即以博士论文申请了国家社科基金项目，获得批准，现在的书稿应是他完成社科基金项目后形成的，所谓十年磨一剑。这部书稿浸透了志安孜孜以求的心血，比博士学位论文有较大改进，譬如书中列的13个附表，集中体现了志安对宋代黄河史研究作出的新贡献。祝贺志安第一部宋史研究专著出版，希望今后能再接再厉，为宋史研究做出更大的贡献。

志安做事认真负责，脚踏实地，不好高骛远，做学术也是做力所能及的问题。我印象很深的一件事是2004年年初他的硕士学位论文《陈瓘研究》初稿写好后给我看，我看完后建议他对陈瓘的思想略做补充，因为陈瓘最初跟王安石学，后转投程门，故在学术思想的传承上与杨时很相似，杨时的思想已多有研究，但是对陈瓘的思想还缺少梳理。当时志安没有接受我的建议，他老老实实地对我说，他还搞不懂陈瓘的思想，做不了。当时我并没有怪罪他，反而觉得他很真诚，这就是所谓"知之为知之，不知为不知，是知也"古训的体现吧。后来他的硕士学位论文得到邓小南老师的肯定。2004年下半年我向河北大学校方提出调动工作的申请并辞去人文学院院长的职务，从那时起我基本待在北京，当时我负责编刊的《宋史研究通讯》的印刷和500份的邮寄工作主要是志安一人帮我义务承担。2006年姜锡东接手中国宋史研究会秘书长后，志安又任劳任怨协助姜锡东编辑、印刷、邮寄《宋史研究通讯》的工作一年多。

今年元月中旬，河北大学宋史研究中心的高树林老师走了，我回保定参加吊唁活动。志安负责接送参加吊唁老师的工作，在去殡仪馆的路上，与郭东旭老师、刘秋根学兄说起高树林老师晚年的境遇，我说据我所知高纪春多年坚持回河大看望高老师，郭东旭老师顺口说，志安这些年春节也常去高老师家拜年，秋根学兄随声说，志安也常来我家拜年。当然志安和吕变庭最近十年来每年年底也都要从保定来参加在京同学举行的新年活动。写到这，我内心有一种暖暖的感觉。古人云："学之经，莫速乎好其人，隆礼次之。""疾学在于尊师"。尊师是一种良好的品德，宋人品评人物不仅重学问，更重品行，今于志安，我亦如是，是为序。

李华瑞

2020 年 4 月 17 日

目　录

表格目录

图目录

绪　　论

一、问题的缘起

在漫长的中国古代社会，黄河无疑有着举足轻重的地位，历代王朝多对其颇为重视。自传说中的大禹治水后，有关黄河水利的记载和治理实践也逐渐丰富，所谓"善为国者，必先除其五害……除五害之说，以水为始"[①] 的观念不断得到认同和强化。毫不夸张地讲，黄河治理、利用成效的优劣，也是评价某一王朝兴盛与否的重要标志之一。正因如此，诸多王朝均将黄河置于一种颇高的地位加以对待，如至迟到汉代时期黄河即已被视为百水之首、四渎之宗，"中国川原以百数，莫著于四渎，而河为宗"。[②] 有学者指出，"黄河的治河防洪史基本反映了中国治河防洪发展的历史"[③]，"要了解中华民族的历史，就必须首先了解黄河流域的历史，而要了解黄河流域的历史，自然也就离不开黄河的历史"[④]，由此也足见黄河在中国古代的重要地位。长期以来，黄河既以其丰富的灌溉、航运之利推动着社会的发展，但同时又一直以善淤、

①　颜昌峣著，夏剑钦、边仲仁校点：《管子校释》卷18《度地第五十七·杂篇八》，岳麓书社1996年版，第454—456页。

②　班固撰，颜师古注：《汉书》卷29《沟洫志第九》，中华书局1975年版，第1698页。

③　周魁一、谭徐明：《中华水利与交通志》，上海人民出版社1998年版，第19页。

④　邹逸麟：《千古黄河》前言，（香港）中华书局1990年版，第2页。

善决、善徙而著称于世，"中国之水非一，而黄河为大。其源远而高，其流大而疾，其质浑而浊，其为患于中国也，视诸水为甚焉"①，这一特点在中下游地段体现得尤其明显。在中国古代社会的长期发展中，历代王朝不断开展对黄河水患的救治和对水利资源的利用，可以说是承其利而又受其弊。

时至北宋，黄河的决溢甚至改道较以往更为突出。伴随着社会人口的大幅度增加、民族矛盾的日益加剧等一系列新问题、新变化的出现，黄河的治理与开发也开始更为艰巨化、复杂化。承前代之弊，北宋时期的黄河决溢更为频繁，由此引发的人员伤亡、农田冲毁以及沙化或水涝、城镇损毁、人口大量外迁等众多危害颇为严重，从而导致黄河成为制约北方社会发展的一大羁绊。而从黄河水患的地域分布来看，水患殃及当时的京西南路、京西北路、京畿路、京东西路、京东东路、河东路、河北西路及河北东路等广大区域，其中河北西路、河北东路等地更是黄河水患的重灾区。黄河水灾的广泛、频繁冲击，不仅直接带来上述各方面的严重破坏，而诸如耕地沙化、水涝农田的地力恢复、灾区逃亡人员的回返等一系列相关问题的解决，更是一个相当艰巨、漫长的过程。在此情形下，宋廷也不断采取相应举措加强对黄河水患的防范与治理，上至皇帝、下至诸多士大夫乃至平民百姓，都广泛参与其间。围绕着对黄河水患的防治，宋廷也先后开展了诸番尝试和探索，提出、实施了一系列有关黄河水患治理的方略，并为此而展开了长期的激烈争论与斗争。同时，北宋时期的黄河水灾防治既有着对传统修筑堤岸、植树护堤经验、技术的继承和运用，又多有创置河埽、广泛利用土方测量和水尺等技术的创新。而在守内虚外军事思想的指导下，宋廷也将黄河纳入对辽朝等少数民族政权的战略防御体系中加以利用，为此还一度出现较长时期的东流、北流之争。黄河治理与宋廷内部的政治斗争、对外民族斗争等问题的紧密交织，使北宋的黄河防治与前代相比呈现出诸多的变化和不同。这种不断的争论、斗争，

---

① 顾炎武：《天下郡国利病书》卷16《河南备录》，《四部丛刊》本。

也致使北宋治河活动的开展明显具有反复多变、跌宕起伏的特征，客观上导致黄河防治的进行颇受政治、军事环境的影响，防治成效深受其害。同时，在当时的社会环境下，部分士大夫甚至将"御边、治河、澄官冗"置于"百官有司之所当务其大者"① 的显赫地位加以看待，由此也足见黄河治理的重要性。

北宋黄河水患治理的长期、频繁开展，也将大批士兵、民众征集到治河中来。物料的采集和运输、河役人力的提供等诸多环节，都有着士兵和民众的广泛参与，部分士兵和民众甚至还为此付出了惨重的生命代价。为保障黄河水患救助的顺利开展，宋廷充分利用士兵征调、科征民夫、雇募民众等多种途径来筹集治河人力，也通过组织兵民大规模采集、责令民众种植、政府出资购买、酬与官爵鼓励官民捐献物料或资金、不同区域间的物料调拨等多种方式和手段来筹措物料。可以说，宋廷是竭尽所能来多方组织、筹措治河所需的大批人力和物料。与此同时，北方地区的广大民众也因此背负沉重的人力、物力、财力负担，淮南等地的广大民众也难逃政府的力役和经济盘剥。因此，北宋黄河水灾救治的长期、频繁开展，既与社会各阶层紧密相连，又令广大民众深受其害。一部北宋黄河史，也是一部广大民众的苦难史。

在实施黄河水灾防护的同时，宋廷也积极开展对黄河水利资源的开发，较为充分地对灌溉、航运、桥梁等水利资源加以利用和发展。从黄河灌溉资源的开发来讲，北宋的农业建设在经历短暂恢复后即很快步入一个快速发展时期。总体来看，北宋时期黄河地区的农业发展，一方面沿袭前代做法继续扩大农田灌溉的规模，相关的灌溉用水制度、法规逐步加以完善，同时又充分利用黄河水富含泥沙的特性积极引导官员和民众组织、实施大规模的引黄淤田活动，从而使宋代的引黄淤田在整体规模、技术水平等方面都在王安石变法期间达到了中国古代的一个顶峰。北宋时期北方农业的恢复、发展，与

① 晁补之：《鸡肋集》卷51《上吕相公书》，《四部丛刊》本。

宋廷对黄河水利资源的开发密不可分；从黄河漕运资源的开发来看，基于黄河地区所处的特殊政治、经济、军事地理位置等因素，黄河同其支流所共同构织的北方庞大水路交通网得到宋廷的重视，并在漕运开展中发挥了重要作用。北宋时期的黄河漕粮虽逐渐趋于衰落，但仍能在较长时期内得以维系，并在全国的漕运系统中占据一席之地。而从黄河竹木的运营来看，北宋时期借助于黄河所开展的建筑用材、治河物料以及官僚牟利等竹木运输的规模、持续时长都达到了一定的高度，这也成为北宋时期黄河漕运资源开发中的一大显著特点。当然，伴随着北宋政权的建立与发展，黄河漕运资源的开发也经历了一个恢复——发展——衰败的演变过程；尽管面临着黄河水势复杂多变等因素的困扰，宋廷仍能不断加强对黄河桥梁的修建，并借助于相关官员、士兵日常的桥梁维护、守卫和盘查，从而得以较为有效地防范水灾、火灾等因素对桥梁的损毁，保障兵民正常通行、粮食等物资运输的持续开展。北宋黄河桥梁的建设和发展虽被作为增加国家专营性财政收入的手段而严格掌控和管理，但这无疑也是对黄河资源的一种积极开发与利用。引黄灌溉、引黄淤田以及对黄河故道、退滩地的开垦，黄河漕运中粮食、竹木等物资的运输和黄河桥梁的广泛建设，也将北宋时期的黄河水利资源开发、利用推进到一个新阶段。

北宋时期的黄河水灾防治与水利资源的开发，也多有着其他一些变化、改进和特征。宋廷已逐步建立起一套较为完备的奖惩制度，将组织、实施水灾防治及水利资源开发的成效与官员的奖惩密切相连，确立了比较严格的官员考核机制，借以调动官员的积极性和追究其失职罪责；在黄河水灾的救助中，宋廷通过对钱粮赈贷或赐予、提供临时住所、赋税减免与缓征、减罢力役、以工代赈、招募灾民为兵、徙城徙军以避水患等多种手段的综合利用，构建了一套相当完备的水灾救助体系；黄河水灾防治中以都水监为主导的治河体制、水灾救护中雇募民夫做法的出现，都对北宋的黄河水灾救助发挥了重要作用。这些变化和改进，也多为后世继承和利用。但因政治体制等因素的影响，北宋黄河水灾防治与水利资源开发的发展也长期面临都水监与地方转运司等机构相互掣肘的干扰，致使水灾防治与水利资源开发中滋生出治河事权分散、行政效率低下等弊端。而黄河水灾防治活动的长期进行，也耗费了大量的人力、物力、财力，从而使北方社会经济的发展深受影响。因此，北宋黄河水灾的防治与水利资源开发，既对宋代北方社会的恢复和发展起到了积极的助推作用，又在较大程度上影响到北方社会经济的发展速度和进程。

二、史学界相关研究状况

自 20 世纪初期以来，国内外史学界对中国古代黄河史的研究一直经久不衰，尤其是 1949 年后的相关研究成果更为丰富。这些已有的丰硕成果，或者是将宋代黄河史作为中国古代史贯通研究中的一部分予以概括性探讨，或者是集中对宋代黄河史的某些方面给予较为深入的研究。在此，笔者依据所能搜集到的相关资料，试对宋代黄河史的研究状况做如下简要介绍：

（一）相关研究著作

从目前国内已有的史学研究成果来看，诸多相关著作对北宋时期的黄河水灾防治或水利资源开发问题都有着或多或少的涉及或某些专题性研究。其中，张念祖的《中国历代水利述要》[①]、郑肇经的《中国水利史》[②]、张含英的《历代治河方略述要》[③] 以及黄河水利委员会编辑室编著的《征服黄河的伟大事业》[④] 等著作，对北宋时期的黄河治理、黄河水灾等问题均有一定的涉及。因研究主旨的限定，这些著作对北宋黄河水灾防治和水利资源开发问题的探讨还较为简略，诸多相关问题未能涉及或深入。

---

① 张念祖：《中国历代水利述要》，天津华北水利委员会图书馆，1932 年版。
② 郑肇经：《中国水利史》，上海商务印书馆 1951 年版。
③ 张含英：《历代治河方略述要》，上海书店 1992 年版。
④ 黄河水利委员会编辑室：《征服黄河的伟大事业》，河南人民出版社 1955 年版。

在国内早期的黄河史研究中，岑仲勉的《黄河变迁史》① 是颇为重要的黄河史研究专著，其对宋初河患、宋代时期的北流路线与东流、北流之争等问题给予了较为深入的探讨，对深化宋代黄河史的研究有其重要贡献。此后，国内学界对北宋黄河史的研究逐渐步入一个高峰期，涌现出一大批相关的研究成果。如邓云特的《中国救荒史》② 自救荒史角度入手，在历代灾荒史实的分析、历代救荒思想的发展、历代救荒政策的实施等篇章中，对北宋黄河水患多有涉及；武汉水利学院编写的《中国水利史稿》③ 作为一部通论性著作，其中对宋代时期的黄河河患和治理也有着一定的概括性探讨；姚汉源的《中国水利史纲要》④，在第五章中对北宋治河的修防措施、治河争论、工程技术等多方面给予了概括性探讨，其中不乏卓见，但未能深入展开；周卓怀的《宋代河患探源》⑤，主要对宋代黄河水患的形成原因、影响等问题给予了相应的研究，同时指出中国古代经济文化重心的南移与宋代的黄河水患有着内在的密切关联；邹逸麟主编的《黄淮海平原历史地理》⑥，从历史地理角度对黄淮海平原水系进行了系统的考察，其中对北宋时期黄河水系的变动有着一定的涉及；王颐的《黄河故道考辨》⑦ 以两章的篇幅专门对北宋时期的"黄河故道"予以考察；漆侠的《宋代经济史》⑧，对北宋时期的东流、北流之争以及王安石变法期间的黄河疏浚和淤田等内容也有着一定的论及，并指出黄河水患对北方地区农业的破坏是造成经济重心南移的重要因素之一；稍后，郑学檬的《中国古代经济重心南移和唐宋江南经济研究》⑨，在经济重心南移问

---

① 岑仲勉：《黄河变迁史》，人民出版社 1957 年版。
② 邓云特：《中国救荒史》，台湾商务印书馆 1978 年版。
③ 武汉水利学院编：《中国水利史稿》，水利电力出版社 1987 年版。
④ 姚汉源：《中国水利史纲要》，水利电力出版社 1987 年版。
⑤ 周卓怀：《宋代河患探源》，香港奔流出版社 1990 年版。
⑥ 邹逸麟：《黄淮海平原历史地理》，安徽教育出版社 1993 年版。
⑦ 王颐：《黄河故道考辨》，华东理工大学出版社 1995 年版。
⑧ 漆侠：《宋代经济史》，河北人民出版社 2001 年版。
⑨ 郑学檬：《中国古代经济重心南移和唐宋江南经济研究》，岳麓书社 2003 年版。

题上也有着类似的论述；史念海的《黄土高原历史地理研究》①，从历史地理的研究角度着手，对北宋期间的黄河治理方略有着一定的涉及；张文的《宋朝社会救济研究》②，对宋代黄河水灾的赈济有着一些较为零散的论及；周魁一的《中国科学技术史·水利卷》③，着重对北宋黄河治理的某些技术问题给予了一定研究；曹家齐的《宋代交通管理制度研究》④，在"物资运输制度"、"交通设施的维护制度"两章中对北宋黄河漕运和黄河堤防的修护分别有着一定的探讨；姚汉源的《黄河水利史研究》⑤，对北宋时期黄河干支流的航运开展、农田水利建设有所涉及；黄河水利委员会主编的《黄河水利史述要》⑥，对北宋时期的黄河河道变迁、治河方策等内容做了较为简略的探讨；程有为主编的《黄河中下游地区水利史》⑦，对中国古代直至现代黄河中下游地区水利史的发展、变迁给予了贯通性研究，其中对北宋时期的黄河河道变迁、河患治理、水利技术的进步等内容也有着一定的概括性探讨；邱云飞的《中国灾害通史·宋代卷》⑧，对宋代水灾的时空特征、概况、救灾制度、灾荒思想等内容有较多论及；李华瑞的《宋代救荒史稿》⑨，对宋代的多种灾害救济予以研究，其中对北宋黄河的管理、河患防治也多有探讨。此外，孙绍骋的《中国救灾制度研究》⑩ 对宋代黄河水灾的救助举措有着一定的论及；张全明的《两宋生态环境变迁史》⑪，从环境史角度对宋代黄河下游的河堤决口与河道变迁有一定的概括性探析；董煜宇的《两宋水旱灾害技术应对措施研究》⑫，

---

① 史念海：《黄土高原历史地理研究》，黄河水利出版社 2001 年版。
② 张文：《宋朝社会救济研究》，西南师范大学出版社 2001 年版。
③ 周魁一：《中国科学技术史·水利卷》，北京科学出版社 2002 年版。
④ 曹家齐：《宋代交通管理制度研究》，河南大学出版社 2002 年版。
⑤ 姚汉源：《黄河水利史研究》，黄河水利出版社 2003 年版。
⑥ 黄河水利委员会：《黄河水利史述要》，黄河水利出版社 2003 年版。
⑦ 程有为主编：《黄河中下游地区水利史》，河南人民出版社 2007 年版。
⑧ 邱云飞：《中国灾害通史·宋代卷》，郑州大学出版社 2008 年版。
⑨ 李华瑞：《宋代救荒史稿》，天津古籍出版社 2014 年版。
⑩ 孙绍骋：《中国救灾制度研究》，商务印书馆 2005 年版。
⑪ 张全明：《两宋生态环境变迁史》，中华书局 2015 年版。
⑫ 董煜宇：《两宋水旱灾害技术应对措施研究》，上海交通大学出版社 2016 年版。

对北宋黄河防治中的应对措施、推广榆柳栽种等内容给予了简要探讨，但对诸多举措尚未涉及；王星光、张强、尚群昌的《生态环境变迁与社会嬗变互动——以夏代至北宋时期黄河中下游地区为中心》①，对宋代黄河治理中的引黄淤灌技术、埽工技术、堤防技术、护岸技术、测量技术等给予了概括性探析。

在国外史学界的宋代黄河史研究中，日本学者的成就最为突出。如吉冈义信早在1978年撰成的《宋代黄河史研究》②，对北宋黄河水灾防治中的河役开展、黄河救治机构的设置以及欧阳修的治河议论等内容给予了较为深入的探讨，堪称北宋黄河史研究的一部杰作。长濑守的《宋元水利史研究》③，则对北宋黄河治理的若干问题有着较为分散的涉及。这两部作品，可以说是目前为止国外学者有关北宋黄河史研究的典型代表。

（二）相关研究论文

相对于上述的有关专著，关于北宋黄河水灾防治或水利资源开发的研究论文，更是颇具规模和数量，现大体依据其研究内容侧重点的不同分别做如下简要说明：

关于黄河交通运输方面的研究：青山定雄的《发达的宋代内河运输》④，主要探讨了北宋时期北方内河航运地位和漕运物资的变化，其中对黄河的水运情况略有涉及；石凌虚的《宋金时期山西地区水运试探》⑤，指出北宋时期的黄河仍担负着连接关中与关东、供应京师粮饷的重要任务，自黄河中上游地区向开封等地的木材等物资运输也占有较大的比例，宋代晋、豫河段漕运

① 王星光、张强、尚群昌：《生态环境变迁与社会嬗变互动——以夏代至北宋时期黄河中下游地区为中心》，人民出版社2016年版。
② ［日］吉冈义信著，薛华译：《宋代黄河史研究》，黄河水利出版社2013年版。
③ ［日］长濑守：《宋元水利史研究》，日本株式会社国书刊行会1983年版。
④ ［日］青山定雄：《发达的宋代内河运输》，《中国史研究动态》1981年第5期。
⑤ 石凌虚：《宋金时期山西地区水运试探》，《太原师专学报》1987年第2期。

量较汉唐时期已大为锐减，但北宋漕运仍受到朝野的一定重视；韩桂华的《宋代纲运研究》①，对北宋时期的黄河水运有着较多的探讨；李埏的《宋初秦陇竹木——读史札记之一》②，对宋初的秦陇竹木采伐活动多有探讨，并对此期借助于黄河、渭河开展的竹木运营有所论述；陈峰的《宋代漕运管理机构述论》③ 等系列文章，对北宋黄河的漕运地位、运输物资种类由前期到后期的衰败等诸多内容有着较多探讨；汪天顺、程云霞的《北宋前期的秦陇木业经营》④，自木材的采伐、黄河运输、主要用途等方面简要探讨了北宋前期对西北木业的经营；黄纯艳的《论宋代发运使的演变》⑤，对北宋三门白波发运使等官员的设置、演变给予了较为深入的探讨；张田芳的《浅析北宋对秦陇林业的开发》⑥，对北宋开发秦陇林业的方式、原因给予了简略探析。此外，马正林的《历史上的渭水水运》⑦、黄盛璋的《历史上的渭河水运》⑧、王坤的《宋代津渡管理研究》⑨ 等文章，也分别对北宋时期的渭河运输、黄河的津渡管理有所论及。汤开建的《北宋"河桥"考略》⑩，按地域分布对北宋时期自黄河上游到下游的 15 座浮桥给予了概括性探讨。周宝珠的《宋代黄河上的三山浮桥》⑪，则专门对北宋三山浮桥的修建、管理、毁坏等问题给予了详尽分析。

---

① 韩桂华：《宋代纲运研究》，台湾地区文化大学史学研究所 1992 年博士学位论文。

② 李埏：《宋初秦陇竹木——读史札记之一》，《云南社会科学》1992 年第 4 期。

③ 陈峰：《宋代漕运管理机构述论》，《西北大学学报》1992 年第 4 期；《北宋漕运押纲人员考述》，《中国史研究》1997 年第 1 期；《略论北宋的漕粮》，《贵州社会科学》1997 年第 2 期；《北宋的漕运水道及其治理》，《孝感师专学报》1997 年第 3 期；《简论宋代漕运与武职押纲队伍及舟卒》，《绍兴文理学院学报》2010 年第 1 期；另可参见氏著《漕运与古代社会》，陕西人民教育出版社 1997 年版。

④ 汪天顺、程云霞：《北宋前期的秦陇木业经营》，《固原师专学报》1999 年第 2 期。

⑤ 黄纯艳：《论宋代发运使的演变》，《厦门大学学报》2003 年第 2 期。

⑥ 张田芳：《浅析北宋对秦陇林业的开发》，《兰州工业高等专科学校学报》2010 年第 1 期。

⑦ 马正林：《历史上的渭水水运》，《西北师大学报》1958 年第 2 期。

⑧ 黄盛璋：《历史上的渭河水运》，《西北师大学报》1958 年第 2 期。

⑨ 王坤：《宋代津渡管理研究》，安徽师范大学 2011 年硕士学位论文。

⑩ 汤开建：《北宋"河桥"考略》，《青海师范大学学报》1985 年第 5 期。

⑪ 周宝珠：《宋代黄河上的三山浮桥》，《史学月刊》1993 年第 2 期。

关于黄河河道变迁与治理方面的研究：董光涛的《北宋黄河泛滥及治理之研究》①，主要对元丰以前的黄河决溢情形以及宋廷的相关治理举措给予了论述；王质彬的《北宋治河浅探》②，指出北宋王朝对黄河治理的重视远超前代，概括了北宋时期的黄河河道演变、治理情况，认为强行回河东流是造成治河失败的主要因素；邹逸麟的《宋代黄河下游横陇北流诸道考》③，对宋代黄河下游河道变迁中的横陇河、北流、东流线路给予了考察；刘菊湘的《北宋黄河及其治理》④，概括了导致北宋时期黄河河患越治越多的河患纷纭而决策者缺乏主见、治河没有整体规划而久治无效两方面原因；刘光亮的《略论欧阳修至和河议》⑤，对北宋时期欧阳修驳斥回复故道、开修六塔河等主张，力主借助于加固堤防、疏导黄河下游来维系北流有着一定的论述；王元林的《宋金时期黄渭洛汇流区河道变迁》⑥，认为宋、金、元时期的黄渭洛河道已经逐渐产生了混乱的局面，尤其是宋、元两朝更为突出；远藤隆俊的《北宋时代の黄河治水论议》⑦，对北宋时期围绕黄河治理问题所形成的诸多不同主张予以了简要分析；王红的《北宋三次回河东流失败的社会原因探讨》⑧，指出缺乏合理的规划设计、治河不得其人、管理混乱等因素，反映出北宋以人事治河和人事不振的特点，这些因素是北宋三次回河失败的直接原因和催化剂；张旭平、田洪梅的《黄河下游河道变迁的历史考察》⑨，通过将北宋时期黄河下游的河道划分成前后两个时期以及京东故道、横陇故道、东流北流并行等

---

① 董光涛：《北宋黄河泛滥及治理之研究》，《花莲师专学报》1974年第6期、1976年第8期、1977年第9期、1978年第10期。

② 王质彬：《北宋治河浅探》，《人民黄河》1980年第2期。

③ 邹逸麟：《宋代黄河下游横陇北流诸道考》，《文史》1981年第十二辑（另收于氏著《椿庐史地论稿》，天津古籍出版社2005年版，第25—38页）。

④ 刘菊湘：《北宋黄河及其治理》，《陕西师大学报》1990年第2期。

⑤ 刘光亮：《略论欧阳修至和河议》，《吉安师专学报》1995年11月增刊。

⑥ 王元林：《宋金时期黄渭洛汇流区河道变迁》，《中国历史地理论丛》1996年第4辑。

⑦ ［日］远藤隆俊：《北宋时代の黄河治水论议》，1998年《"环境问题"从见た中国史》。

⑧ 王红：《北宋三次回河东流失败的社会原因探讨》，《河南师范大学学报》2002年第2期。

⑨ 张旭平、田洪梅：《黄河下游河道变迁的历史考察》，《中学历史教学参考》2003年第6期。

几个阶段给予了考察；韦公远的《古代黄河的修防制度》①，粗线条勾勒了中国古代黄河修防制度的变迁，其中对北宋的黄河岁修制、官员的检视和奖惩略有涉及。但全文篇幅短小，所以对这些方面也只是浅尝辄止。此外，任贵松的《北宋黄河埽所研究》②，对北宋黄河河埽的制作与应用、埽所的基本概况与机构管理等内容给予了专题性探讨，就其研究的切入点而言具有较好的新意。王军的《北宋河议研究》③，则主要对仁宗、神宗、哲宗三朝官员在东流、北流问题上争论内容的嬗变进行了勾勒，但从史料、观点方面来讲却无多少新意。另外，也有学者对北宋黄河某一河段的水灾救治给予较为具体的探讨。崔孔熙的《北宋年间滑州决溢和浚州分流》④，即对滑州堵复加固堤防和浚州开河分流的不同举措给予了探讨，指出其客观效果并不理想；周魁一的《元丰黄河曹村堵口及其他》⑤，集中对元丰元年的黄河曹村堵口河役自决口和堵口、决口的自然和社会原因、堵口技术、放淤及堵口后黄河防洪的侧重等方面进行了较为详尽的考订。

关于引黄灌溉、引黄淤田方面的研究：薛培元的《宋代农田水利的开发》⑥，对北宋利用黄河、漳河等河流所开展的引浊放淤、改良盐碱土地活动给予了简要探讨；周宝珠的《宋代北方的淤田》⑦，比较集中地对北宋时期借助于黄河、汴河等河流开展淤田的方法、成果给予了较为深入的探讨；杨德泉、任鹏杰的《论熙宁农田水利法实施的地理分布及其社会效益》⑧、王志彬

① 韦公远：《古代黄河的修防制度》，《水利天地》2003 年第 9 期。
② 任贵松：《北宋黄河埽所研究》，河南大学 2011 年硕士学位论文。
③ 王军：《北宋河议研究》，东北师范大学 2011 年硕士学位论文。
④ 崔孔熙：《北宋年间滑州决溢和浚州分流》，《黄河史志资料》1985 年第 1 期。
⑤ 周魁一：《元丰黄河曹村堵口及其他》，《水利学报》1985 年第 1 期。
⑥ 薛培元：《宋代农田水利的开发》，《北京农业大学学报》1957 年第 1 期。
⑦ 周宝珠：《宋代北方的淤田》，《史学月刊》1964 年第 10 期。
⑧ 杨德泉、任鹏杰：《论熙宁农田水利法实施的地理分布及其社会效益》，《中国历史地理论丛》1988 年第 1 期。

的《北宋引黄放淤的历史经验》①、贾恒义的《北宋引浑灌淤的初步研究》②、汪家伦的《熙宁变法期间的农田水利事业》③ 等文章，也都对北宋时期的引黄淤田、引黄灌溉做出了一定的探讨；郭文佳的《论宋代劝课农桑兴修水利的举措》④，对北宋黄河治理的特点和淤田活动的开展予以了一定探析。此外，马祥芳的《北宋北方淤田若干问题初步研究》⑤，对北宋时期河南地区、河北地区淤田活动的开展给予了探讨，并对其经济效益、实践经验加以简要归纳；伊原弘的《河畔の民——北宋末の黄河周边を事例に》⑥，针对黄河水患对沿岸地区民众日常社会生产的影响给予了一定探讨。

关于黄河水患防治中河工、河料、技术等问题的研究：颜清洋的《略论北宋的河患河议与河工》⑦，指出宋代的河工与以往相比有了显著进步，并对后世明清时期多有影响，但宋人好议论而少果决、河官任非其人，这些也是造成黄河河患未能减少的重要因素；梁太济的《两宋的夫役征发》⑧，对北宋黄河修治、防护中黄河夫役的实施范围、规模、河夫待遇乃至从差到雇的变迁等情况给予了探讨，并将其置于宋代夫役发展、演变的整体中加以考察，从而对本课题相关内容的研究有着较好的帮助；马玉臣的《试论熙丰农田水利建设的劳力与资金问题》⑨，集中对熙丰时期农田水利发展中劳动力、资金的筹集与管理问题给予了探讨，其中对黄河治理的劳动力、资金有少量的涉及；刘瑞芝的《宋代西北林木业述略》⑩，对宋廷为筹集黄河物料而在西北地

① 王志彬：《北宋引黄放淤的历史经验》，《人民黄河》1982 年第 6 期。
② 贾恒义：《北宋引浑灌淤的初步研究》，《农业考古》1989 年第 1 期。
③ 汪家伦：《熙宁变法期间的农田水利事业》，《晋阳学刊》1990 年第 1 期。
④ 郭文佳：《论宋代劝课农桑兴修水利的举措》，《农业考古》2009 年第 3 期。
⑤ 马祥芳：《北宋北方淤田若干问题初步研究》，陕西师范大学 2011 年硕士学位论文。
⑥ ［日］伊原弘：《河畔の民——北宋末の黄河周边を事例に》，《中国水利史研究》2001 年第 29 号。
⑦ 颜清洋：《略论北宋的河患河议与河工》，《史原》1978 年第 8 期。
⑧ 梁太济：《两宋的夫役征发》，《宋史研究集刊》，浙江古籍出版社 1986 年版。
⑨ 马玉臣：《试论熙丰农田水利建设的劳力与资金问题》，载姜锡东、李华瑞主编《宋史研究论丛》第六辑，河北大学出版社 2005 年版，第 362—380 页。
⑩ 刘瑞芝：《宋代西北林木业述略》，《史学月刊》1998 年第 5 期。

区开展的木材采伐有着较为简要的涉及；江天健的《北宋河北路造林之研究》①，对北宋时期河北路造林与黄河治水的关系有所论及；魏华仙的《北宋治河物料与自然环境——以梢芟为中心》②，对黄河物料筹集方式与由此所造成的自然环境破坏给予了一定的探讨。此外，张宇明的《北宋人的治河方略》③，简要探讨了北宋时期产生的黄河治理方略，认为具有代表意义的八种方法中塞决固堤是最基本的方法；赫治清的《中国古代自然灾害与对策研究》④，对北宋救治水灾的举措等情况略有涉及；李华瑞的《北宋治理黄河的技术和费用》⑤，集中对北宋黄河治理中的技术、经费问题给予了概括性探讨；戴庞海、陈峰的《北宋政府治理黄河的主要措施》⑥，指出宋廷采取设立专门的治河机构、疏导、堵塞决口、修筑埽岸、开渠分水、植树护堤、浚川排沙、机械浚河等一系列措施积极开展对黄河的治理，这些举措在总体上都或多或少地发挥了一定的积极作用。此外，张芳的《宋代水尺的设置和水位量测技术》⑦，指出宋代已普遍设置观测水位的水尺，且其技术水平也较前代大为提高，其中对宋代黄河治理中的水尺运用有一定的涉及；李令福的《宋元明时代泾渠上的水则》⑧，概括分析了宋元明时期泾渠水则种类齐全、功能完备、产生时间较晚的特征。

关于黄河水患灾害方面的研究：韩茂莉的《北宋时期黄土高原的土地开

---

①　江天健：《北宋河北路造林之研究》，载宋史座谈会主编《宋史研究集》第三十二辑，兰台出版社 2002 年版，第 231—256 页。

②　魏华仙：《北宋治河物料与自然环境——以梢芟为中心》，《四川师范大学学报》2010 年第 4 期。

③　张宇明：《北宋人的治河方略》，《人民黄河》1988 年第 2 期。

④　赫治清：《中国古代自然灾害与对策研究》，载赫治清主编《中国古代灾害史研究》，中国社会科学出版社 2007 年版。

⑤　李华瑞：《北宋治理黄河的技术和费用》，载陕西师范大学中国历史地理研究所、西北历史环境与经济社会发展研究中心编《历史地理学研究的新探索与新动向（004）》，三秦出版社 2008 年版，第 147—156 页。

⑥　戴庞海、陈峰：《北宋政府治理黄河的主要措施》，《华北水利水电学院学报》2009 年第 3 期。

⑦　张芳：《宋代水尺的设置和水位量测技术》，《中国科技史杂志》2005 年第 4 期。

⑧　李令福：《宋元明时代泾渠上的水则》，《华北水利水电学院学报》2011 年第 1 期。

垦与黄河下游河患》①，指出北宋时期黄土高原地区土地开垦的扩大、河水泥沙的增多，是造成黄河淤积加重、水患增多的一个重要因素；程民生的《中国古代北方役重问题研究》②，对北宋黄河河役开展中民众负担的沉重略有论及；袁冬梅的《对宋代黄河水灾原因的分析》③，对宋代黄河水灾的基本状况、特征、产生原因几个方面予以概括性探讨；聂传平的《宋代环境史专题研究》④，指出北宋黄河河患的加重是引发华北地区生态环境恶化、民生艰难的一种重要推动力，而淤田活动的开展并不足以从根本上扭转生态环境恶化的趋势。因研究主旨的限制，该文对北宋黄河水患危害的探讨比较简略。

关于黄河治理运行机制方面的研究：方豪的《宋代河流之迁徙与水利工程》⑤，对北宋黄河溃决与相关治河事迹给予了勾勒；伊藤敏雄的《宋代の黄河治水机构》⑥，体勾画出了北宋不同阶段黄河治理机构的变迁；牛楠的《北宋都水监管理中的责任追究——以黄河水患治理为视角》⑦、北宋都水监治河体制探析——以黄河水患为视角的考察》⑧ 二文，则分别从巡护不力、治河无方、贪婪虐民几个方面对北宋都水监管理中的责任追究和黄河水患对都水监设立的推动、构建的阻碍给予了简要探讨。他的《北宋都水监与治水体制研究》⑨ 一文，则集中对北宋都水监的设置、职能、官员选任与迁转、都水监治水体制衰落的根源给予了简要分析。郑成龙的《北宋都水监研究》⑩，对北宋

---

① 韩茂丽：《北宋时期黄土高原的土地开垦与黄河下游河患》，《人民黄河》1990 年第 1 期。
② 程民生：《中国古代北方役重问题研究》，《文史哲》2003 年第 6 期。
③ 袁冬梅：《对宋代黄河水灾原因的分析》，《乐山师范学院学报》2004 年第 9 期。
④ 聂传平：《宋代环境史专题研究》，陕西师范大学 2015 年博士学位论文。
⑤ 方豪：《宋代河流之迁徙与水利工程》，载氏著《方豪六十自定稿》，学生书局 1969 年版，第 1247—1269 页。
⑥ ［日］伊藤敏雄：《宋代的黄河治水机构》，《中国水利史研究》1987 年第 16 号。
⑦ 牛楠：《北宋都水监管理中的责任追究——以黄河水患治理为视角》，《安阳师范学院学报》2013 年第 3 期。
⑧ 牛楠：《北宋都水监治河体制探析——以黄河水患为视角的考察》，《华北水利水电学院学报》2013 年第 4 期。
⑨ 牛楠：《北宋都水监与治水体制研究》，安徽师范大学 2014 年硕士学位论文。
⑩ 郑成龙：《北宋都水监研究》，广西师范大学 2014 年硕士学位论文。

都水监的设置背景、组织机构的变迁、官员的选拔与考核、职能与作用、弊端等问题给予了较为简略的探讨。

关于黄河水患下北宋水环境和政区变迁、人口迁移等方面的研究：李月红的《北宋时期河北地区的御河》①，认为黄河侵占御河河道是造成御河通航功能最终消失的主要原因；孟昭锋的《论宋代黄河水患与行政区划的变迁》②，指出宋代频繁的黄河水患在一定程度上也影响到河泛区行政区划的变迁，由此对当时的政治稳定、社会管理造成严重影响；李大旗的《北宋黄河河患与城市的迁移》③，对北宋黄河决溢所造成的城市迁移给予了简要钩沉；苏兆翟的《宋金时期黄河下游自然环境与人口变迁关系初探》④，对宋金时期黄河下游地区在水灾、蝗灾影响下的人口减少与政府应对给予了简要探讨；廖寅的《首都战略下的北宋黄河河道变迁及其与京东社会之关系》⑤，探讨了北宋时期在黄河流路上的舍北保南、在流民流向上的舍东保西首都战略，并指出此战略对京东社会带来了常态化的河北流民这一深远影响。

关于黄河治理与北宋政治方面的研究：在这一方面，专题性研究成果比较少见，往往是在诸多有关北宋政治斗争的探讨中有所涉及。比较重要的相关成果，如远藤隆俊的《河狱——宋代中国の治水と党争》⑥，触及到北宋黄河治理中的河狱问题；邹逸麟的《北宋黄河东北流之争与朋党政治》⑦，指出北宋黄河水患的加剧与宋廷内部朋党斗争的发展密切相关，并集中对北宋中后期东流、北流之争局面形成的幕后政治背景给予了较为深入的探讨。

---

① 李月红：《北宋时期河北地区的御河》，《中国历史地理论丛》2000 年第 4 期。
② 孟昭锋：《论宋代黄河水患与行政区划的变迁》，《兰台世界》2012 年第 21 期。
③ 李大旗：《北宋黄河河患与城市的迁移》，《史志学刊》2017 年第 1 期。
④ 苏兆翟：《宋金时期黄河下游自然环境与人口变迁关系初探》，《传承》2011 年第 5 期。
⑤ 廖寅：《首都战略下的北宋黄河河道变迁及其与京东社会之关系》，《中国历史地理论丛》2019 年第 1 辑。
⑥ ［日］远藤隆俊：《河狱——宋代中国の治水と党争》，《高知大学教育学部研究报告》2002 年第 62 期。
⑦ 邹逸麟：《北宋黄河东北流之争与朋党政治》，载张其凡、李裕民主编《徐规教授九十华诞纪念文集》，浙江大学电子音像出版社 2009 年版，第 480—498 页。

关于黄河水患与北宋军事方面的研究：董光涛的《宋代黄河改道与辽金之关系》①，对宋廷在宋辽军事斗争中倚重黄河防线的举措有所探讨；石涛的《黄河水患与北宋对外军事》②，对北宋黄河泛滥频繁的原因及特点、黄河与北宋的对外战略部署和军队后勤保障等问题给予了概括性探讨；李华瑞的《北宋治河与防边》③，对北宋时期黄河防治与边防的相互关联等问题给予了较为深入的探讨；刘芳心的《北宋开封水系研究》④，对北宋黄河的运输、军事地位等内容有所涉及。

关于北宋黄河的综合性研究方面：刘菊湘的《北宋河患与治河》⑤，概括探讨了北宋时期黄河水患的概况、水患与北宋的积弱积贫和经济重心南移加重的关系等问题；王照年的《北宋黄河水患研究》⑥，则对北宋时期黄河水患的概况、主要成因、河政监管等内容给予了初步探讨，但对诸多问题仍尚未涉及；邱云飞的《宋朝水灾初步研究》⑦，对北宋黄河水患的概况、特征、治理等内容予以了简要探讨。

此外，周珍的《北宋仁宗时期黄河水患应对措施研究——以河北东路为中心》⑧，对仁宗朝的河务机构与治河决策、治理活动的开展、赈灾等内容进行了探讨；李延勇的《北宋社会控制途径研究——以庆历八年河北水灾为

---

① 董光涛：《宋代黄河改道与辽金之关系》，台湾地区私立文化学院史学研究所1970年硕士学位论文。
② 石涛：《黄河水患与北宋对外军事》，《晋阳学刊》2006年第2期；另可参见氏著《北宋时期自然灾害与政府管理体系研究》第三章第二节"灾害与北宋军事：以黄河水患为例"，社会科学文献出版社2010年版。
③ 李华瑞：《北宋治河与防边》，载氏著《宋夏史研究》，天津古籍出版社2006年版，第136—153页。
④ 刘芳心：《北宋开封水系研究》，上海师范大学2012年硕士学位论文。
⑤ 刘菊湘：《北宋河患与治河》，《宁夏社会科学》1992年第6期。
⑥ 王照年：《北宋黄河水患研究》，西北师范大学2005年硕士学位论文。
⑦ 邱云飞：《宋朝水灾初步研究》，郑州大学2006年硕士学位论文。
⑧ 周珍：《北宋仁宗时期黄河水患应对措施研究——以河北东路为中心》，上海师范大学2008年硕士学位论文。

例》①，以庆历八年的河北水灾为切入点，对该年黄河决口商胡埽所造成的影响、政府赈济和灾民救助进行了探讨，同时从灾害史角度简要分析了北宋社会控制的途径与效果；冯鼎的《北宋水利管理考述》②，对水利机构与官员设置、管理制度、经费来源与力役征发、水利政论四方面给予了初步探讨；苏兆翟的《北宋河政探析——以黄河为例》③，则是对北宋时期的黄河水患状况、河政管理官员的设置、治河工程的修建等问题给予了简要论述；周浩的《北宋中期水灾处置研究》④，对北宋中期朝臣的治水分歧、治水方法、资金和人力投入、灾害救治中官民关系的变化等内容给予了粗略勾勒。与以往学界研究成果相较，这些研究相对尚显简略。

基于上述对国内外史学界相关研究状况的了解与认识，我们由此也就不难理解，北宋时期的黄河水灾防治和水利资源开发在中国古代黄河发展史上无疑占据重要地位，同时又颇具时代特色。中国古代"天下利害，系于水为深"⑤ 的特点，在北宋时期的黄河发展史上也得到了相当鲜明的印证。目前史学界有关北宋时期黄河水患防治与水利资源开发问题的研究视野已触及众多方面，诸如都水监运行机制、河道变迁等方面的研究也较为深入，这一状况可为研究的开展提供诸多启迪和帮助。同时，诸多现有成果因研究主旨的限制，往往多涉及北宋黄河水灾防治和水利资源开发的某些方面，或者择取某一时段、某一区域给予专题性研究，因而不足以形成对北宋黄河水灾防治和水利资源开发的整体认识和评价；北宋黄河水灾的救助、黄河防治中的人力和物料筹措与检计机制、农田水利与漕运资源的开发等问题，仍有进一步加以系统研究、深化认识的必要。本书力争将北宋时期黄河水灾防治和水利资

---

① 李延勇：《北宋社会控制途径研究——以庆历八年河北水灾为例》，东北师范大学 2008 年硕士学位论文。

② 冯鼎：《北宋水利管理考述》，四川师范大学 2008 年硕士学位论文。

③ 苏兆翟：《北宋河政探析——以黄河为例》，《菏泽学院学报》2011 年第 1 期。

④ 周浩：《北宋中期水灾处置研究》，重庆师范大学 2016 年硕士学位论文。

⑤ 李焘：《续资治通鉴长编》（以下简称《长编》）卷 188，嘉祐三年十一月己丑，中华书局 2004 年版，第 4534 页。

源开发置于北宋社会的整体发展中予以较为系统的探讨，借以揭示北宋黄河水灾防治与水利资源开发和该时期政治、经济、军事、民族关系等诸多问题的内在密切关联与相互影响，从而客观认识、评价北宋黄河水灾防治和水利资源开发在中国古代史上的时代特征。由于本人的才识局限、北宋黄河水灾防治与水利资源开发问题牵涉内容颇为复杂等因素的影响，研究中对某些问题的理解和认识还有待进一步提高，甚至还存在着一定的偏差、失误，而这些不足也都真诚期待学界同仁能够给予宝贵批评和指正。

第一章　北宋黄河水灾概况与时空特征

在中国古代黄河发展史上，北宋时期无疑是一个相当典型、突出的水灾高发阶段，其整体的水灾频仍程度、水灾破坏的严重性相对于唐五代时期也明显加剧。尤其是自大伾山以下的黄河下游地段，因地形走势较黄河中游地段的明显变化、汇集河流的增多等因素，黄河决溢的危险也相应陡增。北宋黄河水灾的频繁、大范围发生，所造成的危害也是多方面的，而这种危害在黄河下游地区则体现得尤为突出。本章主要对北宋黄河水灾予以一种较为概括性的统计和时空特征分析，其他相关问题则容待后面对应章节予以探讨。

第一节　水灾概况

北宋时期黄河水灾的相关记载，可谓不绝于书。诸多学者亦分别自不同角度入手不断对其加以统计和研究，并同样取得了较为丰硕的研究成果。[①] 本节主要借助于《长编》《宋史》《宋会要辑稿》等基本史籍，试对北宋时期的黄河决溢情况做如下相应统计：

[①]　因统计标准不同等因素的影响，诸多学者对北宋黄河决溢情况的统计也存在着较大的差异，如董光涛《宋代黄河改道与辽金之关系》中所附"宋代黄河决、溢、大小、改道表"，认为北宋黄河决 142 次、溢 145 次、大水 274 次（第 30 页）。

表 1-1：北宋黄河决溢概况简表

时间		黄河决溢概况	备注	资料出处
建隆元年 (960)	十月庚午①	河决棣州厌次县，又决滑州灵河县	《长编》卷 2 载，"陈承昭塞样、滑决河役成"，建隆二年七月壬午（第 51 页）	《长编》卷 1，建隆元年十月庚午，第 26 页
建隆二年 (961)		河决（临邑）公乘渡口		《宋史》卷 85《地理志一·京东路》，第 2108 页
		孟州河溢坏堤		《文献通考》②卷 296《物异考二·水灾》，考 2343
建隆四年 (963)	八月	齐州河决		《宋史》卷 61《五行志一·上》，第 1319 页
乾德元年 (963)	八月丙申	济州言河决		《长编》卷 4，乾德元年八月丙申，第 104 页
乾德三年 (965)	七月	开封府河溢阳武，塞县门。河中府、孟州并河涨		《文献通考》卷 296《物异考二·水灾》，考 2343
	七月	又溢于郓州……淄州、济州并河溢		《宋史》卷 61《五行志一·上》，第 1319 页

① 《宋史》卷 1《太祖本纪一》载为建隆元年十月"壬午，河决庆次"（第 7 页）。此从《长编》。

② 马端临：《文献通考》，中华书局 1999 年版。

续表

时间		黄河决溢概况	备注	资料出处
乾德三年（965）	八月癸卯	河决开封阳武县		《长编》卷6，乾德三年八月癸卯，第156页
	八月乙卯	河溢河阳		《宋史》卷2《太祖本纪二》，第22页
	八月乙未	郓州河水溢		《宋史》卷2《太祖本纪二》，第22页
	九月辛巳	河决澶州		《长编》卷6，乾德三年九月辛巳，第158页
乾德四年（966）	六月甲午	郓州东阿县河水溢①		《宋会要》方域14之1，第7546页
	六月	（澶州）观城县河决……注大名。又（澶州）灵河县堤坏，水东注（澶州）卫南县境及南华县城		《宋史》卷61《五行志一·上》，第1319页；《长编》卷7，乾德四年六月甲辰，第172页
	七月	荥泽县河南北堤坏		《宋史》卷61《五行志一·上》，第1319页
	八月丙辰	河决滑州，坏灵河大堤	至十月，堤成，水复故道	《长编》卷7，乾德四年八月丙辰，第176页
	闰八月乙丑	曹州言河水汇入南华县		《长编》卷7，乾德四年闰八月乙丑，第177页

① 《文献通考》卷296《物异考二·水灾》载为"（乾德）四年四月，郓州东阿县河溢"，考2343。此从《宋会要》。

续表

时间		黄河决溢概况	备注	资料出处
乾德四年(966)	闰八月乙巳	澶州言河水汇入卫南县界		《长编》卷7，乾德四年闰八月乙巳，第177页
	闰八月癸未	郓州言黄河水入界		《长编》卷7，乾德四年闰八月癸未，第177页
乾德五年(967)	八月甲申	河溢入卫州城		《宋史》卷2《太祖本纪二》，第26页
开宝二年(969)	七月	下邑县河决		《宋史》卷61《五行志一上·水》，第1320页
	六月	郓州河及汶、清河皆溢，注东阿县及陈空镇……郑州河决原武县		《宋史》卷61《五行志一上·水》，第1320页
开宝四年(971)	十一月壬戌	河决澶州，东汇于郓、濮	《长编》卷12载，开宝四年十一月"壬戌，命颍州团练使曹翰塞澶州决河，濮州刺史安守忠副之"（第274页）	《长编》卷12，开宝四年十一月壬戌，第273页
开宝五年(972)	五月辛未	河大决澶州濮阳县①	《长编》卷13载，开宝五年五月"壬申，命颍州团练使曹翰往塞之"（第283页）	《长编》卷13，开宝五年五月辛未，第283页
	五月癸酉	河又决大名府朝城县，河南北诸州皆大水		《长编》卷13，开宝五年五月癸酉，第284页

① 《宋史》卷91《河渠志一·黄河上》载为"五月，河大决濮阳，又决阳武"，第2258页。

续表

时间		黄河决溢概况	备注	资料出处
开宝五年(972)	六月	河又决开封府阳武之小刘村	《长编》卷 13 载，"役，未几，河所决皆塞"，开宝五年六月戊申（第 285 页）	《文献通考》卷 296《物异考二·水灾》，考 2344
开宝六年(973)	六月丁未	河决郓州杨刘口，又决怀州获嘉县		《长编》卷 14，开宝六年六月丁未，第 304 页
开宝七年(974)	四月	相州安阳河涨①		《文献通考》卷 296《物异考二·水灾》，考 2344
开宝八年(975)	五月辛丑	河决濮州郭龙村		《长编》卷 16，开宝八年五月辛丑，第 340 页
	六月辛亥	澶州言河决顿丘县界		《长编》卷 16，开宝八年六月辛亥，第 342 页
太平兴国二年(977)	六月	孟州河溢，又涨于澶州，坏英公村堤三十步，陕州坏浮梁		《文献通考》卷 296《物异考二·水灾》，考 2344
	七月壬戌	河阳言河决温县，郑州言河决荥泽县②		《长编》卷 18，太平兴国二年七月壬戌，第 407 页

① 《宋史》卷 3《太祖本纪三》载为开宝七年六月壬寅"安阳河溢"，第 41 页。此从《文献通考》。
② 《宋史》卷 61《五行志一·上·水上》载为"太平兴国二年六月，孟州河溢，坏温县堤七十余步，郑州坏荥泽县宁王村堤三十余步；又涨于澶州，坏英公村堤三十步"，第 1320 页。此从《长编》。

续表

时间		黄河决溢概况	备注	资料出处
太平兴国二年(977)	七月乙丑	澶州言河决顿邱〔丘〕，滑州言河决白马		《长编》卷18，太平兴国二年七月乙丑，第407页
	闰七月己酉	河溢开封等八县		《宋史》卷4《太宗本纪一》，第56页
太平兴国三年(978)	四月庚辰	怀州言河决获嘉县①		《长编》卷19，太平兴国三年四月庚辰，第426页
	夏	河决荥阳		《宋史》卷274《霍守素传》，第9362页
	十月	滑州言灵河县决河已塞复决	《宋史》卷259《郭守文传》载，太平兴国三年冬，郭守文"与阁门副使王侁、西八作副使石全振护塞灵河县决河"（第8899页）	《长编》卷19，太平兴国三年十月己巳，第435页
太平兴国四年(979)	三月	宋州河决宋城县。卫州河决汲县，坏新场堤		《宋史》卷61《五行志一上·水上》，第1321页
	八月甲戌	宋州言河决宋城县	诏发诸县丁男三千五百人塞之，命八作使郝守濬护其役	《长编》卷20，太平兴国四年八月甲戌，第460页
	九月己卯	卫州言河决汲县		《长编》卷20，太平兴国四年九月己卯，第461页

① 《宋史》卷61《五行志一上·水上》载，太平兴国三年五月"怀州河决获嘉县北注"，第1321页。此从《长编》。

续表

时间	黄河决溢概况	备注	资料出处
太平兴国六年（981）	河中府河涨，陷连堤，溢入城		《宋史》卷61《五行志一上·水上》，第1321页
太平兴国七年（982）　六月丁卯	齐州言河决临济县		《长编》卷23，太平兴国七年六月丁卯，第521页
七月辛卯	大名府言河决范济口		《长编》卷23，太平兴国七年七月辛卯，第523页
秋	河大涨，瓽清河，凌郓州，城将陷，塞其门		《宋史》卷91《河渠志一·黄河上》，第2259页
十月壬申	怀州河决武德县①		《长编》卷23，太平兴国七年十月壬申，第528页
五月丙辰	河大决滑州房村，泛澶、濮、曹、济诸州……东南流至彭城界，入于淮		《长编》卷24，太平兴国八年五月丙辰，第545页
太平兴国八年（983）　七月	鄜州河水涨溢		《文献通考》卷296《物异考二·水灾》，考2344
夏、秋	开封、浚仪、酸枣、阳武、封丘、长垣、中牟、尉氏、襄邑、雍丘等县河水害民田②		《宋史》卷61《五行志一上·水上》，第1322页

① 《宋史》卷61《五行志一上·水上》载，"河决怀州武陟县"，第1321页。此从《长编》。
② 《宋史》卷4《太宗本纪一》载，太平兴国八年七月"河、江、汉、滹沱及祁之资，沧之胡卢[芦]，雄之易恶池水，皆溢为患"，第70页。

续表

时间		黄河决溢概况	备注	资料出处
太平兴国八年(983)	十二月	滑州河决①		《宋史》卷4《太宗本纪一》,第71页
	春	河决滑州韩、房村②		《宋史》卷260《田重进传》,第9024页
太平兴国九年(984)	八月	澶州河涨		《文献通考》卷296《物异考二·水灾》,考2344
	八月	孟州河涨		《宋史》卷61《五行志一上》,第1322页
雍熙元年(984)	八月壬寅	河水溢		《宋史》卷4《太宗本纪一》,第72页
淳化元年(990)	六月	孟州河涨		《宋史》卷61《五行志一上》,第1322页
	闰二月	河水溢		《宋史》卷5《太宗本纪二》,第87页
淳化二年(991)	四月	陕州河涨,坏大堤及五龙祠		《宋史》卷61《五行志一上》,第1322页
	四月	河水溢,虞乡等七县民饥		《宋史》卷5《太宗本纪二》,第87页
	六月	博州大霖雨,河涨		《宋史》卷61《五行志一上》,第1323页

① 《长编》卷24载,太平兴国八年十二月"癸卯,滑州言河决已塞……未几,河复决",第560页。
② 《宋史》卷91《河渠志一·黄河上》载,"(太平兴国)九年春,滑州复言房村河决",第2259页。

续表

时间	黄河决溢概况	备注	资料出处
淳化三年（992）	河决，（博州）移治于孝武渡西		《宋史》卷86《地理志二·河北路》，第2123页
	河溢坏（霸州）城垒		《宋史》卷275《薛超传·丁罕附传》，第9377页
淳化四年（993）九月	澶州河水暴涨，夜冲北城		《宋会要》方域14之3，第7547页
十月	澶州河决，水西北流入御河		《宋史》卷61《五行志一·上·水》，第1323页
淳化五年（994）秋	秋霖河溢，奔注沟洫，城垒将坏		《宋史》卷257《吴廷祚传·吴元辰附传》，第8950页
至道二年（996）七月辛丑	郓州言河水涨，坏连堤四处		《宋太宗实录》①卷78，至道二年七月辛丑，第182页
七月壬子	宋州言河决合蔡县		《宋太宗实录》卷78，至道二年七月壬子，第183页
咸平元年（998）七月	齐州清，黄河泛溢		《宋史》卷61《五行志一·上·水》，第1324页

① 钱若水撰，燕永成点校：《宋太宗实录》，甘肃人民出版社2005年版。

续表

时间		黄河决溢概况	备注	资料出处
咸平三年 (1000)	五月甲辰	河决郓州王陵埽，浮巨野入淮、泗，水势激悍，侵迫州城	《长编》卷47载，"张进等言郓州决河塞"（第1031页）	《长编》卷47，咸平三年五月甲辰，第1018页
	八月	大雨时行，洪河泛决		《宋大诏令集》①卷187《河决遣张舒等安抚京东诏》，第685页
景德元年 (1004)	九月	河决澶州横陇埽		《长编》卷57，景德元年九月庚戌，第1259页
		宋州言河决塞②		《长编》卷57，景德元年闰九月癸丑，第1260页
景德三年 (1006)	六月甲午	应天府又言河决南堤，流亳州，合浪谷河东入于淮③		《长编》卷63，景德三年六月甲午，第1408页
景德四年 (1007)	七月戊辰	巩县西南积雨河溢		《长编》卷66，景德四年七月己巳，第1471页
	七月庚辰	河溢澶州，坏王八埽		《长编》卷66，景德四年七月庚辰，第1475页
景德五年 (1008)		河决渭州王八埽		《宋会要》方域14之5，第7548页

① 佚名:《宋大诏令集》，中华书局1997年版。
② 《长编》卷57载，"宋州言决河塞"，景德元年闰九月癸丑，第1260页。据此，宋州在该年闰九月癸丑，景德元年闰九月或闰九月前应有一次黄河决溢的发生。
③ 《宋史》卷61《五行志一·上·水上》系此事于景德三年七月景德三年七月，第1324页。此从《长编》。

续表

时间	黄河决溢概况	备注	资料出处
大中祥符三年（1010）九月	河决河中府白浮梁［图］村①		《宋史》卷61《五行志一·上·水上》，第1324页
七月	河决滨、棣州		《皇朝编年纲目备要》②卷7，大中祥符四年七月，第153页
大中祥符四年（1011）八月戊辰	河决通利军		《长编》卷76，大中祥符四年八月戊辰，第1733页
九月壬午	河溢于（孟州）温县		《长编》卷76，大中祥符四年九月壬午，第1735页
九月	棣州河决聂家口		《河渠志》卷91《河渠志一·黄河》，第2260页
正月	河决棣州聂家口		《宋史》卷61《五行志一·上·水上》，第1325页
大中祥符五年（1012）正月	（黄河）又决于（棣）州东南李民湾		《宋史》卷91《河渠志一·黄河》，第2260页
二月	河决滨、棣州		《长编》卷77，大中祥符五年二月丙黄，第1758页

① 《宋史》卷91《河渠志一·黄河上》载，大中祥符三年十月，判河中府陈尧佐言"白浮图村河水决溢，为南风激还故道"（第2260页）；《长编》卷74也载，"陈尧叟奏河决白浮图村"（第1691页）。据此，此处"白浮梁村"应为"白浮图村"。

② 陈均：《皇朝编年纲目备要》卷20，元丰元年五月，中华书局2006年版，第489页。

续表

时间		黄河决溢概况	备注	资料出处
大中祥符七年（1014）	八月甲戌	棣州经水①		《宋史》卷8《真宗本纪三》，第156页
	八月甲戌	河决澶州大吴埽		《长编》卷83，大中祥符七年八月甲戌，第1892页
	十一月甲申	滨州言河溢于安定镇②		《长编》卷83，大中祥符七年八月甲申，第1901页
大中祥符八年（1015）		河决棣州	自（大中祥符七年）秋至（大中祥符八年）春凡四决口，皆塞之	《长编》卷84，大中祥符八年正月戊戌条注文，第1915页
	七月	坊州言大雨河溢		《长编》卷85，大中祥符八年七月庚午，第1942页
天禧三年（1019）	五月	河决澶渊③		《长编》卷93，天禧三年五月庚午，第2146页
	六月乙未	河决滑州城西南……历澶州，濮、郓、济、单至徐州，与清河合，浸城壁		《宋史》卷61《五行志一·水上》，第1325页

① 《宋史》卷8《真宗本纪三》载，宋廷在大中祥符七年六月下令，"棣州经水，流民归业者给复三年"（第156页）。据此推测，该年六月或六月前应有黄河决口于棣州一事的发生。

② 《宋史》卷8《真宗本纪三》载，"（大中祥符七年）十一月乙酉，滨州河溢"（第157页）；《宋史》卷61《五行志一·水上》载，"（大中祥符七年）十月，滨州言河溢于安定镇"（第1325页）。此从《长编》。

③ 《长编》卷93天禧三年五月庚午条注文称，"按《实录》，明年正月辛未，命高汉美监修澶州决河，然不见初决时，今日附见，当考"（第2146页）。

续表

时间	黄河决溢概况	备注	资料出处
天禧三年（1019） 八月	澶州龙见，河决	《宋史》卷8《真宗本纪三》载，天禧四年（1020）二月，"澶州决河塞"（第168页）	《宋史》卷8《真宗本纪三》，第167页
天禧四年（1020） 六月丙申	澶州言河决于天台山下	《宋史》卷9《仁宗本纪一》载，天圣元年五月"甲戌，命鲁宗道按视澶州决河"（第178页）；《长编》卷105载，天圣五年十月丙申，"澶州言塞决河毕"（第2454页）	《长编》卷95，天禧四年六月丙申，第2198页
九月	决河浸徐州		《长编》卷96，天禧四年九月庚午，第2218页
秋	京东、西河决坏民田①		《长编》卷97，天禧五年三月辛丑，第2244页
天圣六年（1028） 八月乙亥	澶州言河决王楚埽，凡三十步②		《长编》卷106，天圣六年八月乙亥，第2479页

① 《长编》卷97载，"诏京畿经雨水及京东、西河决坏民田者，今年夏秋税并免十之五。时章得象等使江、浙东、西路，言去秋水潦，种麦不广，若检括之，益为扰人，望特减其税。故有是命"，天禧五年三月辛丑（第2244页）。据此可知，京东路、京西路境内在天禧四年秋季应有一次黄河水灾的发生。
② 《宋会要》方域14之13载为"澶州言楚州河水涨溢，冲决堤岸约三十步"（第7552页）。

时间	黄河决溢概况	备注	资料出处
天圣七年（1029）	九月	澶州官吏并坐王楚埽决帅贬官一等①		《长编》卷108，天圣七年九月戊辰，第2522页
景祐元年（1034）	七月甲寅	澶州言河决横陇埽		《长编》卷115，景祐元年七月甲寅，第2691页
			《长编》卷120载，景祐四年十二月戊辰，"河北转运司奏修塞横陇决河"（第2840页）	《续资治通鉴长编纪事本末》②卷47《修澶州决河》，第1513页
康定元年（1040）	九月甲寅	渭州大河泛溢		《宋史》卷61《五行志一·上·水上》，第1326页
庆历六年（1046）		黄河溢埽	此据庆历六年（1046）九月的梅挚上奏	《长编》卷159，庆历六年九月庚寅，第3846页
庆历七年（1047）		河败德、博间者凡二十一	此据庆历八年（1048）十二月判大名府贾昌朝的上奏	《长编》卷165，庆历八年十二月庚辰，第3977页
庆历八年（1048）	六月癸酉③	河决澶州商胡埽		《长编》卷164，庆历八年六月癸酉，第3953页

① 《宋会要》职官64之31载，天圣七年九月十三日，"知澶州，礼宾使张缊降崇仪副使，通判，秘书丞柳灏降著作佐郎，太子中舍辛有孚降大理寺丞，都大修护堤埽，礼宾副使戴蓉降内殿承制，阁门祗候，镇宁军节度推官沂州防御推官，权知庆宁军节度推官，泉州观察知使，知观城县刘立降泉州节度推官，职任如故。坐河决也"（第3836页）。（以下简称《长编纪事本末》）

② 杨仲良：《续资治通鉴长编纪事本末》，台湾文海出版社1966年版。

③ 《宋史》卷11《仁宗本纪三》系此事于六月丙子，第225页；《宋史》卷61《五行志一·上·水上》系此事于六月乙亥（第1326页）。此从《长编》。

续表

时间	黄河决溢概况	备注	资料出处
庆历年间	河坏孙陈埽		《宋史》卷292《张观传》，第9765页
皇祐元年（1049）二月甲戌	河北黄、御二河决，并注于乾宁军		《宋史》卷61《五行志一·水上》，第1326页
皇祐三年（1051）七月辛酉	河决大名府馆陶县郭固口①	《长编》卷172载，皇祐四年正月己亥"塞郭固口"（第4130页）	《长编》卷170，皇祐三年七月辛酉，第4096页
嘉祐元年（1056）四月壬子	河决商胡②		《东都事略》③卷6《本纪六》，第149页
五月	诸路皆奏江河决溢，而河北尤甚		《宋会要》瑞异3之2，第2105页
七月	原武县河决汴堤长城口		《长编》卷187，第4516页
嘉祐三年（1058）七月辛酉	河决大名府郭固口		《宋史》卷12《仁宗本纪四》，第231页
嘉祐五年（1060）	河流派别于魏之第六埽		《宋史》卷91《河渠志一·黄河上》，第2273页

① 《宋史》卷91《河渠志一·黄河上》载，"（皇祐）二年七月辛酉，河复决大名府馆陶县之郭固"，这里的"皇祐二年"应为"皇祐三年"（第4400页）；《宋史》卷12《仁宗本纪四》（第2267页）。

② 《长编》卷182载，"夏四月壬子朔，李仲昌等塞商胡北流，入六塔河，隘不能容，是夕复决"（第4400页）；《东都事略》载，"夏四月壬子朔，六塔河复决"（第239页）。

③ 王称：《东都事略》，台湾文海出版社1979年版。

续表

时间	黄河决溢概况	备注	资料出处
嘉祐六年（1061）	夏秋之交	澶州河决①	《长编》卷196载，谏官杨畋奏称，"去年夏秋之交，澶州河决"，嘉祐七年正月乙亥条记事（第4738页）	《长编》卷196，嘉祐七年正月乙亥，第4738页
嘉祐七年（1062）	七月戊辰	河决北京第五埽		《宋史》卷61《五行志一·水上》，第1327页
治平元年（1064）	五月	命都水凌二股河，纾恩、冀水灾②		《宋会要》方域14之27，第7559页
熙宁元年（1068）	六月	河溢恩州乌栏堤，又决冀州枣强埽，北注瀛（州）		《宋史》卷91《河渠志一·黄河上》，第2274页
熙宁元年（1068）	七月	（黄河）又溢瀛州乐寿埽		《宋史》卷91《河渠志一·黄河上》，第2274页
熙宁元年（1068）	七月	恩、冀州河溢灾		《宋会要》食货59之1，第5839页
熙宁二年（1069）	八月	河自其南四十里许家港东决，泛溢大名、恩德沧、永静五州军境		《宋史》卷91《河渠志一·黄河上》，第2278页
熙宁二年（1069）	八月	河决沧州饶安		《宋史》卷61《五行志一·水上》，第1327页

① 《宋史》卷300《杨畋传》系此事于嘉祐五年夏秋之交（第9965页）。此从《长编》。

② 《宋会要》方域14之27载，宋廷在治平元年五月"命都水凌二股河，纾恩、冀水灾"，据此可推知当时恩州、纾恩、冀州界内应有黄河决溢的发生（第7559页）。

续表

时间		黄河决溢概况	备注	资料出处
熙宁四年 (1071)	七月甲辰	黄河决，水入御河，北行未止		《长编》卷225，熙宁四年七月甲辰，第5490页
	七月辛卯	北京新堤第四、第五埽决，漂溺馆陶、永济、清阳以北		《宋史》卷92《河渠志二·黄河中》，第2281页
	八月己卯	河溢澶州曹村		《长编》卷226，熙宁四年八月己卯，第5510页
	九月丙戌	河决郓州		《宋史》卷15《神宗本纪二》，第280页
	十月庚辰	河溢卫州王供埽		《长编》卷227，熙宁四年十月庚辰，第5535页
熙宁五年 (1072)	六月	河溢北京夏津		《宋史》卷92《河渠志二·黄河中》，第2282页
熙宁九年 (1076)		河北、京东路河决		《宋会要》食货70之171，第6456页
熙宁十年 (1077)	七月己丑	(黄河)遂大决于澶州曹村，澶渊北流断绝，河道南徙，东汇于梁山、张泽泺，分为二派，一合南清河入于淮，一合北清河入于海		《宋史》卷92《河渠志二·黄河中》，第2284页

续表

时间		黄河决溢概况	备注	资料出处
熙宁十年（1077）	七月	是月，河复溢卫州王供，溢怀州黄、沁，溢卫州汲县上下埽，遂大决澶州曹村①		《长编》卷283，熙宁十年七月丙子，第6942—6943页
	八月癸未	决河通（澶州）城		《长编》卷284，熙宁十年八月癸未，第6948页
	八月	河决郑州荥泽埽		《长编》卷284，熙宁十年八月丙午，第6958页
元丰元年（1078）	八月	澶州曹村河水溢，抹岸		《长编》卷290，元丰元年八月丁未，第7112页
元丰三年（1080）	七月庚午	都水监言澶州孙村、陈埽及大吴、小吴埽河决		《长编》卷306，元丰三年七月庚午，第7438页
元丰四年（1081）	四月	小吴埽复大决，自澶注入御河		《宋史》卷92《河渠志二·黄河中》，第2286页
	五月	（澶州）河决浸城		《长编》卷312，元丰四年五月庚寅，第7574页
	八月八日	河决小吴（埽）		《长编》卷348，元丰四年八月庚午，条注文，第8343页

① 《宋史》卷92《河渠志二·黄河中》载，"是岁七月河复溢卫州王供及汲县上下埽、怀州黄沁、滑州韩村"（第2284页）。此从《长编》。

续表

时间		黄河决溢概况	备注	资料出处
元丰五年(1082)	六月	河溢北京内黄埽		《宋史》卷92《河渠志二·黄河中》，第2287页
	七月	大河水冲灵平埽		《长编》卷328，元丰五年七月壬午，第7891页
	八月戊黄	河决郑州原武埽，溢入利津、阳武埽，刀马河，归纳梁山泺①		《宋史》卷92《河渠志二·黄河中》，第2287页
	九月辛卯	河决原武（埽）		《长编》卷329，元丰五年九月辛卯，第7930页
	九月	河溢沧州南皮上、下埽，又溢清池埽，又溢永静军阜城下埽		《宋史》卷92《河渠志二·黄河中》，第2287页
	九月癸卯	滑州河水溢		《宋史》卷16《神宗本纪三》，第308页
元丰七年(1084)	七月	河水围绕大名府城		《宋会要》食货59之3，第5840页
	七月	河北东西路、北京馆陶河溢②		《文献通考》卷297《物异考三·水灾》，考2347

① 《宋史》卷61《五行志一上·水上》载，"（元丰）五年秋，阳武、原武二县河决，坏田庐"（第1328页）。

② 《宋史》卷61《五行志一上·水上》载，元丰七年七月"北京馆陶河溢，河溢入府城，坏官私庐舍"（第1328页）；《宋史》卷92《河渠志二·黄河中》载，"河溢元城埽，决横堤，破北京"（第2287页）。

续表

时间		黄河决溢概况	备注	资料出处
元丰七年 (1084)	八月	赵、邢、洺、磁、相诸州河水泛溢		《宋史》卷61《五行志一·上·水上》,第1328页
		怀州黄、沁河泛溢		《宋史》卷61《五行志一·上·水上》,第1328页
元丰八年 (1085)		时河决小吴未复		《长编》卷359,元丰八年八月己巳,第8580页
	十月己卯	河决大名府小张口		《长编》卷360,元丰八年十月己卯,第8611页
元祐元年 (1086)		(黄河)非常大致泛涨	此据范百禄等人上奏	《长编》卷425,元祐四年四月戊午,第10281页
元祐二年 (1087)		河决南宫下埽	据都水监上奏	《长编》卷430,第10398页
元祐三年 (1088)		今岁之间,(黄河北流)四次决溢	故去岁襄州南宫未闭,信都又决,继而大名宗城中埽又决①	《长编》卷421,元祐四年正月己亥,第10204页
元祐四年 (1089)		夏秋霖雨,河流泛涨②		《宋史》卷61《五行志一·上·水上》,第1328页

① 《长编》卷421,元祐四年正月己亥,第10203页。
② 《长编》卷431载,"夏秋之交、暑雨丽井,河流暴涨出崖,由孙村东行",元祐四年八月丁未(第10416页)。

续表

时间		黄河决溢概况	备注	资料出处
元祐四年（1089）		都水使者吴安持，因纡南宫等埽危急，遂就孙村口为回河之策，及梁村进约东流，孙村口窄狭，德清军等处皆被水患		《宋史》卷93《河渠志三·黄河下》，第2307页
		（黄河）决宗城中埽	据都水监上奏	《长编》卷430，元祐四年七月丙申，第10398页
		昨开第三、第四铺，而第七铺溃决		《长编》卷434，元祐四年十月辛丑，第10460页
元祐五年（1090）	八月	大河自五月后日益暴涨，始由北京南沙堤第七铺决口，水出于第三、第四铺并清丰口一并东流		《宋史》卷92《河渠志二·黄河中》，第2300页
元祐八年（1093）	五月	水官㕘请进梁村上、下约，束狭河门。既涉涨水，遂壅而溃。南泛德清，西决内黄，东淤梁村，北出阚村，宗城决口复行魏店，北流因淤遂断		《宋史》卷93《河渠志三·黄河下》，第2304页
	十二月	河入德清军，决内黄口		《宋史》卷17《哲宗本纪一》，第337页

续表

时间		黄河决溢概况	备注	资料出处
绍圣元年（1094）	十月	河决小吴（埽）		《宋会要》方域15之19，第7569页
元符元年（1098）	九月	北京在澶州大河涨溢		《长编》卷502，元符元年九月壬子，第11956页
	十月	河北、京东河溢		《宋史》卷18《哲宗本纪二》，第351页
	十二月	澶州河溢		《宋史》卷18《哲宗本纪二》，第351页
元符二年（1099）		元符元年（黄河）决陈家口		《长编》卷517，元符元年十月甲子条注文，第12308页
	正月	河溢博州、堂邑扫〔埽〕，下入博、郓等州地分流行		《长编》卷505，元符二年正月壬申条记事，第12046页
	六月己亥	河决内黄口，东流断绝		《长编》卷511，元符二年六月己亥，第12170页
	六月	久雨，陕西、京西、河北大水，河溢		《宋史》卷61《五行志一·水上》，第1328页
	七月	黄河大决		《长编》卷512，元符二年七月乙巳，第12186页
元符三年（1100）	四月	河决苏村		《宋史》卷93《河渠志三·黄河下》，第2309页

续表

时间		黄河决溢概况	备注	资料出处
崇宁二年（1103）	四月	河决内黄		《宋史》卷 365《岳飞传》，第 11375 页
崇宁三年（1104）		大河涨溢，原武等埽危急		《历代名臣奏议》①卷 253《水利》，第 3315 页
大观元年（1107）	夏	河北、京西河溢		《宋史》卷 61《五行志一上·水上》，第 1328 页
	十二月	京东水，河溢		《宋史》卷 20《徽宗本纪二》，第 379 页
大观二年（1108）	五月丙申	邢州言河决②		《宋史》卷 93《河渠志三·黄河下》，第 2312 页
	六月庚寅	冀州河溢		《宋史》卷 93《河渠志三·黄河下》，第 2312 页
	秋	黄河决，陷没邢州巨鹿县③		《文献通考》卷 297《物异考三·水灾》，考 2347
大观三年（1109）	六月庚寅	冀州河水溢		《宋史》卷 20《徽宗本纪二》，第 382 页
政和五年（1115）	十月	冀州枣强埽决		《宋史》卷 93《河渠志三·黄河下》，第 2313 页

① 黄淮、杨士奇编：《历代名臣奏议》，上海古籍出版社 1989 年版。
② 《宋史》卷 61《五行志一上·水上》（第 1328 页）。
③ 《宋史》卷 20《徽宗本纪二》载，大观二年秋八月"邢州河水溢，坏民庐舍，复被水者家"（第 381 页）。

续表

时间		黄河决溢概况	备注	资料出处
政和七年(1117)		瀛、沧州河决，沧州城不没者三版		《宋史》卷61《五行志一·上·水上》，第1329页
宣和二年(1120)	六月	河溢冀州信都		《宋史》卷93《河渠志三·黄河下》，第2315页
	十一月	河决清河埽		《宋史》卷93《河渠志三·黄河下》，第2315页
		河溢胖成[城]，通房材[村]埽		《周益公文集》①卷29《京西北路制置安抚使孙公昭远行状》，《宋集珍本丛刊》第四十九册，第4页
宣和三年(1121)	六月	河决恩州清河埽		《宋史》卷22《徽宗本纪四》，第408页
	六月	河溢冀州信都		《宋史》卷93《河渠志三·黄河下》，第2315页
	十一月	河决清河埽		《宋史》卷93《河渠志三·黄河下》，第2315页
宣和五年(1123)	十月	大河暴涨，由恩州河清县门王余渡东[问]泛溢，冲荡大名府采城县[宗城县]		《宋会要》食货59之19，第5848页

① 周必大：《周益公文集》，《宋集珍本丛刊》第四十九册，线装书局2004年版。

通过表 1-1 的统计大致可以看出，相关史籍对北宋时期黄河决溢的记载，依据表 1-1 中的信息即多达 191 次。① 另外，我们如果将黄河决溢的数量置于北宋 167 年的时段内来加以考量，不难发现其决溢频率是颇为可观的，其中也有同一年份内黄河多次决溢情形的出现。倘若考虑到现存史籍对北宋黄河水灾的记载多有缺失这一因素，北宋时期的黄河决溢次数恐怕要远高于 191 次。

第二节　水灾的时空特征

通过前面的统计，我们可大体了解北宋时期黄河决溢的概况。对这一统计结果做进一步分析，我们也可对北宋时期黄河决溢的时空特征予以更深入的考察和探究。结合对第一节中相关统计数据的归纳和利用，本节试对北宋时期黄河决溢的时空特征做一定探讨。

一、　水灾的时间分布特征

基于对前面表格中相关统计数据的分析，本部分试从以下几个方面对北宋时期黄河水灾的时间分布特征做相应探讨：

第一，我们如以 10 年为一统计时段，则北宋时期的 191 次黄河决溢大致可呈现出如下图所示的分布特征：

---

① 因部分史籍中对黄河决溢的时间、地点记载不详等因素，这一统计数字可能包括对个别决溢的重复统计，特此说明。

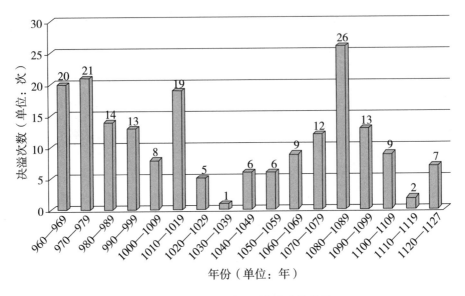

图 1 - 1：北宋黄河决溢时段分布柱状图

从上面的图示中可以明显看出，史籍中所载的 191 次北宋黄河决溢，比较典型地集中在 960—969 年、970—979 年、1010—1019 年、1080—1089 年等几个时段，依次为 20 次、21 次、19 次、26 次。此外，诸如 980—989 年、990—999 年、1090—1099 等几个时段，黄河的决溢也比较突出。在图 1 - 1 中，北宋末期的黄河决溢次数较少（如 1110—1119 年仅为 2 次），这也与现存相关史籍记载内容的缺失直接相关，并不足以客观反映这一时段黄河决溢的真实情况；另一方面，结合图 1 - 1 来看，北宋时期的黄河决溢又比较明显地集中在 960—1019 年和 1060—1109 年两大阶段。两大阶段的黄河决溢次数分别达到 95 次和 70 次，二者合计 165 次，共占北宋时期 191 次黄河决溢的 86.39%，这一比例显然也是颇高的。

第二，依据北宋王朝的发展脉络，我们对太祖朝至徽宗朝各阶段的黄河决溢情况加以分析，北宋的 191 次黄河决溢则又呈现出如图 1 - 2 所示的特征：

借助于图 1 - 2，我们可知在涉及黄河水灾的北宋八朝中，如单独从各阶段黄河决溢的总次数来看，黄河水灾尤为典型的是太祖朝、太宗朝、真宗朝、神宗朝四个时期，依次为 29 次、38 次、30 次、33 次。此外，仁宗朝、哲宗朝、徽宗朝的黄河决溢也比较突出，依次为 18 次、24 次、17 次。英宗朝时间比较短暂，仅涉及 2 次黄河决溢。神宗朝、哲宗朝、徽宗朝的黄河决溢次数之所以比较突出，这也与北宋中后期东流、北流局面的出现直接相关。

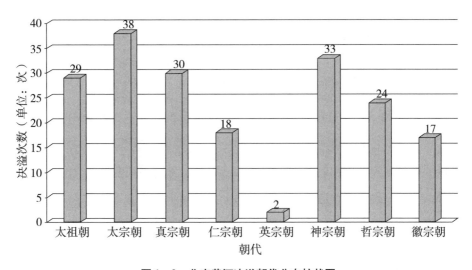

图 1-2：北宋黄河决溢朝代分布柱状图

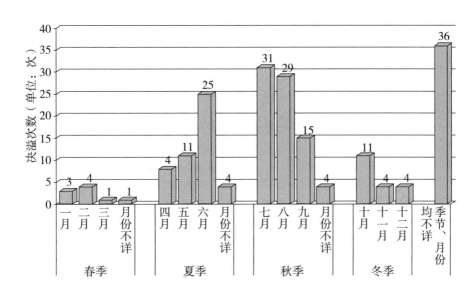

图 1-3：北宋黄河决溢季节分布柱状图

第三，如依据四季乃至月份的不同而对北宋时期的 191 次黄河决溢加以归纳，北宋时期的黄河决溢则呈现出图 1-3 所示的特征：

从图 1-3 所透露出的结果来看，北宋时期的 191 次黄河决溢，除却 36 次季节、月份均不详外，其余 155 次决溢包括春季 9 次、夏季 48 次、秋季 79 次、冬季 19 次。由此可见，北宋时期黄河决溢的出现，主要是集中在夏季和秋季，这一分布状况也大致与黄河地区的季风性气候基本相一致。

二、 水灾的空间分布特征

借助于第一节中"表 1-1：北宋黄河决溢概况简表"的相关信息，我们可大致统计出北宋时期的黄河决溢大约波及 281 地次。当然，因史籍记载语焉不详、内容缺失等问题的客观存在，这一数字也只能是比较粗略的一种统计结果。下面，我们即对这一统计数字的得出以图示的形式加以说明，并结合图示做进一步的分析。

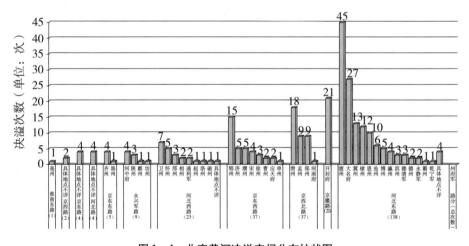

图 1-4：北宋黄河决溢空间分布柱状图

图 1-4 共涉及北宋时期的黄河决溢 281 地次。自路分的角度来看，这些黄河决溢主要集中分布在河北东路、京东西路、京西北路、河北西路、京畿

路等区域内，其黄河决溢的地次依次为 138、37、37、23、21。其中，河北东路境内的黄河决溢地次明显要高于其他路分；从具体的州府军来看，黄河决溢比较显著的则是澶州、大名府、开封府、滑州、郓州、冀州、棣州、恩州等地，其对应的决溢次数依次为 45 次、27 次、21 次、18 次、15 次、13 次、12 次、10 次，其中尤其以澶州、大名府、开封府三地内的黄河决溢更为突出。

北宋时期的黄河决溢之所以频频在澶州、滑州等地出现，这与当地河道狭窄、土质疏松等客观条件直接相关，宋人对此也有着较为深刻的认识。太平兴国八年（983），宋廷所遣使者在回奏中即称，"自孟抵郓，虽有堤防，唯滑与澶最为隘狭"①。郭谘在仁宗朝担任济阴知县时，也曾奏称"澶、滑堤狭，无以杀大河之怒，故汉以来河决多在澶、滑"②。可见，澶州、滑州等地段黄河河道的骤然变狭，成为极易引发黄河决溢的一个重要因素。不仅如此，在滑州等地的黄河沿岸地区，疏松的黄土层分布也给黄河河堤的修筑、水灾的防护带来极大的困难。如淳化四年（993），梁睿即曾奏称，"滑州土脉疏，岸善隤，每岁河决南岸，害民田"③，这也是该地区黄河防护中难以克服的一大难题，"河水正向南岸鱼池埽，所以每岁危急"④。而黄河自中游黄土高原地区进入下游平原地区后，下游地区的泥沙淤积、山脉阻挡等因素汇集一起，也极易引发黄河的决溢，"（黄河）东行至泰山之麓，则决而西，西行至西山之麓，则决而东"⑤，"河本泥沙，无不淤之理。淤常先下流，下流淤高，水行渐壅，乃决上流之低处，此势之常也"⑥。尤其是在多雨的夏季，水量的骤增、泥沙的加剧也直接造成黄河极易发生决溢。

综合来看，北宋时期黄河决溢发生的频次是颇为密集的，其决溢的地点

---

① 《宋史》卷 91《河渠志一·黄河上》，第 2259 页。
② 《宋史》卷 326《郭谘传》，第 10530 页。
③ 《宋史》卷 91《河渠志一·黄河上》，第 2260 页。
④ 《长编》卷 338，元丰六年八月丙子，第 8138 页。
⑤ 苏辙撰，陈宏天、高秀芳点校：《苏辙集·栾城集》卷 46《论黄河东流札子》，中华书局1999 年版，第 817 页。
⑥ 《宋史》卷 91《河渠志一·黄河上》，第 2270 页。

在空间分布上也较为广泛，同时又相对集中在澶州、大名府、开封府、滑州等黄河重要地段；在时间分布上，北宋时期的黄河决溢主要集中于夏季、秋季，而与这一时间集中性特征直接相关的，则是黄河决溢对农业生产的破坏严重、引发沿岸地区民众大量伤亡等问题也颇为突出。与这些特征相适应，北宋时期黄河水灾救护的开展也主要集中在这些地区、季节而展开。

第二章　北宋黄河水灾的社会危害

在中国古代，北宋时期是黄河水灾颇为严重的一个阶段，"民之灾患大者有四：一曰疫，二曰旱，三曰水，四曰畜灾。岁必有其一，但或轻或重耳"①。北宋时期的黄河"东出三门、集津为孟津，过虎牢，而后奔放平壤……故虎牢迤东距海口三二千里，恒被其害，宋为特甚"②，"蠹溢于千里，使百万生齿，居无庐，耕无田，流散而不复"③。吕陶在其《净德集》中也称，"大河为患，岁岁决溢，朔方诸郡，冲溃不常。生民之死于垫溺者为不少，幸得保其余生，而力困于河者亦多矣，蒸薪之积，堤防之劳，无时而已也。大抵壅之于东，则奔于南；障之于西，则注于北，而不见其素所谓河者，果安在也"④。北宋黄河水灾的频繁产生，严重影响到北宋社会的诸多方面，"大河流泛中国，为害最甚"⑤，而决非像司马光所称"水灾所伤，不过污下及滨河之民，若积雨既止，少疏而塞之，则民皆复业，岂能为国家之患哉"⑥ 那么简单。北宋黄河水灾往往引发人员伤亡和迁移、农业生产条件破坏、城镇与交

① 《宋史》卷431《邢昺传》，第12799—12800页。
② 《宋史》卷91《河渠志一·黄河上》，第2256页。
③ 《宋史》卷92《河渠志二·黄河中》，第2290页。
④ 吕陶：《净德集》卷20《究治上》，《丛书集成初编》本，中华书局1985年版，第214页。
⑤ 《历代名臣奏议》卷249《水利》，第3270页。
⑥ 《长编》卷183，嘉祐元年八月庚戌，第4430页。

通运输损毁等一系列相关问题，本章即主要围绕这些方面做相应的探讨。

第一节　导致人员伤亡与迁移

北宋时期黄河水灾的不断产生，极易造成沿岸地区乃至更远地区内人口的大量伤亡。同时，在水灾的频频冲击下，黄河沿岸地区的广大民众因河役的长期开展而劳役负担沉重，又由于农田的严重破坏等因素而时常面临生产、生活困境。这些方面的共同作用，导致北方人口的大量伤亡和迁移。

一、黄河水灾导致的人员伤亡

北宋时期黄河的频繁决溢，造成的社会危害往往颇为严重，其中危害之一即为水灾造成人口的大量伤亡。所谓"水旱杀人，百倍于虎"[①]，北宋时期身处黄河沿岸的广大民众对此更是有着深痛体验。北宋时期黄河水灾中的人员伤亡，涉及水灾中的人员亡溺、水灾救护中的兵夫伤亡乃至灾后疾疫传播、饥馑等多种因素引发的亡殁等多种情形。仅从北宋黄河水灾中因溺水而引发的直接性人员亡殁来看，史籍中对此即多有相应的记载：

表 2-1：北宋黄河水灾人员伤亡统计表

时间	起因	人员伤亡概况	资料来源
乾德五年（967）八月	河溢入卫州城	民溺死者数百	《宋史》卷2《太祖本纪二》，第26页
淳化四年（993）九月	澶州河涨，冲陷北城	民溺死者甚众	《宋史》卷61《五行志一上·水上》，第1323页

_____

① 《长编》卷473，元祐七年五月壬子，第11292页。

续表

时间	起因	人员伤亡概况	资料来源
大中祥符四年（1011）八月	河决通利军，大名府御河溢	人多溺死	《宋史》卷61《五行志一上·水上》，第1324页
大中祥符八年（1015）七月	坊州言大雨河溢	民有溺死者	《长编》卷85，大中祥符八年七月庚午，第1942页
天禧三年（1019）六月	滑州河溢州地西北天台山旁，俄复溃于城西南岸，摧七百步，漫流州城……历澶、濮、曹、郓，注梁山泊、济、徐州界，又合清河、古汴河上流入淮	民多漂没……军士溺死者千余人	《宋会要》方域14之7，第7549页
天圣二年（1024）	滑州修河	役卒多溺死者	《长编》卷102，天圣二年十月壬戌，第2367页
皇祐三年（1051）九月	直集贤院刘敞称："乃者……淮汝以西，关陕以东，数千里之间罹于水忧者。"	甚则溺死，不甚则流亡……略计百万人	《宋朝诸臣奏议》①卷127《上仁宗论修商胡口》，第1396页
皇祐五年（1053）	堵塞商胡决口河役失败	澶、魏、滨、棣、德、博多水死	《临川先生文集》②卷87《赠司空兼侍中文元贾魏公神道碑》
至和元年（1054）二月		乃者调民治河堤，疫死者众	《长编》卷176，至和元年二月庚子，第4253页
嘉祐元年（1056）四月	六塔河复决……诸路言江、河决溢，河北尤甚	保留溺没兵夫性命不少"，③"河溃浸数州，死者以万计"④	《宋史》卷12《仁宗本纪四》，第239页

---

　　①　赵汝愚编，北京大学中国中古史研究中心点校整理：《宋朝诸臣奏议》，上海古籍出版社1999年版。

　　②　王安石：《临川先生文集》，《四部丛刊》本。

　　③　《长编》卷182，嘉祐元年四月壬申，第4405页。

　　④　《鸡肋集》卷66《尚书司封员外郎胡公墓志铭》。

续表

时间	起因	人员伤亡概况	资料来源
嘉祐五年（1060）正月	六塔功败	滨、棣、德、博民多水死	《宋史》卷285《贾昌朝传》，第9620页
治平元年（1064）	黄河决溢	其河灾州军令渐补（义勇）	《长编》卷201，治平元年四月辛未，第4861页
熙宁元年（1068）秋	河决恩、冀州	漂溺居民	《宋史》卷61《五行志一上·水上》，第1327页
熙宁二年（1069）八月	河决沧州饶安	漂溺居民	《宋史》卷61《五行志一上·水上》，第1327页
元丰二年（1079）六月	导洛通汴中"大河注汴，坏堤覆舟"	人多溺死	《长编》卷298，元丰二年六月癸丑条记事，第7257页
元丰四年（1081）四月	澶州临河县小吴河溢北流	漂溺居民	《宋史》卷61《五行志一上·水上》，第1328页
元符二年（1099）六月	陕西、京西、河北大水，河溢	漂人民①	《宋史》卷61《五行志一上·水上》，第1328页
元符三年（1100）十二月	河北滨、（棣）等数州昨经河决，连亘千里		《宋会要》职官52之13，第3567页
大观元年（1107）夏	河北、京西河溢	漂溺民户	《宋史》卷61《五行志一上·水上》，第1328页
政和七年（1117）	瀛、沧州河决	民死者百余万	《宋史》卷61《五行志一上·水上》，第1328页

　　黄河水灾除了直接造成人员伤亡外，黄河水灾救护的长期、大规模开展，也极易引发救护士兵、河夫等人员的伤亡，而水灾灾民因饥冻等原因而伤亡的规模也不容小觑。如绍圣末年，针对都水使者修建广武四埽石岸这一提议，宋廷下令先尝试治岸数十步以检验是否可行，结果"黄（河）流湍悍，役人

---

　　① 《长编》卷512载，右正言邹浩奏称，"伏闻河北路水灾，比之陕西、京西等路，尤为深切，百姓漂溺，莫知其数"，元符二年七月庚戌（第12189页）。

多死，一方甚病，功不可成"①。另如元丰六年（1083）八月，都水使者范子渊主持开修温县大和陂直河"以回河流"，结果因兴役期间遭遇大雨而导致所役五万人"瘴疫继作，死亡者甚众"。② 事后，御史吕陶在元祐元年（1086）弹劾范子渊等人大兴回河东流河役时，也抨击该役"护堤压埽之人，溺死无数"③。伴随着北宋时期回河河役的不断出现，这种大批人员伤亡的情形也时有发生。元祐四年（1089）十月，给事中范祖禹即曾指责宋廷再次发起的回河河役"自困民力，自竭国用，又多杀人命，有不可胜言之害"④。尽管北宋大臣的这种言论有时难免会言过其实，但因黄河水灾、黄河河役所导致的民众大量伤亡，也是一个不争的事实。据相关大臣元符三年（1100）十二月的奏报，此前滨州、棣州等地"连亘千里"的黄河水灾，即造成灾后"饥冻而死者相枕藉"⑤ 凄惨景象的出现。诸如上述这些黄河决溢中、河役开展中的人员伤亡，仅是部分明确见诸史籍记载的相关事例，而未被史籍加以记载的人员伤亡应该也不在少数。另外，对于北宋时期黄河水灾中其他方面的人员伤亡情况，将在后面对应部分予以探讨。

二、 黄河水灾导致的人口迁移

北宋时期黄河水灾的频繁发生、救治活动的不断开展，直接造成大批民众的丧生，这对黄河沿岸居民生存压力的增强乃至大批外迁局面的形成也产生了重要影响。伴随着黄河水灾的频繁出现，黄河沿岸地区民众的大量外迁也就时有发生。

北宋时期黄河决溢的频繁发生、河决救护与河堤修筑的常年开展，也成为广大民众一项长期而沉重的劳役负担，这对于北方民众而言更是"工役罕

---

① 《宋史》卷354《谢文瓘传》，第11159—11160页。
② 《长编》卷338，元丰六年八月乙未，第8152页。
③ 《宋史》卷92《河渠志二·黄河中》，第2288页。
④ 《宋朝诸臣奏议》卷127《上哲宗论回河》，第1402页。
⑤ 《宋会要》职官52之13，第3567页。

有虚岁"①。早在北宋初期，黄河河役即已被广大北方民众、河夫视为重难之役，而伴随着北宋中后期黄河决溢的加剧则更是如此。从北方地区黄河夫役的征发范围来讲，河东路、河北西路、河北东路、京东西路、京东东路等地河患颇为频繁，因此对民众夫役征发的力度体现的尤为明显。这种因黄河防治而对大批民夫的长期征用，客观上对北方社会经济的冲击、破坏无疑也是相当显著，这在农业的发展中也有着突出反映。尽管宋廷不断颁布诏令要求尽力减轻黄河河役对农业的侵扰，但具体到河役的实际开展中却很难真正落实。如庆历初年，张方平在其《请减省河北徭役事》上奏中即明确指出，就当时河北路内民众的主要负担来讲，"一曰厨传，二曰徭役，三曰河防"②，足见河役负担对民众而言颇为沉重。嘉祐元年（1056）的六塔河河役也对沿岸地区的农业生产造成了极大的冲击，"六塔水微通，分大河之水不十分之三，滨河之民，丧业者已三万户"③。对黄河防治对力役的大批占用，王安石也多有诸如"举天下之役，半在于河渠堤埽"④、"河势浩难测，禹功传所闻……国论终将塞，民嗟亦已勤"⑤一类的感慨。倘若遭遇灾荒年份，黄河河役的征发对灾民而言更是雪上加霜，如河北等地的民众即不乏"河北民，生近二边长苦辛……今年大旱千里赤，州县仍催给河役"⑥、"河北之民既多泛溢之苦辛，而一岁之稼不败于波涛，则起夫以完堤防"⑦窘况的出现。

常年的黄河夫役征发，也极易导致黄河沿岸地区诸多民众因此而遭受破产，"每岁春首骚动良民，数路户口不获安居……内有地里遥远，科夫数多，

① 晁说之：《嵩山文集》卷1《元符三年应诏封事》，《四部丛刊》本。
② 张方平撰，郑涵点校：《张方平集》卷23《请减省河北徭役事》，中州古籍出版社2000年版，第343页。
③ 《长编》卷182，嘉祐元年六月戊寅，第4415页。
④ 《临川先生文集》卷62《议曰废都水监》。
⑤ 《临川先生文集》卷16《河势》。
⑥ 王安石：《王文公文集》卷51《河北民》，上海人民出版社1974年版，第579页。
⑦ 晁说之：《景迂生集》卷2《朔问下》，台湾商务印书馆1986年影印文渊阁《四库全书》本。

常至败家破产以从役事，民力用苦，无计以免"①，"黄河调发人夫修筑埽岸，每岁春首，骚动数路，常至败家破产"②。在河决频繁、河役苛重的河北等地，民众所要承担的力役负担更是苦不堪言，"河北系黄河行流、人使经由道路，每年人户应副工役，比于它路尤为劳费"③。王觌曾称，"河北百姓既频经水灾，又每年夫役重大，故岁稍不稔则轻去田间，无安土乐业之意"④，其中"频经水灾"、"每年夫役重大"对河北民众而言颇为符合实情，这也是造成灾民"岁稍不稔则轻去田间，无安土乐业之意"的重要推动因素。苏辙在元祐年间抨击回河东流时，也直言如此大型的河役必将导致"公私困竭，河北、京东西之民，为之不聊生"⑤。元祐三年（1088）十一月，针对大批征发河夫修治黄河对农业生产的严重破坏，曾肇也给予了严厉批评，认为"一人在官，一家废业，行者赍，居者送，方春农时，害其耕作。来岁水旱之变虽未必有，而人力不至，田为污莱，饥馑之灾，可以前知矣"⑥。曾肇的此番言论虽不无夸张，但也在一定程度上真实揭露了黄河夫役征发给农业生产等方面所造成的严重、连锁破坏。

毋庸讳言，浩繁的黄河河役始终是宋代北方民众长期无法摆脱的一项沉重负担，而这种苛重河役"无计以免"的压力、躲避黄河水灾的迫切诉求，客观上也加剧了黄河中下游地区民众外迁的趋势。针对黄河水灾以及水灾救治中大批人员迁徙、流动局面的不断出现，宋廷也借助于多种手段加以应对，其重要举措之一即为督促地方官员加强对灾民的安辑。如早在开宝五年（972）六月，宋廷即曾采取相应举措实施对黄河水灾灾民的安辑，"沿河州县官吏，勤恤所部民勿令转徙，田亩致损者籍其数以闻"⑦，借以缓解黄河沿岸

---

① 《宋会要》方域15之23，第7571页。
② 《宋史》卷93《河渠志三·黄河下》，第2311页。
③ 《宋朝诸臣奏议》卷108《上徽宗乞罢河北榷盐》，第1177页。
④ 《历代名臣奏议》卷245《荒政》，第3228页。
⑤ 《苏辙集·栾城集》卷46《论黄河东流札子》，第817页。
⑥ 《长编》卷417，元祐三年十一月戊辰，第10131页。
⑦ 《长编》卷13，开宝五年六月丁酉，第284页。

地区灾民的大批流动。此后，类似的做法也时有出现。如大中祥符五年
（1012）二月，针对黄河决口滨州、棣州后，两州内积水甚广、民众不得安居
这一状况，宋廷也紧急下令"委本路转运使及长吏倍加安抚"①。这些做法的
不断出现，也表明在黄河水灾冲击下灾民大批迁徙现象的严重。康定元年
（1040）十二月，针对京西地区大量荒田的形成，欧阳修认为："自京以西，
土之不辟者不知其数，非土之瘠而弃也，盖人不勤农与夫役重而逃尔。"② 在
此，他所称"夫役重而逃尔"是符合客观实际情况的，至于"人不勤农"却
与事实严重不符。"夫役重"局面的形成，应该说在很大程度上与黄河力役的
烦苛不无密切关联。马端临在《文献通考》中也称，"近世之民，轻去乡土，
转徙四方"③。我们对此如做仔细考量即可发现，宋代北方地区黄河水灾频频
出现所引发的农业耕作无以为继、河役负担沉重也是流民大量产生的一种背
后深层原因，"轻去乡土，转徙四方"是北方民众在黄河水灾威胁下所做出的
无奈选择。黄河水灾对民众生活、生产的直接破坏，致使大批丧失生计的民
众沦为流民，如皇祐五年（1053）六月，针对黄河南北两岸民众多因水灾而
大批流离，宋廷即规定"州县长吏有能招辑劳徕者，安抚、转运司条具能否
以闻"④。知制诰刘敞在其至和二年（1055）的《上仁宗论水旱之本》奏章中
也指出，"城中近日流民甚多，皆扶老携幼，无复生意。问其所从来，或云久
旱耕种失业，或云河溢田庐荡尽"⑤。黄河水灾对农业的严重冲击，农田大面
积被毁乃至生产恢复艰难等局面的出现，是导致灾民大批外迁的重要因素。
熙宁十年（1077）七月黄河曹村埽决溢，因其冲决范围颇广而引发了严重的
民居、农田损毁，由此造成大批灾民"流殍满野"⑥ 局面的出现。诸多黄河水

---

① 《长编》卷77，大中祥符五年二月丙寅，第1758页。
② 《长编》卷129，康定元年十二月乙巳，第3068页。
③ 《文献通考》卷168《刑考七·徒流》，考1460。
④ 《宋会要》食货69之40，第6349页。
⑤ 刘敞：《公是集》卷32《上仁宗论水旱之本》，《宋集珍本丛刊》第九册，第598页，线装书
局2004年版。
⑥ 《宋史》卷347《龚鼎臣传》，第11014页。

灾的发生，因其波及空间、人员往往颇为广泛，由此所引发的人口迁移也相应动辄规模庞大。譬如，陈襄即曾谈及，商胡埽决口后就曾因灾区内大量农田的损毁而造成大批流民的形成，"水灾之余，田庐荡溺，流离饿殍之民相望道路，集于河内者十余万口"①。郑獬在其《论河北流民札子》中也曾指出，"切〔窃〕见河北之民自去秋以来，相携老幼，皆徙于南方，累累道途，迄今不绝，不知几万户，兹非细事也。臣询得其由，或云以岁饥无食，或云地震不得宁居，或云河决失耕业，或云以避塞河之役"②。由此可见，黄河水灾对农业耕作的破坏与河役负担的沉重成为大批民众迁徙的重要因素。

北宋时期因黄河水灾而造成的民众大批流动、迁徙，在宋廷的诏令、大臣的上奏中多有反映。如庆历八年（1048）十二月，仁宗在其诏令中即指出，该年夏初的黄河决溢直接导致河北民众深受其害，"粒食罄缺，庐室荡空，流离乡园，携挈老幼，十室而九（空）"，而这种流民大批迁徙的景象直至秋冬季节仍在继续，"自秋徂冬，嗷嗷道途，沟壑为虑。悯其失业，弥甚纳隍"③。神宗年间，曹州民户王坦也曾为躲避当地的黄河水患而迁往京师④，类似的这种现象应该不在少数、决非个案。元祐二年（1087）三月，王觌曾奏称，"臣伏见河北人户转徙者多，朝廷责郡县以安集，空仓廪以赈济者，久矣……滨河之民，居者无安土之心，去者无还业之志……忧夫役者，虽非凶年，亦有转徙之意"⑤，从而流露出对黄河灾民大批、长期外迁的深切忧虑。乾宁军倚郭县境内因遭受黄河水灾的冲击，也引发民众的大量逃离，"自商胡口决，人户流散"⑥。同年四月，苏辙也曾论及，"伏见二年以来……灾沴荐至，非水即

---

　　① 陈襄：《古灵先生文集》卷25《墓志铭·先生行状》，《宋集珍本丛刊》第九册，第71页，线装书局2004年版。

　　② 郑獬：《郧溪集》卷13《论河北流民札子》，《宋集珍本丛刊》第十五册，第122页，线装书局2004年版。

　　③ 《宋会要》礼54之8，第1576页。

　　④ 《鸡肋集》卷62《朝散郎充集贤殿修撰提举西京嵩山崇福宫杜公行状》。

　　⑤ 《长编》卷396，元祐二年三月丙子，第9660—9661页。

　　⑥ 《长编》卷507，元符二年三月辛酉，第12081页。

旱。淮南饥馑，人至相食；河北流移，道路不绝"①。建中靖国元年（1101）正月，任伯雨在上奏中明确指出，河北境内因此前黄河的泛决也形成灾民大量外迁的局面，永静军以北"居民所存三四"，沧州以北更是"所存一二"，其他地区大致都呈现出这样一种萧条景象。这种局面的形成，导致河北境内"去年虽丰，无人耕种，所收苗稼，十不一二"②，可见灾民大批外迁对农业生产的破坏相当严重。同年，上官均也指出，此前黄河决溢的发生、连年的饥荒导致民众的大量田庐被毁，"昨因大河移改决溢，潴浸田庐，又累年饥荒，流移饿殍人数不少"③。此外，宋人在诗文中对黄河水灾下的这种灾民大批迁徙情形也有着形象的描绘。如黄庭坚在《流民叹》一诗中所称的"稍闻澶渊渡河日数万，河北不知虚几州"④，尽管此语不免夸张，但也反映出北宋时期黄河频繁决溢形势下灾民大量外迁的一种情形。相对于众多百姓，北宋时期世家大族因黄河水灾的危害而举家迁徙的事例也不罕见，譬如王速的祖辈原本居住在大名府境内，后来就因躲避黄河水患而被迫举家南迁至济南。⑤ 另如李清臣家族原本"世为魏人"，到李清臣时则由于黄河水灾的威胁而举家迁到洛阳，"始以河患徙家洛师"⑥。诸如此类士大夫家族由于规避黄河水患而形成的外迁，也成为北宋时期黄河水灾所造就的迁徙大军中的一部分。

第二节　破坏农业生产条件

北宋时期黄河决溢的频繁发生，也对广大农田造成了极为严重的冲击和破坏。这种破坏，不仅仅表现为水灾中大批农田的直接损毁，还体现在水灾

---

① 《宋朝诸臣奏议》卷43《上哲宗论水旱乞群臣面对言事》，第450页。

② 《宋朝诸臣奏议》卷45《上徽宗论月晕围昴毕》，第471页。

③ 《宋朝诸臣奏议》卷108《上徽宗乞罢河北榷盐》，第1177页。

④ 黄庭坚：《山谷全书》外集卷6《流民叹》，《宋集珍本丛刊》第二十五册，第713页，线装书局2004年版。

⑤ 楼钥：《攻媿集》卷90《王速行状》，《四部丛刊》本。

⑥ 《鸡肋集》卷62《资政殿大学士李公行状》。

后许多农田的严重沙化、涝化，从而给农业生产的恢复带来了显著困难。水灾冲击下大批灾民的外迁、流动，也进一步加剧了农业生产条件的恶化。

一、 直接损毁农田

受黄河决溢的直接或间接影响，北宋农田所遭受的破坏也是多方面的。在黄河决溢的冲击下，农田的损毁首当其冲，随即就是人口大量外迁、土地大批荒芜和种植面积缩减等现象的显现。仅从黄河决溢对农田的直接破坏来看，《长编》《宋史》等相关史籍即有着诸多记载：

表 2－2：北宋黄河水灾中的农田损毁简表

时间	农田损毁概况	资料出处
建隆元年 （960）十月	棣州河决，坏厌次、商河二县居民庐舍、田畴	《宋史》卷 61《五行志一上·水上》，第 1319 页
乾德三年 （965）七月	（黄河）又溢于郓州，坏民田……淄州、济州并河溢，害邹平、高苑县民田	《宋史》卷 61《五行志一上·水上》，第 1319 页
乾德三年 （965）八月	郓州河水溢，没田	《宋史》卷 2《太祖本纪二》，第 22 页
乾德四年 （966）六月	郓州东阿县河水溢，损民田	《宋会要》方域 14 之 1，第 7546 页
开宝四年 （971）十一月	河决澶州，东汇于郓、濮，坏民田	《长编》卷 12，开宝四年十一月庚戌，第 273 页
太平兴国二年 （977）闰七月	河溢开封等八县，害稼①	《宋史》卷 4《太宗本纪一》，第 56 页
太平兴国七年 （982）十月	怀州河决武德县，坏民田	《长编》卷 23，太平兴国七年十月壬申，第 528 页

---

① 《长编》卷 18 载，"汴水溢，坏开封大宁堤，浸民田，害稼"，太平兴国二年闰七月己酉（第 409 页）。

时间	农田损毁概况	资料出处
太平兴国八年（983）五月	河大决滑州房村，径澶、濮、曹、济诸州，浸民田……东南流入淮	《宋史》卷61《五行志一上·水上》，第1321页
太平兴国八年（983）夏、秋	开封、浚仪、酸枣、阳武、封丘、长垣、中牟、尉氏、襄邑、雍丘等县河水害民田	《宋史》卷61《五行志一上·水上》，第1322页
太平兴国八年（983）九月	近年以来河堤频决……坏田亩，数郡被其灾	《宋大诏令集》卷181《遣使按行遥堤诏》，第654页
太平兴国九年（984）正月	命户部推官监察御史索湘、元玘按行河决所坏民田	《宋太宗实录》卷28，太平兴国九年正月丙辰，第25页
太平兴国九年（984）八月	孟州河涨……损民田	《宋史》卷61《五行志一上·水上》，第1322页
太平兴国九年（984）八月	澶州言河涨，损民田	《宋太宗实录》卷31，太平兴国九年八月壬寅，第54页
咸平元年（998）七月	齐州清、黄河泛溢，坏田庐	《宋史》卷61《五行志一上·水上》，第1324页
大中祥符四年（1011）八月	河决通利军，大名府御河溢，合流坏府城，害田	《宋史》卷61《五行志一上·水上》，第1324页
天禧三年（1019）七月	京东、京西、河北转运使言河决坏民田	《长编》卷94，天禧三年七月甲子，第2160页
天禧五年（1021）	京东、西河决坏民田	《长编》卷97，天禧五年三月辛丑，第2244页
天圣六年（1028）	黄河潦涝，（沧州）管内无（棣）、饶安、临津、乐陵、盐山等五县民田甚多，皆被水占	《宋会要》食货61之60，第5903页
明道元年（1032）四月	大名府冠氏等八县水浸民田	《宋史》卷61《五行志一上·水上》，第1326页
庆历八年（1048）	今横垅故水止存三分，金、赤、游〔御〕河皆已堙塞，惟水壅京口以东，大污民田，乃至于海	《宋会要》方域14之18，第7554页

续表

时间	农田损毁概况	资料出处
皇祐元年（1049）三月	近年黄河决溢，水灾尤甚……而农亩荒废，流亡未复	《长编》卷166，皇祐元年三月庚子，第3992页
嘉祐元年（1056）四月	蔡挺、李仲昌等人导黄河入六塔河失败，"河北被害者凡数千里"	《东都事略》卷72《欧阳修传》，第1100页
嘉祐三年（1058）七月	京、索河水浸民田	《长编》卷187，嘉祐三年七月乙亥，第4516页
	比广济河溢，害东明民田。原武县河决汴堤长城口，漂浸封邱〔丘〕等处苗稼	《长编》卷187，嘉祐三年七月丙戌，第4516—4517页
熙宁七年（1074）六月	北京界黄河，自熙宁二年闭断北流，后累横决于许家港及清水镇，下入蒲泊，水势散漫，淹浸民田	《长编》卷254，熙宁七年六月月末条记事，第6218页
熙宁八年（1075）九月	大河衍溢，坏民田多者六十村	《长编》卷268，熙宁八年九月癸酉，第6569页
熙宁十年（1077）	河道南徙……凡灌郡县四十五，而濮、齐、郓、徐尤甚，坏田逾三十万顷	《宋史》卷92《河渠志二·黄河中》，第2284页
元丰五年（1082）秋	阳武、原武二县河决，坏田庐	《宋史》卷61《五行志一上·水上》，第1328页
元丰七年（1084）	怀州黄、沁河泛溢，大雨水，损稼	《宋史》卷61《五行志一上·水上》，第1328页
元祐元年（1086）二月	河决大名坏民田	《宋史》卷17《哲宗本纪一》，第321页
绍圣元年（1094）春	将陵埽决坏民田	《宋史》卷93《河渠志三·黄河下》，第2307页
元符元年（1098）九月	北京在澶州大河涨溢，溺民田宅	《长编》卷502，元符元年九月壬子，第11956页
元符元年（1098）十月	河北、京东路州县有漕，黄河涨水，渰溺人户田庐，多致失所	《长编》卷503，元符元年十月丁酉，第11982页
元符二年（1099）七月	河北河涨，没民田庐	《宋史》卷18《哲宗本纪二》，第352页

　　我们通过表2-2大致可以看出，宋代黄河水灾对农田的破坏不仅表现为频次高，且殃及范围也相当广泛，由此而给农业生产的开展造成极大的困难。北宋黄河水灾的发生，往往会造成大面积农田的损毁，"大河横流，吞食民田，未有穷已也"①，这对农业生产条件的破坏自然是相当严重。河北东路、河北西路境内的农田，更是时常遭受黄河决溢的危害，如包拯即曾明确谈及，"缘河北西路惟漳河南北最是良田，牧马地已占三分之一，东路又值横陇，商胡决溢，占民田三分之二，乃是河北良田六分，河水马地已占三分，其余又多是高柳及泽卤之地"②。针对黄河决溢给河北路境内农田所造成的严重破坏，欧阳修曾给予了较为详尽的论述：

　　　　河北之地……缘边广信、安肃、顺安、雄、霸之间，尽为塘水，民不得耕者十八九；澶、卫、德、博、滨、（沧）、通利、大名之界，东与南岁岁河灾，民不得耕者十五六……沧、瀛、深、冀、邢、洺、大名之界，西与北碱卤大小盐池，民不得耕者十三四。又有泊淀不毛，监马棚牧，与夫贫乏之逃而荒弃者，不可胜数。③

在神宗朝黄河决口澶渊时，宋廷最初准备对决口不加堵塞，而鲜于侁则明确指出，"东州汇泽惟两泺，夏秋雨淫，犹溢而害，若纵大河注其中，民为鱼矣"④，表达了对黄河决溢淤填梁山、张泽两泺以及冲注农田、淹溺民众的担忧。殃及多路的黄河大肆决溢，对农田所造成的广泛损毁往往是触目惊心。如庆历八年（1048）六月，澶州商胡埽的决口造成大范围农田的淹毁，对此贾昌朝在上奏中即指出，"国朝以来，开封、大名、怀、滑、澶、郓、濮、棣、齐之境，河屡决……今横陇故水，止存三分，金、赤、游河，皆已埋塞，

---

　　① 《长编》卷396，元祐二年三月丙子，第9661页。
　　② （宋）包拯著，杨国宜校注：《包拯集校注》卷2《请将邢洺州牧马地给与人户依旧耕佃（一）》，黄山书社1999年版，第121页。
　　③ 欧阳修：《欧阳文忠公文集》卷118《论河北财产上时相书》，《四部丛刊》本。
　　④ 《宋史》卷344《鲜于侁传》，第10937页。

惟出壅京口以东，大污民田，乃至于海。自古河决为害，莫甚于此"①，足见此次黄河决溢波及地域广泛、损毁农田严重。熙宁十年（1077）七月，黄河决口曹村下埽后大肆南徙，严重冲毁了濮州、齐州、郓州、徐州等境内的农田共计三十多万顷②，可见此次黄河决溢也是殃及大范围的农田。对于宋廷频繁征发民夫修治黄河、农田耕作颇受冲击等情形的存在，曾肇在元祐三年（1088）十一月时指出，"一人在官，一家废业，行者赍，居者送，方春农时，害其耕作。来岁水旱之变虽未必有，而人力不至，田为污莱，饥馑之灾，可以前知矣"③，这种状况也确实客观存在、难以避免。

二、农田的沙化和涝化

北宋时期黄河决溢的频繁发生，不仅极易造成大面积农田的直接性损毁，也使受灾区域内农田的沙化现象颇为显著。譬如黄河水灾相当严重的滑州地区，因在天禧年间频频受到黄河决溢的侵害而导致农田沙化严重，再加上灾民的大批外迁等因素，以致在熙宁五年（1072）被撤销州的建制而改为隶属开封府。④ 应该说，行政上的这种变化、调整，也是该地区长期在黄河水灾影响下耕地大范围受损、土壤沙化严重、人口大量外迁等因素共同作用的结果。京师汴京周边地区土壤的严重沙化，在北宋士人的作品中也留下了诸多相应的记载。王安石在其诗文中对此即多有"去秋东出汴河梁，已见中州旱势强。日射地穿千里赤，风吹沙度满城黄"⑤、"低回大梁下，屡叹风沙恶"⑥ 一类的形象描绘，展现出当时汴京周边农田大范围严重沙化的境况。罗大经的《鹤林玉露》，也记载称："本朝都大梁，地势平旷，每风起，则尘沙扑面，故侍

---

① 《长编》卷165，庆历八年十二月庚辰，第3977页。
② 《宋史》卷92《河渠志二·黄河中》，第2284页。
③ 《长编》卷417，元祐三年十一月戊辰，第10131页。
④ 《长编》卷237，熙宁五年八月辛巳，第5759页。
⑤ 《临川先生文集》卷25《读诏书》。
⑥ 《临川先生文集》卷5《冲卿席上》。

从跨马,许重戴以障尘。"① 此类情景的出现,无疑与黄河决溢的频发密切关联,而从中所折射出的农业生产条件的恶化显然也颇为严重。至于滑州、汴京以外其他地区因黄河决溢所造成的大量农田沙化,也是令人触目惊心。大面积沙化农田的出现,导致土壤地力大幅下降、农田恢复艰难等一系列问题都会随之而来,甚至还会引发部分农田的荒废。如政和元年(1111),曾任提举河北西路常平的王靓就曾指出:"河北郡县地形倾注,诸水所经如滹沱、漳塘,类皆湍猛,不减黄河,流势转易不常。民田因缘受害,或沙积而淤昧,或波啮而昏垫,昔有者今无,昔肥者今瘠。"② 类似的情形,在北宋时期黄河水灾发生后也是比较普遍,而沙化农田的地力恢复则需要较长时间。

北宋时期黄河水灾对农业生产条件的破坏,还体现在水灾后水涝的大面积出现和大批耕地的荒废,即会造成"若占地既久,即亦不堪"③ 的局面。如真宗初年出现的黄河、济水合流,虽经宋廷救治而使黄河回归故道,但被淤断的济水长期滞留在郓州、济州境内而无法排泄,从而造成"民良田百万顷水宅焉。三十年民不得一陇耕、一穗收"的严重局面。而这种状况的改善,直至天圣十年(1032)新济水河修成才得以实现,"民得是良田,播植五谷以衣食之,新济之功,此益为大"④。由此来看,真宗初年的这次黄河决溢引发的水涝灾害,对郓州、济州等地农业生产条件所造成的破坏也是范围广泛、时间颇长。另如明道二年(1033)正月,武胜军留后陈尧咨奏称:"梁添积水,废民田数万顷,不能疏导。"⑤ 随后,宋廷采纳陈尧咨的建议尝试疏导积水却未成功,可见黄河水涝对这一地区农田的危害也比较显著。类似的情形,在北宋时期的黄河决溢中时有发生。黄河水灾的发生虽然来去迅捷、维系时

---

① 罗大经撰,王瑞来点校:《鹤林玉露》丙编卷6《风水》,中华书局1997年版,第345页;另可参见程遂营《唐宋开封的气候和自然灾害》,《中国历史地理论丛》2002年第1期。
② 《宋会要》食货1之4—5,第4803—4804页。
③ 《长编》卷72,大中祥符二年八月丙申,第1630页。
④ 石介:《徂徕石先生文集》卷19《新济记》,中华书局1984年版,第226页。
⑤ 《长编》卷112,明道二年正月癸巳,第2604页。

间比较短暂，但灾后所形成的水涝危害却绝非短期内能迅速消除。庆历七年（1047）六月，知沧州郭劝曾追忆天圣六年（1028）黄河水灾后的水涝危害，指出沧州境内的无棣、饶安、临津、乐陵、盐山五县农田长期被河水侵浸，致使大批农民因土地无法耕种而被迫外迁。此次黄河决溢所引发的农田水涝灾害，也是范围广泛、持续时间长久，导致众多农田不能较快地恢复正常的农业耕作、外逃灾民无法及时回返，"业主逃移，虽有归心，奈以养种不得，无由复业"①。元祐二年（1087），王觌也曾明确指出，在河北大量农田被毁、大批民众外迁的形势下，外迁民众在灾后即使有意回返原籍，但因"田为陂泽者，虽欲还业，将安归乎"② 而使回返计划遥遥无期。

三、 灾后农业劳动力的外迁

伴随着黄河水灾的频繁发生，河北等地黄河重灾区内农田的广泛损毁成为推动灾民外迁的重要因素，而这种灾民大批外迁现象的出现也为灾后农业生产的恢复带来了极大的困难。如侍御史王岩叟曾指出，元祐二年（1087）的黄河决溢造成河北民众大量流离，"大河横流，弥漫千里，河北之人，流离狼狈，独被大害，而诸路不预也"③。元符二年（1099）六月，黄河在陕西路、京西路、河北路境内决溢，由此造成大量灾民、流民的产生，其中河北路境内更是颇为严重，"比之陕西、京西等路，尤为深切，百姓漂溺，莫知其数，死者既已不救，生者复难自存，老幼悲啼，伤动道路"④。相对于黄河灾民大量外迁的这种情形，灾民的灾后回迁也面临着重重压力、决非易事，"三二年间，唯上等有力，或可归业；自余流浪忘反，卒无还期"⑤。不仅如此，遭遇黄河水灾而外迁的农户，其原来交纳的赋税仍被加以保留，从而使人去税存

---

① 《宋会要》食货 61 之 60，第 5903 页。
② 《长编》卷 396，元祐二年三月丙子，第 9661 页。
③ 《长编》卷 398，元祐二年四月己亥，第 9716 页。
④ 《长编》卷 512，元符二年七月庚戌，第 12189 页。
⑤ 《宋朝诸臣奏议》卷 105《上仁宗乞拨河北逃田为屯田》，第 1132—1133 页。

问题也成为制约灾民回归原籍的一大因素。比如河北路滨州、棣州等经常遭遇黄河水灾的地区，即曾出现"民流未复，租赋故在"① 的现象，后在管师仁的建议下才暂时被减免。大量民众的外迁，极易引发大批土地的荒芜，从而进一步加剧农田的毁坏，"水灾之后，农民太半流徙，从来沃壤，尽为闲田……河朔流民，东走登、莱、潍、密，南奔淮、楚、荆、襄，西至并、代、关、陕，北投幽燕及山后诸镇……河朔逃田，尽成废弃；河朔军需，无以供亿"②。也正是在黄河水灾的不断冲击下，"河朔之民，不安其居久矣，一遇水旱，则扶老携幼，转徙而南"③，这种现象几乎成为一种常态，由此对北方地区所带来的农业劳动力骤减、农田耕作的荒废等严重危害也是不言而喻的。因此，在北宋时期黄河水灾不断出现这一局面下，北方诸多地区在一定时期内也容易陷入因水灾而土地荒芜、因土地荒芜而民众大量逃亡的恶性循环。

第三节　破坏城镇和交通

北宋时期黄河的频繁、大范围决溢，也对诸多城镇和交通运输造成严重的破坏。尤其是黄河沿岸地区，这种黄河水灾的破坏作用体现得更为明显。也正是在这种水灾的频频冲击下，黄河沿岸地区的某些城镇或是被迫迁徙，或是因在水灾中损毁过重而被废置，这些变动也相应引发北宋地方行政区划设置的部分对应调整。同时，黄河水灾对桥梁、水道的破坏，也使北宋时期的交通运输深受影响。本节即主要着眼于这些方面，从而对北宋黄河水灾的危害试做探讨。

---

① 《宋史》卷351《管师仁传》，第11112页。
② 《宋朝诸臣奏议》卷105《上仁宗乞拨河北逃田为屯田》，第1132—1133页。
③ 《苏轼文集》卷7《试馆职策问三首·冗官之弊水旱之灾河决之患》，第211页。

一、黄河水灾导致的城镇损毁

宋代黄河水灾对城镇所造成的破坏在史籍中可谓比比皆是，而这种破坏的一个重要体现，即是频繁的黄河水灾会直接导致某些城镇的损坏乃至彻底毁灭。为便于有关问题的说明，现对北宋时期黄河水灾过程中城镇损毁的情况做如下简要统计：

表 2-3：北宋黄河水灾中的城镇损毁简表

时间	城镇损毁情况	资料出处
建隆元年（960）	河决公乘渡口，坏（临邑）城	《宋史》卷85《地理志一·京东路》，第2108页
建隆元年（960）十月	棣州河决，坏厌次、商河二县居民庐舍	《宋史》卷61《五行志一上·水上》，第1319页
乾德三年（965）七月	河中府孟州并河水涨，孟州坏中潬军营、民舍数百区	《宋史》卷61《五行志一上·水上》，第1319页
乾德三年（965）八月	河溢河阳，坏民居	《宋史》卷2《太祖本纪二》，第22页
乾德四年（966）六月	观城县河决，坏居民庐舍，注大名。又灵河县堤坏，水东注卫南县境及南华县城	《宋史》卷61《五行之一上·水上》，第1319页
乾德四年（966）闰八月	曹州言河水汇入南华县，坏民庐舍	《长编》卷7，乾德四年闰八月乙丑，第177页
乾德五年（967）	卫州河溢，毁州城	《宋史》卷61《五行志一上·水上》，第1319页
开宝四年（971）六月	又郓州河及汶、清河皆溢，注东阿县及陈空镇，坏仓库、民舍	《宋史》卷61《五行志一上·水上》，第1320页
开宝七年（974）六月	安阳河溢，皆坏民居	《宋史》卷3《太祖本纪三》，第41页
太平兴国六年（981）	河中府河涨，陷连堤，溢入城，坏军营七所、民舍百余区	《宋史》卷61《五行志一上·水上》，第1321页

续表

时间	城镇损毁情况	资料出处
太平兴国八年（983）五月	河大决滑州韩村，泛澶、濮、曹、济诸州民田，坏居人庐舍	《宋史》卷91《河渠志一·黄河上》，第2259页
太平兴国八年（983）七月	鄜州言河水涨溢入城，坏官寺、民庐舍四百余区。河南府言黄河水涨五丈七尺，坏河清县丰饶务仓库、军垒、民庐舍千余区	《宋太宗实录》卷26，太平兴国八年七月辛巳，第6页
淳化二年（991）六月	博州大霖雨，河涨，坏民庐舍八百七十区	《宋史》卷61《五行志一上·水上》，第1323页
淳化三年（992）	河溢坏（霸州）城垒	《宋史》卷275《薛超传·丁罕附传》，第9377页
淳化四年（993）九月	澶州河涨，冲陷北城，坏居人庐舍、官署、仓库殆尽	《宋史》卷61《五行志一上·水上》，第1323页
淳化四年（993）十月	澶州河决，水西北流入御河，浸大名府城	《宋史》卷61《五行志一上·水上》，第1323页
咸平三年（1000）	河决郓州王陵埽……城中积水坏庐舍	《宋史》卷441《文苑三·姚铉传》，第13055页
大中祥符四年（1011）八月	河决通利军，大名府御河溢，合流坏府城	《宋史》卷61《五行志一上·水上》，第1324页
大中祥符五年（1012）正月	又决于（棣）州东南李民湾，环城数十里，民舍多坏	《宋会要》方域14之6，第7548页
天禧三年（1019）六月	河决滑州城西南，漂没公私庐舍……浸（徐）州城壁，不没者四板	《宋史》卷61《五行志一上·水上》，第1325页
天禧四年（1020）九月	决河浸徐州	《长编》卷96，天禧四年九月庚午，第2218页
天圣初年	河决白马东南，泛滥十余州，与淮水相通，徐州城上垂手可掬水	《涑水记闻》①卷15，第299页
康定元年（1040）九月	滑州言河水泛溢，坏居民庐舍	《长编》卷128，康定元年九月甲寅，第3037页

---

① 司马光撰，邓广铭、张希清点校：《涑水记闻》，中华书局1989年版。

时间	城镇损毁情况	资料出处
熙宁十年（1077）七月	遂大决于曹村，澶渊北流断绝，河道南徙，东汇于梁山、张泽泺，分为二派，一合南清河入于淮，一合北清河入于海，凡灌郡县四十五，而濮、齐、郓、徐州尤甚	《宋史》卷92《河渠志二·黄河中》，第2284页
熙宁十年（1077）	宋廷自王供埽下开堤取黄河水作运河，置闸引黄河水入御河，至次年竟"防遏不住，沫过闸口，冲注下流州府县镇，为患甚大"。	《文潞公文集》卷23《再奏运河利害》，《宋集珍本丛刊》第五册，第383页
元丰五年（1082）秋	阳武、原武二县河决，坏田庐	《宋史》卷61《五行志一上·水上》，第1328页
元丰七年（1084）七月	北京馆陶水，河溢入府城，坏公私庐舍	《宋史》卷61《五行志一上·水上》，第1328页
元丰七年（1084）八月	赵、邢、洺、磁、相诸州河水泛溢，坏城郭、军营	《宋史》卷61，《五行志一上·水上》，第1328页
元丰七年（1084）	怀州黄、沁河泛溢，大雨水……坏庐舍、城壁	《宋史》卷61《五行志一上·水上》，第1328页
元符元年（1098）九月	北京在澶州大河涨溢，溺民田宅	《长编》卷502，元符元年九月壬子，第11956页
元符二年（1099）六月	久雨，陕西、京西、河北大水，河溢……坏庐舍	《宋史》卷61《五行志一上·水上》，第1328页
元符二年（1099）七月	黄河大决，（大名府）府界县镇多已冲淹	《长编》卷512，元符二年七月乙巳，第12186页
元符二年（1099）七月	河北河涨，没民田庐	《宋史》卷18《哲宗本纪二》，第352页
崇宁二年（1103）秋	黄河涨入御河，行流浸大名府馆陶县，败庐舍	《宋史》卷95《河渠志五·御河》，第2357页
大观二年（1108）六月	冀州河溢，坏信都、南宫两县	《宋史》卷93《河渠志三·黄河下》，第2312页
大观二年（1108）秋	邢州言河决，陷巨鹿县①	《宋史》卷93《河渠志三·黄河下》，第2312页

---

① 《宋史》卷20《徽宗本纪二》载，"八月辛巳，邢州河水溢，坏民庐舍"，第381页。

时间	城镇损毁情况	资料出处
政和七年 （1117）	瀛、沧州河决，沧州城不没者三版	《宋史》卷61《五行志一上·水上》，第1329页

由以上这些事例可以看出，北宋时期黄河水灾的发生往往导致城镇的严重损毁，而且有时城镇损毁的范围也相当广泛。如熙宁十年（1077）的澶州曹村埽决溢，就对众多城镇造成了极大的毁坏。时任徐州刺史的苏轼在其诗文中对此次黄河水灾后徐州的悲惨景象有着真实的描绘，"岁寒霜重水归壑，但见屋瓦留沙痕"①，足见当时徐州城被水灾损毁的严重程度。元符二年（1099）六月的黄河内黄决口，造成的危害也颇为严重，对此右正言邹浩即曾指出，"凡在冲注，漂荡一空，如三门、白波则其害尤甚，盖数十年以来所未有也"，"臣伏见去年河北、京东等路大水，为害甚于常时……而今年之水，又非去年可比，盖自陕西、京西以至河北，其间州县当水冲者，皆漂荡民人，毁坏庐舍，至不可胜计"②。似如此范围广泛、程度严重的城镇损毁现象，在北宋黄河水灾中并不罕见。

二、 黄河水灾导致的政区变动

北宋时期频繁的黄河决溢对城镇的严重损毁，也进而引发部分城镇的被迫迁移，由此造成一定区域内的政区设置相应发生变动。如在建隆元年（960）的黄河公乘渡口决溢中，临邑城就遭受惨重冲击，此后可能又受重创而被迫在建隆三年（962）将治所移至孙耿镇。③ 对此，《宋会要》中也有着相应的记载，"临邑县，旧治权家村，建隆元年以河决公乘渡，坏城县（按：

---

① 吴之振、吕留良、吴自牧选，管庭芬、蒋光煦补：《宋诗钞》第662页，《答吕梁仲屯田》，中华书局1986年版。
② 《长编》卷511，元符二年六月乙亥，第12170—12171页。
③ 《宋史》卷85《地理志一·京东路》，第2108页。

应为‘县城’），三年徙治孙耿镇"①。淳化三年（992），黄河在博州聊城县境内决口，为此宋廷最终也被迫"移州治李〔孝〕武渡西，并县迁焉"②。又如黄河在咸平三年（1000）六月自郓州王陵埽决口后，宋廷随即派遣阎承翰等人前往救护，同时也多有大臣建议迁徙郓州城，"时议徙郓州以避河患"③。最终，宋廷决定将郓州城移至东南五十里处的汶阳乡高地④。出于躲避黄河水患的考虑，宋廷在明道二年（1033）十二月也曾下令将大名府朝城县县城徙至社婆村，同时"废郓州之王桥渡、淄州之临河镇"⑤。庆历年间黄河自德州决溢、入王纪口，也有大臣提议迁徙德州以避水患。在这种情形下，郑骧奉命前往检视并随即回奏不当徙城，结果"州果无患"⑥。皇祐元年（1049）二月，鉴于当时黄河、御河一同冲注乾宁军，河北转运使为此也奏请"迁其军于瀛州之属县"⑦。对此，宋廷出于慎重考虑而只允许将乾宁军的兵马迁徙至瀛州，乾宁军城池则暂时维系原地。熙宁二年（1069）八月，沧州饶安城因黄河水灾而人员伤亡严重，最终其县治也被迫移至张为村。⑧ 熙宁五年（1072）八月，滑州官府奏称，"本州自天禧河决后，市肆寂寥，地土沙薄，河上差科频数，民力凋敝〔弊〕，愿隶府界，与郑俱为畿邑为便，且庶几王畿四至，地里形势相等"⑨，最终获得批准。元丰五年（1082）八月，由于不堪黄河水灾对乾宁军的多次冲击，高阳关路转运司奏请"移乾宁军于沧州乾符

---

① 《宋会要》方域5之15，第7390页。
② 《宋会要》方域5之28，第7397页。
③ 《宋史》卷466《阎承翰传》，第13610页。
④ 《长编》卷47，咸平三年六月己酉，第1019页；《宋会要》方域5之17载，"郓州：咸平三年因水灾，以地卑下，移治旧州东南十里"，第7391页；《宋史》卷6《真宗本纪一》载为"（咸平三年五月）河决郓州，诏徙州城"，第112页。此从《长编》。
⑤ 《长编》卷113，明道二年十二月戊申，第2654页。
⑥ 《宋史》卷301《郑骧传》，第10006页。
⑦ 《长编纪事本末》卷47《再修澶州决河》，第1521页。
⑧ 《宋史》卷61《五行志一上·水上》，第1327页。
⑨ 《长编》卷237，熙宁五年八月辛巳，第5759页。

寨，废军为县"①，希望借此来躲避黄河水患的威胁。最终，鉴于大臣的反对和稳定民众的考虑，宋廷并未批准这一请求。但乾宁军徙城建议的反复出现，表明黄河水患对乾宁军城池的冲击无疑是相当频繁、严重。诸多城镇的整体迁移固然牵涉社会的众多方面，绝非易事而代价惨重。在以上黄河水灾破坏、威胁下徙城现象的频繁出现中，宋廷尽管在徙城活动成行前不乏谨慎权衡，但最终也多苦于黄河水患的重压而被迫实施。

因黄河水灾而被废的县镇，其建制的重新恢复则相当艰难。如熙宁三年（1070），恩州、冀州等地因黄河泛滥的冲击而导致部分县被取消建制，对此宋廷即下令这些被废的县"俟三年复置。以转运司言河虽已变移，然流民初复业，未可差役故也"②。因黄河水患的频繁破坏、境内人口的大量外迁，原武县在熙宁五年（1072）也被宋廷下令废县为镇、改隶阳武县，直到元祐元年（1086）才得以恢复县制。③ 乾德军境内的倚郭县，因黄河商胡口决溢后的严重破坏，造成人口大量外迁并一度被废除县制、并入乾德军。直到元符二年（1099）三月，随着返乡人口增加、户数已达万户以上局面的出现，倚郭县的县制才得以恢复。④ 相对于此，部分黄河水灾损毁州县建制的恢复则需要一个漫长的过程。如太原府所辖平晋县"熙宁初，以汾水溢而废"⑤，直到政和五年（1115）四月才在户部的建议下得以恢复县制。

三、 黄河水灾导致河道、 道路的破坏

北宋时期黄河的频繁决溢，往往会造成桥梁、河道、道路等交通条件的严重毁坏，从而给人员通行、物资运输带来极大不便。在此，仅就北宋黄河

① 《长编》卷329，元丰五年八月乙亥，第7925页；《宋会要》方域5之29系此事于熙宁五年八月，第7397页。此从《长编》。
② 《长编》卷213，熙宁三年七月庚戌，第5180页。
③ 《宋会要》方域5之22，第7394页。
④ 《长编》卷507，元符二年三月辛酉，第12081页。
⑤ 《宋会要》方域6之4，第7407页。

水灾对河道、道路的破坏给予探讨，至于黄河水灾对桥梁所造成的危害则将在第八章第四节予以分析。

北宋时期，黄河决溢对其他河流、湖泊的淤塞，极易引发局部范围内水路运输的严重损毁乃至中断，从而给水路交通运输的开展带来极大困难。如"下接济州，合蔡镇梁山泺至郓州，久来舟运"的五丈河，其水运条件就因天圣六年（1028）黄河决溢后泥沙的淤积而被严重破坏，"近者大河决荡……由合蔡而下，漫散不通舟"①。另据嘉祐四年（1059）八月都水监的奏报可知，河北提点刑狱薛申曾指出，"御河运路虽曾略通漕运，于今复已梗涩……即大河泛涨，又非其时，阻节公私辇运"②，可见当时黄河泛溢对御河漕运条件的破坏相当严重。熙宁七年（1074）五月，知冀州王庆民也曾奏称，冀州境内的小漳河"向为黄河北流所壅"③。在开封府境内，"睢阳当漕舟之路，定陶乃东运之冲，其后河截清水，颇涉艰阻"④。元祐元年（1086）十二月，张问在奉命勘察河北水道的过程中，发现永静军"有沿边寄籴并措置司斛斗约四十余万石"⑤ 因御河淤填、无法通漕而腐朽，而这种结果的产生也主要缘于黄河泥沙对御河水道的破坏。元祐三年（1088）十一月，针对此前黄河自小吴埽决口北溢而造成的御河河道严重淤积，苏辙也指出"今河自小吴北行，占压御河故地，虽使如议者之意，自北京以南折而东行，则御河湮灭已一二百里，亦无由复见矣"⑥。北宋时期黄河多次冲注梁山、张泽两泺，这也对水运造成了较大的危害。如元丰元年（1078）六月，京东路体量安抚黄廉在京东路遭遇黄河水灾后就曾奏称，"乞敕有司检计沟河，候丰熟，令所属调丁夫浚治。梁山、张泽两泺累岁填淤，浸损民田，亦乞自下流浚至滨州"⑦，可见此

① 《长编》卷106，天圣六年十二月戊子，第2487页。
② 《宋会要》食货42之19—20，第5571页。
③ 《长编》卷253，熙宁七年五月戊子，第6213页。
④ 《宋史》卷85《地理志一·京畿路》，第2112页。
⑤ 《长编》卷393，元祐元年十二月辛亥，第9583页。
⑥ 《长编》卷416，元祐三年十一月甲辰，第10114页。
⑦ 《宋会要》食货7之30，第4920页。

次黄河决溢对沟河、塘泺的填淤也相当严重。

北宋时期黄河对御河的泥沙淤积时有发生，而所淤泥沙的清除则相当艰难。如河北路转运使吴安持在绍圣三年（1096）四月奏称，自元丰四年（1081）黄河在小吴埽决口北流后，御河因黄河泥沙的长期淤积而逐渐湮塞。在当时黄河、御河业已分离的情况下，吴安持提议由李仲组织开导御河而获得宋廷的批准。①据此可以看出，御河此番遭受黄河淤积危害的时间相当长、水路交通破坏颇为严重。宋廷在元符元年（1098）十月所颁诏令中也指出，河北路、京东路辖区内此前曾因黄河的冲击而"湮溺人户田庐，多致失所"②，想必此次黄河水灾对两路内的水道运输也造成了极大的破坏。北宋黄河对诸多水道的淤积，直接引发多处河道水运条件的显著恶化。比如御河的水运条件，就因黄河的冲击而多有起伏，"御河粮纲初系六十分重难差遣，其后以河道平稳，改作六十分优轻"，但到元祐六年（1091）又因黄河决口小吴埽后的冲注而转为"水势崄恶"，刑部为此也奏请"复为重难"③。这种水运条件自"六十分优轻"到"重难"的巨大变化，明显反映出黄河冲击下御河水运环境的骤变、航运难度的大增。在北宋时期黄河对河流水运条件的众多破坏中，御河所受危害应该是相当显著的。

此外，北宋时期黄河水灾对道路的破坏也较为严重。如天禧三年（1019）九月，澶州黄河的决溢就导致辽朝遣宋使者通行的卫州、通利军境内道路被严重冲毁，为此宋廷也紧急下令开展道路的修整，"诏割澶州公用钱百万，分给卫州、通利军，俟河平日仍旧"④。元丰五年（1082），开封府境内的道路也因黄河决水的弥漫而受到严重毁坏，"开封府界漫水，所至县百姓有聚在高阜，不通往来，致绝粮食者"⑤，从而给物资的运输带来极大不便。元祐五年

① 《宋会要》方域17之11，第7602页。
② 《长编》卷503，元符元年十月丁酉，第11982页。
③ 《长编》卷457，元祐六年四月庚戌，第10943页。
④ 《长编》卷94，天禧三年九月乙丑，第2166页。
⑤ 《宋会要》食货68之113，第6310页。

（1090）十月，太仆少卿吴安持等人奉命迎接辽朝使者，结果就面临此前黄河决口原武埽后所形成的"自滑州以南犹有横水三十余里"①问题。最终，宋廷又派遣水部员外郎王谔组织新船六十艘接济辽朝使者。可见，黄河原武埽的决溢对道路的冲毁也是相当严重。

第四节　损耗财富与破坏社会秩序

北宋时期黄河水灾的频繁出现，直接导致大批农田和城镇的损毁，由此导致社会财富的巨大损失。而宋廷在黄河水灾中、水灾后所长期、频繁开展的救护活动，也有着大量的物力、财力投入。诸多损耗累加在一起，对北宋社会而言也是相当庞大的一笔财富损失。其中，仅黄河水灾防治中长期、不断耗费的大批物料，就是相当巨大的一笔财富消耗。同时，部分灾民和士兵因农业生产的破坏、生计困难和河役的繁重而被迫走上公开反抗的道路，这也严重冲击着北宋社会秩序的稳定。

一、社会财富的大量损耗

黄河水灾救护的发展，在北宋前期、中后期不同的两大阶段对社会财富的消耗程度也明显存在着较大的差异。这种社会财富消耗规模的差异，也直接与两大阶段内黄河决溢频度和强度、救护活动开展的频率等因素相对应。北宋前期虽不乏黄河水灾的发生，但其所造成的破坏相对较弱，水灾救护的开展主要体现为对黄河河堤的日常修建与维护，尚无大规模河役的开展。在此情形下，黄河河役的开展、水灾的防护对北宋社会财富所造成的损耗还比较有限。随着庆历以后黄河决溢不断、大型河役层出不穷和东流、北流并存局面的出现，宋廷所投入的人力、物力、财力都急剧增加，由此引发的社会

---

① 《宋会要》职官51之2，第3537页。

财富消耗更是规模浩瀚。北宋黄河的频繁决溢和防治活动的长期开展，导致
"每岁河堤，常需修补"①、"诸埽须薪刍竹索，岁给有常数，费以巨万计"②
几乎成为一种常态，从而耗费了巨额的社会财富。同时，一些大型河役的
失败也会造成大批物料的损耗，如嘉祐元年（1056）堵塞黄河北流以入
六塔河之役的失败，即造成"漂溺兵夫与楗塞之费不可胜计"③的重大损
失，此种情形在北宋时期的黄河治理中也是多有发生。此外，部分黄河河
役的开展迁延多年，其长期的财富损耗自然也是规模可观。如庆历八年
（1048）十二月，贾昌朝在其上奏中即称，"天禧三年至四年夏连决，天
台山傍〔旁〕尤甚，凡九载乃塞之"④，诸如此类河役的长期开展无疑也会
消耗大量的财富。而对于防治黄河所需的庞大开支，宋廷也是极力加以保障，
"所费皆有司岁计而无缺焉"⑤。倘若再将水灾防治中的兵民消耗、水灾中的财
富损失等诸多名目加在一起，北宋黄河水灾防治的财富消耗必将是一笔难以
估量的巨额损耗。

黄河水灾防治的巨大财富消耗，在北宋士大夫的众多议论中也有着突出
的体现。随着庆历年间黄河决溢的加剧，水灾救治的相关财富损耗也显著增
加，这在北宋士大夫的言论中也有着鲜明反映。如庆历八年（1048）十二月，
贾昌朝即对河朔地区的治河财富损失多有揭露，认为"朝廷以朔方根本之地，
御备契丹，取财用以馈军师者，惟沧、棣、滨、齐最厚。自横陇决，财利耗
半，商胡之败，十失其八九"⑥。显然，这种大型河役的开展对社会财富的消
耗是相当惊人的。而针对黄河水灾防治中的巨大财富损耗，其他大臣也多有
着类似的批评。如至和二年（1055），欧阳修就曾抨击在商胡埽的堵塞中由于

---

① 《宋会要》方域 14 之 1，第 7546 页。
② 《长编》卷 115，景祐元年十二月癸未，第 2709 页。
③ 《宋会要》职官 65 之 14，第 3853 页。
④ 《宋会要》方域 14 之 17，第 7554 页。
⑤ 《宋史》卷 91《河渠志一·黄河上》，第 2266 页。
⑥ 《长编》卷 165，庆历八年十二月庚辰，第 3977 页。

相关官员的失于谋划、举役仓促而造成财富的巨大浪费，指出该役"凡科配梢芟一千八百万，骚动六路一百余军州，官吏催驱，急若星火，民庶愁苦，盈于道途。或物已输官，或人方在路，未及兴役，寻已罢修，虚费民财"①。一次大型河役的物料损耗、财富损失就如此庞大，那么北宋时期黄河河役长期开展中的整体财富损耗自然更是规模巨大。另如在元丰元年（1078）的曹村决口堵塞过程中，相关官员组织修筑的河堤长达一百四十里，为此也耗费了巨额的财富，"用工一百九十余万、木一千二百万有奇，钱米各三十万"②。元祐元年（1086），御史吕陶所称"修堤开河，靡费巨万"③，这也只是对黄河水灾防治中财富损耗的一种相当笼统的估量，实际的财富耗费要远高于这一规模。尤其是在黄河东流、北流并行时期，诸多河役的频繁开展所要消耗的财富更是居高不下。元祐三年（1088）十一月，户部侍郎苏辙就曾指出，相关的治河费用在东流、北流并存形势下也会激增，"两河并行，不免各立堤防，其为费耗又倍今日矣"④。同时，苏辙也指出，修河司设置以来宋廷已因治河活动的开展支付现钱49万多贯，"其他公私所费，犹不在此数……今为分水之故，添为两河东西四岸。内北流横添四十五埽，使臣三十四员，河清兵士三千六百余人，物料七百一十六万三千余束。其为耗蠹，何可胜言！"⑤赵偁也曾直言，"自顷有司回河几三年，功费骚动半天下"⑥。凡此种种言论，无不折射出北宋黄河水灾防治期间财富消耗巨大。相对于此，建中靖国元年（1101）时左正言任伯雨则更是尖锐指出，"自古竭天下之力以事河者，莫如本朝"⑦，可谓一语中的、鞭辟入里。客观而言，有关北宋黄河水灾防治中物料消耗、大臣议论方面的记载，对北宋黄河防治中的巨额财富损耗而言也只

---

① 《宋史》卷91《河渠志一·黄河上》，第2267—2268页。
② 《皇朝编年纲目备要》卷20，元丰元年五月，第489页。
③ 《宋史》卷92《河渠志二·黄河中》，第2288页。
④ 《宋朝诸臣奏议》卷127《上哲宗论回河》，第1401页。
⑤ 《苏辙集·栾城集》卷46《论黄河东流札子》，第818—819页。
⑥ 《宋史》卷92《河渠志二·黄河中》，第2301页。
⑦ 《宋史》卷93《河渠志三·黄河下》，第2310页。

是冰山一角，实际的治河财富消耗更是规模庞大、难以估量。

相对于宋廷的其他开支，黄河水灾防治中的长期、巨额财富消耗也占据重要地位，这在北宋士大夫的言论中也有着相应的反映。如吕元钧即曾指出，"国之大费六宗：枝之禄也，万官之养也，冗兵之食也，二边之赐也，郊祀之锡也，河防之备也"①，可见仅从黄河治理中的政府财政投入来讲就是一笔相当不小的开支，从而被视为"国之大费六宗"之一。具体到黄河水灾相当严重的一些路分，这种巨大的财富损失也有着更为突出的反映。如京西路的黄河防治支出就是相当庞大的一笔资金，"大河之防，陵寝之奉，视他路为剧，往往丐请于朝，或移用他司钱佐其乏"②，可见在经费不足的情况下还需寻求其他方面的支援。又如河北路，仅在元祐二年（1087）的黄河治理中就"陷租赋以百万计"③，财富消耗也是十分庞大。

二、 社会秩序的严重破坏

北宋黄河水灾的频繁冲击、黄河河役的长期重压，也迫使部分灾民、士兵走上武装反抗的道路，从而引发社会秩序的严重动荡。如天禧三年（1019）六月，在黄河大决于滑州并夺淮入海的形势下，宋廷除积极开展水灾救护外，同时又命入内供奉官史崇、杨继斌"以马步卒二百四十人巡逻（滑州黄河）两岸，捕缉贼盗"④，以防在当时混乱局势下灾民盗窃、作乱等现象的发生。而在天圣年间，司马光曾奏称，"今岁府界、京东、京西水灾极多，严刑峻法以除盗贼，犹恐春冬之交，饥民啸聚，不可禁御"⑤，流露出对大批水灾灾民聚众反抗的忧虑。嘉祐元年（1056）黄河自商胡埽决口后，宋廷"诏留戍满

---

① 《历代名臣奏议》卷38《治道》，第521—522页。
② 孙觌：《鸿庆居士集》卷34《朱彦美墓志铭》，台湾商务印书馆1986年影印文渊阁《四库全书》本。
③ 《宋史》卷92《河渠志二·黄河中》，第2290页。
④ 《宋会要》方域14之8，第7549页。
⑤ 《宋史》卷200《刑法志二》，第4988页。

卒以助堤役",借以弥补黄河水灾救护队伍的不足,结果引发了这些士兵的群起反抗,"辄群噪,将劫库兵为乱"。在此危急形势下,澶州总管张忠"潜捕倡前者数人,斩以徇"①,才得以化解了士兵哗变的危机。

针对京东路、京西路、淮南路等地"比年水灾,盗贼仍起"这一形势,宋廷在嘉祐六年(1061)十月责令这些地区的安抚司、转运司、提点刑狱司、钤辖司"于控扼之地,相度增置都巡检"②。熙宁九年(1076)七月,神宗也曾谈及,"河北、京东时有结集群盗,攻劫镇市,杀伤官吏,闻多是新条所配河清军亡",可见逃亡河卒的聚众为盗也对社会秩序的稳定造成了极大危害。针对这种现象,神宗要求官员加强对河清兵的管控,指出"前此配人己多,若不措置,河上厢军营率与州郡相远,上下羁束不严,后日为患不细,可速相度指挥"③。元祐二年(1087)四月,苏辙也对水灾下的灾民反抗活动有所揭露,指出"伏见二年以来……灾沴荐至,非水即旱……京东困弊,盗贼群起"④。可见,开封府界、京东路、京西路、河北路等区域内的黄河灾民和治河士卒,因生活无着或河役负担沉重而不乏武装反抗,从而对北宋社会秩序的稳定构成严重冲击。

北宋黄河水患所造成的社会危害相当广泛,上述这些方面虽仅仅是择其大要,但已足见黄河水灾对当时社会人口的伤亡与迁徙、农业生产条件的严重破坏以及由此引发的人口流动与耕作恢复艰难、城镇与交通条件的严重受损、社会财富的巨大消耗、社会秩序的动荡等一系列严重问题。具体到社会现实中,北宋黄河水灾所引发的危害却远不止于此,而是广泛涉及其他诸多方面,如天禧三年(1019)的黄河决溢最终即造成灵昌监被废,从而对畜牧业的发展也造成一定的破坏与影响。⑤ 为防备、救护黄河水患,宋廷长期组织

---

① 《宋史》卷323《张忠传》,第10464页。
② 《长编》卷195,嘉祐六年十月丙戌,第4727页。
③ 《长编》卷277,熙宁九年七月辛酉,第6768页。
④ 《宋朝诸臣奏议》卷43《上哲宗论水旱乞群臣面对言事》,第450页。
⑤ 《宋史》卷198《兵志十二·马政》,第4930页。

实施的河堤修护、决口堵塞、物料采伐等活动，也给广大士卒、民众带来了相当沉重的劳役负担，进而引发社会的动荡乃至环境的破坏等一系列问题。众多因素汇集在一起，黄河水灾对北宋社会的发展与稳定构成严峻的挑战，也迫使宋廷采取诸多举措加以应对，对此将在第三章予以相应探讨。

第三章　北宋黄河水灾的救济

北宋时期的黄河水灾频繁发生而又破坏严重，从而成为制约社会发展的一大障碍，"盖洪水之患，唯河为甚"①、"终宋之世，讫无宁岁"②。针对黄河水灾所引发的多重危害，宋廷也综合运用多种举措来开展对灾民的救济，以实现社会秩序的稳定和生产的恢复。对此，《宋史》中也有着相应的概括性记载：

> 水旱、蝗螟、饥疫之灾，治世所不能免，然必有以待之……宋之为治，一本于仁厚，凡振贫恤患之意，视前代尤为切至。诸州岁歉，必发常平、惠民诸仓粟，或平价以粜，或贷以种食，或直以振给之，无分于主客户。不足，则遣使驰传发省仓，或转漕粟于他路；或募富民出钱粟，酬以官爵，劝谕官吏，许书历为课；若举放以济贫乏者，秋成，官为理偿。又不足，则出内藏或奉宸库金帛，鬻祠部度僧牒；东南则留发运司岁漕米，或数十万石，或百万石济之……薄关市之征，鬻牛者免算，运米舟车除沿路力胜钱。利有可

---

① 朱熹撰，朱杰人、严佐之、刘永翔主编：《朱子全书·晦庵先生朱文公文集》卷72《九江彭蠡辨》，上海古籍出版社、安徽教育出版社2002年版，第二十四册，第3450页。

② 李濂撰，周宝珠、程民生点校：《汴京遗迹志》卷5《河渠志一·黄河》，中华书局1999年版，第71页。

与民共者不禁……无可归者，或赋以闲田，或听隶军籍，或募少壮兴修工役。老疾幼弱不能存者，听官司收养。水灾州县具船栰拯民，置之水不到之地，运薪粮给之。因饥疫若厌〔压〕溺死者，官为埋葬，厌〔压〕溺死者加赐其家钱粟。①

宋廷的黄河水灾救助，主要包括对钱粮赈贷和赐与、提供临时住所、赋税减免和缓征、以工代赈、招募灾民为兵等举措的运用，并在实践中不断加以发展和完善。本章也主要着眼于这些方面，对北宋时期黄河水灾救济的相关举措予以探讨。

第一节　钱粮赈贷和赐与

在黄河水灾发生期间以及灾后初期，如何帮助灾民尽快解决食粮问题、降低人员伤亡规模，这是宋廷所面临的首要任务和迫切需要解决的难题。与之相应，宋廷在黄河水灾期间和水灾后，往往会广泛实施食粮的借贷或赐与，藉此减少人员伤亡和稳定社会秩序、推动灾后社会生产的恢复。同时，黄河水灾后农业耕作的恢复、灾民生活和生产的稳定，也需要政府在粮种、资金等方面给予救助。借助于粮食、粮种、资金的赈贷或赐与，宋廷尽力帮助灾民解决燃眉之急。

一、食粮借贷

在北宋时期水灾救助活动的开展中，宋廷对灾民所开展的食粮借贷活动相当普遍、形式多样，对帮助灾民暂时渡过难关发挥了重要作用。

（一）常平仓、义仓等食粮借贷

中国古代完善仓储建设以备灾荒的思想由来已久，"国无九年之蓄，曰不

---

① 《宋史》卷178《食货志上六·振恤》，第4335—4336页。

足；无六年之蓄，曰急；无三年之蓄，曰国非其国也。三年耕，必有一年之食；九年耕，必有三年之食。以三十年之通，虽有凶旱水溢，民无菜色"①，这种思想在北宋黄河水灾救护的开展中也获得了较好的体现和发展。如太宗即曾称，"存救之术，储廪是资，所以禳凶灾、防水旱也。备预无素，灾至而思，御之其可及乎？今丰穰屡臻，宜多积蓄，可令诸道转运使与所在长吏，共计度之，省察仓储，无令损败"②。在对黄河灾民予以粮食赈贷、赐与的过程中，常平仓、义仓获得了宋廷的充分利用，"本朝常平之法遍天下，盖非汉唐之所能及也"③，"恤民备灾，储蓄之政，莫如常平、义仓"④。北宋常平司的主要职责即为"掌常平、义仓、免役、市易、坊场、河渡、水利之法，视岁之丰歉而为之敛散，以惠农民"⑤，以常平仓钱粮救助民众是常平司的重要职能之一，因而北宋黄河水灾救助的长期开展多有常平司的参与。相对而言，宋廷借助于常平仓而开展的黄河水灾救助活动产生较晚一些，如天禧四年（1020）二月"以河决为害故"⑥ 而命曹州、濮州、郓州、单州、徐州及淮阳军官吏赈贷遭受黄河水灾的贫民，但在此后即逐渐增多。如针对嘉祐元年（1056）导黄河入六塔河河役失败后大量灾民的涌现，宋廷即采纳河北转运使周沆的提议，责令临近灾民的常平仓施以援手，同时又"遣使按视救恤"⑦，以保障相关救济工作的落实。尤其是熙丰年间，宋廷借助于常平仓而开展的黄河水灾救济活动更是明显增多，这在史籍中即多有相关记载：

（1）熙宁元年（1068）七月，宋廷下令对恩州、冀州境内的黄河水灾灾

---

① 阮元校注：《十三经注疏·礼记正义》卷12《王制》，中华书局1985年版，第1334页。

② 《宋大诏令集》卷184《令转运使与长吏共计度积蓄诏》，第670页。

③ 董煟：《救荒活民书》卷1，《丛书集成初编》本，中华书局1985年版，第9页。

④ 李心传撰，胡坤点校：《建炎以来系年要录》卷130，绍兴九年七月辛丑，中华书局2013年版，第2445页。

⑤ 《宋史》卷167《职官志七·提举常平茶马市舶等职》，第3968页。

⑥ 《长编》卷95，天禧四年二月丙申，第2182页。

⑦ 《长编纪事本末》卷47《再修澶州决河》，第1534页。

民"令省仓赐粟"。①

（2）熙宁二年（1069）七月，宋廷下令对水灾州军"令本路转运使、判官、提点刑狱分往被灾处所恤贫民缺食者，支广惠仓粟赈济；如不足，量支省仓。仍于人户住近处减常平米价就粜。若贫人无钱，相度赊粜，令至秋送纳。其非税户，即与远立日限纳价钱，并委就近从长施行讫奏"。②

（3）熙宁十年（1077）八月，针对卫州境内黄河、沁河决溢为灾、民众乏食的情形，卫州知州鲁有开下令"用缓急缺乏条借给常平钱谷"。③

（4）熙宁十年（1077）十二月，河北路体量安抚安焘奏请"乞河北两路被水灾户第四等以下放税及七分者，望许赴常平仓借请粮，以口率为差。又流民所至，当行赈救，宜许于常平省仓或封桩粮借，以支度僧牒所兑米数拨还"④，获得宋廷批准。

（5）元丰元年（1078）八月，宋廷下令对滨州、棣州、沧州境内的黄河灾民实施常平粮赈济，"第四等以下被水灾民，令十户以上立保，贷请常平粮。四口以上户借一石五斗，五口以上户借两口〔石〕，免出息"。⑤

（6）元丰四年（1081）六月，宋廷还允许河北境内的黄河灾民以农具为抵押借贷粮食，"有农具计折当常平粮斛，候水退日收赎"。⑥

（7）元祐元年（1086）六月，宋廷责令河北路监司遣官分赴各州，"以义仓、常平谷赈济被水缺食人户"。⑦

通过上述事例我们可以看出，熙丰年间黄河水灾救助中对常平仓的利用程度、具体实施细节都有了较大改进。

宋廷在哲宗朝利用常平仓而实施的黄河水灾救助也较为普遍。鉴于对地

---

① 《宋会要》食货68之38，第6272页。
② 《宋会要》瑞异3之4，第2106页。
③ 《长编》卷284，熙宁十年八月辛卯，第6954页。
④ 《长编》卷286，熙宁十年十二月癸卯，第7001页。
⑤ 《宋会要》食货68之40，第6273页。
⑥ 《长编》卷313，元丰四年六月己未，第7584页。
⑦ 《宋会要》食货68之44，第6275页。

方官员不能有效救护灾民的担忧，如针对大名府境内黄河冲击下的民田淹浸、灾民缺食状况，宋廷在元祐元年（1086）二月责成安抚使韩绛负责进一步的询访和赈济①；绍圣元年（1094）九月，宋廷派遣监察御史刘拯赶赴河北东路、河北西路检查水灾州军缺食人户的赈济，"应合行事，令条具以闻"②。诸如此类的黄河水灾赈济，应涉及对常平仓的利用。直至宣和五年（1123）十月，针对黄河自恩州河清县王余渡向东泛决、冲荡大名府宗城县这一情形，宋廷也下令"本县被水人户，令本州提举常平官亲诣流移所在，遍行赈济"③。

除利用常平仓之外，宋廷也借助于义仓开展对黄河灾民的救助。早在乾德元年（963）三月，宋廷即令各州县复设义仓，"官所收二税，石别输一斗贮之，以备凶俭"④。宋廷设置义仓的目的，主要就是为了协助水旱等灾害救助活动的开展，"义仓，民间储蓄以备水旱者也"⑤、"诸义仓谷，唯充赈给，不得它用，县遇灾伤，当职官体量，自第四等以下缺食户给散，若放税七分以上，通第三等给，并预申提举司，审度行讫奏"⑥。在北宋黄河水灾救助活动的开展中，义仓的作用也有着一定的体现。但义仓的整体实力毕竟较为有限，因而在黄河灾民的救助中作用并不显著，相对而言处于辅助地位。

（二）鼓励富民捐粮助贷

在对黄河水灾灾民开展救济的过程中，宋廷也设法采取相应的举措鼓励富民出粮辅助政府实施灾民救助，而作为回馈则对捐粮富民赏赐一定的官爵。早在淳化五年（994）正月，宋廷在其诏令中就明确宣称："诸道州府被水潦处，富民能出粟以贷饥民者，以名闻，当酬以爵秩。"⑦ 对于这一诏令的具体

---

① 《宋会要》食货68之42，第6274页。
② 《宋会要》食货68之47，第6277页。
③ 《宋会要》食货59之19—20，第5848页。
④ 《长编》卷4，乾德元年三月戊寅，第88页。
⑤ 《救荒活民书》卷2，第27页。
⑥ 解缙：《永乐大典》卷7510《社仓》，中华书局1986年版，第3378页。
⑦ 《宋会要》食货68之30，第6268页。

内容，《宋会要》中的记载则更为详尽：

> 诸州军经水潦处，许有物力户及职员等，情愿自将斛斗充助官
> 中赈贷，当与等第恩泽酬奖。一千石赐爵一级，二千石与本州助教，
> 三千石与本州文学，四千石试大理评事、三班借职，五千石与出身
> 奉职，七千石与别驾、不签书本州公事，一万石与殿直、太祝。①

可见，针对富民捐献粮食协助地方官府救助灾民的举动，宋廷会依据富民所
出粮食数量的多少而有着对应的官职酬奖标准。此后，类似的诏令也时有颁
布。如淳化五年（994）九月，宋廷即曾下令"募富民出粟，千石济饥民者，
爵公士阶陪戎副尉，千石以上迭加之，万石乃至太祝、殿直"②。鼓励富民出
粟赈济灾民的做法，逐渐被宋廷加以完善和不断实施。咸平四年（1001）闰
十二月，宋廷下令"河北富人能发私廪救饥民者，第加恩奖"③。到大中祥符
九年（1016）九月，宋廷进而颁布诏令，"灾伤州军，有以私廪振贫民者，二
千石与摄助教，三千石与大郡助教，五千石至八千石第授本州文学、司马、
长史、别驾"④。至天禧元年（1017）三月，宋廷还将地方官员劝诱富民出粮
赈济灾民的成效与朝廷的对其考核相联系，"诸州官吏如能劝诱蓄积之民以廪
粟赈恤饥乏，许书历为课"⑤。天禧四年（1020）六月，太常少卿、直史馆陈
靖"朝廷每遇水旱不稔之岁，望遣使安抚，设法招诱富民纳粟，以助赈贷"⑥
的提议被宋廷采纳，这也标志着鼓励富民出粮助赈举措的实施范围更加扩大。
熙宁十年（1077）十二月，在救护河北两路黄河灾民的过程中，河北路体量安
抚安焘提议，除借助于常平仓外同时"劝诱力及之家出备"⑦。作为宋廷赈济黄
河灾民的一种补充性举措，这种手段的运用无疑有着一定的合理性，但实际推

---

① 《宋会要》职官55之29，第3613页。
② 《长编》卷36，淳化五年九月丁丑，第799页。
③ 《长编》卷50，咸平四年闰十二月庚寅，第1102页。
④ 《长编》卷88，大中祥符九年九月己巳，第2020页。
⑤ 《宋会要》食货57之6，第5813页。
⑥ 《宋会要》食货68之37，第6272页。
⑦ 《长编》卷286，熙宁十年十二月癸卯，第7001页。

行的成效却不理想，熙宁十年后已见不到宋廷类似诏令的颁布、史籍中也少有富民捐粮获赏的事例即是有力的印证。而这种举措却在北宋以后得到较好发展，到南宋中后期逐渐成为官府赈灾不可或缺、备受依赖的一种重要救荒手段。

二、　助中的食粮赐与

相对于食粮借贷，北宋时期黄河水灾救助中食粮赐与的地位、作用要弱许多。尽管如此，宋廷的食粮赐与在黄河水灾救助活动的开展中仍发挥着一定的作用，相关的活动也多有实施。如咸平三年（1000）五月，黄河自郓州王陵埽决口后流经巨野县而入淮河、泗河。针对这一形势，宋廷一面遣步军都虞候张进、内侍副都知阎承翰等人率丁夫堵塞决口，一面组织对灾民的救助，"遣使存恤灾伤之民，给以口粮"[1]。景德元年（1004）九月，对于黄河决口澶州后形成的灾民，宋廷也遣官"给以粮饷"[2]。大中祥符四年（1011）八月，黄河自通利军决口后汇入御河，"坏州城及伤田庐"，为此宋廷也随即对灾民开展救助，"遣使发粟振之"[3]。元丰元年（1078）闰正月，宋廷对遭遇水灾、过黄河逐熟的河北灾民"即于白马县河桥差官赈之"[4]。同年八月，对于青州、齐州、淄州水灾流民中的"老幼疾病无依者"，宋廷下令自十一月初"依乞人例给口食，候归本土，及能自营，或渐至春暖停给"[5]。元丰三年（1080）七月，针对澶州、大名府境内因黄河水灾而缺食的民户，宋廷下令"大人日给米一升，小儿半升"[6]。针对元丰八年（1085）十月黄河决口大名而造成民田损坏、"民艰食者众"[7] 这一情形，宋廷在元祐元年（1086）二月命韩绛赶赴灾区实施救助。元符三年（1100），滨州、棣州等地因黄河水灾的

---

① 《长编》卷47，咸平三年五月甲辰，第1018页。
② 《宋史》卷7《真宗本纪二》，第124页。
③ 《宋史》卷8《真宗本纪三》，第150页。
④ 《宋会要》食货57之8，第5814页。
⑤ 《长编》卷291，元丰元年八月庚午，第7126页。
⑥ 《长编》卷306，元丰三年七月乙亥，第7440页。
⑦ 《宋史》卷17《哲宗本纪一》，第321页。

冲击而导致农业生产严重破坏、粮价涌涨，以致到十二月时"米斗不下三四百钱，饥冻而死者相枕藉"①。针对这种严峻形势，宋廷派遣使者会同当地官员共同对灾民展开救助。此外，宋廷也通过以内藏库钱购置粮食、赐与百姓的方式来救护黄河灾民，如韩琦即曾称"祖宗置内藏库，盖备水旱兵革之用，非私蓄财而充欲也"②，可见这种做法在北宋时期出现较早，但其实际效果相对有限。

三、 赐与粮种、 资金和借贷

为帮助黄河灾民能够尽快恢复农业生产，宋廷也常利用赐与或借贷粮种的方式帮助灾民渡过难关。如太平兴国年间，魏咸信在担任地方官的过程中就曾对黄河灾民实施粮种借贷，"时境内田隰水退，皆填淤加肥，而民漂陷之余耕无首种，相聚愁叹，坐待流亡。公（魏咸信）奏贷麦数万斛。是夏大稔，民乐输还官，襁属不绝。由是人皆处业，贫者更富"③。皇祐元年（1049）正月，针对河北境内水灾后流民众多、留守者缺乏粮种的困境，宋廷也命三司支钱二十万贯拨付转运司购置粮种以分给中等以下户播种。④

宋廷对黄河灾民的资金借贷或赐与，也可帮助灾民解决部分生计困难。在大中祥符八年（1015）七月坊州发生黄河决溢和民众溺亡后，宋廷即下令对死者家属赐与缗钱。⑤ 天禧三年（1019）六月，黄河决口滑州后向南汇入淮河，导致黄河泛决区域内受灾州邑多达三十二个，为此宋廷也"遣中使救溺者，赐其家缗钱"⑥。针对天圣七年（1029）六月河北境内黄河水灾，宋廷在七月时也任命钟离瑾为河北安抚使而对灾民加以救济，"其被溺之家，见存三口者，给钱二千，不及者半之"⑦。在元丰七年（1084）七月黄河决口元城埽

---

① 《宋会要》食货68之115，第6311页。
② 彭百川：《太平治迹统类》卷8《仁宗经制西夏要略》，《四部丛刊》本。
③ 夏竦：《文庄集》卷29《故保平军节度使同中书门下平章事驸马都尉赠中书令魏公志铭》，《宋集珍本丛刊》第二册，第678页，线装书局2004年版。
④ 《宋会要》食货69之40，第6349页。
⑤ 《长编》卷85，大中祥符八年七月庚午，第1942页。
⑥ 《长编》卷93，天禧三年六月辛丑，第2153页。
⑦ 《救荒活民书》卷1，第17页。

后，宋廷也派遣使者对灾民加以赈济，"赐溺死者家钱"[①]。客观而言，宋廷对黄河灾民的资金借贷或者赐与虽相对有限，远不及粮食赈贷或赐与手段的普遍运用，但仍可发挥一定的辅助作用。

当然，体现到北宋时期黄河水灾救助活动的实际开展中，宋廷也不乏对粮食、粮种、资金赈贷或赐与等手段的综合运用。如熙宁元年（1068）七月，针对恩州、冀州境内的黄河决溢，宋廷即对溺亡者的家属实施救济，"赐水死家缗钱及下户粟"[②]。政和八年（1118）五月，提举京东路常平等事王子献曾奏称，"济南府、密、沂、潍、徐、兖州、河北数州皆水，官司检放不及七分，外州流民稍稍入境，移文逐处依法赈恤。盖其贷者二十万四百余户，给者十万八千六百余户，粜者二十九万五百余硕"[③]。诸如此类举措的实施，自然对黄河水灾灾民也可发挥较好的救助作用。

第二节　提供临时住所、以工代赈和募民为兵

针对黄河水灾的频繁发生，宋廷也多借助于提供临时住所、以工代赈、招募灾民为兵等手段来开展对灾民的救助。这些手段的实施，对减少灾民伤亡、稳定社会秩序也都有着积极意义。尤其是以工代赈手段的实施，更是将救助灾民和恢复农业生产有效结合，从而具有较好的成效。

一、　提供临时住所

北宋时期黄河水灾的频繁、广泛决溢，往往造成农村、城镇居民住所的严重损毁，进而引发大批灾民流离失所。这种黄河灾民的大批流动，对灾民的生存、流转区域内的社会稳定乃至灾区生产的恢复都构成了严峻的挑战。

---

① 《宋史》卷16《神宗本纪三》，第312页。
② 《宋史》卷14《神宗本纪一》，第269页。
③ 《宋会要》食货59之10，第5843页。

在此情形下，宋廷也利用寺院、官舍等设施为灾民提供临时性住所。如咸平三年（1000）八月，针对京东路内黄河泛决、大量灾民流移的情形，宋廷即派遣太子中舍张舒、供奉官阁门祗候张禧前往救助，"应经河水漂浸移寓他所者，委长吏倍加存恤，无令公私侵扰"①。庆历八年（1048），黄河决口商胡埽，导致大批河北路灾民流徙到青、淄、登、潍、莱五州境内。鉴于灾民人员众多、天气转寒，知青州富弼出台了一整套颇为详尽的灾民临时性房屋安置举措，"州县坊郭等人户……今逐等合那趱房屋间数如后：第一等五间，第二等三间，第三等两间，第四等五等一间"，"乡村人户，甚有空闲房屋，易得小可屋，今逐等合那趱间数如后：第一等七间，第二等五间，第三等三间，第四等五等两间"，并要求各级官员按照这一规定如期加以落实；倘若灾民所需房屋仍然不足，富弼要求"即指挥逐处僧尼等寺、道士女冠宫观、门楼廊庑，及更别趱那新居房屋"②，甚至还"又因山崖为窟室，以处流离"，对灾民尽力加以安置。富弼在解决黄河灾民的住所问题中，可以说是充分调动官民各方力量，最大限度地利用各种房屋对灾民妥善安置，同时又"即民所赘聚，籍而受券，以时给之。器物薪刍，无不完具"③，救助举措颇为完备。绍圣元年（1094）十月，针对黄河东堤尚未修缮完毕、大批灾民流至京师这一状况，宋廷"既诏有司悉意赈赡，其令开封府即京城门外行视寺院、官舍以居之，至春谕使复业"④，即要求暂时由开封府借助于寺院、官舍等住所安置灾民、提供粮食，至来年春季则劝令灾民回返原籍，"诏给券，谕令还本土，以就振济"⑤。元符元年（1098）十月，河北路、京东路辖区内诸多州县遭遇黄河泛滥，"湍溺人户田庐，多致失所"⑥，宋廷为此也迅速派遣工部员外郎梁

---

① 《宋大诏令集》卷187《河决遣张舒等安抚京东诏》，第685页。
② 《救荒活民书》卷3，第60—62页。
③ 王辟之撰，吕友仁点校：《渑水燕谈录》卷2《名臣》，第19页，中华书局1997年版。
④ 《宋会要》食货57之12，第5816页。
⑤ 《宋史》卷93《河渠志三·黄河下》，第2307页。
⑥ 《长编》卷503，元符元年十月丁酉，第11982页。

铸前往救助灾民。宋代黄河灾民救助中提供临时住所举措的实施，可暂时令灾民获得一种缓冲和过渡，这对灾民的生计、区域社会的稳定乃至灾区生产的重建，都是十分必要的一种帮助。

二、 以工代赈

在北宋时期诸多的灾民救护举措中，以工代赈手段的运用也达到了一个新的高度。北宋时期黄河水灾防治中对以工代赈手段的利用，主要集中在熙宁年间，其他时期则少有出现。

欧阳修在担任颍州知州期间，就已开始运用以工代赈手段来开展对黄河灾民的救助，"免黄河夫役，得全者万余家。又给民工食，大修诸陂以溉民田，尽赖其利"①，可见此次以工代赈手段的成效还是颇为显著的。熙宁年间，以工代赈手段更是受到王安石等人的重视，并在黄河水灾救助的开展中获得进一步的发展。熙宁五年（1072）八月，王安石即曾明确宣称，"募人兴修水利，即既足以赈救食力之农，又可以兴陂塘沟港之废"②，这一指导思想对推动以工代赈的发展也产生了重要影响。如熙宁六年（1073）六月，沈括提议在灾民救护活动的开展中，由地方官员预先统计修复农田、兴修水利所需人夫数目和工值支付标准并奏报朝廷，"当议特赐常平仓斛钱，召募缺食人户，从下项约束兴修"。对不执行这一规定救济灾民的官员，沈括也建议"委司农寺点检察举"③。沈括的这些建议，最终都获得了宋廷的批准。随即，宋廷又进而对这种规定加以强化，明令"自今灾伤年分，除于法应赈济外，更当救恤者，并豫计合兴农田水利工役人夫数及募工直，当赐常平钱谷，募饥民兴修。如系灾伤，辄不依前后敕赈济者，委司农寺点检奏劾以闻"④，以推动相

---

① 陆曾禹：《康济录》卷3下《临事之政·兴工作以食饿夫》，台湾商务印书馆1986年影印文渊阁《四库全书》本。

② 《长编》卷237，熙宁五年八月辛丑，第5777页。

③ 《宋会要》食货68之39，第6273页。

④ 《长编》卷245，熙宁六年六月己卯，第5966页。

关官员对以工代赈手段的充分利用。此后，宋廷也多有类似诏令的颁布。如熙宁七年（1074）三月，宋廷即下令灾伤路分由各级监司分地检计，"合兴农田水利及堤岸、沟河、道路栽种林木土功之类可以募夫者，并具利害以闻"①，即通过以工代赈为灾民谋求出路。该年五月，宋廷在其诏令中曾称，"已得雨，令司农寺指挥诸路相度，如饥民及流移户不致缺食，未须官中赈济，即日权停所兴工役"②，这里的"所兴工役"也应包括利用灾民所开展的各种水利工程。熙宁七年（1074）八月，宋廷还先后下诏"令京西转运司具赈济流民事状，司农寺具所兴修农田、水利次第"③、"灾伤路召募缺食或流民兴役，朝廷赐米外，其于农田、水利及修城壕者，悉给常平钱谷"④，均将救助灾民与修建水利工程紧密结合在一起。熙宁十年（1077）八月，黄廉组织京东路等地的黄河水灾救护，其间也曾利用以工代赈手段，"丁壮而饥者募役之"⑤。元丰元年（1078）八月，宋廷也曾诏令"青、济、淄三州被水流民，所在州县募少壮兴役"⑥。元丰以后，以工代赈在北宋黄河水灾救助中已无从得见，但此法却对南宋乃至宋代以后的灾荒救济均有着重要影响。朱熹对以工代赈颇为赞赏，认为"诸兴修农田水利而募被灾饥流民充役者，其工直粮食以常平钱谷给……既济饥民，又成永久之利，实为两便"⑦，董煟也将以工代赈视为"以工役救荒者"⑧ 的易行方法，二人均深刻认识到以工代赈手段在救助饥馑、防止灾民大量产生方面运用便捷、效果长久的特征。

三、 招募灾民为兵

在黄河水灾的赈济中，宋廷也将招募灾民为兵作为一种应对举措加以利

---

① 《长编》卷250，熙宁七年三月壬寅，第6111页。
② 《长编》卷253，熙宁七年五月乙丑，第6201页。
③ 《长编》卷255，熙宁七年八月甲申，第6234页。
④ 《长编》卷255，熙宁七年八月己丑，第6242页。
⑤ 《长编》卷284，熙宁十年八月丙戌，第6950页。
⑥ 《宋会要》食货68之40，第6273页。
⑦ 《朱子全书·晦庵先生朱文公文集》卷17《奏救荒画一事件状》，第二十册，第792页。
⑧ 《救荒活民书》卷1，第19页。

用。太祖即曾明确宣称,"吾家之事,唯养兵可为百代之利,盖凶年饥岁,有叛民而无叛兵,不幸乐岁变生,有叛兵而无叛民"①,这种指导思想也被其继任者加以继承并付诸实施。因此,宋廷在救助黄河水灾中即对招募灾民为兵的做法多有运用,"水旱、蝗螟、饥疫之灾……可归业者,计日并给遣归;无可归者,或赋以闲田,或听隶军籍"②。汪圣铎曾指出,"宋代百姓赋役负担比前代沉重得多,但宋代大规模的农民起义却少于前代,主要原因之一,是社会保障事宜受到重视"③。北宋黄河水灾防治中的招募灾民为兵,也是宋廷救济灾民、稳定社会秩序的有效措施。如庆历八年(1048)七月,宋廷就下诏"令州县募饥民为军"④,此次招募的对象应是该年六月黄河决口澶州商胡埽所造成的灾民。皇祐年间河北水灾后,流入京东路的灾民多达三十余万,安抚使富弼"既悯其滨死,又防其为盗"⑤,也曾运用招募灾民为兵的方法救济灾民,"募而为兵者又万余人"⑥,"募以为兵,拔其尤壮者得九指挥,教以武技"⑦。元丰三年(1080)七月,宋廷也下令"河北水灾,缺食之民可寄招内外见缺诸军,宜就选委官速施行"⑧。到元丰四年(1081)六月,宋廷再次利用招募灾民为兵的方法对河北境内的水灾灾民实施救济,"河北被水之民有少壮者,招填诸州缺额厢军,止支一半例物"⑨。同月,神宗也指出,"河北军州中路夏田,大河横水冲没,百姓必乏食,宜差官广募开封府界在京缺额禁军",并随即命开封府界"差府界将副四员,候至七月,分诣河北水灾州军,招缺食人充填府界将弁并在京五百料钱以下缺额禁军"⑩。到元符元年

---

① 邵博撰,刘德权、李雄剑点校:《邵氏闻见后录》卷1,中华书局1983年版,第1页。
② 《宋史》卷178《食货志上六·振恤》,第4335—4336页。
③ 汪圣铎:《两京梦华》,中华书局2001年版,第302页。
④ 《长编》卷164,庆历八年七月戊戌,第3957页。
⑤ 《文献通考》卷156《兵考八·郡国兵》,考1356。
⑥ 《长编》卷166,皇祐元年二月辛未,第3985页。
⑦ 《宋史》卷189《兵志三·厢兵》,第4642—4643页。
⑧ 《长编》卷306,元丰三年七月丁丑,第7442页。
⑨ 《长编》卷313,元丰四年六月己未,第7584页。
⑩ 《长编》卷313,元丰四年六月丁卯,第7587页。

(1098)，宋廷下令在河北大名府等二十二州境内创置马军广威、步军保捷，这一举动的直接原因即为"以河北大水，招刺流民故也"①。元符二年（1099）十月，宋廷也下令"河东诸路安抚司指挥诸州军多方招募灾伤人充军"②。可见，宋廷通过将部分黄河灾民招收入伍，从而为灾民的生计提供一种出路，这对防止灾民叛乱、维护社会秩序的稳定具有一定的功效。

第三节　赋税减免与缓征

北宋黄河水灾所引发的农田受损、人口迁移，对农业生产的破坏也是相当严重。为维护灾区民众生产、生活秩序的稳定，宋廷也频频实施减免或缓征赋税的举措，"民被灾而流者，又优其蠲复，缓其期招之"③。马端临在《文献通考》中曾对宋代减免赋税的举措给予高度评价，认为此举"蠲租已责之事，视前代为过之……无岁无之，殆不胜书"④。终宋之世，这种举措在黄河水灾救助中的运用也相当普遍，客观上对维护社会秩序的稳定、恢复农业生产发挥了重要作用，"一则征敛既宽，逃亡必少，所在田亩，不至抛荒，公家租赋，亦免失陷；二则农人肯行布种，自救其饥，不至大段缺食，全仰官司粜济；三则穷窭之民粗有生理，何苦轻捐其身而为盗贼，未萌之祸消弭尤多"⑤。为便于相关问题的说明，我们可对北宋时期黄河水灾赈济中的赋税减免、缓征情况做如下统计：

---

① 《宋史》卷187《兵志一·禁军上》，第4580页；《长编》卷516附载此事于元符二年闰九月壬辰条，"又以河北大水，流民颇众，于大名府等三十二州军，增置马步军共五十六指挥，共三万余人"（第12285页）；《长编》卷517则附载此事于元符二年十月壬子，"诏于河北路大名府等二十二州军，共创置马军二十七指挥……添置步军二十九指挥……马军以广威为名，步军以保捷为名。以河北水灾，民艰食流移，因而招刺之"（第12300页）。此从《宋史》。
② 《长编》卷517，元符二年十月己未，12305页。
③ 《宋史》卷173《食货志上一·农田》，第4165页。
④ 《文献通考》卷27《国用考五·蠲贷》，考261。
⑤ 真德秀：《西山文集》卷6《奏乞蠲阁夏税秋苗》，《四部丛刊》本。

表 3 −1：北宋黄河水灾中的赋税减免、缓征简表

时间	水患概况	赈济措施	备注	资料出处
乾德四年（966）八月	滑州河决，坏灵河县大堤	被泛者蠲其秋租		《宋史》卷 91《河渠志一·黄河上》，第 2257 页
乾德五年（967）六月		诏民田为霖雨，河水坏者，免今年夏税及沿征物		《宋史》卷 2《太祖本纪二》，第 27 页
乾德六年（968）六月	暑雨涝沱，堤防泛决，行潦所至，多稼用伤	应诸州县民田有经霖雨及河水损败者，今年夏租及缘纳物，并予放免		《宋会要》食货 70 之 155，第 6448 页
开宝元年（968）六月		诏民田为霖雨，河水坏者，免今年夏税及沿征物		《宋史》卷 2《太祖本纪二》，第 27 页
开宝五年（972）六月	近者天作淫雨，河决横流，合为时灾，害稼秋稼	应沿河人户，委所在官吏，倍加绥抚，仍具损伤苗稼以闻，当与检覆等第除放	《宋史》卷 3《太祖本纪三》载，宋廷在开宝五年六月诏令，"淫雨河决，沿河民田有为水害者，有司具闻除租"，第 38 页	《宋大诏令集》卷 185《河决损苗除放诏》，第 675 页
太平兴国元年（976）二月	河决郑州荥泽县、孟州温县，而民被水灾	并蠲其租		《宋会要》食货 70 之 155，第 6448 页
太平兴国二年（977）七月	河决孟州之温县、郑州之荥泽，澶州之顿丘	民被水者，悉蠲其租		《宋史》卷 91《河渠志一·黄河上》，第 2258—2259 页

续表

时间	水患概况	赈济措施	备注	资料出处
太平兴国八年（983）七月	开封府管内酸枣、阳武、封丘、长垣等四县民田为黄河水所害，及开封、凌仪、中牟、尉氏、襄邑、雍丘等六县民田为蔡河、广济、白沟河溢及水涝所损者	并蠲其租	《长编》卷24载，宋廷在太平兴国八年七月辛巳"诏开封府诸县民田为河水所伤者，并蠲其租"（第549页）	《宋太宗实录》卷26，太平兴国八年七月辛巳，第6页
太平兴国九年（984）三月	昨以河堤偶决，近甸罹灾	遣左卫大将军李崇矩驰驿自陕至滑，棣……民田被水灾者，悉蠲其租		《长编》卷18，太平兴国二年七月戊黄，第408页
雍熙元年（984）三月		开封府管内诸县无出今年租赋		《宋太宗实录》卷29，太平兴国九年三月辛未，第34页
		滑州言河决已塞……蠲水所及州县民今年田租		《长编》卷25，雍熙元年三月己未，第575页
淳化四年（993）九月	澶州河暴涨，夜冲北城，坏居人庐舍及州宇仓库	即日命彰德军节度使魏咸信知州事，遣传御史元纪劲知州事，工部侍郎郭赞等不预修防事。民溺死者量子赈给，缺食者量子赈给，今年屋税、沿纳物并权除放		《宋会要》方域14之3，第7547页

续表

时间	水患概况	赈济措施	备注	资料出处
淳化四年(993)十二月		诸道州、府、军、监，民被水灾甚者，所欠税物遣使按行，蠲其半		《宋会要》食货70之158，第6449页
至道四年(998)八月		京东、西、河北诸州军经水田苗蠲减税赋，更不覆检		《宋会要》食货1之2，第4802页
大中祥符二年(1009)七月	京东徐、济、淄、青、兖等七州水	仍令本路转运使、提点刑狱官分道检校湮塞之，伤田悉蠲其租		《长编》卷72，大中祥符二年七月乙亥，第1625页
大中祥符四年(1011)十一月		免雄、霸、莫州、信安、乾宁、保定军今年夏税十之七，又免澶州沿河民田秋税。水潦故也		《宋会要》食货70之161，第6451页
大中祥符七年(1014)六月	棣州经水	流民归业者给复三年		《宋史》卷8《真宗本纪三》，第156页
大中祥符八年(1015)正月		缘河、江、淮、两浙民田经水灾者，悉蠲其税		《长编》卷84，大中祥符八年正月壬午，第1911页
天禧四年(1020)十月		减水灾州秋租		《宋史》卷8《真宗本纪三》，第169页
天禧五年(1021)二月		京畿经雨水及京东、西河决坏民田者，今年夏税并免十之五		《宋会要》食货70之162，第6451页

续表

时间	水患概况	赈济措施	备注	资料出处
仁宗朝初期	河决，始复故道	转运使按濒河之田，檄郡且增赋。公（王素）上言流散方归，正宜保息，特诏无得增赋，自濮七州皆被惠		《张方平集》卷37《宋故端明殿学士金紫光禄大夫行工部尚书致仕上柱国太原郡开国公食邑三千八百户食实封一千二百户温懿敏王公神道碑铭（并序）》，第643页
天圣五年（1027）八月		诏京东西、河北灾伤人户免修河官物折科		《长编》卷105，天圣五年八月辛巳，第2445页
天圣七年（1029）四月		免河北被水民租赋		《宋史》卷9《仁宗本纪一》，第186页
庆历七年（1047）十一月	开封府界今秋经水灾……河北、京东经河灾	开封府界今秋经水灾，体量残税，诸人吏当均欠负官物者，河北、京东经河灾及淮南蝗为害，今年倚阁夏秋税者，并秋税减放外……（庆历）六年以前倚阁残税并贷粮，支储处官于渡钱，并除之		《宋会要》食货70之165，第6453页

续表

时间	水患概况	赈济措施	备注	资料出处
至和元年 (1054) 二月		乃者调民治河堤, 疫死者众, 其蠲户税一年; 无户税者, 给其家钱三千		《长编》卷 176, 至和元年二月庚子, 第 4253 页
嘉祐元年 (1056) 七月		京西、荆湖北路转运使, 提点刑狱分行赈贷水灾州军……放今年税, 其已偿阁者, 勿复检覆		《宋会要》瑞异 3 之 2, 第 2105 页
嘉祐三年 (1058) 七月	原武县河决汴堤长坡口, 漂浸诸府界 [丘] 等处苗稼	其权倚阁夏税及食盐钱, 仍令开封府界提点按行诸县而赈救之		《长编》卷 187, 嘉祐三年七月丙戌, 第 4516—4517 页
治平元年 (1064) 七月		水灾逐路安抚、转运, 提点刑狱责监知州, 通判存恤被灾人户, 诸科率不急妨农者, 令一切罢之		《宋会要》瑞异 3 之 3, 第 2105 页
熙宁七年 (1074) 秋	判大名府文彦博称: "河溢坏民田, 多者六十村, 户至万七千, 少者九村, 户至四千六百。"	蠲租税		《宋史》卷 92《河渠志二·黄河中》, 第 2284 页
熙宁十年 (1077) 七月	河决害民田, 所属州县疏沦, 仍蠲其税, 老幼疾病者振之			《宋史》卷 15《神宗本纪二》, 第 293 页

续表

时间	水患概况	赈济措施	备注	资料出处
熙宁十年(1077)八月		诏河北、京东转运提举司，体量被水民户未纳夏税，并诸欠负役钱当偿阙蠲减数，及水退给借粮、种借粮，候次第支以闻		《长编》卷284，熙宁十年八月己卯，第6946页
熙宁十年(1077)九月		诏河决泛溢温民田者，官为疏苗，被灾县放税赋，老幼疾病不能自存者，日给口粮		《长编》卷284，熙宁十年九月庚辰，第6959页
熙宁十年(1077)十二月	开封府界、诸路累年灾伤	积欠二税、常平免役钱权行倚阁；及减放河决、水灾人户役钱，以被灾分数为差		《长编》卷286，熙宁十年十二月戊子，第6998页
元丰元年(1078)正月		诏免京东、西路转运司年计封桩钱粮。以本路言水灾缺乏故也		《宋会要》食货70之171，第6456页
元丰元年(1078)八月	齐州章丘县被水	第四等以下欠今夏残税钱阁，常平苗役钱令提刑同展料次		《宋会要》食货59之2，第5839页
元丰三年(1080)九月	河北、京东两路被患	被患人户，蒙朝廷忧恤赈济放税，计钱谷等共七十二万七千二百七贯，石有畸		《长编》卷308，元丰三年九月辛酉，第7475页
元丰三年(1080)十二月	大名府永济镇被水灾	被水灾醋户，依酒场被水，蠲买名钱		《长编》卷295，元丰三年十二月甲寅，第7184页

续表

时间	水患概况	赈济措施	备注	资料出处
元丰四年（1081）八月		蠲河北东路灾伤州军今年夏料役钱		《宋会要》食货59之3，第5840页
元丰七年（1084）七月		西京被水漂溺之家，及秋苗灾五分户，并免来年夏秋支移、折变		《长编》卷348，元丰七年九月戊申，第8357页
大观元年（1107）十二月	京东水，河溢	遣官赈济，贷被水户租		《宋史》卷20《徽宗本纪二》，第379页
大观二年（1108）八月	邢州奏：巨鹿下堨大河水注巨鹿县，本县官私房屋等尽被淳浸	见在人户依放税七分法赈济，如有孤遗及小儿，并送侧近居养院收养		《宋会要》食货68之50，第6278页

通过表3-1中的统计不难看出，赋税减免、缓征也是北宋时期黄河水灾赈济中时常被加以利用并占据主导地位的重要手段，相对于其他举措更为惯用。北宋皇帝也颇为看重水灾救助中此种手段的运用，如太宗在太平兴国九年（984）所颁诏令中即称，"朕每恤蒸民，务均与赋，或有灾沴，即与蠲除，盖欲惠贫下之民，岂须以多少为限。自今诸州民诉水旱二十亩已下者，皆令检勘"①。这种水灾检勘田亩限额的降低，自然也意味着水灾救助范围的扩大。部分被缓征的赋税，事后也多被宋廷免于征收，"一遇水旱徭役，则蠲除倚阁，殆无虚岁。倚阁者，后或岁凶，亦辄蠲之"②。

此外，宋廷在黄河水灾后对部分商税、临时性赋税也会加以减免，如针对大中祥符五年（1012）三月黄河在滨州、棣州的决溢，宋廷即下令"免滨、棣民物入城市者税一年"③。针对皇祐三年（1051）九月宋廷命三司"检会天禧年修河体例敷配，所贵众力易集"这一敕令，包拯则建议"以河朔久罹水患，须议疏塞，即乞且辍那内藏库见钱百万贯，令三司专功收管，积薪聚粮，豫为具备，其余即令中等已上人户敷配"④，以此来减轻民众负担并保障河役的开展。元丰元年（1078）八月，针对此前滨州、棣州、沧州境内水灾的出现，宋廷也下令在三州内"零贩竹、木、鱼、果、炭、箔等物，税百钱以下听权免一季"⑤。元丰年间黄河决口后，宋廷也曾对开德府税户减征房屋税，"元丰年黄河口决〔按：应为'决口'〕，涉于城外，地土高新，城内窊下，渐成积水。当时并据紧慢裁税，委是平允"⑥。这些举措的实施，对于商业的恢复和灾民的救助也有着一定的积极作用。

---

① 《宋大诏令集》卷182《民诉水旱二十亩已下皆令检勘诏》，第659页。
② 《文献通考》卷4《田赋考四·历代田赋之制》，考57。
③ 《宋史》卷8《真宗本纪三》，第151页。
④ 《包拯集校注》卷3《论修商胡口》，第187—188页。
⑤ 《宋会要》食货68之113，第6310页。
⑥ 《宋会要》职官68之30，第3923页。《长编》卷308元丰三年九月辛酉条载，"河北、京东两路，缘河决被患人户，蒙朝廷忧恤赈济放税"（第7475页）。据此推测，此处"元丰年"疑应为"元丰三年"。

宋廷救助黄河灾民的另外一种举措，即是减免灾民的部分折纳负担。如天圣五年（1027）八月，宋廷即下令"京东西、河北灾伤人户免修河物料折纳"①。而针对黄河水灾后部分地方官员仍向灾民催征租税的做法，宋廷也会及时加以纠正。如针对熙宁年间的"河决，于贝、瀛、冀尤甚，民租以灾免者，州县惧常平法，征催如故"② 这一现象，知瀛州孙永就多次奏请宋廷加以制止，最终也获得了批准。此外，在携带物品外迁躲避黄河水患的灾民经由桥梁、津渡时，宋廷也会对其免除算钱的征收，这实际上也可视为对黄河灾民的一种救助，有关此方面的内容将在后文中予以论述。

第四节　河役兴作的调整

北宋民众所要承担的日常劳役负担颇为沉重，这在黄河水灾防治活动的开展中也有着突出体现。北宋黄河力役的征发，对灾民而言无疑更是雪上加霜。在北宋黄河水灾防治活动的开展中，宋廷也注意部分减少、暂缓乃至取消河役的开展和减罢力役的征发，以此来调整河役的兴作、部分减轻民众的力役负担。这些举措的运用，对于黄河灾民而言也是一种救助。如天禧四年（1020）六月黄河再次决口天台埽后，鉴于滑州等地民众"新经赋率，虑殚困民力"，宋廷曾下令京东路、京西路、河北路境内遭遇水灾的州军"勿复科调丁夫"③。天禧五年（1021）正月，宋廷也紧急暂停滑州河役，下令"应沿滑州河口且往〔住〕修叠"④，借此来减轻灾民的河役负担。黄河在仁宗朝决口商胡埽后，施昌言、崔峄分别主张马上实施堵塞和荒年暂缓河役。最终，宋廷派遣张惟吉进行实地勘察，并依据其"河可塞而民诚困，财用不足，宜少

---

① 《长编》卷105，天圣五年八月辛巳，第2445页。
② 《宋史》卷342《孙永传》，第10901页。
③ 《宋史》卷91《河渠志一·黄河上》，第2264页。
④ 《宋会要》方域14之10，第7550页。

待之"① 的回奏而决定推迟河役的开展。天圣九年（1031）二月，鉴于邢州、怀州此前连年灾伤，河北西路提刑司指出"若令应付十分春夫，必难胜任，欲乞将赐免放一半"②，也获得了宋廷的同意。熙宁元年（1068）七月，针对黄河北决和都水监丞李立之提议在恩州、冀州、深州、瀛州等地创立生堤三百六十七里以防御黄河这些情形，河北都转运司也明确主张暂缓此类大型工程的实施，指出"当用夫八万三千余人，役一月成。今方灾伤，愿徐之"③、"河未能为数州害，民力方困，愿以岁月为之"④。元丰七年（1084）八月，鉴于京西路民产寡薄、累困黄河河役、当年又遭遇水灾的情形，对于当时范子渊组织、实施的营闭武济河口河役，神宗认为"今冬虽霜降水落，又须广费财力，未可保其必成。即且纵其分流，据年例物料、兵夫固护广武三埽，自于新河无害"⑤，为此派遣开封府推官李士良前往加以勘察，并依据李士良的回奏下令停止营闭武济河口。在元丰八年（1085）黄河决口小吴埽时，都水监准备"傍魏城凿渠东趋金堤，役甚棘"。对此，北京留守韩绛则明确加以反对、接连三次上奏，认为"功必不成，徒耗费国力，而使魏人流徙，非计也"⑥，从而促使宋廷接受他的建议而中止了此役。神宗朝黄河决溢时宋廷本欲调发京东路三十万民众自澶州筑堤抵达乾宁军，对此河北转运使张问则指出"灾伤之余，力役劳民，非计也"⑦，结果神宗接受张问的建议而停止了对民夫的征发。元祐元年（1086）十一月，针对开封府界、京东路、京西路内灾伤情况的出现，宋廷也决定"权罢明年黄河年例春夫；如系干河防紧急，来春须令兴役，即计定的确夫数以闻"⑧。同样，元祐五年（1090）二月，御

---

① 《宋史》卷467《宦者二·张惟吉传》，第13635页。
② 《宋会要》食货57之7，第5814页。
③ 《宋史》卷91《河渠志一·黄河上》，第2274页。
④ 《宋史》卷322《陈荐传》，第10444页。
⑤ 《长编》卷348，元丰七年八月癸未，第8347页。
⑥ 《宋史》卷315《韩绛传》，第10304页。
⑦ 《宋史》卷331《张问传》，第10662页。
⑧ 《长编》卷391，元祐元年十一月丁丑，第9520—9521页。

史中丞梁焘、谏议大夫朱光庭针对当时旱灾严重的情形而建议暂罢河役，如梁焘即指出：

> 臣访闻东北旱气阔远，至今麦未出垄，岁事未有丰稔之渐，恐贻圣忧。臣窃虑河事大役，人情劳怨，调夫动众，妨夺农时，其招灾旱之由，疑亦因此……思省今来河事，最是摇动众心，当此灾旱，又夺农时，深为不便，可且权罢……方今农作之时，正藉人力，况农家一岁之望，正在寒食前后。今夫役以二月十二日兴工，一月了当，人夫得归，已是三月下旬，耕种违时。当此久旱之际，更重困民力。

随即，宋廷采纳二人的建议而诏令三省、枢密院，"去冬愆雪，今未得雨，外路旱暵阔远，宜权罢修黄河"①。宋廷这种暂停河役、部分减轻民众力役负担的举措，对灾民生产的恢复、生活的稳定都有着一定的积极作用。

为减轻黄河治理中民夫役发对农业生产、社会生活的破坏，宋廷有时也尽量以改征士兵或自他处调拨民夫等方式来弥补河役人力的不足，或者是缩减民夫征发规模乃至暂缓、废止河役的开展。如天圣五年（1027）九月，御史知杂王臻指出，"伏睹敕命，塞叠河口。窃惟濮、卫之郊连苦水旱，赵、魏之境昨经螟蝗，倘加役使，重益困穷。欲乞应在京见有土木工不急修造处，一切权罢，那并充河口差使"②，这一建议即获得了宋廷的批准。熙宁八年（1075）二月，针对成德军与怀、卫、磁、相、邢、洺、赵等州灾伤严重的情形，宋廷也下令"昨差黄河役夫三万，可减半；滹沱、葫〔胡〕芦河役夫五千，可减二千"③。元丰元年（1078）四月，提举修闭决口所在组织堵塞黄河决口期间曾遭遇兵力不足的情形，为此"乞在京备城兵内那三千人赴役"④，

---

① 《长编》卷438，元祐五年二月辛丑，第10554—10556页。
② 《宋会要》方域14之12，第7551页。
③ 《长编》卷260，熙宁八年二月丙寅，第6332页。
④ 《长编》卷289，元丰元年四月戊申，第7065页。

最终获得了宋廷的同意。而在元祐初年宋廷开展回河的过程中，王诏指出此前河朔地区民众刚刚经历水灾，"赖发廪振赡恩，稍苏其生，谓宜安之，未可以力役伤也"①，促使宋廷取消了对河朔地区民众的力役征发。此类举措的运用，在降低黄河民夫力役征发对农业生产的冲击方面有其一定的积极意义。

宋廷也通过对黄河兴役时间的调整、时机的把握，尽量避免河役与农业生产的直接冲突。如黄河在皇祐年间相继决口商胡埽和大名府后，程琳曾欲筑堤堵塞而未成功即离任。在程琳的基础上，陈执中在接任大名府知府后"乘年丰调丁夫增筑二百里，以障横溃"②，从而取得了河役的成功。这种结果的获得，即主要得益于选择了合适的时机。治平二年（1065）正月，宋廷采纳都水监的建议而命该年恩州、冀州、深州、瀛州、沧州、永静军、乾宁军所役春夫寒食节后入役。对此，御史傅尧俞"奏闻百姓纷然以为非便"，但最终未能促使宋廷改变决定。稍后，河北提点刑狱王靖也指出宋廷的这一做法对农业耕作颇为不利，认为"虽日长易得功料，缘妨农人春种，兼邢、洺、德州夫赴恩、冀、深、瀛州役，过寒食入役，则四月上旬然后得归"，因而建议"欲乞且依旧敕，于寒食前半月入役"③。最终，宋廷接受了王靖的提议而调整了黄河河役的兴作时间。元丰七年（1084）四月，鉴于先前范子渊等人调用急夫一万人开修直河"适当农时，非次调发"④，宋廷也紧急下令不再扩招急夫，并要求对已调用的急夫逐渐加以减放。此外，在对黄河水灾实施救助的区域内，宋廷也会停止其他一些力役的开展。如天圣五年（1027）九月，王曙建议"方用兵夫塞决河，而近郡比罹水旱之灾，物力凋弊，不可重扰。请罢中外土木之不急者"⑤，获得了宋廷的同意。诸如此类举措的实施，在降低河役对农业生产的冲击方面也有着一定的作用。

---

① 《宋史》卷266《王化基传·王诏附传》，第9189页。
② 《宋史》卷285《陈执中传》，第9603页。
③ 《长编》卷204，治平二年正月戊子，第4943—4944页。
④ 《宋会要》方域15之10，第7564页。
⑤ 《长编》卷105，天圣五年九月己亥，第2446页。

第五节　灾民转移与徙城、徙军

面对黄河水灾的不断冲击，宋廷也通过提供船只等途径来积极开展相关灾民的转移，这种举措在北宋时期黄河水灾中或水灾后的运用比较普遍。同时，对于时常遭受黄河水灾侵袭的部分城镇、地方驻军，宋廷也被迫采取徙城、徙军的做法。这些举措的采用，对降低人员伤亡、规避水灾的风险也可发挥较为有效的作用。

一、灾民转移

北宋地方官员往往自觉或奉命将黄河灾民尽快转移到安全地带，以降低水灾中的人员伤亡。如淳化五年（994）秋季，面对河阳县境内黄河决溢、县城危急的形势，知河阳县吴元扆一面开展黄河决口的堵塞，一面组织船只救助被洪水围困的灾民，并以个人家财救助灾民，最终"时数郡被水患，独（吴）元扆所部民无垫溺"[1]。大中祥符二年（1009）八月，针对郓州、淄州、齐州等地的避水民众，宋廷也责令地方官员展开救助，"仍令所在以官船助之"[2]。在大中祥符七年（1014）八月黄河自澶州大吴埽决口后，宋廷暂时命灾民移到高处避水，随即又"官给舟渡"[3] 来转移灾民。至和年间，针对黄河决口小吴埽、破东堤顿丘口而导致大批民众被洪水围困的危险情形，康德舆也迅速组织士兵"以巨艘五十，顺流以济之，免垫溺者数万人"[4]。元丰四年（1081）五月，在救护黄河小吴埽决溢中，宋廷责令"其被水州县民户，令转运司救护城郭，并差官以船栰济人，仍令东、西路提举司速赈济"[5]。为提高

①　《东都事略》卷25《吴延祚传·吴元扆附传》，第422页。
②　《长编》卷72，大中祥符二年八月丙戌，第1627页。
③　《长编》卷83，大中祥符七年八月甲戌，第1892页。
④　李元纲：《厚德录》卷3，《全宋笔记》第六编第二册，大象出版社2013年版，第268页。
⑤　《长编》卷312，元丰四年五月庚寅，第7574页。

水灾中转移灾民的效率，地方政府、官员有时也借助于民船的帮助实施对黄河灾民的救护。如仁宗朝曾出现"河溢金堤，民依丘塚者数百家"的局面，天雄军通判韩综当时即果断宣布"能济一人，予千钱"，从而获得大量民船的协助并顺利完成了对灾民的转移，"民争操舟筏以救，已而丘塚多溃"①。

与地方官府、官员对黄河灾民的交通救助相配合，宋廷也时常派遣使者协助、督促地方官员实施对灾民的交通救助。如景德元年（1004）九月黄河自澶州横陇埽决口后，宋廷当即派遣使者督促当地官员紧急开展灾民的救护，"遣使视决河漂溢之所，官给船济之"②。元丰五年（1082）九月黄河在开封府界内决溢后，针对当时大批灾民聚集高地、粮食等物资短缺的情形，宋廷也紧急任命刘仲熊赶赴灾区监督救助活动的开展，"乘驿遍诣有水县规画船筏，运致民户，安集于无水处，赉薪粮就支"③，并要求刘仲熊将相关的救助情况每三天向尚书省奏报一次。元丰七年（1084）七月，鉴于黄河水围困大名城、河北路转运司奏请"乞多差兵夫、船筏救护"④，宋廷急派井亮采、梁从政赶赴大名协助地方官员开展对灾民的救助。

二、徙城、徙军

相对于黄河水灾中的人员转移，宋廷也通过将时常遭受黄河水灾的城镇迁徙的做法来躲避黄河水患。如地处大名府华县县城北四十里的马桥镇，即因长期遭受黄河水患的冲击和威胁而在开宝元年（968）被迁移到别处。⑤ 郓州、棣州等诸多城池，在北宋时期因黄河的不断冲击也都被迫迁城。如在咸平三年（1000）黄河决口郓州王陵埽后，知郓州姚铉即主持实施了迁城活动，

① 《宋史》卷315《韩亿传·韩综附传》，第10300页。
② 《宋会要》方域14之4，第7547页。
③ 《长编》卷329，元丰五年九月壬辰，第7930页。
④ 《宋会要》食货68之113，第6310页。
⑤ 《宋会要》方域12之12，第7525页。

"徙州于汶阳乡之高原，委以营度，许便宜从事"①。熙宁二年（1069）八月，张巩在奉命巡视二股河后即提议加强对水灾威胁较为严重城镇的防护，"其妨碍水行县镇，且令固护"，同时也建议这些城镇要做好水灾时的迁徙准备，"仍一面相度迁移"②。元丰四年（1081）九月，权判都水监李立之建议，"北京南乐、馆陶、宗城、魏县，浅口、永济、延安镇，瀛州景城镇，在大河两堤之间，乞令转运司相度迁于堤外"③，最后也获得批准而得以实施。该年十二月，神宗在与大臣谈论中也曾指出，"河之为患久矣，后世以事治水，故常有碍……如能顺水所向，迁徙城邑以避之，复有何患"④。元丰六年（1083）六月，北京留守司、河北都转运司提议，"馆陶县在大河两堤之间，欲迁于高固村以避水，公私以为便"⑤，这一倡议也获得批准而得以实施。元祐三年（1088）闰十二月，对于河北转运司"迁大名府南乐县于金堤东曹节村"⑥ 以规避黄河水灾的提议，宋廷也加以批准。元符二年（1099）七月，王祖望奏请"深州当大河之冲，势不可守，宜迁徙州民"⑦，但其最终结果如何却不得而知。在大观二年（1108）五月黄河决口邢州、巨鹿县城陷没后，宋廷也被迫"诏迁县于高地。又以赵州隆平下湿，亦迁之"⑧。对于被迫迁徙的城镇，这种另择他址的做法一则是为了规避黄河水灾的不断侵扰，同时也多是在频繁遭受黄河水灾危害后而被迫采取的相应举措。

由于徙城举措的实施往往牵涉诸多问题、面临一系列困难，宋廷因此也多采取较为谨慎的态度，尽量避免大规模徙城。大中祥符四年（1011）九月、

①《宋史》卷441《文苑三·姚铉传》，第13055页。
②《宋会要》方域14之21，第7556页。
③《长编》卷316，元丰四年九月庚子，第7645页。
④《长编》卷321，元丰四年十二月戊辰，第7745页。
⑤《长编》卷335，元丰六年六月壬戌，第8084页；《宋会要》方域5之12载为，"熙宁六年六月十八日，北京留守司、河北都转运司言：'馆陶县在大河南堤之间，欲迁于高囤村以避水，公私以为便'。从之"（第7389页）。此从《长编》。
⑥《长编》卷419，元祐三年闰十二月癸卯，第10143页。
⑦《长编》卷512，元符二年七月庚戌，第12190页。
⑧《宋史》卷93《河渠志三·黄河下》，第2312页。

大中祥符五年（1012）正月，黄河相继在棣州聂家口、李民湾决口并在此后屡治屡决，"役兴逾年，虽扞护完筑，裁免决溢，而湍流益暴，墙地益削，河势高民屋殆逾丈矣，民苦久役，而终忧水患"①。在这种形势下，知天雄军寇准等人提议将棣州城迁徙。对此，真宗则认为"城去河决尚十数里，一方民庶，占籍甚众，未可遽徙也"②，而未批准徙城请求，并随即派遣内殿崇班史崇贵、内供奉官王文庆与本路转运使共同加固河堤、堵塞决口。大中祥符五年（1012）八月，通判棣州史莹因接受滴河豪族的贿赂而奏称"本州河水为患，堤防不固，虑非时决溢，冲注州城。望徙井邑于滴河，其城垒俟霜降水涸而葺之"③，建议宋廷准许将棣州移治到滴河。随后，史莹收受贿赂一事被知棣州孙冲揭发，致使徙城的建议也未能得到实施。而孙冲在担任棣州知州期间，也多次堵塞了黄河的决溢，"自秋至春，凡四决，（孙）冲皆塞之"④。此后，河北转运使李士衡、张士逊等人也进而指出，"河流高于（棣）州城者丈余，朝命累年役兵修固，盖念徙城重劳民力。而去冬盛寒，尚有冲注，若冻解，必致决溢，为患滋深"，因而建议将棣州城移至城北七十里的阳信县八方寺，"即高阜改筑州治，以今年捍堤军士助役，则永久之利"，最终获得宋廷的批准。这样，棣州城的迁移直到大中祥符八年（1015）才得以完成，而迁城后不久棣州城原址即被黄河淹没，"既而大水没故城丈余"⑤。而针对棣州城迁徙中"议者患粮多，不可迁"这种反对意见，张士逊则是"视濒河数州方艰食，即计余以贷贫者，期来岁输阳信，公私利之"⑥，从而保障了徙城的顺利开展。而在仁宗朝黄河决口德州、入王纪口的情形下，有大臣建议迁徙德州。结果，宋廷也派遣郑骧前往勘验并依据其回奏而否决了徙城的建议，

① 《宋史》卷91《河渠志一·黄河上》，第2260—2261页。
② 《长编》卷77，大中祥符五年正月己卯，第1750页。
③ 《长编》卷78，大中祥符五年八月戊申，第1780页。
④ 《宋史》卷299《孙冲传》，第9946页。
⑤ 《长编》卷84，大中祥符八年正月戊戌，第1914—1915页。
⑥ 《宋史》卷311《张士逊传》，第10216页。

从而避免了德州城的迁徙，"已而州果无患"①。元丰五年（1082）八月，针对高阳关路转运司欲移乾宁军至沧州乾符寨、废军为县来躲避黄河水患的想法，高阳关路安抚使韩忠彦指出这种做法对当地民众的日常生活极为不便。知沧州赵瞻也称，转运司的这一动议造成乾宁军内民心恐慌，民众"皆谓河水颇已顺行，又增堤防数倍坚固，移军实有害无利"②，因而建议宋廷废止这一做法。最终，出于安定民众的需要，宋廷接受了韩忠彦、赵瞻的建议而未迁移乾宁军。同时，部分为躲避黄河水患而开展的徙城，最终也证实成效并不理想。如针对哲宗朝"魏境河屡决，议者欲徙宗城县"这一情形，转运使责令赵挺之赶赴拟定新址实地勘察，其后尽管赵挺之依据勘验结果回报"县距高原千岁矣，水未尝犯。今所迁不如旧，必为民害"，但宗城县县城最终还是被迁移。结果，新的宗城县县城建成仅两年即被黄河冲毁，"河果坏新城，漂居民略尽"③，可见此次宗城县县城的移治完全是一次严重的失误。

北宋时期黄河水灾的频繁出现，对军队的驻防也造成了较为严重的影响。为躲避黄河水患，宋廷也被迫将部分驻军迁至他处。如鉴于天禧三年（1019）七月滑州接连五昼夜暴雨不止、黄河水位猛涨而危及滑州城安全这一形势，薛颜即提议"权徙甲仗、钱帛置通利军，其军民听从便迁徙"④。对此，宋廷命薛颜负责固护滑州段黄河北堤，如固护不成再考虑实施其建议。而针对"自河北经水灾，而州郡多缺食"⑤ 这一情况，宋廷在皇祐元年（1049）六月也下令迁徙莫州马军十指挥至真定府、深州马军两指挥至祁州、步军两指挥至澶州，这是由于黄河水灾造成军队驻地军粮短缺而被迫实施的迁移。元丰五年（1082）九月，宋廷也由于此前黄河决口原武埽而命广勇、广德两指挥

---

①　《宋史》卷301《郑骧传》，第10006页。
②　《长编》卷329，元丰五年八月乙亥，第7925页。
③　《宋史》卷351《赵挺之传》，第11093页。
④　《长编》卷94，天禧三年七月丙寅，第2160页。
⑤　《宋会要》兵5之4，第6841页。

士兵移至阳武县驻防。① 政和五年（1115）八月，针对都水监"移军城于大伾山、居山之间，以就高仰"② 的提议，宋廷也同意迁徙通利军以规避黄河水患的威胁。

第六节　多措并举的水灾救助

宋廷对黄河水灾的救助，往往并不局限于对某一两种举措的利用，而是时常采取多措并举的方式对灾民展开救济。这种多措并举手段的实施，对北宋时期黄河灾民的救助也相当有成效，因而在诸多水灾救助活动的开展中被广泛运用。如黄河在淳化四年（993）九月冲入澶州北城后，宋廷即对城内遭受水灾的广大民众多方加以救济，"应溺死人户，每人给千钱为棺敛具，缺食者发仓粟赈济，其屋税并与除放"③。景德三年（1006）六月黄河"决南堤，流亳州，合浪宕河东入于淮"，宋廷也很快遣使赶赴应天府，"开仓具舟，援救流徙，给以粮饷，收瘗溺者，俟河复故道乃还"④。天禧三年（1019）七月，针对京东路、京西路、河北路转运使奏报黄河决溢、损毁民田的情况，宋廷也下令"应经水州县，夏税许从便送纳，田产坏者特倚阁之"⑤。在庆历八年（1048）六月黄河决口商胡埽后，大名府知府贾昌朝亲赴河堤组织士卒开展水灾的紧急救护，同时又"出仓廪与被水百姓，舍其流弃，接以医药，所活九十余万口"⑥。而在此次黄河决溢的救护中，王易也曾采取多种举措加以应对：

> 河决，商胡军当下流，前无堤防，水暴猥至，环垒几没。公亲

① 《长编》卷329，元丰五年九月辛卯，第7930页。
② 《宋史》卷93《河渠志三·黄河下》，第2313页。
③ 《宋大诏令集》卷185《赐澶州北城军人百姓诏》，第672页。
④ 《长编》卷63，景德三年六月甲午，第1408页。
⑤ 《长编》卷94，天禧三年七月甲子，第2160页。
⑥ 《临川先生文集》卷87《赠司空兼侍中文元贾魏公神道碑》。

慰恤其人，与同休戚，昼夜督吏卒防塞，约以军法。既免垫溺，遂

　奏发粟以哺困饿，济活甚众。因起大堤，城南至今赖之。①

由此可见，王易在组织这次黄河水灾救护的过程中，也是将堵塞决口、赈济
百姓、修筑大堤等多种手段综合加以运用，从而取得了较好的成效。嘉祐元
年（1056）七月，宋廷责令京西路等地转运使、提点刑狱对灾民加以赈济，
"若漂荡庐舍，听于寺院或官屋寓止。仍遣官体量，放今年税，其已倚阁者勿
复检覆。是月，赐河北诸州军因水灾而徙他处者米，人五斗至六斗。其压溺
者，父母妻赐钱三千，余二千。又出内藏库绢二十万匹、银十万两赈贷之"②，
也是借助于多种手段来救助灾民。在熙宁元年（1068）七月的恩州、冀州黄
河灾民救助中，宋廷也曾下令"可选官分诣。若有溺死人口，量其大小，赐
钱有差；其居处未安，令于官地搭盖，或寺观庙宇存泊。内有被浸贫下人户，
令省仓赐粟"③。该年八月，宋廷责令京东西路转运司辖下州县妥善安置转徙
过来的河北黄河灾民，"并仰于寺庙空闲处安泊。如内有老幼疾病的然不能管
主者，即官计口给米，大小有差。候至深秋，告谕各令归业种作，贫者更给
路粮"④。针对黄河灾民的大量涌现，宋廷在熙宁十年（1077）九月时也明确
下令"河决泛滥民田者，官为疏畎，被灾县放税赋，老幼疾病不能自存者，
日给口食"⑤。

　熙宁十年（1077）八月，黄河决口曹村而引发京东路等地水灾严重，对
此宋廷也紧急派遣黄廉前往组织灾民救助。在黄廉的努力下，此次黄河水灾
的救护也是多措并举：

　疏张泽泺至滨州，以纾齐、郓，而济、单、曹、濮、淄、齐之

　① 刘挚撰，裴汝诚、陈晓平点校：《忠肃集》卷12《宫苑使阁门通事舍人王公墓志铭》，中华书
局2002年版，第257页。

　② 《宋会要》瑞异3之2，第2105页。

　③ 《宋会要》瑞异3之4，第2106页。

　④ 《宋会要》食货69之41，第6350页。

　⑤ 《长编》卷284，熙宁十年九月庚戌，第6959页。

> 间积潦皆归其壑；郡守、县令能救灾养民者，劳来劝诱，使即其功；
> 发仓廪府库以赈不给，水占民居、未能就业者，择高地聚居之，皆
> 使有屋避水；回远未能归者，遣吏移给之，皆使有粟；所灌郡县，
> 蠲赋弃责；流民所过毋得征算，使吏为之道地，止者赋居，行者赋
> 粮，忧其无田而远徙，故假官地而劝之耕，恐其杀牛而食之，故质
> 私牛而与之钱；弃男女于道者收养之，丁壮而饥者募役之。

这次黄河水灾救助的开展，涉及疏导积水、发粮赈民、提供住屋、蠲免赋役、给民官田、保护耕牛、收养遗孤、募役灾民等多种手段的综合利用，赈灾举措可谓相当完备。这些黄河水灾救护举措的实施，也取得了显著成效，"所活饥民二十五万三千口，壮者就功而食又二万七千人，得七十三万二千工，给当牛、借种钱八万六千三百缗，归而论荐士大夫，后多朝廷所收用云"①。此次黄河决溢还南泛至徐州，结果苏轼也率领徐州军民采取多种措施展开水灾的救助：

> 熙宁丁巳，河决白马，东注齐、宋之野。彭城南控吕梁，水汇
> 城下，深二丈七尺。太守眉山苏公轼先诏调禁旅，发公廪，完城堞，
> 具舟楫，拯溺疗饥，民不告病。增筑子城之东门，楼冠其上，名之
> 曰黄，取土胜水之义。②

而在元丰三年（1080）七月的澶州、大名府黄河灾民救助中，宋廷也曾下令"被河水漪溺缺食户，大人日给米一升，小儿半升。即流移逐熟，经过河渡，若将带随行物，其税渡钱听免收一季"③。元丰七年（1084）鉴于"伊洛暴涨，冲注城中"，宋廷诏令"经水灾民户，令体量赈恤。被水厢、禁军，以差赐般移钱，死者依漂溺民户法给钱"④。大观二年（1108）八月，邢州官员奏

---

① 《长编》卷284，熙宁十年八月丙戌，第6950页。
② 贺铸：《庆湖遗老诗集》卷1《歌行三十九首·黄楼歌》，《宋集珍本丛刊》第二十八册，第8页，线装书局2004年版。
③ 《长编》卷306，元丰三年七月乙亥，第7440页。
④ 《长编》卷347，元丰七年七月甲辰，第8322—8323页。

报"巨鹿下埽大河水注巨鹿县，本县官私房屋等尽被潦浸"，为此宋廷也随即对巨鹿县水灾灾民展开多方救助：

> 应今来被水漂溺身死人户，并官为埋葬，每人支钱五贯文，买衣衾、版木，择高阜去处安葬，不得致有遗骸。其见在人户，即依放税七分法赈济施行。如有孤遗及小儿，并送侧近居养院收养，候有人认识，及长立十五岁，听从便。内有人户尽被漂失屋宇或财物，仍许依七分法借贷，不管却致失所。仍具埋葬、赈济、居养、存恤次第事状闻奏。①

从此次黄河水灾救助的实施来看，宋廷对灾民所实施的相应救助也颇为全面，涉及助葬、赐粮、收养孤小、借贷等多种手段的综合运用。而大观三年（1109）六月黄河决溢冀州境内后，宋廷在救助冀州宗齐镇灾民的过程中也是采取诸多举措实施救助：

> 冀州宗齐镇被水身死人户，并官为埋葬，人支钱五千，择高阜安葬，不得致有遗骸。其见在人户，却依放税七分法赈济。孤遗及小儿，并送侧近居养院收养，候有人识认，及长立十五岁，听逐便。内人户尽被漂失屋宇或财物，仍许依七分法借贷。仍具已埋葬、赈济、居养、存恤次第以闻。仍仰本路提刑司各那官前去点检赈恤，务要均济。②

这次黄河水灾救助中具体方法的运用，即与宋廷对大观二年（1108）巨鹿县灾民的救护大致相同。

除却以上的多种救助举措外，宋廷对黄河水灾灾民的救助也有其他措施的运用。如鉴于太平兴国八年（983）七月黄河、长江、汉江等河流"皆溢为患"，宋廷为此而在八月时下令"以大水故，释死罪以下"③。此种举措的实

①《宋会要》食货59之8，第5842页。
②《宋会要》食货59之8，第5842页。
③《宋史》卷4《太宗本纪一》，第70页。

施，虽多以宋廷的一种"仁政"形式而出现，但对局部地区内社会生产的恢复也可发挥一定的积极作用。而宋廷在水灾后帮助灾民埋葬死难亲属、修复坟冢等活动的开展，也是对黄河水灾灾民的一种救助。如景德四年（1007）七月，在今巩义市西南因积雨而导致黄河决溢后，宋廷即令当地官员帮助灾民埋葬死难亲属，"漂露邱〔丘〕冢，其令所在官为设祭埋瘗"①。这些释放囚徒、助葬活动的开展虽相对较为有限，但对救助黄河灾民也可发挥一定的作用。

总之，北宋时期黄河水灾救助的相关举措已颇为完备，涵盖水灾中、水灾后对灾民的钱粮赈贷和赐与、赋税减免与缓征、人员转移和临时安置、以工代赈和招募灾民为兵、调整河役等多种手段的综合利用。以工代赈、赋税及力役的减罢、流民安置等措施的实施，则对灾后农业生产和社会生活秩序的恢复均可发挥积极、有效的推动作用。其中，宋廷对黄河灾民的钱粮赈贷和赐与、提供临时住所、以工代赈和招募灾民为兵等救助举措，更是一种直接、有效的灾民救助措施，可在短期内即可收获救助成效。整体而言，宋廷诸多黄河水灾救助举措的综合利用，既在灾民救护、生产恢复等方面取得了显著成效，同时诸如以工代赈等水灾救护手段也多为后世继承和沿用。

---

① 《长编》卷66，景德四年七月戊辰，第1471页。

第四章　北宋黄河水灾的防治机制

在黄河水灾频仍的形势下，宋廷相关的河堤修筑、河道疏浚活动也时有开展。嘉祐年间都水监这一专司治水机构的正式设立，标志着宋廷在黄河水患日益加剧的局面下加强了对黄河防治的全盘组织、统筹。具体到北宋黄河水灾防治的开展中，都水监等机构通过多种途径解决黄河防治所需的大批人力、物料，并不断加强对人力、物料征集和使用的检计。本章主要围绕这些方面加以探讨，以便对北宋黄河水灾防治的运行机制予以勾勒。

第一节　黄河水灾防治机构的设置与运行
——以都水监为例

受开展统一战争等诸多因素的影响，宋初黄河治理机构的设置、管理在总体上还比较简陋，除隶属于尚书省工部的水部外，另外则设有三司河渠案，"凡川渎、陂池、沟洫、河渠之政，国朝初隶三司河渠案"①。在这一体系中，水部并无实际职掌，河渠案名义上虽负责管理黄河事务，但其事权较为有限

---

① 《宋会要》职官 16 之 3，第 2723 页。

而难以调动、协调各部门有效开展黄河水灾的救治。黄河水灾发生时，宋廷往往临时派遣使者会同河渠案等官员实施水灾的救助，这种做法因此带有较强的临时性、随机性，导致黄河防治体系的建制尚不完备。嘉祐三年（1058）都水监的正式设立，既标志着宋代黄河水灾防治体制的重大改进，又是对汉唐专置治河机构的回归和进一步发展。在学界已有研究成果的基础上，本节即对都水监的由来、都水监在黄河水灾防治中的作用及其与北宋政局变迁间的内在关联等问题试做一定探讨。

一、 仁宗朝至神宗朝的都水监

伴随着黄河水灾的日益加剧和水灾救护任务的日趋严峻，北宋前期以三司河渠案为主导的救护体系已不足以应对繁重、复杂的黄河水灾救助事务。在此情形下，为便于黄河水灾救助事务的有效开展和运作，宋廷也逐渐对黄河水灾防治机构加以改进和调整，即在皇祐三年（1051）五月"置河渠司于三司"[1]，由这一机构专门负责黄河、汴河等河堤工料事务，"命盐铁副使刘湜、判官邵饰主其事"[2]。而在河渠司官员的选拔方面，宋廷也较为注意任用一些熟悉水利事务的人员，如至和二年（1055）即任命李仲昌都大提举河渠司，"以（李）仲昌知水利害，特任之"[3]。相对于原来的河渠案，河渠司的设立对于黄河等河流的救治虽在实际效果方面有所改进，但它直接隶属于三司，尚未独立因而客观作用仍较为有限。对此，河渠司勾当公事李师中即曾指出其弊端，认为三司河渠司"自来受三司牒，令行下诸州军文字，虽令指挥辖下州军，缘别无定式，致诸处都大巡河使臣及县邑多不申状，止行公牒。此于事体殊失轻重，以此亦难集事"[4]。直至嘉祐三年（1058）十一月，都水

---

① 王应麟：《玉海》卷22《河渠下·皇祐溉漕新书》，广陵书社2003年版，第450页。
② 《宋会要》职官5之42，第2483页。
③ 孙逢吉：《职官分纪》卷13《河渠司》，上海古籍出版社1992年版，第305页。
④ 《宋会要》职官5之42，第2483页。

监正式宣告成立，① 以此为契机，北宋黄河水灾的防治也开始步入一个新的阶段。对于都水监设立的初衷，仁宗在其诏令中也有着比较明确的阐释：

> 近世以来，水官失职，稽诸令甲，品秩犹存。今大河屡决，遂失故常，百川惊流，或致冲冒，害既交至，而利多放遗，此议者宜为朝廷讲图之也。朕念夫设官之本，因时有造，救弊求当，不常其制。然非专置职守，则无以责其任，非遴择才能，则无以成其效，宜修旧制，庶以利民。其置在京都水监，凡内外河渠之事，悉以委之，应官属及本司合行条制，中书门下裁处以闻。②

可见，嘉祐三年（1058）都水监的设置，其重要的一个出发点即着眼于"非专置职守，则无以责其任，非遴择才能，则无以成其效"的考虑，希望借助于都水监的设立来改变河渠司体系下黄河治理不力的局面，以收"专置职守……以责其任"的成效。而为使都水监确实能够在河流治理中发挥有效作用，宋廷也赋予其较大的职权，"凡内外河渠之事，悉以委之"。相较于原来的河渠司，都水监专司治河的职能更为突显、事权显著扩大，这对黄河水患防治的开展无疑颇为有利。在日常的职责运行中，都水监主要是采取"轮遣丞一人出外治河埽之事"③ 的方式来负责黄河堤防修治、决口堵塞等事务。外都水监丞的办公机构为设在澶州的外都水监丞司（简称外监），而外都水监丞司官员的设置则主要包括都水监丞（或称外都水监丞司使者）一人、管勾外都水监司公事一至二人等相关官员。④

　　都水监创立伊始，宋廷最初任命吕景初为判都水监，"欲重其任，以御史知杂判监事"⑤，杨佐为同判都水监，孙琳、王叔夏为知都水监丞事。⑥ 其他

---

① 《宋会要》职官 5 之 42，第 2483 页。
② 《长编》卷 188，嘉祐三年十一月己丑，第 4534 页。
③ 《宋史》卷 165《职官志五·都水监》，第 3921 页。
④ 参见龚延明：《宋代官制辞典》"外都水监丞司"条，中华书局 1997 年版，第 373 页。
⑤ 《职官分纪》卷 23《都水使者》，第 515 页。
⑥ 《长编》卷 188，嘉祐三年十一月己丑，第 4534 页。

官员的任命也有着一定的规模、资历要求，如设判监事一人，以员外郎以上人员充任；设同判监事一人，以朝官以上人员充任；丞二人、主簿一人，均以京朝官充任。① 当然，这种官员的设置也只是都水监建立初期的一种大体情形，伴随着北宋黄河水灾防治的进一步发展不断有所变化和调整，"后亦不常其官"。对于都水监的职掌，宋廷最初明确规定为"掌内外河渠、修完堤堰、疏导水势及判水运之事"②。而具体到部分河役的开展，宋廷也往往会在都水监下增设某些临时性机构，如熙宁七年（1074）四月时即曾设立疏浚黄河司，由范子渊、李公义等人统领，专司卫州至海口黄河的疏浚。③ 疏浚黄河司的官员设置、职责，则是"军典人数、公吏食钱，并依都水外监丞司例；本司公事，并与本路转运、提刑、提举司及外都水监丞司公移行遣"。其中，都水监对疏浚黄河司治河事务的开展多有监督职责。如熙宁九年（1076），都水监即曾奏请对疏浚黄河司的官员设置、物料运输船只等加以裁减和限制：

> 勘会（疏浚黄河司）所乞令试一过之功，今已岁余，未曾按验，令本监都官一员前去检覆。兼恐占用人船、官属太多，就令相度裁减……乞依旧并为一司，勾当官乞行并宜减罢……减罢一百八十五只，存留二十只。如缺，许黄河逐都大司将般物料船三十只应副出界，递相交替，共不得过五十只。④

可见，都水监对疏浚黄河司赋有较大的监督职责，对其官员规模、权限也多有限制。

元丰改制时期，都水监在官员设置、相关职责等方面也经历了一定的调整和改进：

---

① 《宋史》卷165《职官志五·都水监》，第3921页。
② 《职官分纪》卷23《都水使者》，第515页。
③ 《宋会要》职官5之45，第2485页；《宋史》卷92《河渠志二·黄河中》将北宋疏浚黄河司的设置系于熙宁六年（第2282页）。此从《宋会要》。
④ 《宋会要》职官5之45，第2485页。

元丰正名，置使者一人，丞二人，主簿一人。使者掌中外川泽、河渠、津梁、堤堰疏凿浚治之事，丞参领之。凡治水之法，以防止水，以沟荡水，以浍泻水，以陂池潴水。凡江、河、淮、海所经郡邑，皆颁其禁令。视汴、洛水势涨涸增损而调节之。凡河防谨其法禁，岁计荄揵〔楗〕之数，前期储积，以时颁用，各随其所治地而任其责。兴役以后月至十月止，民功则随其先后毋过一月。若导水溉田及疏治壅积为民利者，定其赏罚。凡修堤岸、植榆柳，则视其勤惰多寡以为殿最。①

仅就黄河的治理而言，这种调整即涉及都水监对黄河水势的调节、物料储备与使用的监管、兴役时限、引水溉田以及疏导积水、河堤植树等诸多方面。不仅如此，宋廷对都水监及其下辖机构的监管也在逐步强化，如元丰三年（1080）五月即采纳了权都水监丞苏液"分黄河八，都大应管逐埽职事，绘成图，令都水监仿此，每岁首编进"②的提议。而针对都水监在黄河治理中逐渐暴露出来的一些弊端，宋廷也会适时加以改进和调整。如针对权提点河北东路刑狱公事刘定"都水职务，什九在外，而外监丞一员，所任繁重，谓宜轻之，则事均而易举"的奏请，中书省吏房就在元丰三年（1080）八月时提议：

本房欲令外都水监丞南司治河阴县，旧都大司为治所，分怀、卫、西京、河阴、酸枣、白马四都大河事隶之。自黄河南岸上至西京河清县堤岸，下至白马县迎阳堤埽北岸，上至河阳北岸埽，下至卫州苏村埽西岸，共三十六埽。外都水监丞北司治北京金堤，旧都大司为治所，分澶、濮、金堤东流南、北两岸四都大河事隶之。自黄河北岸上至澶州大吴埽，下至沧州盐山埽南岸；上至澶州灵平上埽，下至沧州无棣埽岸，共三十三埽。其御河上中下节，漳河两埽，

---

① 《宋史》卷165《职官志五·都水监》，第3921—3922页。
② 《长编》卷304，元丰三年五月甲子，第7395页。

> 滹沱河上下节，三河在黄河北岸以北，亦令北司管勾。其官吏军司
> 等各中分之。都水监内外监丞旧共三员，今止令外都水监丞二员，
> 分管南北两司。留监丞一员，与主簿同在本监。①

从随后的结果来看，中书省吏房的这一倡议获得了宋廷的批准而实施。该年
九月，宋廷又下令"改知外都水丞南北司公事为知南北外都水丞，南北外都
水丞依旧澶州置司"②，同时在南北外都水监丞以下各设都提举官八人，并在
紧急时期派遣使者加以协助，"皆分职莅事；即干机速，非外丞所能治，则使
者行视河渠事"③。此番调整的显著变化即是转为由两名外都水监丞分别负责
对黄河南、北二司的掌管，并对其各自掌管的埽所明确划分，从而便于
"事均而易举"目标的实现。另外，一名都水监丞留驻都水监京师本部，
则又可辅助都水监相关事务的整体协调。这些变动表明都水监已将相当一
部分治河事权下放给南北外都水监，而这对黄河水灾防治的运行也相当
有利。

以都水监为主导的治河体系的运行，既要获得地方各级部门的多方协助，
同时因权力归属、责任承担等问题而与地方官府多有冲突和矛盾。其中，都
水监与地方转运司就围绕着治河事权的分配、河决责任的承担等方面而多有
摩擦。针对此类问题，都水监也不断设法争取对黄河水灾防治主导权的掌控。
如元丰五年（1082）四月，河北都转运司在其上奏中即明确指出，"都水监专
领河事，平时措置，本司初不与闻，近岁决溢，则均任其责。今新旧埽崖废
置闭塞之际，实系本路公私休戚，伏望许令本司同议，如不赐允从，乞免同
坐"。可见，围绕着对本路内黄河水灾防治活动的组织实施，河北路都转运司
即请求宋廷准许其参与决策，否则即免于连坐责任。宋廷最终同意其免于连

---

① 《长编》卷307，元丰三年八月壬子，第7468页。
② 《长编》卷308，元丰三年九月丁亥，第7490页。
③ 《宋史》卷165《职官志五·都水监》，第3922页。

坐责任的请求，但同时也规定河防事务"如转运司曲有阻坏，都水监按劾以闻"①，明确宣告了治河的主导权归属于都水监，地方转运司无权参与决策。宋廷的这种调整，无非是要极力维护都水监对黄河水灾防治事务的统辖权，借以保障相关防治活动的通畅运行。但在黄河水灾防治的实际开展中，都水监仍会受到多重阻力。如元丰七年（1084）七月，王拱辰对都水监在黄河水灾防治中所受到的羁绊即多有揭露，认为"凡干钱谷禀转运司，常平即提举司，军器、工匠即提刑司，埽岸物料、兵士即都水监。未尝有一敢专者。今应猝济民，逐官在远，须至一面先行，致违逐司条令，所以乞赐一不拘常制指挥"②，建议要确实加强都水监统领黄河水灾防治的大权。

但从另一方面来讲，都水监治河体系也不断受到质疑和批评，甚至在熙丰年间还一度出现了关于都水监存废的争论。在这种争论中，王安石针对废置都水监的言论也给予了严厉回击：

> 都水监亦恐不可废。今议者以谓，比三司判官主领之时，事日烦，费日广，举天下之役，其半在于河渠堤埽，故欲废之，此臣之所未喻也。朝廷以为天下水利领于三司，则三司事丛，不得专意，而河渠堤埽之类，有当经治而力不暇给，故别置都水监，此所谓修废官也。官修则事举，事举则虽烦何伤？财费则利兴，利兴则虽费何害？且所谓举天下之役，半在于河渠堤埽者，以为不当役而役之乎？以为当役而役之乎？以为不当役而役之，则但当察官吏之不才，而不当废监；以为当役而役之，则役虽多，是乃因置监，故吏得修其职而无废事也，何可以废监乎？

王安石的此番言论重申了北宋都水监设立的初衷，同时指出都水监不仅不可废除，反而应在黄河水患日益加剧、事务繁重的形势下增加相关官员的设置，

① 《长编》卷325，元丰五年四月戊午，第7818页。
② 《长编》卷347，元丰七年七月辛亥，第8327页。

"且今水土之利患在置官不多，而不患其冗也"①，从而保证诸多治河活动的正常开展。而对于都水监体系运行中诸如兴役频繁等弊病，王安石认为应尽力加以纠正，但不应成为废置都水监的理由，"以为不当役而役之，则但当察官吏之不才，而不当废监"。元丰六年（1083）五月"都水监增置丞一员"② 等举措的出台，即是这种指导思想下的产物。到元丰八年（1085），都水监又将提举汴河堤岸司纳于麾下，"先是，导洛入汴专置堤岸司，至是归之都水司"③，这种变化也表明都水监的职权范围在进一步扩大。

二、 哲宗朝至钦宗朝的都水监

哲宗朝的都水监，在官员、机构设置等方面又有了一定的新变化。元祐元年（1086）四月，李常、冯宗道奉命对黄河堤防加以巡视后指出，"堤防之设，全系水官；物料之蓄，责在本道。今经涉岁月，尚尔未集，以是知水官未得其人"，即建议增加相关水官的设置以保障河堤修治、物料储备的落实。宋廷采纳了二人的提议，决定在原有基础上增设都水监外都水使者、勾当公事各一人，"比外都水丞，隶外都水使者"④。而据元祐四年（1089）七月宋廷"复置外都水使者，令河北路转运使谢卿材兼领"⑤ 的诏令，我们可以推知元祐元年（1086）四月至元祐四年（1089）七月间外都水使者也曾一度被取消。元祐五年（1090）五月，针对此前都水监仅派管勾惠民河王景前往勘察大名府境内黄河一事，侍御史孙升认为"大河利害，为国重事，北京轻重，所系一方，而都水使者未尝躬亲行视，端坐都城，止据管勾惠民河王景所说，便以为据，殊不思北京所系轻重"⑥，建议宋廷监督都水使者亲往勘验、确实

① 《临川先生文集》卷62《议曰废都水监》。
② 《长编》卷335，元丰六年五月戊戌，第8072页。
③ 《文献通考》卷57《职官考十一·都水使者》，考518。
④ 《长编》卷374，元祐元年四月辛卯，第9066—9067页。
⑤ 《长编》卷430，元祐四年七月丙子，第10384页。
⑥ 《长编》卷442，元祐五年五月壬辰，第10648页。

履行巡护黄河职责。此外，都水监所辖提举修河司等机构在元祐年间也有时置时废现象的发生。为保障回河东流的顺利实施，宋廷曾在元祐四年（1089）八月恢复了提举修河司的设置①，但在元祐五年（1090）十月就又加以废除②。到元祐七年（1092），宋廷命河北路、京西路转运使以及开封府界提点刑狱"各兼南、北外都水事"③，其目的主要是服务于都水监所负责东流河役的开展。同时，宋廷也逐渐强化了都水使者的监察权，并在绍圣元年（1094）三月时明令"黄河利害专责都水使者"④，由此可见都水使者职责要求的进一步提高。

围绕着都水监体系内部分官员、机构的设置，宋廷内部在元祐时期也不断出现一些异议，如元祐三年（1088）、元祐四年（1089）时杜纯言、苏辙的言论即颇具代表性：

> 河防旧隶本司，其决溢计之今日未尝加多，自置都水监，遣丞治水专领，其决溢比之前日亦不加少。缘决溢之多寡，实不系置与不置别司。近添差都水使者一员治水，窃谓用材役民以备水患，事责同异，委有妨缺，请都水监不必分官专治，止可责成本司。既减外监官属，宜置本司属官二员，往来勾当。随事缓急，以时计置使副、判官互出临按，事责归一。其物料请如旧监，以他路所出之物应副。⑤

> 昔嘉祐中，京师频岁大水，大臣始取河渠案置都水监。置监以来，比之旧案，所补何事？而大不便者，河北有外监丞侵夺转运司职事。转运司之领河事也，凡郡之诸埽，埽之吏兵、储蓄，无事则分，有事则合。水之所向，诸埽趋之，吏兵得以并功，储蓄得以并

① 《宋史》卷92《河渠志二·黄河中》，第2299页。
② 《长编》卷449，元祐五年十月癸巳，第10779页。
③ 《宋史》卷165《职官志五·都水监》，第3922页。
④ 《宋会要》方域15之18，第7568页。
⑤ 《长编》卷377，元祐四年五月甲子，第9163—9164页。

　　用。故事作之日无暴敛伤财之患，事定之后徐补其缺，两无所妨。
　　自有监丞，据法责成，缓急之际，诸埽所有不相为用，而转运司始
　　不胜其弊矣。近岁尝诏罢外监丞，识者韪之，既而复故，物论所惜。
　　此工部都水监为户部之害……故愿明诏有司，罢外水监丞，而举河
　　北河事及诸路都作院皆归转运司。①

从此类言论中可以看出，杜纯言、苏辙二人的论调大体上基本一致，即均认为外都水监、都水使者、外都水监丞的存在并未缓解北宋时期黄河水患日益严重的局势，反而却构成对地方转运司治河事权的侵夺，以致为黄河水灾防治活动的开展带来诸多弊病。在杜纯言、苏辙看来，宋廷应该取消外都水监、都水使者、外都水监丞等机构和官员的设置，从而赋予地方转运司更大的治河事权。这种观点既指出了都水监体系下治河事权分工不明、机构设置重叠、办事效率低下等弊病，同时也是长期以来都水监与地方转运司争夺黄河防治事权斗争的一种延续。北宋都水监体系下各种弊端的产生，责任并不在都水监本身，究其深层根源则在于宋廷加强中央集权、分化地方事权的核心指导思想与原则。而外都水监与地方转运司的关系，在哲宗朝也有着一定的变化。如曾孝广在元符二年（1099）九月时即提议，"今河事已付转运司，责州县共力救护北流堤岸，则北外都水丞别无职事，请并归转运司"②，这一建议马上即获得宋廷的批准。但这种局面并未维持太久，宋廷在元符三年（1100）即再次下令恢复北外都水监丞、北外都水丞司的设置。③ 同时，这些事例也说明都水监体系内的官员、机构设置在哲宗朝多有变动。

　　宋廷在徽宗朝对都水监体系也有着一定的调整，这主要体现在对日益臃肿的黄河官僚队伍加以整顿方面。如宣和三年（1121），宋廷下令废罢南、北

　　① 《宋朝诸臣奏议》卷58《上哲宗论户部三弊》，第643页。
　　② 《宋会要》方域15之20，第7569页。
　　③ 《宋史》卷165《职官志五·都水监》，第3922页。

外都水丞司，同时规定"依元丰法，通差文武官一员"①，这一举动无疑对大批黄河官员的裁撤具有较大影响。宣和四年（1122），都水监乘修治恩州黄河大堤的时机征招大批官员，"都水监行催促工料等事为名，举辟文武官甚多，至于百二十余员，例皆受牒家居，系名本监，漫不省所领为何事，其间曾至役所者十无一二焉"②。宋廷随即对都水监的这种做法予以纠正，责成除保留正官十一名外，其余官员均加以废置。钦宗朝虽然颇为短暂，但宋廷对都水监内部官员的调整也有着一定举措的推行。靖康元年（1126）六月，殿中侍御史胡舜陟在其上奏中指出，"昨降旨挥，内侍领外局职事并依祖宗法，后又诏除熙丰窠阙依旧外，余并罢。今都水、将作监有承受官，非祖宗制，乞赐罢废"③。该提议最终被宋廷采纳，这无疑也涉及对都水监部分官员的裁撤。总体而言，徽宗朝、钦宗朝针对黄河官员队伍日趋膨胀所推行的一系列裁减举措，也只能是一些细枝末节的纠正、遏制，远不能扭转黄河官员队伍日益臃肿的局面。正因如此，北宋末年都水监体系的日渐衰落也就成为一种无法改变的趋势。

　　总之，宋廷设立都水监的初衷，即是通过赋予都水监更大的专司治河职权来有效统辖、组织黄河水灾防治事务，借以改善以往黄河水患防治不力的局面。因此，北宋都水监治河体系的确立，是在黄河水患日益加重形势下应运而生的产物。都水监体系在其诞生后的长期运行中，治河职权、内部机构和官员设置等方面也都伴随着黄河防治活动的开展而不断经历一定的变动和调整。

---

　　① 《宋史》卷165《职官志五·都水监》，第3922页。
　　② 《宋会要》方域15之30，第7574页。
　　③ 《宋会要》职官36之23，第3083页。

表 4－1：北宋都水监历任官员简表

人物	职务	就职时间	史籍中出现时间	备注	资料出处
吕景初	判都水监	嘉祐三年（1058）十一月			《长编》卷188，嘉祐三年十一月己丑，第4534页
杨佐	同判都水监	嘉祐三年（1058）十一月			《长编》卷188，嘉祐三年十一月己丑，第4534页
孙琳	知都水监丞事	嘉祐三年（1058）十一月			《长编》卷188，嘉祐三年十一月己丑，第4534页
王叔夏	知都水监丞事	嘉祐三年（1058）十一月			《长编》卷188，嘉祐三年十一月己丑，第4534页
	都水监丞		嘉祐七年（1062）七月		《宋会要》方域14之20，第7555页
李师中	河渠司勾当公事		嘉祐三年（1058）闰十二月三日		《宋会要》职官5之42，第2483页
孙琳	都水监丞		嘉祐四年（1059）二月		《宋会要》食货63之43，第6008页
	权都大提举恩、冀、深等州修葺河堤	熙宁元年（1068）七月			《宋会要》方域14之21，第7556页
吴中复	判都水监		嘉祐四年（1059）四月		《长编》卷189，嘉祐四年四月戊辰，第4559页
韩璹	判都水监		嘉祐八年（1063）二月		《宋会要》方域14之20，第7555页

续表

人物	职务	就职时间	史籍中出现时间	备注	资料出处
韩赟	判都水监	嘉祐八年(1063)正月		《长编》卷206载，治平二年九月丙子韩赟改任知河南府，"坐都城内外沟洫久不治故也"（第5001页）	《长编》卷198，嘉祐八年正月丙寅，第4789页
	都水监丞		嘉祐八年(1063)三月		《宋会要》方域14之20，第7555页
	同判都水监		熙宁六年(1073)十二月		《长编》卷248，熙宁六年十二月戊子，第6061页
	判都水监		熙宁七年(1074)八月	此处载为"李承之"，应为"李立之"	《长编》卷255，熙宁七年八月丙戌，第6241页
李立之	判都水监	熙宁八年(1075)六月		《长编》卷265，熙宁八年六月丙午（第6487页）	
	权判都水监	元丰四年(1081)五月		罢潭州权判都水监	
	权判都水监		元丰四年(1081)五月		《宋会要》方域15之7，第7563页
					《长编》卷312，元丰四年五月甲午，第7574页
			元丰四年(1081)八月		《宋会要》方域15之7，第7563页

续表

人物	职务	就职时间	史籍中出现时间	备注	资料出处
李立之	判都水监		元丰五年(1082)正月		《长编》卷322，元丰五年正月己丑，第7759页
			元丰五年(1082)四月		《宋会要》方域15之8，第7563页
	都水使者		元丰五年(1082)十一月		《长编》卷331，元丰五年十一月乙酉，第7970页
沈立	判都水监			仁宗朝	《宋史》卷333《沈立传》，第10698页
	提举商胡埽			仁宗朝	《无为集》卷12《故右谏议大夫赠工部侍郎沈公神道碑》，《宋集珍本丛刊》第十五册，第333页
张巩	判都水监		嘉祐六年(1061)	按《实录》所书，嘉祐元年九月盖已命官修狭河，或此时（张）巩已判都（水）监，未可知也	《长编》卷184，嘉祐元年九月癸卯条注文，第4448页
			治平元年(1064)		《宋史》卷91《河渠志一·黄河上》，第2274页
			治平三年(1066)三月		《宋会要》方域17之6，第7599页
	同判都水监		熙宁二年(1069)七月		《宋会要》方域14之21，第7556页
			熙宁三年(1070)九月		《长编》卷215，熙宁三年九月庚黄，第5234页

续表

人物	职务	就职时间	史籍中出现时间	备注	资料出处
张巩	判都水监		熙宁三年(1070)十二月		《宋会要》方域14之21，第7556页
王亚	提举河渠		熙宁元年(1068)七月		《宋史》卷91《河渠志一·黄河上》，第2275页
刘彝	权都水监丞	熙宁二年(1069)九月			《宋会要》方域14之22，第7556页
	都水监丞		熙宁三年(1069)		《长编》卷212，熙宁三年六月甲戌条注文，第5149页
	权都水监丞		熙宁三年(1070)八月		《长编》卷214，熙宁三年八月己未，第5198页
	知都水监丞公事		熙宁五年(1072)二月		《长编》卷230，熙宁五年二月壬子，第5586页
	知都水监丞		熙宁五年(1072)十月		《长编》卷239，熙宁五年十月辛丑，第5821页
侯叔献	管勾都水监丞		熙宁六年(1073)五月		《长编》卷245，熙宁六年五月甲寅，第5952页
			熙宁六年(1073)八月		《长编》卷246，熙宁六年八月丁亥，第5993页
	判都水监		熙宁六年(1073)十一月		《长编》卷248，熙宁六年十一月乙丑，第6050页
			熙宁七年(1074)正月		《长编》卷249，熙宁七年正月乙丑，第6077页

续表

人物	职务	就职时间	史籍中出现时间	备注	资料出处
杨汲	权都水监丞		熙宁三年(1070)八月		《长编》卷214，熙宁三年八月己未，第5198页
	权同判都水监		元丰元年(1078)十一月	《长编》卷295，"太常博士、权判都水监杨汲为少卿"，元丰元年十二月戊午（第7185页）。	《长编》卷294，元丰元年十一月乙未，第7173页。
	判都水监	元丰年间			《宋史》卷355《杨汲传》，第11187页
程昉	都大提举黄、御等河，同鉴书外都水监丞	熙宁四年(1071)正月	熙宁四年(1071)八月	内侍签书职事，非故事也	《长编》卷219，熙宁四年正月辛亥，第5329页
	都水监丞				《长编》卷212，熙宁三年六月甲戌条注文，第5150页
	外都水监丞		熙宁四年(1071)八月		《长编》卷226，熙宁四年八月丁巳，第5500页
	同管勾外都水监丞		熙宁五年(1072)七月		《长编》卷235，熙宁五年七月辛卯，第5707页
	管勾外都水监丞		熙宁五年(1072)九月		《长编》卷238，熙宁五年九月戊申，第5793页
			熙宁六年(1073)八月		《长编》卷246，熙宁六年八月己丑，第5994页

续表

人物	职务	就职时间	史籍中出现时间	备注	资料出处
程昉	同管勾外都水监丞		熙宁六年（1073）十二月		《长编》卷248，熙宁六年十二月丁亥，第6061页
	都水监丞		熙宁七年（1074）二月		《宋会要》方域14之23，第7557页
	外都水监丞		熙宁七年（1074）七月		《长编》卷254，熙宁七年七月己巳，第6221页。
	都大提举黄、御等河公事		熙宁八年（1075）四月		《长编》卷262，熙宁八年四月戊黄，第6400页
	外都水监丞		熙宁八年（1075）闰四月		《长编》卷263，熙宁八年闰四月乙未，第6426页
	都大提举黄御河、同管勾外都水监丞		熙宁八年（1075）闰四月	《长编》卷277载，"罢程昉同管勾外都水监丞、都大制置河北河防水利"，令熙宁九年七月壬午（第6772页）	《长编》卷263，熙宁八年闰四月丁未，第6442页
马仲甫	判都水监	熙宁四年（1071）五月			《长编》卷223，熙宁四年五月戊戌，第5425页
宋昌言	同判都水监	熙宁四年（1071）八月		《长编》卷226，熙宁四年八月丁巳（第5500页）	
	判都水监		熙宁七年（1074）八月		《长编》卷255，熙宁七年八月丙戌，第6241页

续表

人物	职务	就职时间	史籍中出现时间	备注	资料出处
宋昌言	判都水监		熙宁八年(1075)闰四月		《长编》卷263，熙宁八年闰四月甲午，第6420页
		熙宁十年(1077)八月			《长编》卷284，熙宁十年八月癸卯，第6957页
	判都水监		熙宁十年(1077)九月		《长编》卷284，熙宁十年九月庚午，第6964页
			元丰元年(1078)十二月		《宋会要》方域16之10，第7580页
周良孺	都水监主簿		熙宁五年(1072)五月		《长编》卷233，熙宁五年五月壬辰，第5655页
	权发遣都水监丞		熙宁五年(1072)十一月		《长编》卷240，熙宁五年十一月壬戌，第5831页
张伦	外都水监丞同当公事		熙宁五年(1072)		《宋会要》方域14之23，第7557页
	外都水监丞同管勾公事①		熙宁七年(1074)二月		《宋会要》方域14之23，第7557页
	外都水监司勾当公事		熙宁七年(1074)二月		《长编》卷250，熙宁七年二月癸酉，第6086页

① 《长编》卷250载，"外都水监司勾当公事"，熙宁七年二月癸酉，第6086页。

续表

人物	职务	就职时间	史籍中出现时间	备注	资料出处
刘璹	知都水监主簿		熙宁六年(1073)四月		《长编》卷244，熙宁六年四月丁酉，第5942页
	都水监主簿		熙宁六年(1073)十一月		《长编》卷248，熙宁六年十一月乙丑，第6050页
	都水监丞		熙宁七年(1074)二月		《宋会要》方域14之23，第7557页
			熙宁七年(1074)十月		《长编》卷257，熙宁七年十月丙子，第6274页
	权知都水监丞		熙宁八年(1075)六月		《长编》卷265，熙宁八年六月己酉，第6492页
	同判都水监		熙宁九年(1076)四月	兼都大提举、制置淮南运河	《长编》卷274，熙宁九年四月壬寅，第6709页
	权同判都水监		熙宁九年(1076)六月		《长编》卷276，熙宁九年六月戊子，第6741页
			熙宁十年(1077)七月		《长编》卷283，熙宁十年七月丙子，第6941页
	权判都水监		熙宁十年(1077)九月		《长编》卷284，熙宁十年九月庚午，第6964页
			元丰元年(1078)闰正月		《长编》卷287，元丰元年闰正月庚辰，第7025页

续表

人物	职务	就职时间	史籍中出现时间	备注	资料出处
王令图	外都水监丞	熙宁六年(1073)十月			《宋史》卷92《河渠志二·黄河中》，第2283页
			熙宁六年(1073)十二月		《长编》卷248，熙宁六年十二月丁亥，第6060页
	都水监丞		熙宁七年(1074)二月		《宋会要》方域14之23，第7557页
			熙宁七年(1074)八月		《长编》卷255，熙宁七年八月丙戌，第6241页
	知都水监丞		熙宁七年(1074)十二月		《长编》卷258，熙宁七年十二月戌，第6301页
	都水监丞		熙宁八年(1075)六月		《长编》卷265，熙宁八年六月丙午，第6487页
	判都水监		元丰二年(1079)正月		《长编》卷296，元丰二年三月己卯，第7195页
	都水使者	元祐元年(1086)十月	《长编》卷396载，"都水使者王令图在河北经营河事亡殁"，元祐二年三月己巳(第9658页)		《长编》卷389，元祐元年十月庚寅，第9455页

续表

人物	职务	就职时间	史籍中出现时间	备注	资料出处
	权发遣都水监丞		熙宁六年（1073）七月		《长编》卷246，熙宁六年七月庚午，第5986页
	知权发遣都水监丞		熙宁六年（1073）十一月		《长编》卷248，熙宁六年十一月乙丑，第6050页
俞充	权判都水监	熙宁十年（1077）三月		《长编》卷283载，"大常丞、集贤校理、权判都水监俞充为都检正中书五房公事"，熙宁十年七月壬申（第6939页）	《长编》卷280，熙宁十年正月丙子，第6854页
	判都水监	熙宁十年（1077）五月	此处《宋史》载为"俞光"，应为"俞充"	《宋史》卷92《河渠志二·黄河中》（第2284页）	
	权判都水监		熙宁十年（1077）七月		《长编》卷283，熙宁十年七月壬申，第6939页
	权判都水监		熙宁十年（1077）九月		《长编》卷284，熙宁十年九月癸酉，第6966页
	判都水监		熙宁十年（1077）九月		《长编》卷284，熙宁十年九月壬申，第6966页
	都水监丞		熙宁年间		《宋史》卷333《俞充传》，第10701页

人物	职务	就职时间	史籍中出现时间	备注	资料出处
	都大提举疏浚黄河司	熙宁七年（1074）四月			《长编》卷252，熙宁七年四月庚午，第6149页
	权同管勾外都水监丞		熙宁七年（1074）十二月		《长编》卷258，熙宁七年十二月甲戌，第6301页
	同管勾外都水监丞、都大提举疏浚黄河	熙宁八年（1075）四月		复为同管勾外都水监丞、都大提举疏浚黄河，避转运副使陈知俭奏也	《长编》卷262，熙宁八年四月癸未，第6404页
	都大提举疏浚黄河		熙宁八年（1075）十二月	出知陕州	《长编》卷271，熙宁八年十二月辛丑，第6642页
范子渊	同管勾都水监公事		熙宁九年（1076）正月己巳		《长编》卷272，熙宁九年正月己巳，第6659页
	外都水监丞		熙宁九年（1076）十月		《长编》卷278，熙宁九年十月丁酉，第6800页
	都水监丞		熙宁十年（1077）九月		《长编》卷284，熙宁十年九月甲戌，第6967页
	权都水监丞		元丰元年（1078）正月		《长编》卷287，元丰元年正月己巳，第7019页
	知都水监丞		元丰元年（1078）十二月		《长编》卷295，元丰元年十二月丙午，第7182页
			元丰二年（1079）三月		《长编》卷297，元丰二年三月丁丑，第7219页

续表

人物	职务	就职时间	史籍中出现时间	备注	资料出处
范子渊	权判都水监		元丰二年(1079)十一月		《长编》卷301，元丰二年十一月癸巳，第7325页
	都水使者		元丰五年(1082)十月		《长编》卷330，元丰五年十月辛亥，第7946页
			元丰六年(1083)正月	《长编》卷371载，"司农少卿廉正臣、都水使者范子渊两易其任"，元祐元年三月辛未（第8991页）	《长编》卷332，元丰六年正月壬寅，第8007页
李公义	都大提举疏浚黄河司勾当公事	熙宁七年(1074)四月			《长编》卷252，熙宁七年四月庚午，第6149页
	都大提举疏浚黄河司勾当公事		熙宁八年(1075)闰四月		《长编》卷263，熙宁八年闰四月壬寅，第6435页
王孝先	都水监丞		熙宁七年(1074)十一月		《长编》卷258，熙宁七年十一月丁未，第6291页
	都水使者	元祐二年(1087)三月	元祐四年(1089)三月，罢都水使者。	《宋史》卷92《河渠志二·黄河中》载，"（王）令图死，以王孝先代领都水"（第2289页）	《长编》卷396，元祐三年三月庚午，第9658页
	都水使者	元祐三年(1088)九月			《长编》卷414，元祐三年九月戊申，第10055页

人物	职务	就职时间	史籍中出现时间	备注	资料出处
侯叔献	同判都水监		熙宁八年（1075）五月	《宋会要》方域17之8载为"史叔献"（第7600页）应为"侯叔献"。	《长编》卷264，熙宁八年五月甲戌，第6464页
	都水监勾当公事		熙宁九年（1076）正月		《长编》卷272，熙宁九年正月壬申，第6661页
	都水监主簿		熙宁八年（1075）六月		《长编》卷265，熙宁八年六月丙午，第6487页
			熙宁十年（1077）五月		《长编》卷282，熙宁十年五月庚午，第6911页
陈祐甫	权外都水监丞		元丰元年（1078）正月	权外都水监丞陈祐甫为颍州团练推官	《长编》卷287，元丰元年正月己巳，第7019页
			元丰元年（1078）八月		《长编》卷291，元丰元年八月丁未，第7113页
	都水监主簿		元丰二年（1079）五月		《长编》卷298，元丰二年五月壬辰，第7250页
	权管勾都水监丞		元丰三年（1080）正月		《长编》卷302，元丰三年正月庚寅，第7350页
	北外都水监丞		元丰三年（1080）七月		《长编》卷306，元丰三年七月甲子，第7436页

续表

人物	职务	就职时间	史籍中出现时间	备注	资料出处
陈祐甫	北外都水监丞		元丰四年（1081）正月	《长编》卷312载，"诏北外都内水监丞陈祐甫冲替"（第7578页）元丰四年五月己酉	《长编》卷311，元丰四年正月甲午，第7534页
	都水监丞		元丰五年（1082）二月		《长编》卷323，元丰五年二月丙子，第7791页
			元丰六年（1083）闰六月		《长编》卷336，元丰六年闰六月辛卯，第8099页
			元丰七年（1084）三月	《宋会要》食货43之3载为"陈祐求"（第5574页）应为"陈祐甫"。	《长编》卷344，元丰七年三月乙卯，第8260页
李籍	都水监主簿		熙宁八年（1075）六月		《长编》卷265，熙宁八年六月丙午，第6487页
杜常	都水监勾当公事		熙宁八年（1075）六月		《长编》卷265，熙宁八年六月戊申，第6491页
程师孟	判都水监		熙宁九年（1076）五月		《长编》卷275，熙宁九年五月癸未，第6736页
			熙宁九年（1076）八月		《长编》卷277，熙宁九年八月庚戌，第6779页
	权判都水监		熙宁十年（1077）六月		《长编》卷283，熙宁十年六月壬辰，第6924页

续表

人物	职务	就职时间	史籍中出现时间	备注	资料出处
耿琬	知都水监		熙宁九年(1076)四月		《长编》卷274，熙宁九年四月壬寅，第6709页
	都水监丞		熙宁九年(1076)八月		《长编》卷277，熙宁九年八月庚戌，第6780页
	判都水监丞		熙宁十年(1077)六月		《长编》卷283，熙宁十年六月壬辰，第6924页
	管勾外都水监丞		元丰元年(1078)六月		《长编》卷290，元丰元年六月甲午，第7101页
			元丰元年(1078)十二月		《长编》卷295，元丰元年十二月甲子，第7189页
霍翔	知都水监丞		熙宁九年(1076)九月		《长编》卷277，熙宁九年九月戊午，第6782页
			熙宁九年(1076)十月		《长编》卷278，熙宁九年十月辛亥，第6808页
	都水监管勾官		熙宁十年(1077)六月		《长编》卷283，熙宁十年六月壬辰，第6924页
蒲宗孟	判都水监		熙宁九年(1076)十月		《长编》卷278，熙宁九年十月辛亥，第6808页
陈康民	都水监勾当公事		熙宁十年(1077)八月		《长编》卷284，熙宁十年八月辛巳，第6946页

续表

人物	职务	就职时间	史籍中出现时间	备注	资料出处
史瓒	权知都水监主簿		元丰元年(1078)正月	追两官，与远小处人差遣	《长编》卷287，元丰元年正月己巳，第7019页
王道徽	都水监丞		元丰元年(1078)八月	冲替	《长编》卷291，元丰元年八月丁未，第7113页
孔平仲	都水监勾当公事		元丰二年(1079)五月	都水监勾当公事孔平仲岁满减罢，更不补入	《长编》卷298，元丰二年五月壬辰，第7250页
	都水监勾当公事		元丰二年(1079)五月	岁满减罢，更不补入	《长编》卷298，元丰二年五月壬辰，第7250页
	都水监勾当公事		元丰二年(1079)九月		《长编》卷300，元丰二年九月壬申，第7299页
钱暟	都水监勾当公事		元丰五年(1082)二月		《长编》卷323，元丰五年二月丙子，第7791页
	都水监丞	元丰八年(1085)八月			《宋会要》职官3之9，第2402页
宋用臣	同判都水监		元丰二年(1079)九月		《长编》卷300，元丰二年九月丁卯，第7299页
	都大提举导洛通汴司		元丰三年(1080)五月		《宋会要》职官27之12，第2942页

续表

人物	职务	就职时间	史籍中出现时间	备注	资料出处
张唐民	权判都水监	元丰三年(1080)正月			《长编》卷304，元丰三年五月丙戌条注文，第7412页
	判都水监		元丰三年(1080)六月		《宋会要》方域15之5，第7562页
			元丰五年(1082)二月		《长编》卷323，元丰五年二月丙子，第7791页
刘定	权判都水监	元丰三年(1080)正月			《长编》卷304，元丰三年五月丙戌条注文，第7412页
	判都水监	元丰三年(1080)五月			《长编》卷304，元丰三年五月丙戌，第7412页
苏液	权都水监丞		元丰三年(1080)五月		《长编》卷304，元丰三年五月甲子，第7395页
	权知都水监		元丰三年(1080)七月		《长编》卷306，元丰三年七月壬申，第7438页
	权知都水监丞公事		元丰三年(1080)九月		《长编》卷308，元丰三年九月辛酉，第7475页
			元丰四年(1081)四月	冲替	《长编》卷312，元丰四年四月己丑，第7573页
	南外都水监丞		元丰五年(1082)二月		《长编》卷323，元丰五年二月丙子，第7791页

续表

人物	职务	就职时间	史籍中出现时间	备注	资料出处
李士良	知都水监主簿公事		元丰三年(1080)十二月		《长编》卷310，元丰三年十二月己巳，第7524页
	都水监丞		元丰六年(1083)四月	《长编》卷334载为"李自良"，应为"李士良"，元丰六年四月戊申（第8045页）	《宋会要》方域15之9，第7564页
吕公儒	权判都水监				《长编》卷312，元丰四年五月甲寅，第7579页
张次山	都水监丞		元丰五年(1082)二月		《长编》卷323，元丰五年二月丙子，第7791页
张元卿	都水监勾当公事		元丰五年(1082)二月		《长编》卷323，元丰五年二月丙子，第7791页
曾孝广	外都水监丞	元丰七年(1084)二月			《长编》卷343，元丰七年二月丁丑，第8238页
	南外都水监丞	元祐元年(1086)		哲宗即位，复知南外都水丞，迁都水监丞，京西转运判官，水部员外郎	《长编》卷517，元符二年十月甲子条注文，第12313页
	都水监丞		元符元年(1098)八月		《长编》卷501，元符元年八月壬午，第11932页
	都水使者	元符二年(1099)十一月			《长编》卷518，元符二年十一月壬辰，第12337页

续表

人物	职务	就职时间	史籍中出现时间	备注	资料出处
俞瑾	都水监丞	元丰八年（1085）八月		《长编》卷425载，"自监丞罢更为莫州通判"，元祐四年四月戊申（第10269页）	《宋会要》职官3之9，第2402页
刘彝	都水监丞	元祐初年		元祐初，复以都水监召还，病卒于道	《宋史》卷334《刘彝传》，第10729页
廉正臣	都水使者	元祐元年（1086）三月		司农少卿廉正臣，都水使者范子渊易其任	《长编》卷371，元祐元年三月辛未，第8991页
张景先	知北外都水丞公事		元祐二年（1087）十二月		《长编》卷407，元祐二年十二月庚辰，第9905页
鲁君贶	都水监丞	元祐三年（1088）五月	元祐四年（1089）十二月	《宋会要》方域15之13，《长编》卷436均载为"鲁君贶"，应为"李君贶"	《长编》卷410，元祐三年五月甲黄，第9994页；《宋会要》方域15之13，第7566页；《长编》卷436，元祐四年十二月甲黄，第10502页
	都水使者		元符三年（1100）十二月	专切应付茶场水磨	《宋会要》食货36之33，第5448页
			建中靖国元年（1101）春		《宋史》卷93《河渠志三·黄河下》，第2310页

续表

人物	职务	就职时间	史籍中出现时间	备注	资料出处
陈安民	都水监丞		元祐三年（1088）八月		《长编》卷 413，元祐三年八月辛丑，第 10044 页
	都水使者	元祐三年（1088）十一月			《长编》卷 417，元祐三年十一月庚申，第 10127 页
	提举修河司	元祐四年（1089）八月			《长编》卷 432，元祐四年八月乙丑，第 10433 页
			元祐四年（1089）		《宋史》卷 93《河渠志三·黄河下》，第 2307 页
			元祐五年（1090）二月		《长编》卷 438，元祐五年二月己亥，第 10554 页
吴安持	都水使者	诏都水使者吴安持再任		（元祐）三年十一月十八日初除，八年六月改太仆	《长编》卷 468，元祐六年十二月庚辰，第 11187 页
			元祐七年（1092）十月		《长编》卷 478，元祐七年十月辛酉，第 11383 页
		元祐八年（1093）五月		复兼领都水	《宋史》卷 93《河渠志三·黄河下》，第 2304 页

续表

人物	职务	就职时间	史籍中出现时间	备注	资料出处
谢卿材	外都水使者	元祐四年(1089)七月		《长编》卷431载，"河北路转运使兼都水使者谢卿材为河东路转运使"，元祐四年八月己酉（第10418页）	《长编》卷422，元祐四年二月乙巳条注文，第10212页
	福建、陕西、河北三路转运使兼外都水使者	元祐七年(1092)			《玉海》卷22《河渠下·宣和编类河防书》，第450页
	外都水使者	元祐八年(1093)十月			《宋会要》方域15之19，第7569页
	外都水使者	绍圣元年(1094)十月			《宋会要》方域15之19，第7569页
范子奇	河北路都转运使兼外都水使者		元祐四年(1089)八月	寻复以直龙图阁归故官	《长编》卷431，元祐四年八月己酉，第10418页
	同提举修河司	元祐四年(1089)八月			《长编》卷432，元祐四年八月乙丑，第10433页
	外都水使者		元祐四年(1089)十月		《长编》卷434，元祐四年十月戊午，第10470页
	外都水使者	元符三年(1100)八月			《宋会要》选举33之18，第4764页

续表

人物	职务	就职时间	史籍中出现时间	备注	资料出处
郑佑	都水监丞		元祐四年(1089)八月	《长编》此处载为"郑祐",应为"郑佑"	《长编》卷432,元符四年八月甲寅,第10426页
	都水使者		元符二年(1099)正月	《长编》卷514载,"右中散大夫、都水使者郑佑知峡州",元符二年八月癸酉(第12209页)	《长编》卷505,元符二年正月壬申,第12046页
李伟	都水监勾当公事		元祐四年(1089)七月		《长编》卷430,元祐四年七月丙申,第10398页
	权发遣北外都水丞	元祐五年(1090)九月			《长编》卷448,元祐五年九月丁亥,第10773页
	北都水监丞		元祐七年(1092)十月	诏以大河东流……北都水监丞李伟于任子任满日令再任	《长编》卷478,元祐七年八月辛酉,第11383页
	知南外都水监丞		元祐八年(1093)十一月		《宋会要》方域15之19,第7569页
	北外都水监丞		元符二年(1099)二月	《长编》卷514载,"朝奉郎、北外都水丞李伟通判秦州",元符二年八月癸酉(第12209页)	《长编》卷506,元符二年二月乙亥,第12050页

续表

人物	职务	就职时间	史籍中出现时间	备注	资料出处
郑居简	修河司承受		元祐五年(1090)三月罢任		《长编》卷438,元祐五年三月戊申,第10564页
陈祐之	北外都水丞		河北转运判官陈祐之罢兼北外都水丞		《长编》卷448,元祐五年九月丁亥,第10773页
孙洄	知北外都水丞	元祐五年(1090)九月			《长编》卷448,元祐五年九月丁亥,第10773页
梁焘	北外都水监丞		元祐五年(1090)九月		《长编》卷517,元符二年十月甲子条注文,第12310页
李孝博	都水监南外丞		元祐七年(1092)八月		《长编》卷476,元祐七年八月癸丑,第11337页
范绫	都水外丞		元祐八年(1093)正月		《长编》卷480,元祐八年正月戊子,第11417页
冯忱之	都水监丞		元祐八年(1093)七月		《宋会要》方域15之18,第7568页
郭茂恂	南都水监丞公事		元祐八年(1093)七月		《宋会要》方域15之19,第7569页
李举之	北外都水监丞		元祐八年(1093)九月		《宋会要》方域15之19,第7569页

人物	职务	就职时间	史籍中出现时间	备注	资料出处
王宗望	都水使者		绍圣元年(1094)春		《长编》卷517，元符二年十月甲子条注文，第12312页
			绍圣元年(1094)十月	《长编拾补》卷11载(王宗望)绍圣二年"上嘉其(王宗望)劳，进阶三等，授中散大夫，除直龙图阁，河北都转运使"，绍圣元年十月丁酉条注文(第454页)	《长编拾补》卷11，绍圣元年十月丁酉，第453页
李仲	都水监丞		绍圣三年(1096)四月		《长编》卷488，绍圣三年四月乙亥，第11589页
綦元	北外都水丞		元符元年(1098)七月		《长编》卷500，元符元年七月戊辰，第11916页
窦讷	权北外都水丞		元符元年(1098)十一月		《长编》卷504，元符元年十一月丁酉，第11999页
韩锦	权都水丞		元符二年(1099)十月		《长编》卷517，元符二年十月丁巳，第12302页
俞瑾	都水监丞		元符二年(1099)十月，罢都水监丞。		《长编》卷517，元符二年十月甲子，第12307页

续表

人物	职务	就职时间	史籍中出现时间	备注	资料出处
陈郦	都水监主簿		哲宗朝		《宋史翼》卷19《循吏二·陈郦传》，第199页。
	北外都水丞				
张慤	北外都水监丞		哲宗朝		《京口耆旧传校证》卷6《张慤传》，第197页
	南外都水监丞			徽宗朝	《京口耆旧传校证》卷6《张慤传》，第197页
	都水监丞				
黄思	都水使者			崇宁元年（1102）闰六月……"都水使者黄思放墨以昔论河事，尝注河之议，为言者所弹故也"	《宋会要》方域15之21，第7570页
赵霆	通直郎、都水使者		崇宁二年（1103）五月		《宋会要》方域15之21，第7570页
			大观元年（1107）闰十月		《宋史》卷65《五行志三·木》，第1430页
吴玠	朝散郎守都水使者		崇宁三年（1104）六月		《宋会要》方域15之24，第7571页
	都水使者		大观二年（1108）六月		《宋史》卷93《河渠志三·黄河下》，第2312页

续表

人物	职务	就职时间	史籍中出现时间	备注	资料出处
韩敦	知北外都水监丞		崇宁三年（1104）八月		《宋会要》职官5之15，第2470页
王履	提举北京恩冀州黄河堤埽勾当公事		政和初年		《三朝北盟会编》①卷82，靖康二年二月辛巳，第619页
孟昌龄	都水使者		政和四年（1114）十一月		《宋史》卷93《河渠志三·黄河下》，第2312—2313页
孟揆	都水使者		政和五年（1115）十一月		《宋史》卷93《河渠志三·黄河下》，第2313页
张克戬	南外都水丞公事		政和六年（1116）		《宋会要》方域15之26，第7572页
孟扬	都水使者		政和七年（1117）六月		《宋史》卷93《河渠志三·黄河下》，第2314页
			宣和四年（1122）四月		《宋史》卷93《河渠志三·黄河下》，第2315页
张调	南外都水监丞		政和七年（1117）五月		《宋会要》方域15之28，第7573页

①　徐梦莘：《三朝北盟会编》，上海：上海世纪出版股份有限公司，上海古籍出版社，2008年版。

续表

人物	职务	就职时间	史籍中出现时间	备注	资料出处
梁防	都水监丞		宣和三年(1121)九月	职事修举，可令再任	《宋会要》方域15之30，第7574页
荣崈	南丞官		宣和元年(1119)九月		《宋会要》方域15之28，第7573页
贾镇	都水监丞		宣和五年(1123)八月		《宋会要》方域15之31，第7575页
韩梏	都水使者		宣和五年(1123)十一月		《宋会要》方域15之31，第7575页
孟令	都水使者			宣和七年(1125)五月，罢都水使者	《宋会要》职官63之11，第3818页
陈求道	都水使者		靖康初		《宋史》卷175《食货志上三·漕运》，第4252页
陈求道	判都水监		靖康年间		《宋史》卷448《忠义三·陈求道传》，第13218页
荣薿	都水使者		靖康二年(1127)四月		《靖康纪闻》①第145页
郑佶	都水监丞	不详			《苏辙集》卷27《郑佶都水监丞陈安民簿》，第462页

① 丁特起：《靖康纪闻》，《全宋笔记》第四编第四册，大象出版社2008年版。

续表

人物	职务	就职时间	史籍中出现时间	备注	资料出处
葛仲良	都水监丞	不详			《刘给谏文集》卷 2《都水监丞葛仲良为都水使者》，《宋集珍本丛刊》第三十一册，第 518 页
	都水使者	不详			

注：本表是按都水监官员的某一官职在《长编》、《宋史》、《宋会要》等史籍中首次出现的时间加以统计，特此说明。

第二节　黄河水灾防治中的人力征集

北宋时期黄河水灾的不断出现、河堤日常维护的常年开展、河役的频繁举行，迫使宋廷长期疲于大批人力的筹集，"修利堤防，国家之岁事"①。北宋黄河水灾防治所占用的人力在规模上远超前代，而大批人力的筹集则主要借助于征调士兵、科调民夫、雇募民夫、兵夫同役等手段的综合利用。对此，本节即主要从征调士兵、科调民夫、雇募民夫、兵夫同役几个方面加以探讨，以对北宋黄河水灾防治中的人力征集、使用情况做一整体考察。

一、征调士兵

在北宋黄河水灾防治的长期开展中，黄河大堤的日常修筑与防护、决口的堵塞等工程都涉及对大量士兵的征用。金世宗完颜雍在大定二十六年（1186）追论北宋的黄河防护时曾称"亡宋河防一步置一人"②，此语也形象彰显出北宋黄河防治中的大规模的士兵投入。而从北宋黄河水灾防治所征调士兵的构成来看，厢军成为其中的主体，另外也有部分禁军的参与。

北宋黄河水灾防治的开展，其对厢军的使用既有专门性、常置性河清军的设置，也有对其他厢军的大批临时性征调。宋廷在黄河、汴河等河流沿岸某些险要河段常年驻有大量的河清军，而这些河清军的主要职责即为专司护河、"河清卒于法不他役"③。通检现存诸多史籍，北宋黄河、汴河等河流沿岸河清军的最早设立时间已无从得知，但可以肯定的是宋廷最初在河阴、汴口设有河清军二指挥④，它们均隶属于都水监下的河清司⑤。在滑州等重

---

① 《宋大诏令集》卷182《沿河州县课民种榆柳及所宜之木诏》，第659页。
② 脱脱等：《金史》卷27《河渠志·黄河》，中华书局2005年版，第672页。
③ 吕祖谦编，齐治平点校：《宋文鉴》卷138《程伯淳行状》，中华书局1992年版，第1942页。
④ 《宋史》卷189《兵志三·厢兵》，第4662页。
⑤ 《宋史》卷189《兵志三·厢兵》，第4666、4691页。

要的黄河地段，宋廷也逐渐增加了河清军的设置。到宣和年间，滑州已呈现出"州兵凡十指挥，沿河埽兵倍"① 的局面，可见河清军的规模是比较大的。

相对于比较固定的河清军，宋廷在黄河汛情危急乃至决溢时，也往往临时调集大量的其他厢军来实施河堤防护、决口堵塞，这种做法也就使厢军"罕教阅，类多给役"② 的特征在黄河防治中体现得尤为鲜明。如滑州灵河县辖区内黄河在太平兴国三年（978）正月塞而复决，为此宋廷即"命西上阁门使郭守文率卒塞之"③。太平兴国八年（983）秋季黄河决口滑州后，宋廷先是征调十万多民夫实施救护，结果"自秋逾冬，功既毕而复决"。针对这种情形，宋廷又改为征用五万士兵重兴河役，最终到太平兴国九年（984）三月完工④。在黄河水灾防治活动的频繁开展中，这种为避免侵夺农时而改用士兵的做法也比较普遍。如淳化四年（993）十月黄河冲陷澶州北城时，宋廷在人力调集中即"诏发卒代民治之"⑤。又如在天禧元年（1017）十二月的大名府、澶州、濮州、滑州、通利军境内黄河各埽春科的开展中，巡护黄河堤岸、阁门祗候牛忠"望止役河清及州卒，罢调民夫"⑥ 的倡议也获得了宋廷的同意。在天圣五年（1027）十二月筹划开修滑州鱼池埽减水河的过程中，有关官员奏称役用河夫28000多人则约需一个月完工，而如役使士兵则"计役万二千人，七十日"⑦。最终，宋廷决定调用士兵开展河役。嘉祐元年（1056）九月，定州都著礼奏称"在城厢军逐年抽上黄河执役，并修葺仓、营、城池"⑧，可

---

① 《周益公文集》卷29《京西北路制置安抚使孙公昭远行状》，《宋集珍本丛刊》第四十九册，第4页。

② 《宋史》卷189《兵志三·厢兵》，第4639页。

③ 《宋史》卷91《河渠志一·黄河上》，第2259页。

④ 《宋太宗实录》卷29，太平兴国九年三月己未，第33页。

⑤ 《宋史》卷91《河渠志一·黄河上》，第2259页。

⑥ 《长编》卷90，天禧元年十二月戊辰，第2088页。

⑦ 《宋会要》方域14之12，第7551页。

⑧ 《文献通考》卷156《兵考八·郡国兵》，考1356。

见北宋黄河防治中调拨厢军的情况也是时有发生。

除使用大批厢军外，北宋黄河水灾防治的开展也涉及对部分禁军的利用，如禁军中专门设有新立、清河二指挥，"缘河旧置铺兵以备河决，后拣阅立"①，另有清塞十二指挥，"曹二、郑、郓、滑、通利、巩、河阴、白波、汜水各一，长葛二"②。在这些常设性禁军外，宋廷有时也会就近调用禁军参与黄河水灾的救护。在淳化四年（993）十月黄河自澶州决溢向西北冲入御河、溢漫大名府城时，知州赵昌言当时就曾"率卒负土填，数不及千，乃索禁旅佐其役"③，从而避免了紧急关头人力的不足。这种做法，在北宋黄河水灾救护中也是迅捷筹集人力的一种有效手段和方式。但受北宋军事体制的限制，在黄河水灾危急情形下调用禁军，这需要相关官员富有敢于打破常规的非凡胆识、魄力，否则则难以成行。如庆历元年（1041）三月，权知大名府姚仲孙"夜领禁兵塞金堤决河。是岁，澶、魏虽大水，民不及患"④。熙宁年间黄河决口曹村后南泛徐州，导致徐州城即将被黄河水淹没。当时，徐州知州苏轼下令禁止富民出城以稳定民心，同时在救护兵力不足的情况下紧急调集武卫营禁军赶赴徐州东南修筑大堤，才使徐州城避免了被淹没的厄运，"（苏）轼庐于其上，过家不入，使官吏分堵以守，卒全其城"⑤。在北宋黄河水灾的救护中，类似这种调用禁军的事例毕竟还是比较罕见，因而禁军也只是对厢军起到一种辅助、补充作用。如熙宁十年（1077）十月黄河决口时，宋廷即曾明令"下京西、京东、府界，差役兵二万，如不足，以下禁军贴役"⑥，这也足以说明黄河水灾救护中禁军的次要、协助地位。

在北宋黄河防治活动的不断开展中，大量士兵长期承担繁重河役负担这

---

① 《宋史》卷187《兵志一·禁军上》，第4599页。
② 《宋史》卷188《兵志二·禁军下》，第4625页。
③ 《长编》卷34，淳化四年十月庚申，第754页。
④ 《宋史》卷300《姚仲孙传》，第9971页。
⑤ 《宋史》卷338《苏轼传》，第10809页。
⑥ 《长编》卷285，熙宁十年十月癸未，第6974页。

一状况也几乎成为一种常态。为减轻黄河水灾防治中大量征发民夫而对农业生产造成的破坏，宋廷也尽量调用士兵来开展河役。如针对太平兴国八年（983）黄河自滑州房村决口后向东南冲注入淮，相关部门准备大量征发民夫堵塞黄河决口这种情形，太宗认为此前已大批征调民夫堵塞黄河韩村决口，民夫颇为劳顿，"向者发民塞韩村决河水，不能成，俱为劳扰"①，为此下令调用兵卒数万人开展河役。在雍熙元年（984）三月宋廷决定再次兴役时，太宗也是"以方春播种，不可重烦民力，乃发卒五万人，命步军都指挥使田重进总督其役"②。天圣五年（1027）十二月，针对开浚鱼池埽旧有减水河一事，滑州官员在勘察后向朝廷奏报提出两种方案，"应役夫二万八千余，一月工毕。或以兵士渐次兴功，计役万二千人，七十日"③，最终宋廷也决定由士兵来开展河役。天圣六年（1028）三月，鉴于以往每年都调集郓州、曹州、濮州等地丁夫修治澶州河堤而颇妨农业，宋廷至此也改为"自今发邻州卒代之"④。元祐二年（1087）十二月，宋廷决定回河东流所需的人力"止用逐埽人兵、物料，并年例客军"⑤，这一结果的出现对民众无疑也是一种力役负担的极大减轻。元丰四年（1081）五月，宋廷命燕达筹划堵塞小吴埽决口所需人力，并明令"如有以东退背诸埽兵可发，即更不差急夫"，这主要也是综合考虑若依例只以三五千急夫堵塞决口必不可行、"方当蚕麦收成，民力不宜妄有调发"⑥ 两方面因素的结果。

在宋廷减罢一些力役的情况下，利用士兵所开展的黄河防治活动也多不会停止。如元祐二年（1087）三月，鉴于近年各级官府大量和雇百姓、划刷厢军而大兴土木，宋廷下令"应天下见修及合行缮完处，止令合役人渐次修

① 《长编》卷24，太平兴国八年五月丙辰，第545页。
② 《长编》卷25，雍熙元年三月丁巳，第575页。
③ 《宋会要》方域14之12，第7551页。
④ 《长编》卷106，天圣六年三月辛亥，第2467页。
⑤ 《宋史》卷92《河渠志二·黄河中》，第2291页。
⑥ 《长编》卷312，元丰四年五月庚寅，第7574页。

缉外，余闲慢处宜权罢三年"，但同时又规定"河防、边防紧急及城壁、仓库、营、马棚不可暂缺应副"①，可见参与黄河防护的厢军并不在"权罢"范围内。总之，士兵的调用在北宋黄河防治人力的征集中占据显赫地位，其中又尤其以厢军的调用最为重要。

二、 科调民夫

北宋长期开展黄河水灾的防治活动，其所需的大量人力仅凭调用士兵还不足以完全应对，还需调用大批民夫加以补充，尤其是一些大型河役的开展更是如此。尽管史籍中不乏"自三代后，凡国之役，皆调之民，故民以劳弊。宋有天下，悉役厢军，凡役作、工徒、营缮，民无与焉"②、"给漕挽者，兵也；服工役者，兵也；缮河防者，兵也；供寝庙者，兵也；养国马者，兵也；疲老而坐食者，兵也"③、"宋朝凡众役多以厢军给之，罕调丁男"④ 一类的记载，但在北宋黄河水灾防治的运行中，黄河河役的人力征集、使用情况却绝非如此简单。在北宋黄河水灾不断涌现的客观形势下，修治河堤、堵塞决口一类的河役时有出现，由此造成"大河之役，系半天下生民休戚"⑤、"常苦事堤防，何曾息波浪"⑥ 局面的长期存在。这种沉重的河役负担，使大批民众长久背负沉重的枷锁，"朝廷每有夫役，更籍农民以任其劳"⑦。北宋黄河防治中的相当一部分河役负担是由广大民众来承担，因此所谓"民无与焉"、"罕调丁男"也就绝非事实。

在黄河水灾救护活动的实际开展中，宋廷对民夫的力役征发不仅颇为频

---

① 《长编》卷396，元祐二年三月己卯，第9666页。

② 章如愚：《群书考索》后集卷41《兵制门·州兵》，广陵书社2008年版，第688页。

③ 王明清：《挥麈录》余话卷1，世纪出版集团上海书店出版社2001年版，第222页。

④ 《文献通考》卷12《职役考一·历代乡党版籍职役》，考128。

⑤ 《长编》卷415，元祐三年十月戊戌，第10090页。

⑥ 梅尧臣：《宛陵先生文集》卷1《黄河》，《宋集珍本丛刊》第三册，第515页，线装书局2004年版。

⑦ 《长编》卷125，宝元二年十一月癸卯，第2942页。

繁，且规模往往相当庞大，这些特征从表4-2的简要统计中即可得到很好的印证：

表4-2：北宋黄河河役中的民夫役用简表

时间	黄河河役中的民夫役用概况	资料出处
乾德元年（963）正月	发近甸丁夫数万，修筑河堤，左神武统军陈承昭护其役	《长编》卷4，乾德元年正月丁巳，第81页
乾德三年（965）秋	河决澶州，命（韩）重赟督丁壮数十万塞之	《宋史》卷250《韩重赟传》，第8823页
开宝六年（973）正月	遣德州刺史郭贵发丁夫千人，修大名府魏县河堤	《长编》卷14，开宝六年正月癸酉，第296页
开宝八年（975）六月	（开宝）八年五月，河决濮州郭龙村。六月，又决澶州顿丘县。遣内衣库副使阎彦进发丁夫数万修之	《宋会要》方域14之2，第7546页
太平兴国二年（977）七月	河决孟州之温县、郑州之荥泽、澶州之顿丘，皆发缘河诸州丁夫塞之	《宋史》卷91《河渠志一·黄河上》，第2258页
太平兴国五年（980）正月	命连州刺史任知杲、虢州刺史许昌裔、雄州刺史孙全兴发诸郡丁夫治卫、澶、濮三州河堤，左屯卫将军李重进、右千牛卫将军郑彦华、右内率府率田浦治济、贝、郑三州河堤	《长编》卷21，太平兴国五年正月己亥，第471页
太平兴国八年（983）五月	河大决滑州韩村，泛澶、濮、曹、济诸州民田……东南流至彭城界入于淮。诏发丁夫塞之	《宋史》卷91《河渠志一·黄河上》，第2259页
太平兴国九年（984）三月	先是，河决于韩村，数州之地皆罹其灾。上患之，集丁夫十余万治之	《宋太宗实录》卷29，太平兴国九年三月己未，第33页
咸平三年（1000）五月	河决郓州王陵埽，浮巨野，入淮、泗，水势悍激，侵迫州城。命使率诸州丁男二万人塞之，逾月而毕	《宋史》卷91《河渠志一·黄河上》，第2260页
大中祥符七年（1014）二月	滨、棣州葺遥堤，配民重役	《长编》卷82，大中祥符七年二月戊寅，第1866页
天圣五年（1027）	发丁夫三万八千……塞（滑州）决河	《宋史》卷91《河渠志一·黄河上》，第2266页

续表

时间	黄河河役中的民夫役用概况	资料出处
熙宁四年（1071）	创开砝家口，日役夫四万，饶一月而成。才三月已浅淀，乃复开旧口，役万工	《宋史》卷93《河渠志三·汴河上》，第2323页
元丰元年（1078）春	塞曹村决河，诏发民夫五十万	《涑水记闻》卷15，第302页
元丰元年（1078）十一月	都水监言："乞下京西差夫一万赴汴口，限一月开修河道。"诏止差七千人	《长编》卷294，元丰元年十一月甲戌，第7163页
元丰二年（1079）	是岁役夫倍多	《长编》卷296，元丰二年正月己卯，第7195页
元祐三年（1088）十月	今遽兴大役，役夫三十万	《宋史》卷341《赵瞻传》，第10880页
元祐四年（1089）七月	诏以回复大河，都提举修河司调夫十万人	《长编纪事本末》卷111《回河上》，第3505页
元祐五年（1090）十二月	北外都水丞司检计到大河北流人夫二十万四千三百一十八人，故道人夫七万四千四百五十六人……今都水监丞李君贶等检计裁减到共十九万四千九十八人	《长编》卷436，元祐四年十二月甲寅，第10501—10502页

我们从表4-2的简要统计中可以看出，乾德元年（963）的黄河堤防修治已出现了对民夫的大量征用。此后，随着北宋黄河水灾的日益加剧，宋廷征调大批民夫维护黄河堤防、堵塞决口的现象更是频频出现。在熙宁七年（1074）、元祐三年（1088）的黄河河役中，宋廷所调发的民夫规模分别多达50万人、30万人，而役用10万人左右的河役则更为多见。

在黄河民夫的长期征发中，宋廷的相关制度也逐渐完备。鉴于黄河河堤的屡屡决溢，太祖在乾德五年（967）正月"分遣使者发畿县及近郡丁夫数万治河堤"，而这种大批征调民夫修治黄河的做法也从此作为一种固定制度被正式确立下来，"自是岁以为常，皆用正月首事，季春而毕"①。所谓"正月首事，季春而毕"，只能算是日常维护河堤的一般性原则，现实中防治黄河决溢的工役则往往是随决随兴、时间不定。同时，黄河民夫的区域征发范围也逐渐被加以规范，如太祖在开宝四年（971）七月所颁诏令中即明确指出，"朕临御以来，忧恤百姓，所通抄人数目，寻常别无差徭，只是春初修河，盖是与民防患……应河南、大名府、宋、亳、宿、颍〔颖〕、青、（齐）、徐、兖、郓、曹、濮、单、蔡、陈、许、汝、邓〔郑〕、济、卫、淄、潍、滨、（棣）、沧、德、贝、冀、澶、滑、怀、孟、磁、相、邢、洺、镇、博、瀛、莫、深、杨〔扬〕、泰、楚、泗州、高邮军所抄丁口，宜令逐州判官互相往彼，与逐县令佐子细通检，不计主户、牛客、小客，尽底通抄"②。这一诏令的颁行，其目的就是要扭转治河力役征发中"豪要之家，多有欺罔，并差贫缺"③的局面。而为避免黄河夫役负担不均现象的发生，宋廷也对官员登记丁口不实、民众告发分别有着对应的惩罚和奖赏规定，"令河南府及京东、河北四十七军州，各委本州判官互往别部同令佐点阅丁口，具列于籍，以备明年河堤之役。如敢隐落，许民以实告，坐官吏罪。先是，诏京畿十六县重括丁籍，独开封所上增倍旧额，它悉不如诏。上疑官吏失职，使豪猾蒙幸，贫弱重困，故申警之"④，"差遣之时，所冀共分力役。敢有隐漏，令佐除名，典吏决配。募告者，以犯人家财赏，仍免三年差役"⑤。对黄河沿岸地区丁口户籍的登记时间，宋廷也有着一定的改进。如开宝五年（972）三月，宋廷即下令"罢两京缘河诸州每岁春秋丁帐，止令夏以六月、冬以十二月申"⑥，这种调整与黄河力役的征集也密切相关。在丁夫的实际征发中，权势之家的隐漏人口等做法会造

---

① 《长编》卷8，乾德五年正月戊戌，第186页。

② 《宋会要》食货12之1，第5008页；梁太济以《长编》《文献通考》对《宋会要》此则材料进行了校订，参见其《两宋的夫役征发》一文。

③ 《文献通考》卷11《户口考二·历代户口丁中赋役》，考113。

④ 《长编》卷12，开宝四年七月己酉，第269页。

⑤ 《文献通考》卷11《户口考二·历代户口丁中赋役》，考113。

⑥ 《长编》卷13，开宝五年三月乙酉，第282页。

成大部分黄河力役负担被转嫁到民众头上。针对这种现象，宋廷通过清查户口等方式来部分减轻民众的治河力役负担。如在神宗朝疏浚河北路内黄河的过程中，宋廷即征发河北路及其他路内的民夫，其中齐州被要求出丁夫二万人，"县初按籍三丁出夫一，（曾）巩括其隐漏，至于九而取一，省费数倍"①。我们透过此类事件也可看出，丁口隐漏现象在黄河河夫长期的征招中是何等严重。到元祐五年（1090）二月，针对以往的黄河夫役科差做法，都水使者吴安持结合实际征发中暴露出来的问题也提出了改进的建议，"州县夫役，旧法以人丁户口科差，今元祐令自第一等至第五等皆以丁差，不问贫富，有偏重偏轻之弊。请除以次降杀，使轻重得所外，其或用丁口，或用等第，听州县从便"②，最终获得宋廷的同意而得以施行。相对于此前的丁夫征发方式，北宋黄河民夫的役用经此番调整后更为灵活、更为符合实际。

伴随着北宋黄河水灾防治的不断进行，大批民众被纳入水灾救治队伍中，而黄河下游沿岸民众的这种沉重劳役负担更是苦不堪言，"滨河州县之民，田庐荒圮，役调孔亟，可谓困苦之甚也已"③。庆历六年（1046），刘立之曾指出：

> 河北州郡多建请，筑城、凿河所役皆数十万工，冀、贝之间尤甚。百姓失业可哀，而吏以此邀赏，苟不禁止，后将放〔仿〕效竞事土功，因缘致他变。宜着令城非陷顿，不得擅请增广；河渠非可通漕省大费者，毋议穿凿；当修城浚渠者，虽能省功亦不加赏，如此自止矣……澶、魏塞河堤，当霜降水落治之是也。今失其时，春水日生，农事方急，而十余万人不得缘南亩。其取土处去河三十里以上，恐终不能成工，就能成之功必不坚。盛夏水涨，乃甫可忧，不如因水势所欲趋且稍稍决通。两州东西多古河水，自此往可以少

① 《宋史》卷319《曾巩传》，第10391页。
② 《长编》卷438，元祐五年二月甲辰，第10560页。
③ 《汴京遗迹志》卷5《河渠志一·黄河》，第71页。

劳而定。

这一建议严厉批评了当时宋廷在河北冀、贝、澶、魏等州大兴河役、侵夺农时而造成官吏乘机邀赏、农田大批荒废等弊端，并主张利用当地已有河道舒缓黄河水势。最终，宋廷虽暂停了筑城活动，但很快"又遣近臣行，河城犹筑治如故"①。针对常年役使大批民夫频繁开展河役这种情形，宋廷在天禧元年（1017）十二月明确规定，今后京畿诸州修筑河堤"悉以军士给役，无得调发丁夫"②。但实际情况却是这种规定根本无法落实，黄河防治中仍有着对大批民夫的征调。如宋廷在熙宁六年（1073）六月时即宣称，"河北路春夫不得过五万人，岁以为式"③。由此可知，河北路的这一春夫征发规模显然仍是相当庞大，且以往的征调数额恐怕也时常高于五万。不仅如此，宋廷对黄河民夫的征发在灾荒年份仍时有开展。如在熙宁七年（1074）河北路内旱灾颇重的情形下，宋廷依然下令"河北旱灾，民方艰食，惟河防急切及修城，许量调春夫，余并权罢一年"④，可见黄河河役的开展并未因旱灾的出现而停止。

北宋黄河夫役的征发，在王安石变法期间还逐渐出现了纳钱免役的新变化，"黄河岁调夫修筑埽岸，其不即役者输免夫钱"⑤，即官方利用免役钱雇募部分民众参与黄河水灾的防治。同时，免役钱的征收在黄河物料的筹措中也有着一定的体现。如元丰六年（1083）七月，京西转运司曾提议，"每岁于京西河阳差刘芟梢草夫，纳免夫钱应副洛口买梢草。南路八州，随、唐、房州旧不差夫，金、均、郧、襄州丁多夫少，欲敷纳免夫钱于河北州、军兑还"⑥，最终获得了宋廷的同意。当然，免役法自出台以来就不断遭到保守派的种种阻挠和抨击，譬如提举江南西路常平等事刘谊在元丰年间抨击市易法、募役

① 《公是集》卷51《先考益州府君行状》，《宋集珍本丛刊》第九册，第769—770页。
② 《长编》卷90，天禧元年十二月戊子，第2090页。
③ 《长编》卷245，熙宁六年六月癸巳，第5970页。
④ 《长编》卷255，熙宁七年八月庚寅，第6242页。
⑤ 《宋史》卷175《食货志上三·和籴》，第4248页。
⑥ 《长编》卷350，元丰七年十一月癸亥，第8389页。

法时，就不乏对黄河防治中征收免役钱做法的批评，"昔臣过淮南，淮南之民科黄河夫，夫钱十五千，上户有及六十夫者……然民已出役钱，又不免于科配，是谓百色配买，贱价伤民"①。因部分地方官员在征收黄河免夫钱中高下其手，刘谊所指出的这种情况可能会在局部地区内个别存在，但并非一种普遍现象。征收免役钱、纳钱免役的做法虽屡遭保守派的抨击，却仍得以在熙丰年间的黄河防治中被宋廷较好地利用和推行。

王安石变法失败后，黄河防治中的纳钱免役做法在哲宗朝也被部分保留，"其不即役者输免夫钱"②，并且实施的空间范围也比较广泛。如在元祐五年（1090）的回河东流中，吕大防等人即曾采用"京东、河北五百里内差夫，五百里外出钱雇夫"③的民夫科调、免役做法。针对黄河河役中征收免役钱问题，宋廷内部的争论仍是相当激烈。支持者主张"河上所科夫役，许输钱免夫，县令上下皆以为便……今以七千免一丁，又免百姓往回奔走与执役之劳"，而如范纯仁等反对者则认为"富民不亲执役者以为便，穷民有力而无钱者，非所便也……免夫钱无远不届，若遇掊克之吏，则为民之害无甚于此"④。尽管如此，黄河免役钱仍得以保留，并经历了一系列的不断调整。元祐七年（1092）八月，都水监、工部共同对黄河河夫的科调提出了一套较为详尽的改进办法：

> 都水监奏，今后一年起夫，一年免夫等事，臣僚及诸路监司相度到，有称出钱免夫便，或称不便者，今欲乞去役所有八百里外更不科差，五百里内即起发正夫，八百里内如不愿充夫，愿纳免夫钱者听。缘纳钱日限内一半系正月，一半系六月，仍乞令人户据六月合纳一半钱数，随夏税送纳，如出限尚未纳钱数，与免倍纳罚；如

---

① 《长编》卷324，元丰五年三月乙酉，第7800页。
② 《宋史》卷175《食货志上三·和籴》，第4248页。
③ 《宋史》卷93《河渠志三·黄河下》，第2306页。
④ 《长编》卷438，元祐五年二月辛丑，第10559页。

此年合当夫役，须得正身前去，更不许纳钱免夫。及都水监乞河防每年额定夫一十五万人，沟河夫在外。今相度除逐路沟河夫外，欲乞额外定诸河防夫共一十二万人，或工少夫多，并于逐路量分数均减。如紧急工多，分布不足，须合额外增数，令内外丞别作一状，具着实利害，保明以闻。所有本路沟河夫数，并于管下以远州县均差趱那，近里州县夫应副河埽役使。

针对都水监、工部的这些建议，宋廷下令自元祐八年（1093）春夫的征发开始，除对各路沟河夫的征调外，黄河河防春夫的科调每年以十万人为额，其中河北路四万三千人、京东路三万人、京西路二万人、开封府界七千人，同时要求"如遇逐路州县灾伤五分以上及分布不足，须合于八百里外科差，仰转运司保明以闻"①。宋廷的这种调整，在黄河春夫的征发规模和区域、免夫钱的交纳方式等方面都做出了详细规定。元祐七年（1092）九月，宋廷采纳都水监的建议，又对黄河免夫钱的推行区域做出进一步的修订，"自来府界黄河夫，多不及五百里，缘人情皆愿纳钱免行……府界夫即不限地里远近，但愿纳钱者听"②，即将开封府界也纳入黄河免夫钱的实施范畴。汪圣铎曾指出，元祐七年（1092）后宋廷几乎每年征调不下十几万人的河夫，这也蕴涵着宋廷借此来缓解财政困难的意图，③ 其中自然也涉及政府对大量黄河免夫钱的获取。直到元符年间，宋廷仍执行"岁有常役则调春夫，非春时则调急夫，否则纳夫钱"④ 的做法。大观二年（1108）五月，针对黄河水灾防治中免役法的推行、免夫钱的征收，赵霆也曾建议：

黄河调发人夫修筑埽岸，每岁春首，骚动数路，常至败家破产。今春滑州鱼池埽合起夫役，尝令送免夫之直，用以买土，增贴埽岸，

---

① 《长编》卷476，元祐七年八月庚申，第11342—11343页。
② 《长编》卷477，元祐七年九月戊子，第11371页。
③ 汪圣铎：《两宋财政史》，中华书局1995年版，第241页。
④ 《景迂生集》卷1《元符三年应诏封事》。

比之调夫，反有赢余……应堤埽合调春夫，并依此例，立为永法。

宋廷采纳了赵霆的这一建议，随即下令"河防夫工，岁役十万，滨河之民，困于调发。可上户出钱免夫，下户出力充役"①，"始尽令输钱……乃诏凡河堤合调春夫，尽输免夫之直，定为永法"②，这标志着黄河免夫钱推行范围的扩大化和制度化。至此，黄河防治中的民众力役征发，改为普遍推行民众自愿选择出钱免夫或出力应役。但这种"自愿"，既为民众的选择提供了一种可能，又在很大程度上加重了官府对民众的盘剥。到宣和年间，宋廷干脆采纳王黼等人的提议，诏令"天下并输免夫钱，夫二十千，淮、浙、江、湖、岭、蜀夫三十千"，结果"凡得一千七百余万缗"③。这一诏令的颁行，既反映出黄河免夫钱的征收额度与以往相比有了极大提高，又说明宋廷已赤裸裸地将黄河免夫钱作为扩大政府财政收入的一种手段而充分利用。发轫于熙宁年间的黄河免夫钱，到北宋末期已严重偏离了其最初的本意，盘剥民众的色彩日益浓厚。宣和七年（1125）十二月，宋廷又下令"河防免夫钱并罢"④，这标志着此后北宋黄河力役的征发重新回归到差役制上来。如靖康元年（1126）三月，京西路转运司曾称，"本路岁科河防夫三万，沟河夫一万八千"⑤。与此同时，北宋末期对免夫钱的征收仍是规模庞大，如宋廷在其宣和七年（1125）十一月的南郊制文中即称，"勘会河防免夫钱数目至多，自今相度紧慢，于合兴役埽分雇人夫、未买梢草外，并桩留以备危急支用。访闻并不依条例措置，每至涨水危急，旋行科拨人夫、配买梢草，急于星火，官吏寅缘为奸"，可见诸多官吏已将征收免夫钱视为敛财的工具加以利用。对于免役钱在实际推行中演化出来的这些弊端，马端临在《文献通考》中也给予了尖锐批评，指出"盖熙宁之征免役钱也，非专为供乡户募人充役之用而已。官府之需用、吏胥

---

① 《宋史》卷93《河渠志三·黄河下》，第2312—2313页。
② 《宋史》卷175《食货志上三·和籴》，第4248页。
③ 《宋史》卷175《食货志上三·和籴》，第4248页。
④ 《宋会要》方域15之32，第7575页。
⑤ 《宋史》卷93《河渠志三·黄河下》，第2316页。

之廪给，皆出于此。及其久也，则官吏可以破用，而役人未尝支给，是假免役之名以取之，而复他作名色以役之也"①。也正是由于免役钱推行中的这些弊病，宋廷在宣和七年（1125）十二月时即明确诏令"河防免夫钱并罢"②，但实际上免役钱的征收直至南宋时期仍有少量的残留，"免夫钱本是主要为河防夫役而设，南宋失去北方领土，河防夫役自不存在。因之，南宋除对四川地区有时还征收免夫钱外，多数地区一般无固定征收的免夫钱"③。

宋廷对黄河夫役的征发、使用，也逐渐出现了一些相应的折免规定。如元丰元年（1078）六月，宋廷即责令河北路转运司对此前调发的修河急夫"候发春夫计日折免，更蠲五分"④。同时，宋廷也通过相关举措的运用而对局部区域内的黄河力役偏重现象加以纠正。如权提点开封府界诸县镇杨景略在元丰三年（1080）八月时奏称，开封辖区内五县仅在该年六月、七月的雄武埽救护中就调集急夫八千人，其中"河阴县独占三千人。本县有灾伤十分乡，而坊郭差至第四等，有一户一日之内出百十七夫者，比之他县尤为困扰"，因而建议对该县的黄河力役征发规模大幅缩减。对此，宋廷随即下令"河阴县所差急夫折免春夫"⑤。到元祐八年（1093）正月，工部奏请"向去春夫并系以近及远，应副河埽功，若只役一两日，便与折免春夫，显见太优。欲今后暂差人户修治道路，并以二日折春夫一日，不及二日，次年准折"⑥，也获得了宋廷的批准。黄河民夫服役一日可折为其他夫役二日，这也从一个侧面反映出黄河河役的艰辛。另外，在一些特殊情形下，部分黄河夫役也偶尔会被宋廷加以减免。如大中祥符元年（1008）十月，宋廷在赦书中即下令"充〔兖〕、郓州夏税并修河人夫自来差拨往来处去纳功役者，并予免放二年"⑦，以此作

---

① 《文献通考》卷12《职役考一·历代乡党版籍职役》，考133。
② 《宋会要》方域15之32，第7575页。
③ 王棣：《宋代经济史稿》，长春出版社2001年版，第397页。
④ 《长编》卷290，元丰元年六月己酉，第7088页。
⑤ 《宋会要》方域15之6，第7562页。
⑥ 《长编》卷480，元祐八年正月己丑，第11420—11421页。
⑦ 《宋会要》食货70之161，第6451页。

为对两州民众在东封泰山中付出的一种补偿。相对而言，诸如此类的夫役减免是相当有限的。而宋廷在对黄河民夫的征发中，有时也因某些工役浩大、所需人力庞大而提前征用来年夫役。如在救护徐州黄河水灾的过程中，苏轼就曾"调来岁夫增筑故城，为木岸，以虞水之再至"①。

在黄河水灾防治活动的开展中，宋廷对汴口的常年修护也涉及大量民夫的征发。针对汴口"每岁随河势向背，改易不常"的特点，宋廷每年都要"于春首发数州夫治之"②，所征发民夫的规模颇为可观：

> 汴水每年口地有拟开、次拟开、拟备开之名，凡四五处，虽旧河口势别无变移，而壕寨等人亦必广为计度，盖岁调夫动及四五万，因此骚扰百端，民间良田庄井或标作河道，或指为夫寨，以致洛、孟、汝、蔡、许、郑之民仍年差调，力困不胜，加之岁用物料不赀，积年之弊，习以为常。止如（熙宁）四年春，创开訾家店地，役夫兵四万余，一月计一百二十余万工，才及三月，寻已浅淀。③

当然，随着汴口开修工程量的变动，役用民夫的规模也会相应做出调整，如侯叔献在熙宁八年（1075）七月的上奏中即指出，"岁开汴口作生河，侵民田，调夫役。今惟用訾家口，减人夫、物料各以万计"④。

对于北宋时期黄河力役征调中的春夫征集、使用情况，在这里也有必要做一简要说明。在黄河水灾救护中，宋廷对春夫的征调规模往往颇为庞大，其用途也涵盖修治与维护河堤、堵塞决口、采集和运输物料等众多领域，同时征发的时间、地域、次序等方面也具有一定的明显特征。如在时间上，黄河春夫"正月下旬开始，二月中旬结束。结束时正逢即将进入农忙的寒月节前后。此后将用兵士来代替民夫"⑤。到元祐八年（1093）九月，宋廷进一步

---

① 《宋史》卷338《苏轼传》，第10809页。
② 《长编》卷227，熙宁四年十月庚辰，第5535页。
③ 《长编》卷233，熙宁五年五月壬辰，第5655页。
④ 《宋史》卷93《河渠志三·汴河上》，第2324页。
⑤ 《宋代黄河史研究》，第63页。

对黄河春夫的服役时限做出明确规定，"春夫一月之限，减缩不得过三日，遇夜及未明以前，不得令入役。如违，官吏以违制论"①，可见有关黄河春夫的兴役要求至此更加趋于严格，不许相关官吏擅自更改；在地域范围方面，黄河春夫的征发主要集中在开封府以及京东、河北等辖区内的四十七州军，具有较为明确的区域限定；在征发的次序上，宋廷对黄河春夫的调用一般是"并系以近及远，应副河埽功"②，"本路不足，则及邻路，邻路不足，则及淮南"③。与前代相比，北宋黄河春夫的另外一个重要变化，就是自太祖时期即开始由政府向其提供口粮，"先是，春夫不给口食，古之制也。上（太祖）恻其劳苦，特令一夫日给米二升，天下诸处役夫亦如之，迄今遂为永式"④。北宋黄河河役开展中对春夫的使用，在诸多方面都有了较大变化和调整。

三、　兵夫同役

在黄河水灾防治的人力征集与使用中，相对于征调士兵、科调民夫手段的运用，宋廷也往往将两种手段结合利用，这种做法在黄河水灾防治的开展中颇为常见。结合史籍中的相关记载，我们可对北宋黄河水灾防治中的兵夫同役情况做如下简要统计：

表4-3：北宋黄河河役中的兵夫同役简表

时间	起因	黄河河役中的兵夫同役	资料出处
乾德四年（966）八月	滑州河决	诏殿前都指挥使韩重赟、马步军都军头王廷义等督士卒丁夫数万人治之	《宋史》卷91《河渠志一·黄河上》，第2257页

---

① 《宋会要》方域15之19，第7569页。
② 《长编》卷480，元祐八年正月庚寅，第11420页。
③ 《宋史》卷92《河渠志二·黄河中》，第2294页。
④ 王曾：《王文正公笔录》，《全宋笔记》第一编第三册，大象出版社2008年版，第264页。

时间	起因	黄河河役中的兵夫同役	资料出处
开宝五年（972）五、六月	五月，澶州河决濮阳县南岸，六月又决于阳武	发开封、河南十三县夫三万六千三百人，及诸州兵一万五千人，修阳武县堤。澶、濮、魏、博、相、贝、磁、洺、滑、卫等州兵夫数万人，塞澶州河	《宋会要》方域14之2，第7546页
太平兴国三年（978）夏	河决荥阳	诏（翟）守素发郑之丁夫千五百人，与卒千人领护塞之	《宋史》卷274《翟守素传》，第9362页
淳化五年（994）正月		命昭宣使罗州刺史杜彦钧率兵夫，计功十七万，凿河开渠，自韩村埽至州西铁狗庙，凡十五余里，复合于河，以分水势	《宋史》卷91《河渠志一·黄河上》，第2260页
景德元年（1004）九月	澶州言河决横陇埽	诏发兵夫完治之	《宋史》卷91《河渠志一·黄河上》，第2260页
景德四年（1007）	又坏王八埽	诏发兵夫完治之	《宋史》卷91《河渠志一·黄河上》，第2260页
天禧三年（1019）六月	滑州河溢城西北天台山旁	发兵夫九万人治之	《宋史》卷91《河渠志一·黄河上》，第2263页
天禧三年（1019）八月		俟来岁正月，诏至时以军士六万七千、丁夫二万充役	《长编》卷94，天禧三年八月丁亥，第2164页
天禧四年（1020）二月	滑州言河塞	用兵夫九万人	《长编》卷95，天禧四年二月庚子，第2182页
天圣五年（1027）		发丁夫三万八千，卒二万一千，缗钱五十万，塞决河	《宋史》卷91《河渠志一·黄河上》，第2266页

时间	起因	黄河河役中的兵夫同役	资料出处
天圣六年 （1028）八月	河决澶州王楚埽	《皇宋十朝纲要校正》① 卷5载，天圣六年八月乙亥 "发夫卒塞之"（第177页）	《长编》卷106，天圣 六年八月乙亥，第 2479页
元丰元年 （1078）春	塞曹村决河	诏发民夫五十万，役兵二 十万	《涑水记闻》卷15， 第302页
元丰二年 （1079）三月	修黄河南岸治水堤	诏发兵卒三千	《长编》卷297，元丰 二年三月丁丑，第 7219页
元祐三年 （1088）十月	孙村决口可回复 大河	取到见合应副修河兵夫钱 等数，河北、淮南、京东 西等路、府界共差厢军并 河清兵士二万八千余人， 河北东西等路、府界共差 民夫三万五千余人	《长编》卷415，元祐 三年十月戊戌，第 10087页
崇宁二年 （1103）秋	黄河涨入御河	复用夫七千，役二十一万 余工修西堤，三月始毕	《宋史》卷95《河渠 志五·御河》，第 2357页

从表4-3中的简略统计可以看出，兵夫同役手段的运用在北宋黄河水灾防治中也占有较为重要的地位。相对于黄河决溢后在较短时间内迅速征集大批人力及时开展河役的客观要求，兵夫同役手段的利用更可凸显出其快捷、有效的优势，从而在遏制灾情扩大、尽快堵塞黄河决口等方面可发挥积极作用。

四、雇募民夫

同劳役制的发展与变迁相一致，雇募民夫的做法在北宋黄河水灾防治的力役筹集中也逐渐产生。借助于对封桩钱等资金的利用，宋廷得以实现对部

---

① 李埴撰，燕永成校正：《皇宋十朝纲要校正》，中华书局2013年版。

分黄河防治所需人力的雇募，以此作为征调士兵、科调民夫手段的补充。从宋廷的角度来看，封桩钱的储备与黄河水灾防治活动的开展也有着较为密切的关联，"朝廷封桩钱物系备边、河防及缓急支用"①。客观而言，北宋黄河水灾防治中雇募民夫的做法，其正式产生的时间较晚。依据苏轼的说法，雇募民夫这种做法在北宋黄河水灾防治中最早出现于熙宁十年（1077）七月的曹村河役，"祖宗旧制，河上夫役止有差法，元无雇法。始自（熙宁十年七月）曹村之役，夫功至重，远及京东西淮南等路。道路既远，不可使民间一一亲行，故许民纳钱以充雇直。事出非常，即非久法"②。诚如苏轼所言，雇募民夫在当时还只是一种临时性举措，尚未正式成为一种制度。

雇募民夫这种新生事物在黄河水灾防治中的出现，无疑是与熙丰变法期间募役法的实施直接相关的。熙宁十年（1077）七月后，这种筹集人力的方式逐渐在黄河水灾防治中被加以推广，在相关史籍中的记载也随即增多。如元丰元年（1078）闰正月，修闭曹村决口所曾奏报，"昨计修闭之功，凡役兵二万人，而今止得一万五千人有奇"③，因而建议借助于雇募民夫来补充人力的不足，最终在获得宋廷准许后而从河东路、开封府界境内差雇民夫一万人。对于雇值的支付标准，宋廷也逐渐有所提高，如金君卿在元丰年间曾奏请"欲乞今后有得朝旨兴修河防之类，令优与工直，雇召丁夫充役"④，这一奏请应该是获得了批准而被执行。正是得益于熙丰变法的有利环境，雇募民夫的做法在熙丰年间得以较大规模推行。

熙丰以后，雇募民夫的做法在北宋黄河水灾防治中继续得到运用，并逐渐出现一些新的变化和调整。宋廷在元祐三年（1088）正式下令"始变差夫旧制为雇夫新条，因曹村非常之例，为诸路永久之法"⑤，这一变动自然推动

---

① 《长编》卷409，元祐三年三月乙丑，第9955页。
② 《苏辙集·栾城集》卷46《论雇河夫不便札子》，第812页。
③ 《宋会要》方域15之1，第7560页。
④ 《历代名臣奏议》卷38《治道》，第516页。
⑤ 《苏辙集·栾城集》卷46《论雇河夫不便札子》，第812页。

了雇募民夫在黄河水灾防治中的进一步扩大。在元祐五年（1090）二月开修黄河减水河的过程中，宋廷所筹集的七八万人力中即多有民夫的雇募，"人夫尚使四万，又和雇二万人，并兵士应亦不下万人"①。该年三月，针对当时黄河水势危急的情形，都水使者吴安持即建议预先雇募民夫以备河役的开展，"大河信水向生，请鸠工豫治所急"②。宋廷为此专门拨付元丰库封桩钱二十万贯交付都水监用于和雇人夫③，同时明确要求在实际使用中"每夫钱二百文，不得裁减"④。另据三省、枢密院在该年十二月时的上奏可知，都提举修河司在此前组织、实施回河东流期间也曾"差夫八万、和雇二万充引水正河工役"⑤。当然，北宋黄河水灾防治中这种雇募制的实施，时常是与差役制被结合利用。就一些具体地区来讲，人力雇募制、差役制的采用则有着一定的差异，如元祐年间都水使者吴安持主持回河东流期间，当时宋廷即规定"京东、河北五百里内差夫，五百里外出钱雇夫"⑥。

宋廷对雇募民夫的借助，也是避免黄河水灾防治中人力不足的一种有效手段。针对元符元年（1098）正月黄河及其他诸河缺少人力36500人这一情形，工部奏请"乞给度牒八百二十一道，充雇夫数"⑦并获得了宋廷的批准。另如元符二年（1099）二月，北外都水监丞李伟提议应乘当时黄河水势减弱这一有利时机，紧急修筑蛾眉埽压制水势、关闭大小河门，所需人力的筹集则"乞次于河北、京东两路差正夫三万人，其他夫数，令修河官和雇"⑧，这一建议最终也获得宋廷的批准。宋廷对雇募民夫手段的较多利用，对保障黄

---

① 《长编》卷438，元祐五年二月辛丑，第10556—10557页。

② 《长编》卷439，元祐五年三月丁卯，第10568页。

③ 范祖禹：《太史范公文集》卷19《论支钱和雇修河人夫状》，《宋集珍本丛刊》第二十四册，第259页，线装书局2004年版。

④ 《长编》卷439，元祐五年三月丁卯，第10568页。

⑤ 《长编纪事本末》卷111《回河上》，第3506—3507页。

⑥ 《宋史》卷93《河渠志三·黄河下》，第2306页。

⑦ 《长编》卷494，元符元年正月丁卯，第11732页。

⑧ 《宋史》卷93《河渠志三·黄河下》，第2309页。

河水灾防治所需人力的筹集也发挥了有力的辅助作用。相对于宋廷这种大规模的雇募民夫，少量官员在北宋黄河水灾防治中也有着个人出资雇募民夫的做法，如在淳化三年（992）黄河决溢、霸州城垒受损的情形下，知霸州丁罕即曾"以私钱募筑，民咸德之"①。当然，这种现象在黄河水灾防治中毕竟较为罕见，因而在黄河力役的筹集中所起作用也相当有限。

北宋黄河水灾防治中雇募民夫的进一步发展，也逐渐滋生出一系列弊端、暴露出诸多问题。针对这些弊端、问题的产生，北宋后期不乏要求废除黄河救治中雇募民夫的呼声。如元祐五年（1090）二月，谏议大夫朱光庭在其上奏中即揭露，"访闻和雇人夫二万人，每人支官钱二百。州县名为和雇，其实于等第人户上配差，除官钱外，民间尚贴百钱，方雇得一夫"②，建议宋廷将雇募黄河民夫的做法加以废除。该年三月，御史中丞梁焘也称，"雇夫只是名为和雇，其实差科……盖官司贵得易为管勾，所以须要土著之人，虽朝廷约束丁宁，终不免于骚扰"。而为了避免雇募民夫侵扰农事，梁焘提议应充分利用士兵力量，"其意为见管河清兵士及年例上河兵士，人数自已不少，或更就近差拨厢军相添工役"③，也倡议废止黄河防治中的雇募民夫做法。在黄河力役的雇募问题上，苏辙的批评则更为严厉，直斥"雇夫之法，名为爱民，而阴实剥下……访闻河上人夫，自亦难得，名为和雇，实多抑配"④，认为黄河民夫的雇募已演变成对民众的一种变相盘剥。客观而言，苏辙等人所指责的黄河力役雇募制实施中和雇河夫徒具虚名等弊端，在北宋黄河力役征集中确实有着一定程度的存在，但也不能因此就将黄河力役雇募制存在的合理性全盘否定。黄河力役雇募制在北宋后期能够被较为连贯地利用和实施，无疑也是黄河力役筹措中的一种有益补充。

---

① 《宋史》卷275《薛超传·丁罕附传》，第9377页。
② 《长编》卷438，元祐五年二月辛丑，第10557页。
③ 《长编》卷439，元祐五年三月辛未，第10573页。
④ 《长编》卷444，元祐五年六月辛酉，第10696—10697页。

　　除上述几种主要的黄河力役筹集途径外，宋廷还将部分罪犯补充到治河队伍中，这也是黄河力役筹集中时常被采用的一种手段。天禧四年（1020）二月，宋廷曾责令滑州"其因罪为部署司所移配者，亦送还本籍"①，这似乎是北宋时期将罪犯补充到黄河治理队伍中的最早记载。此后，类似的做法时有实施。如针对黄河各埽河清兵数额不足的现状，中书省在熙宁九年（1076）七月也奏请"乞令河北、陕西等路除凶恶劫贼并合配邻州及沙门岛人外，并刺配河清指挥，俟诸埽人足止之"②。此类举措的实施，自然可部分弥补黄河埽所人力的不足。针对此前南外都水监所辖三十四埽缺少4770人这一情形，知南外都水丞公事张克戬在政和六年（1116）闰正月时奏请："欲乞以十分为率：内四分下都水监于北外都水丞司地分退慢埽分并诸州移拨；其三分特许将合配五百里以下情犯稍轻之人，依钱监法拨行配填；其余三分，乞下所属预支例物、钱帛，责令畿西、河北路侧近州县寄招，逐施发遣。并限半年须管数足。如有违慢去处，从本司具因依申乞朝廷重赐施行。"对此，刑部则建议"欲下诸路州军，除犯疆〔强〕盗及合配广南远恶州军、沙门岛并杀人放火凶恶之人外，将犯罪合配五百里以下之人，不以情理轻重配填。仍断乞先刺'刺配'二字，监送南外都水丞司分拨诸埽，及填刺配埽分。候敷足，申乞住配"。最终，宋廷除下令"内情轻人特免决刺填"③ 外，对刑部的其他建议均予采纳。此次治河力役的筹集，即将埽兵移拨、罪犯配填、招募等多种手段综合加以利用。客观而言，北宋黄河水灾防治中的力役筹集与使用，往往是多种方式、途径相结合。

　　此外，北宋黄河水灾防护与救治的长期开展，自然也有着对大批物料等物资的运输，这也涉及对大量兵夫的役用。天圣五年（1027），范仲淹就对黄河河役中役用大量民夫运输物资的现象多有揭露，"日者黄河之役，使数十州

① 《长编》卷95，天禧四年二月壬寅，第2183页。
② 《长编》卷277，熙宁九年七月辛酉，第6768页。
③ 《宋会要》方域15之26—27，第7572—7573页。

之人极力负资，奔走道路"①。在元丰四年（1081）五月堵塞小吴埽黄河决口的过程中，马军副都指挥使燕达、都大提举河北转运副使周革曾建议，"本州（澶州）虽已发急夫六千人修塞，续于邻近差夫兵及舟运薪刍，其所役人数亦少。乞许发近便州军役兵，及于诸埽辍河清兵并力兴功"②，也获得了宋廷的批准。在北宋时期黄河水灾防治活动的不断开展中，物料等物资的运输对兵夫的大规模役用较为普遍。

第三节　黄河水灾防治中的物料筹集

北宋时期黄河水灾接连不断、决口堵塞与河堤修治持续开展的严峻形势，客观上在大量物料的筹集、使用等方面对宋廷也提出了较高的要求。在黄河水灾防治中，宋廷设有数量众多的河埽，而每一河埽都需规模可观的日常物料准备，"河自大坯而下，多泛滥之患，岸有缺圮，则以薪刍窒塞，补薄增卑，谓之埽岸。每一二十里，则命使臣巡视。凡一埽岸，必有薪茭、竹楗、桩木之类数十百万，以备决溢"③。尤其是黄河北流、东流并存时期，宋廷更有着对大批物料的使用，"自大河北流……水既分流，则泛涨之时，溢沿河两岸，去海口各六七百里，旧约五千〔十〕余埽，每年逐埽各须豫积物料，差夫修固，此后年年不得休已"④。体现到黄河水灾防治活动开展中，宋廷不仅对黄河物料的使用无休无止，同时在物料的种类、规模、供应时限等方面都有着较为严格的要求与规定。大批黄河物料的筹集、使用是否合理、有序，这也直接关系黄河水灾防治的成败、效果的优劣。正因如此，宋廷对黄河物料的长期、大量筹措，自然成为黄河水灾防治活动中的重要一环。

---

① 范仲淹著，李勇先、王蓉贵校点：《范仲淹全集·范文正公文集》卷9《上执政书》，四川大学出版社2002年版，第224页。
② 《长编》卷312，元丰四年五月己酉，第7573页。
③ 张师正：《括异志》卷1《大名监埽》，《四部丛刊》本。
④ 《长编》卷421，元祐四年正月辛卯，第10192页。

一、　物料的采集

宋廷常年调集大批民众开展大量物料的采集，这也是获取治理黄河物料的一种重要途径。这种长期、繁重的物料采集任务，也主要由广大民众来承担。在物料的准备中，宋廷一般在每年秋季即已开始对来年春季所需大批黄河物料的预先筹集，"有司常以孟秋预调塞治之物，梢芟、薪柴、楗橛、竹石、葜索、竹索凡千余万，谓之'春料'"。具体而言，宋廷往往派遣使者协同地方官员一起，在黄河沿岸地区内组织民众开展物料的采集，"遣使会河渠官吏，乘农隙率丁夫水工，收采备用"①。这种形式还只是宋廷所组织的常规性物料筹集，其他临时性的物料采集也时有开展。

伴随着北宋时期黄河河患的加剧，物料采伐活动的开展日益频繁且往往规模庞大，这在相关史籍中也屡见不鲜。如大中祥符九年（1016）正月，三门白波发运使即奏称，此前曾役用民夫自黄河沿岸山区采伐大量林木，"沿河山林约采得梢九十万，计役八千夫一月"②。宋廷在天禧元年（1017）十一月所颁诏令中也曾明确揭露，"缘黄河州军所用捍堤木，常岁调丁夫采伐"③。景祐元年（1034）十月，三门白波发运使文洎也对宋廷长期役用民夫广泛采集黄河物料的情况给予了详细说明。文洎指出，沿黄河诸埽物料中的山梢需要每年"调河南、陕府、虢、解、绛、泽州人夫，正月下旬入山采斫，寒节前毕"，以致竟出现了"缘递年采斫，山林渐稀"④ 的局面。可见，大批物料采集活动的长期开展、物料的巨大需求，导致物料采伐的空间已经延至深山地区。仅在景祐元年（1034）的治河物料采集中，宋廷自解州、绛州等地所差民夫更是多达三万五千人，"内有三二家共着一丁应役之人，计及十万，往复

---

① 《宋史》卷91《河渠志一·黄河上》，第2265页。
② 《宋会要》方域14之7，第7549页。
③ 《长编》卷90，天禧元年十一月癸丑，第2087页。
④ 《宋会要》方域14之14—16，第7552—7553页。

千里已上"①，足见治河物料采集给民众所造成的劳役负担相当沉重。同时，尽管广大山区屡经采伐已是"山林渐稀"，但宋廷开展的黄河物料采集活动却仍在继续，如熙宁二年（1069）时就在陕州、解州、虢州、绛州境内"岁差夫采斫黄河梢木"②。相对于在深山地区的物料大量采伐，北宋时期的物料采集也不乏组织民众而实施的就近筹措。在大中祥符初年堵塞陈州境内的黄河决溢时，通判陈州韩宗魏即曾召集沿河地区的丁壮就地取材，"伐薪稿，亲为裁画，一物不取于民，而堤复完坚"③，从而保障了河役的顺利开展。相对而言，此类就地取材的黄河物料筹措，虽在危急时刻可暂时缓解物料的不足，但其规模毕竟较为有限，因而在整体的黄河物料筹措中处于次要、补充地位。

除却对木材的大量采伐外，竹子、芦苇等在北宋时期也均被作为黄河物料加以利用。北宋时期对关中等地竹子的大批砍伐，甚至造成"闻关右百姓竹园，官中斫伐殆尽，不及往日蕃盛"④ 局面的出现，可见其竹子采集的规模是比较可观的。吕端在至道元年（995）时也曾指出，"荻苇亦可以为索，甚坚韧。后唐庄宗自杨留口渡河，造舟为梁，只用苇索"。为此，宋廷"因命枢密院分遣使臣诣河上刈苇为索"，结果"然以脆不用，遂寝"⑤。但实际上，宋廷在至道元年（995）后的黄河水灾防治中仍有着对芦苇的少量采集和使用。

此外，伴随着熙宁年间免役法的出台，黄河物料的采伐也出现了纳钱免役的做法。如熙宁年间，陕州灵宝县知县张戬曾对其辖区内大批民户长期困于黄河梢木采伐重役这一状况加以改革：

---

① 《宋会要》方域 14 之 14，第 7552 页。

② 黄以周等辑补：《续资治通鉴长编拾补》（以下简称《长编拾补》）卷 5，熙宁二年七月乙丑，上海古籍出版社 1986 年版，第 208 页。

③ 苏舜钦：《苏学士文集》卷 16，《推诚保德功臣正奉大夫守太子少傅致仕上柱国开国公食邑三千三百户食实封八百户赐紫金鱼袋赠太子太保韩公行状》，《宋集珍本丛刊》第六册，第 386 页，线装书局 2004 年版。

④ 《宋会要》方域 14 之 3，第 7547 页。

⑤ 《宋会要》方域 14 之 3，第 7457 页。

　　　　灵宝采梢，岁用民力，久为困扰。（张戬）至则访其利害，纤悉
　　　　得之。乃计一夫之役，采梢若干，以计其直。请命民纳市于有司而
　　　　罢其役，止就河壖为场，立价募民，采伐以给用。言于郡守监司，
　　　　皆不之听，后（张戬）以御史言于朝廷，行之。竹监岁发旁县夫伐
　　　　竹，一月罢。君（张戬）谓无名以使民，乃籍隶监园夫，以日月课
　　　　伐，以足岁计。①

张戬所推行的这种改革，表明部分地区内民众采伐黄河物料的劳役负担开始
通过缴纳免役钱而得以免除。

　　另外，北宋时期黄河物料采集活动的开展多有士兵的参与。如太平兴国
六年（981）滑州修治黄河堤防时，宋廷在当时"材苇未具"的情形下就曾
"命（李）神祐驰往垣曲，伐薪蒸四百万以济其用"②。澶州通判、国子博士
孙弈在仁宗朝筹集黄河物料的过程中，也曾"割聚槤薪余四百万"③。这些物
料采集活动，可能也是借助于大批士兵而完成。天圣元年（1023）八月，针
对滑州黄河决口堵塞期间部分物料缺失这一情形，宋廷甚至命令士兵直接砍
伐黄河大堤上的榆柳以解燃眉之急。④ 在知滑州梅挚于仁宗朝"奏用州兵代
之"后，宋廷才决定以滑州境内的州兵代替民众开展芦苇的采集，从而使当
地民众得以摆脱了长期以来的"州岁备河，调丁壮伐滩苇"⑤ 负担。熙宁八年
（1075），在通远军、凤翔府"累岁所应输纳木积欠五十余万"的情形下，宋
廷对两地的物料索取仍在继续，同时下令"以见役兵继令采伐"⑥。由此也可
看出，通远军、凤翔府等地的这种士兵采伐黄河物料活动应是常年开展的。
瀛州境内的黄河在哲宗朝决溢时，知瀛州韩宗彦在组织黄河大堤的加固、守

　　① 《朱子全书·伊洛渊源录》卷6《张御史行状》，第十二册，第1003页。
　　② 《宋史》卷466《宦者一·李神福传·李神祐附传》，第13607页。
　　③ 蔡襄：《宋端明殿学士蔡忠惠公文集》卷10《澶州通判国子博士孙弈刈到苇草四百万转运使
乞酬奖与转官知通利军制》，《宋集珍本丛刊》第八册，第19页，线装书局2004年版。
　　④ 《长编》卷101，天圣元年八月乙未，第2330页。
　　⑤ 《宋史》卷298《梅挚传》，第9902页。
　　⑥ 《长编》卷262，熙宁八年四月戊寅，第6400页。

护瀛州城期间也曾发生"吏率兵五百伐材近郊,虽墓木亦不免,父老遮道泣"[①] 的情形。最后,在韩宗武将这一情形报告给韩宗彦后,韩宗彦才下令终止了这种做法。这种借助于士兵所开展的黄河物料采集活动虽不时出现,但相对于民众的长期、大规模物料采集毕竟处于辅助地位。

二、 物料的征收

在大量黄河物料的筹措中,宋廷为保障黄河水灾救护中所需物料的供应规模及时效,也注重督导民众广泛开展竹木等物料的日常培植与交纳,同时也利用科率、折变等方式征收大批物料。这些做法在北宋时期较早即已出现,并长期贯穿于黄河水灾防治过程中,从而共同对黄河物料的筹措发挥了重要作用。

(一) 黄河物料的日常培植

为了保障黄河物料的征收,宋廷很早就已开始督导民众开展物料的培植。黄河物料培植活动的开展,自然是直接服务于物料的交纳、为物料交纳奠定基础。在这一方面,北宋时期的相关法律制度也多有着相应的规定和要求。如建隆三年(962)九月,宋廷即下令在黄河、汴河两岸"每岁委所在长吏课民多栽榆柳,以防河决"[②]。此后,类似的相关制度、规定不断被加以重申和完善,从而对宋廷的黄河物料征收提供了一定的基础。如至道元年(995)十二月,针对关中地区竹子被官府砍伐殆尽的情形,太宗认为这种局面"盖三司失计度所致",并指出"自今官所须竹,量多少采取,厚偿其直,存其竹根,则新竹可望矣",即注重将竹子的时下采集与长远培育相结合,避免竭泽而渔。咸平三年(1000)六月,宋廷还采纳著作郎佐胡则言"课河北州县种

---

① 《宋史》卷315《韩缜传·韩宗武附传》,第10311页。
② 《长编》卷3,建隆三年九月丙子,第72页。

榆柳以备材用"① 的倡议，这种规定极可能与黄河物料的征收存在着密切的关联，借以提高黄河物料的培植规模。为维系黄河物料培植的正常发展，宋廷也不断加强对物料培植的督导与检视，借以保障物料培植的规模和成效。大中祥符八年（1015）四月，宋廷派遣使者赶赴滑州，命使者会同知州、通判一起检查芟草种植的情况，同时"尽令刈（芟草）送官场"。同年七月，宋廷又命京东路提点刑狱滕涉、常希古与转运使共同检查郓州、濮州芟地并"规置芟地久远利害"②。通过这些事件可以看出，滑州、郓州、濮州等地有着较为固定、广泛的芟地，从而可为黄河河役的开展提供比较丰富的芟草供应。熙宁三年（1070）九月，针对同判都水监张巩"于黄河芟滩收地，栽种修河榆柳"的奏请，神宗也马上批准并责令迅速实施，认为此举"庶早宽陕西配卒之役"③。

同时，为保障黄河物料培植活动的良性运转，宋廷也注意适时纠正物料培植过程中的一些弊端。例如，为了加强对芟地的日常保护，宋廷不断责令地方官员对农业耕作中侵占芟地等现象及时加以纠察。针对天圣七年（1029）康德舆奏报"修河芟地为并滩农户所侵"一事，宋廷随即"诏限一月使自实，检括以还县官"④，以此来保障芟地面积的稳定。王诏在哲宗朝担任滑州知州时，滑州属县内的百余顷黄河退滩地"岁调民刈草给河堤"，导致民众颇为困苦。针对这一状况，王诏将这些黄河退滩地的芟草种植改为"募人佃之，而收其余"⑤。此番调整，对减轻民众负担、保障芟草的有效供应都有其积极作用。在灾荒年份，宋廷也注意对灾民实施物料减免或缓征，以部分减轻民众的负担。如熙宁七年（1074）五月，鉴于开封府、白马县境内旱灾广泛、黄

---

① 《长编》卷47，咸平三年六月丙寅，第1019页。
② 《宋会要》方域14之7，第7549页。
③ 《长编》卷215，熙宁三年九月庚寅，第5234页。
④ 《宋史》卷93《河渠志三·汴河上》，第2322页。
⑤ 《宋史》卷266《王化基传·王诏附传》，第9189页。

河滩地民众所植荄草严重受损，宋廷即下令"其荄滩地租草与倚阁"①。这些举措的实施，无疑更利于荄草培植和交纳。

（二）物料的科率、折变等征收

借助于科率、折变等手段的长期利用，宋廷也可实现大批黄河物料的筹集。因此，相对于北宋时期黄河救护活动的长期开展，黄河物料的科率、折变等手段也具有相当重要的地位和作用。

首先，宋廷广泛利用科率等手段征收大批黄河物料。宋代的科率也被称为科买、配买、科配、科敷等，这种手段在北宋时期的黄河物料征收中被普遍、长期运用。如至道元年（995），宋廷曾下令"除兖州岁课民输黄蒿、荆子、荄荻十六万四千八百围，因令诸道转运使检案部内无名配率如此类者以闻，悉蠲之"②，可见此前兖州地区在宋初较长时期内一直存在着对百姓的梢荄科征。在咸平三年（1000）郓州黄河决溢的救护中，权京东转运使陈若拙曾"奏免六州所科梢木五百万"③，据此可知京东路六州民众原本所需缴纳的黄河物料规模庞大。天禧三年（1019）六月，黄河相继自滑州西北天台山旁和滑州西南决溢，又一路向南注入淮河。面对此次黄河水灾殃及三十二个州县的严重局面，宋廷自天禧四年（1020）二月开始着手黄河决口的堵塞，其间也向民众大量征收物料，"凡赋诸州薪、石、楗、橛、荄、竹之数千六百万"④。此次黄河物料的大规模征收，对广大百姓的社会生活造成了极大影响，"常记天禧中，山东与河北。稿秸赋不充，遂及两京侧。骚然半海内，人心愁惨戚"⑤。恩州境内的清河县、清阳县民众在神宗朝"岁输刍荄，后河去犹赋

① 《长编》卷253，熙宁七年五月壬子，第6195页。
② 《文献通考》卷4《田赋考四·历代田赋之制》，考56。
③ 《宋史》卷261《陈思让传·陈若拙附传》，第9041页。
④ 《长编》卷95，天禧四年二月庚子，第2182页。
⑤ 石介：《徂徕石先生文集》卷2《河决》，中华书局1984年版，第15页。

之"①，以致两县民众"欠黄河埽岸芟草十四万，两县于队长十九户下催理，都水、漕台文移不绝，十九户贫乏，六年不能供，前后长少鞭扑不胜数尽"。针对这一现象，黄莘指出，"嘉祐之初河入恩州，故埽岸芟草出于民者万数，今则聚而无用"，同时又"条其可免之十利"②，从而促使宋廷同意蠲免两县民众所欠芟草。透过这一事件也可看出，清河县、清阳县民众在嘉祐初年至神宗朝的较长时期内，一直承担着较重的芟草缴纳负担，而类似情形在其他地区恐怕也普遍存在。元丰六年（1083）正月，针对宋廷下令购买修筑京城所需的楠木、檀木等木料一事，荆湖南路提点刑狱司曾请求"依河防例，于民间等第科配"③。通过荆湖南路提点刑狱司的这种奏请，我们可看出黄河物料筹措中的"民间等第科买"做法也是宋廷惯用的一种手段。在绍圣元年（1094）七月广武埽水势危急的情形下，京西转运使兼南都水监丞公事郭茂恂也曾建议，河役开展所需的二百万束梢草"如和买不及，即乞依编敕于人户科买"④。因黄河河役的开展对物料供应要求紧迫，地方官员在催征物料中往往颇为苛刻。如在天禧年间"河决东郡，诏环决河千里调刍秸输致之"的形势下，地方官吏对物料的征收就颇为苛严，"吏持之严，民相惊动，有自相决死者"⑤。官吏对黄河物料的苛征，竟将部分民众逼至"自相决死"的悲惨境地。

通过竹木务、京西抽税竹木务等机构，宋廷也可实现对部分黄河物料的征集。隶属于将作监的竹木务，其重要职责即为"掌修诸路水运材植及抽算诸河商贩竹木，以给内外营造之用"⑥。而竹木务内部的京西抽税竹木务，则

---

① 《忠肃集》卷14《朝奉郎致仕黄君墓志铭》，第287页。

② 杨杰：《无为集》卷14《故朝奉郎知汝州黄府君行状》，《宋集珍本丛刊》第十五册，第350—351页，线装书局2004年版。

③ 《长编》卷332，元丰六年正月癸卯，第8008页。

④ 《宋会要》方域15之19，第7569页。

⑤ 尹洙：《河南先生文集》卷15《故福建路劝农使兼提点刑狱公事朝奉郎尚书主客员外郎上轻车都尉耿公墓志铭（并序）》，《宋集珍本丛刊》第三册，第423页，线装书局2004年版。

⑥ 《宋史》卷165《职官志五·将作监》，第3913页。

是"掌受陕西水运竹木、南方竹索，及抽算黄、汴、惠民河商贩竹木"，它所征收的部分竹木也被作为黄河物料加以使用。至道三年（997）四月，宋廷也曾专门下令，"应纳修河竹篾等，令竹木务别具帐，申三司胄案"①。可见，京西抽税竹木务等机构可为黄河河役的开展征收部分物料。

其次，利用折变的形式，宋廷也责令民众将部分其他赋税改纳为黄河物料。如在三司的建议下，宋廷曾在天禧三年（1019）九月时下令"开封府等县敷配修河榆柳杂梢五十万，以中等以上户秋税科折"②，即要求中等以上主户将部分秋税折为黄河物料予以交纳。为筹集滑州黄河河役所需的物料，宋廷在天圣三年（1025）二月时也责令河北路、京东路"于中等以上户以二税折科塞河梢芟，限今年十一月终辇至滑州"③。这种支移、折变手段的实施，涉及的治河物料规模有时也颇为可观，如宋廷在景祐二年（1035）正月时所颁诏书中即称，"自横陇河决，尝下河北、京东西路以民租折纳梢芟五百余万。今河决处自生淤滩，可省公费。其三路未输梢芟，并权停"④。赵良规担任陕州知州时，陕州境内的饥荒百姓曾"请阁残税二分，为官代芟"。在当时的紧急情况下，赵良规同意了百姓的这一请求并随后奏报宋廷，"檄县遂行，而以擅命自劾"⑤，从而同时实现了对灾民的救助和对部分黄河物料的征收。而王明于太祖朝担任鄢陵县县令期间，曾下令将原来官吏每年所收民众的赂遗，改为责成民众向官府输纳物料，"令不用钱，可人致数束薪刍水际，令欲得之"，结果在数日内"积薪刍至数十万，（王）明取以筑堤道，民无水患"⑥。此类事件，当然只是北宋治河物料征集中对民众变相收取物料的一个特例，其筹集物料的作用也较为有限。但从另一方面来看，这也可视为官府

---

① 《宋会要》食货55之13，第5754页。
② 《宋会要》方域14之8，第7549页。
③ 《长编》卷103，天圣三年二月庚申，第2376页。
④ 《长编》卷116，景祐二年正月庚戌，第2719页。
⑤ 《宋史》卷287《赵安仁传·赵良规附传》，第9660页。
⑥ 《涑水记闻》卷1，第18页。

利用折变对民众征收黄河物料的一种特殊方式。

（三）物料征收的部分调整

宋廷对黄河物料的长期、大批征收，给民众带来了沉重的经济、劳役负担，从而对民众的日常生活、生产都会产生显著影响。针对这种情形，宋廷也设法借助多种举措以部分减轻民众培植、交纳黄河物料的负担。如景德四年（1007）十月，宋廷命滑州、曹州、许州、郑州等地"所纳刍稿，并输本州，不须至京"①，这无疑极大减轻了民众运输物料的负担。乾兴元年（1022）二月，郓州官员在奉命堵塞黄河决口的过程中曾募民入纳物料，并要求"城邑与农户等"。对此，范讽认为"贫富不同而轻重相若，农民必大困。且诏书使度民力，今则均取之，此有司误也"②，最终在他的坚持下改为命富人输纳三分之一的物料，并奏请宋廷将郓州的做法推及其他各州。

在物料较为充足、民众负担沉重等情形下，宋廷也会对民众减免部分物料的征收。如在真宗朝的堵塞滑州黄河决口过程中，崔立在向民众征收足够物料后宣布免除剩余的未征部分，"计其用有余，而下户未输者尚二百万，悉奏弛之"③。天圣元年（1023）九月，针对此前宋廷为筹集修塞滑州决口所需物料而在京东路、京西路"配率塞河梢芟数千万，期又峻急，民苦之"这一情形，王钦若则指出，"方劝农，岂可常赋外复有追扰"，从而最终促使宋廷"诏州县未得督发，别候旨"④。元祐四年（1089）十月，左谏议大夫梁焘等人指出，"访闻修河计置物料万数浩瀚，沿流州县多被科买，期限迫促，甚为骚扰。臣等窃谓河朔之民久罹水灾，若更加科率，实所不堪"，为此建议严格约束逐路监司及都水监官吏"应缘修河所用物料，除朝廷应副，并须官和买，

---

① 《宋会要》食货37之4，第5450页。
② 《长编》卷98，乾兴元年二月丙寅，第2276页。
③ 《宋史》卷426《循吏·崔立传》，第12697页。
④ 《长编》卷101，天圣元年九月己巳，第2333—2334页。

不得扰民"①，而这一倡议最终也获得了宋廷的同意。

三、 物料的购买

宋廷获取大量物料的另一种重要途径，即是借助于购买方式的广泛利用。整个北宋时期，黄河物料购买活动的开展主要集中在神宗、哲宗两朝，这与这些时段黄河水灾的加剧直接相关，同时也成为宋代物料购买的典型特征之一。

（一）神宗朝黄河物料购买活动的开展

在北宋黄河水灾防治中，物料购买方式的运用比较普遍，并在黄河物料的筹集中具有相当显著的作用。熙宁以前，宋廷的黄河物料购买活动在频次、规模等方面总体而言还比较有限，如至道元年（995）曾"官买修河竹六十余万"②；天禧三年（1019）十月，宋廷也曾下令"免京城和市修河刍稿"③，可见此前开封等城镇中的坊郭户在较长的时间内颇受筹集黄河物料的困扰，承担着较重的经济负担，"然坊郭十等户自来已是承应官中配买之物，及饥馑、盗贼、河防、城垒缓急科率，郡县赖之"④。但到熙宁年间，宋廷购买黄河物料的频次、规模则显著增多。如熙宁五年（1072）正月，宋廷拟购买黄河芟草320万石，同管勾外都水监丞程昉建议在怀州、卫州分别设立埽场和提举官一名来实施，同时"优立赏格"激励相关官员。宋廷采纳了程昉的建议并划拨常平司钱十万缗作为购置资金，同时要求"所差官盘置及八分以上取旨，其余草数委转运司召人进纳，毋得抑置"⑤。熙宁元年（1068）八月，宋廷也

---

① 《长编》卷434，元祐四年十月壬寅，第10460页。
② 《宋会要》方域14之3，第7547页。
③ 《长编》卷94，天禧三年十月庚戌，第2169页。
④ 《长编》卷224，熙宁四年六月庚申，第5448页。
⑤ 《长编》卷229，熙宁五年正月辛卯，第5568页。

命三司支钱五十万贯，"赐河北转运司应副昨经水灾诸州支给，以免科扰民间"①。熙宁十年（1077）十二月，宋廷还曾将京西两路捕盗赏钱五万缗付与河北东路转运司，用于河北东路堵塞黄河物料的购置。② 元丰二年（1079）三月，应知都水监丞范子渊的奏请，宋廷也拨付官庄司、熟药所钱三万缗并特赐公用钱二百缗，用于黄河南岸治水堤所需物料的购置。③ 同年四月，宋廷赐给导洛通汴司资金十万缗，其中的两万缗专门交于范子渊作为"固护黄河南岸薪刍之费"④。元丰四年（1081）五月，澶州官员奏报当地黄河水势危急却缺少兵卒、梢草，为此请求"乞划刷本路兵五七百人，及借支河埽杨〔场〕桩千条、梢二万束，本州预买草四万束"⑤，也获得了宋廷的批准。

　　除了这种中央直接拨付资金的形式外，在都水监、地方官府等部门的物料购置资金发生短缺时，宋廷还会以临时借贷的形式对其给予资金支持。如在熙宁十年（1077）七月黄河决口曹村埽后各埽均无物料储备的情形下，判都水监宋昌言等人在元丰元年（1078）十二月奏请宋廷拨付资金二十万缗，分给开封府界、河北路境内各埽用于购置梢草。最终，宋廷决定"支市易务下界末盐钱十万缗"拨付都水监，并要求该笔资金"依朝廷钱物例封桩，仍逐年依数兑换，非朝旨及埽岸危急不得支用"⑥。元丰六年（1083）二月，京西转运判官江衍奏请"广武埽年计梢草，西京、河阳充军粮草，并缺钱应副，乞借五十万缗"⑦，宋廷最终确定由京西南路、京西北路提举司共同拨付坊场钱三十万缗作为购置广武埽梢草的经费，并规定限五年偿还。

---

① 《宋会要》瑞异 3 之 4，第 2106 页。
② 《长编》卷 286，熙宁十年十二月丁亥，第 6997 页。
③ 《长编》卷 297，元丰二年三月丁丑，第 7219 页。
④ 《长编》卷 297，元丰二年四月庚戌，第 7231 页。
⑤ 《宋会要》方域 15 之 7，第 7563 页。
⑥ 《长编》卷 295，元丰元年十二月戊午，第 7186—7187 页。
⑦ 《长编》卷 333，元丰六年二月丁卯，第 8023 页。

（二）哲宗朝黄河物料购买活动的开展

熙丰以后，黄河物料购买活动在北宋黄河水灾防治的开展中仍颇为常见。如吴安持在元祐初年主持回河东流期间，即曾借用常平仓司资金用于黄河物料的购买。① 元祐三年（1088）十一月，宋廷也曾向河北路拨付大名封桩钱、京东路新法盐钱三十五万贯，责令河北路以这笔资金"收买开河梢草"②。该年闰十二月，范百禄也曾指出，提举修河司在此前组织的堵塞黄河决口、修护河埽等工役中，"物料计五千八百八十四万八千八十二条束块，日即目收买年计物料，三个月方买到四万九千余束梢草"③，足见此次黄河河役最初的物料购买计划也是规模庞大。元祐四年（1089）正月，范百禄等人在奉命巡视黄河东流、北流后指出，开修减水河期间"收买物料钱七十五万三百余缗，用过物料二百九十余万条、束"④，可知此役所用物料也是通过购买途径而获得。同月，尚书左丞王存等人奏称，"自大河北流，每年差夫、科买物料，尚不能完固沿河堤防，使之不决"⑤，可见物料科买的手段在黄河北流期间也时常被加以运用。

出于维护社会稳定、便于购买等考虑，哲宗时期的物料购置在具体操作方式上也有着一定的调整。如元祐元年（1086）四月，河北转运司在上奏中指出，此前河北转运司曾奉命在沿黄河州县依照旧例置场和买秆草，但鉴于"看详河防秆草万数不少，如无人愿就埽场中卖，不免人户上科买"，因而提议"依旧条预给官钱，其所估价并支见钱，更不减二分"⑥，以此来保障黄河所需秆草的足额购买。最终，河北转运司在物料购买中足额支付现钱这一倡

---

① 《宋史》卷93《河渠志三·黄河下》，第2306页。
② 《长编》卷416，元祐三年十一月甲辰，第10119页。
③ 《长编》卷420，元祐三年闰十二月戊辰，第10179页。
④ 《宋史》卷92《河渠志二·黄河中》，第2295页。
⑤ 《长编》卷421，元祐四年正月辛卯，第10192页。
⑥ 《长编》卷374，元祐元年四月己丑，第9057页。

议也获得了宋廷的批准。元祐四年（1089）十月，殿中侍御史孙升指出，黄河河役的兴起恐将引发极大的社会骚动，"河北首被其害，兵夫若干，物料若干，臣访闻即日梢草之价，其贵数倍。若一切用市价和买，则难以集办，必至抑配与等第人户，一路骚然，不安其居。苟以星火为期，将见室家不保"，因此建议都提举修河司"应收买物料并须宽为期限，添长价直，不得非理抑配；仍令本路安抚司常切觉察，如期限迫促，价直低小，民力难以出办，逐旋体量闻奏"①。同月，左谏议大夫梁焘等人奏称，"乞约束逐路监司及都水官吏，应缘修河所用物料，除朝廷应副外，并须和买，不得扰民"，这一建议也获得了宋廷的批准。② 元祐八年（1093）正月，都水外丞范缓奏称，"武陟县年例买山梢五万束，应副河埽"，可见这种黄河埽所的物料购买规模可观且常年开展。同时，范缓还建议将武陟县的这种物料购买"若徙于荥泽埽收买，从都水监支遣为便"③，获得宋廷的同意。

当然，伴随着黄河救治活动的发展，宋廷在哲宗朝后仍有着一定物料购买活动的开展，只是其频次、规模已开始减弱。如为补充黄河物料的不足，宋廷在宣和三年（1121）即曾责令都水使者会同京西路转运司"于黄河沿流去处置场收买"④。政和七年（1117）五月，宋廷也曾采纳南外都水监丞张瑨的建议，规定"诸免夫钱应差人管押赴诣定埽分送纳者，元科州县先具年分、钱数、押人姓名、起发日月实封入递，报南、北外丞司。仍别给行程付押人，所至官司即时批书出入界日时，递相关报催促"⑤，保障免夫钱的及时运抵和物料购买活动的正常开展。这种做法的运用，也就是将地方州县征收的部分免夫钱直接拨付给黄河埽所用于治河物料的购买。

---

① 《长编》卷434，元祐四年十月壬寅，第10460—10461页。
② 《宋会要》刑法2之38，第6514页。
③ 《长编》卷480，元祐八年正月戊子，第11417页。
④ 《宋会要》方域15之31，第7575页。
⑤ 《宋会要》方域15之27—28，第7573页。

（三）黄河物料购置资金的其他筹措途径

宋廷往往是通过多种途径筹措购买黄河物料所需的大量资金，以此来保障物料的足额、及时购置。在北宋时期黄河物料购置资金的筹措中，前述中央直接性的拨款等途径无疑占据主导地位，同时也涉及以下几种主要的相关途径：

1. 依据河埽的资金差异加以调剂

在物料购买资金的实际使用中，宋廷也依据诸河埽物料、资金的差异等因素而随时加以调剂，以便更好发挥物料购置资金的效能。伴随着黄河走势的变化和埽所位置的变动，宋廷将废置埽所储存的物料对外出售，转而将所获资金移至其他河埽用于物料购买。如元丰四年（1081）十二月，针对李立之所提出的对小吴决口以下旧黄河现管物料、榆柳所差使臣加以巡查的建议，相视检计黄河堤防舒亶在进行实地核查后即指出，"其地远（物料）难运，委转运司卖之，以钱应副河防"①，即通过将地远难运的闲置物料对外出售后再以所获资金用于他处物料的购置，这一建议即获得了批准。元符元年（1098）五月，工部提议"河埽退慢，见在物料委都大司约度，除合存留外，据应那拨之数，比般运脚乘之费。有闲官者，仍审量所要向着之处，可以收买得足，不误支用。即本司关州县估定价直，出卖到钱，津般却行收买"②，最终也获得了宋廷的批准。这种将出售物料所获资金转至他处购买物料的做法，自然也避免了大批物料长途运输的不便。

2. 以赐度牒形式筹集物料购买资金

在北宋时期的黄河物料筹措中，宋廷也通过赐度牒的方式筹集部分资金，从而将其用于黄河物料的购买。史载，在宋廷的黄河水灾救助资金筹措中，

---

① 《长编》卷321，元丰四年十二月癸酉，第7748页。
② 《长编》卷498，元符元年五月乙丑，第11854页。

"祠部遇岁饥、河决，鬻度牒以佐一时之急"①，这种对外出售度牒所获资金的一部分即用于物料的购买。整体来看，这种做法的运用主要集中体现在神宗、哲宗两朝，其中尤其以神宗朝更为突出。仅据《长编》《宋会要》等史籍的相关记载，神宗、哲宗时期借助于赐度牒方式来筹集资金、购置黄河物料的活动就有如下事例：

（1）熙宁四年（1071）十二月，宋廷"赐河北转运司度僧牒五百，紫衣、师号各二百五十，开修二股河上流，并修塞第五埽决口"②。

（2）熙宁八年（1075）正月，宋廷"赐外都水监丞程昉度僧牒千，给浚汴河功费"③。

（3）熙宁八年（1075）六月，宋廷"赐都水监丞司度僧牒二百，市埽岸物料"④。

（4）熙宁十年（1077）十二月，宋廷"赐京西两路捕盗赏钱五万缗付河北东路转运司，为塞河之费"⑤。

（5）元丰元年（1078）正月，宋廷"赐度僧牒百（道），付京东路转运司，拨还徐州筑城、兴置木岸等所借常平钱"⑥。

（6）元丰元年（1078）三月，宋廷"赐度牒二百道付河北转运司，以市年计修河物料"⑦。

（7）元丰元年（1078）八月，宋廷"赐度僧牒六百付都水监，分给开封府界提点及河北转运司鬻卖，豫买修河物料，以其半市梢草还诸埽"⑧。

（8）元丰二年（1079）八月，宋廷"赐澶州度僧牒六百五十，偿水

① 《长编拾补》卷3上，熙宁元年七月戊戌，第116页。
② 《宋会要》方域14之23，第7557页。
③ 《长编》卷259，熙宁八年正月壬子，第6319页。
④ 《长编》卷265，熙宁八年六月戊戌，第6485页。
⑤ 《长编》卷286，熙宁十年十二月丁亥，第6997页。
⑥ 《长编》卷287，元丰元年正月戊辰，第7018页。
⑦ 《宋会要》方域15之1，第7560页。
⑧ 《长编》卷291，元丰元年八月丁巳，第7122页。

利司钱"①。

（9）元丰五年（1082）七月，宋廷"赐河北东路提举司度僧牒千，兑钱与黄河堤防司，应副新河"②。

（10）元丰五年（1082）七月，宋廷"赐南外都水监丞司度僧牒六十，备广武上、下埽"③。

（11）元丰五年（1082）九月，宋廷"诏给度僧牒八百，付都水监应副原武、天台、齐贾三埽物料"④。

（12）元丰五年（1082）十月，宋廷"赐京西转运司度僧牒二百，应副原武埽"⑤。

（13）元丰六年（1083）闰六月，宋廷"赐开封府提点司度僧牒五百，市阳武等埽物料"⑥。

（14）元丰六年（1083）八月，宋廷"赐河中府度僧牒二百八十，修浮桥、堤岸"⑦。

（15）元丰七年（1084）六月，宋廷"赐都水监度僧牒二百，应副滑州诸埽梢草"⑧。

（16）元祐二年（1087）十二月，宋廷下令"以度牒五百给都水监"⑨。

（17）绍圣元年（1094）十二月，宋廷"诏祠部给空名度牒一千道与北外丞司，五百道与南外丞司，令乘时计置梢草"⑩。

另如阎充国在神宗朝担任德州知州时，适逢"时地震后，濒河州县大兴

---

① 《长编》卷299，元丰二年八月丁未，第7282页。
② 《长编》卷328，元丰五年七月壬辰，第7897页。
③ 《长编》卷328，元丰五年七月丁未，第7908页。
④ 《长编》卷329，元丰五年九月丁酉，第7934页。
⑤ 《长编》卷330，元丰五年十月壬申，第7959页。
⑥ 《长编》卷336，元丰六年二月乙未，第8102页。
⑦ 《长编》卷338，元丰六年八月甲子，第8143页。
⑧ 《长编》卷346，元丰七年六月丙戌，第8313页。
⑨ 《长编》卷407，元祐二年十二月壬辰，第9907页。
⑩ 《宋会要》方域15之20，第7569页。

堤徭，河流至德，势尤高悍，视城中如深壑，居人惴惴"。阎充国将救助灾民与修治河堤结合起来，"出常平粟募役者，又请给僧道度牒募人输薪。而薪不时至，君乞易纳见缗以市薪，不待报而行，人以为便，大筑遂成"①。至于此次河堤修筑中"给僧道度牒募人输薪"的最终结果如何，我们也就不得而知了。同时，在绍圣元年（1094）十二月后，史籍中再无宋廷赐度牒用于购置黄河物料的相关记载。

3. 以黄河竹索钱等名目盘剥物料购置资金

黄河物料的部分购买资金，还来自宋廷设立黄河竹索钱等名目所筹集。北宋时期黄河竹索钱的设立时间、实施范围、征收额度等问题，因史料记载的缺失已无从得知。虽然如此，我们却可以从南宋时期的一些记载中略窥端倪。如绍兴二十四年（1154）八月，知吉州郑作肃在还朝后奏报，"本州（吉州）自兵火后，每岁桩办黄河竹索钱六千六百余缗，见拖欠四万余缗，重困民力，望将未起及日后合起之数，并赐蠲放"②，并称"黄河久陷伪境，（黄河竹索）钱归何所"③。最终，吉州境内民众所要交纳的黄河竹索钱经高宗批准后而被取消。但是，这也只是吉州一地的黄河竹索钱被宣布废除，南宋境内其他多地却仍在征收。对此，苗书梅也曾指出，"南宋时，黄河中下游已经被金朝占有，上游在西夏领土内，征收这项费用，显然是北宋遗留的无名征敛，郑作肃请给予减免，是合理的请求"④。而在绍兴二十六年（1156）正月和庆元五年（1199），南宋政府也先后下令"蠲诸路积负及黄河竹索钱"⑤、

① 范纯仁：《范忠宣公文集》卷14《朝议大夫阎君墓志》，《宋集珍本丛刊》第十五册，第477页，线装书局2004年版。
② 《建炎以来系年要录》卷167，绍兴二十四年八月丙戌，第3168页。
③ 《挥麈录》三录卷3《郑恭老上殿陈札子》，第204页。
④ 苗书梅：《朝见与朝辞——宋朝知州与皇帝直接交流方式初探》，载朱瑞熙、王曾瑜、姜锡东、戴建国主编《宋史研究论文集》，上海人民出版社2008年版，第140页。
⑤ 《宋史》卷31《高宗本纪八》，第584页。

"蠲潭州科纳承平时黄河筑埽铁缆钱"①。透过这些比较零散的记载，我们大致可做出这样一种推断，即北宋黄河竹索钱、黄河铁缆钱等名目的设置可能花样繁多且实施范围广泛。假使黄河竹索钱、黄河铁缆钱等名目在北宋时期尚未出现，宋廷当时也极可能是以其他名义实施征敛。

在此值得附带一提的是，除了黄河竹索钱等征敛名目外，北宋黄河水灾防治中购置黄河埽兵所需衣物等物资的经费，也有一部分被摊派到民众头上，这种做法到南宋时期仍在部分地区被加以保留，并开始转化为直接征收货币。如张釜在孝宗朝担任知兴国军时，"承平时，黄河筑埽，市士卒之衣于兴国。南渡不蠲，反易衣为钱，责以岁输，民以为病"。针对这种现象，张釜虽极力奏请宋廷加以废除但并未获得批准，最终只是暂时"捐公帑之赢以代下户之输"②。这种"无名征敛"，极可能是自物料征收中衍化出来的一种产物。

四、 黄河物料的调配

宋廷也多利用调拨或拆借等方式实施黄河物料的调配。针对黄河决溢严重、决口附近的埽所事先所储物料不足等情况，宋廷在黄河水灾救护中往往自他处紧急调拨或拆借物料，以此来保障河役的正常开展。对于地方官员调拨、支援黄河物料的请求，宋廷一般都会予以批准，"河事一兴，求无不可"③。客观而言，物料的调拨或拆借也是宋廷在黄河水灾救护中迅捷筹措物料的一种有效手段。如天禧三年（1019）八月，宋廷命枢密直学士王曙、客省副使焦守节紧急赶赴滑州，会同冯守信和京东路、河北路转运使等官员共同筹划兴役事宜，并明确要求"其本州合要修河物料、钱帛、粮草等，除见

---

① 《文献通考》卷27《国用考五·蠲贷》，考261；《宋史》卷38《宁宗本纪二》载，嘉泰元年十一月"蠲潭州民旧输黄河铁缆钱"（第731页）。此从《文献通考》。
② 刘宰撰，王勇、李金坤校证：《京口耆旧传校证》卷7《张纲传·张釜附传》，江苏大学出版社2016年版，第238页。
③ 《宋史》卷92《河渠志二·黄河中》，第2298页。

有备外，仍令时〔曙〕等同知〔支〕拨般运，应办给用，连书以闻"①。景祐元年（1034）十二月，宋廷采纳文洎的建议，决定在黄河各埽所物料储备充足的前提下合理开展相互间的调剂，"视诸埽紧慢移拨（物料），并斫近岸榆柳添给，免采买搬载之劳"②，并责令三司在审议后予以实施。燕度在仁宗朝担任滑州知州时，针对当时"滑（州）与黎阳对境，河埽下临魏都，霖潦暴至，薪刍不属"的情形，就曾以滑州境内所储物料援助河埽的救护，"悉以所储茭楗御之，埽赖以不溃"③。熙宁五年（1072）九月，张茂则等人奉命组织对大名府永济县辖区内黄河决口的堵塞，河役所需物料则由程昉负责筹集，结果"（程）昉营材于并河诸州，或取于公，或售于私，人不加赋而诸河之费已给"④。元丰元年（1078）三月，针对河北转运司在堵塞黄河决口过程中借用水利司秆草一事，宋廷决定"令澶州偿其值，仍令本司（水利司）秋熟买足"⑤。而针对元丰五年（1082）九月原武埽救护中所暴露出来的存储物料不足状况，宋廷责成杨景略负责自别处紧急调用物料，并明令所调物料"虽属它司，亦支拨讫以闻"⑥。元丰六年（1083）闰六月，针对滑州鱼池埽水势危急、物料枯竭的情形，都水监丞陈祐甫认为应利用当时黄河倾侧南岸的有利时机紧急开展救护，请求宋廷准许"下京西转运司具梢草百万，都水监支竹索万条"⑦，这一临时调拨物料的建议获得了批准。同样，在元祐四年（1089）七月冀州境内的南宫等五埽形势危急时，宋廷也曾下令"拨提举修河司物料一百万应副"⑧。黄河物料的调拨作为一种制度被正式确立下来，是在元祐六年（1091）。元祐六年（1091）闰八月，都水监奏请"诸路沿河堤堰物料听相

---

① 《宋会要》方域14之8，第7549页。
② 《长编》卷115，景祐元年十二月癸未，第2709页。
③ 《宋史》卷298《燕肃传·燕度附传》，第9911页。
④ 《长编》卷238，熙宁五年九月己酉，第5793—5794页。
⑤ 《长编》卷288，元丰元年三月癸巳，第7053页。
⑥ 《长编》卷329，元丰五年九月壬辰，第7930页。
⑦ 《长编》卷336，元丰六年闰六月辛卯，第8100页。
⑧ 《长编》卷430，元祐四年七月己巳，第10380页。

度紧慢多寡移那支用"① 的倡议获得批准，标志着黄河各埽之间调拨物料的做法被正式、合法地确立。如元符二年（1099）七月大名府内黄河决溢时，安抚使韩忠彦即奏请移用李仲掌控的修筑新河钱物来修塞黄河决口，对此宋廷随即"诏令本府计会李仲，就借所桩管未开修菱芡等河所赐钱物，相度修筑上下怀山，与昨来未开修御河日高厚一般，不得低怯"②，即将原本准备修筑菱芡等河的钱物紧急改用于堵塞黄河决口。在黄河水灾防治活动中，这种措施也是在短期内能够筹集较多物料的一种有效途径，从而有助于河役的迅捷开展。

同时，在黄河物料的筹备中，宋廷也对黄河埽所间的物料私自拆借现象严格加以限制。如嘉祐三年（1058）闰十二月，宋廷即接受河渠司勾当公事李师中的建议而对物料私自拆借的做法明令加以禁止，规定"沿黄、汴等河州军诸路埽修河物料榆柳并河清兵士，不得擅有差借役占及采斫修盖，令转运司、河渠司、提刑、安抚司、河渠司勾当公事臣僚、都大巡河使臣常切点检。今后稍有违犯，并仰取勘以闻"③。这种规定，主要是为了避免黄河水灾发生时物料不足局面的发生。

五、 黄河物料的捐助

宋廷筹集黄河物料的另一种途径，即是利用酬与官爵的方式鼓励民众、官员捐助物料或购置资金。宋廷鼓励民众捐助黄河物料的做法出现较早，如天圣元年（1023）五月即曾命鲁宗道"行河度工费，募民输薪刍"④。同年八月，宋廷也先后"募京东、河北、陕西、淮南民输薪刍，塞滑州决河"⑤、"令京西等路色〔邑〕人有情愿进纳修河梢并草者，逐州军数目十分中特与减

① 《长编》卷465，元祐六年闰八月甲申，第11122页。
② 《长编》卷512，元符二年七月乙巳，第12186—12187页。
③ 《宋会要》职官5之42—43，第2483—2484页。
④ 《玉海》卷22《河渠下·天圣修河记》，第446页。
⑤ 《长编》卷101，天圣元年八月乙未，第2330页。

放一分，令出榜晓示"①。在景祐二年（1035）四月澶州黄河河役进行期间，宋廷也责令澶州官员组织民众捐助物料，"澶州募民输梢茭〔芟〕"②。这些举措的出台，表明宋廷鼓励民众捐助黄河物料的实施范围在逐步扩展。

　　鉴于一系列鼓励民众捐助黄河物料的活动收效并不理想，宋廷也逐步提高捐助者的酬奖标准。据《文恭集》记载，仁宗在诏令中即曾明确宣称，"日者河流弛于故道，比诏都水议塞决堤，尔能输下捷〔楗〕之材，以助有司之费，用补州藩之佐，且为邑里之荣"③，可见宋廷已将赏赐官职作为对黄河物料捐助者的一种奖赏加以利用。景祐二年（1035）六月，宋廷进而明确下令，"澶州输梢芟授官者免本户徭役，物故者勿免，其迁至七品，自如旧制"④，对物料捐助者本人及其所在户分别给予赐官、免除徭役的奖赏。此后，宋廷为推动黄河物料捐助活动的发展，进一步将相关的酬赏标准具体化、明确化。如针对澶、贝、德、博、沧、大名、通利、永静八州军黄河物料短缺的境况，判大名府贾昌朝、河北转运使皇甫泌等官员即在庆历七年（1047）十一月提出了一套详尽的方案，以便通过赐与官职的方式来推动民众的物料捐助：

　　　　澶、具〔贝〕、德、博、沧、大名、通利、永静八州军缺少修河
　　物料，乞许诸色人进纳秆草，等第与恩泽。杂秆每束湿重五十斤，
　　一万五千束与本州助教，二万束与司马，二万五千束与长吏，三万
　　束与别驾，四万束与太庙斋郎，四万五千束与试衔、同学究出身，
　　五万束与簿尉、借职，六万束与奉职。秆草每束湿重一十五斤，二
　　万束与摄助教，三万束与州助教，四万束与司马，五万束与长吏，
　　六万束与别驾，七万五千束与太庙斋郎，八万五千束与试衔、同学

---

① 《宋会要》方域14之11，第7551页。
② 《长编纪事本末》卷47《修澶州决河》，第1514页。
③ 胡宿：《文恭集》卷18《进纳梢草空名助教制》，《丛书集成初编》本，中华书局1985年版，第233页。
④ 《长编》卷116，景祐二年六月癸丑，第2735—2736页。

究出身，九万五千束与簿尉、借职。①

宋廷对这一方案迅速加以批准，并下令由开封府、河北路、京东西路的转运司负责实施。而为了较好地推动民众参与黄河物料的捐助，宋廷还逐步降低物料捐助的额度，这种变化在庆历八年（1048）七月权发遣三司、户部判官燕度的倡议中即有着鲜明体现：

> 宽进纳之法。省司相度，如今后诸色人于澶州进纳，于元定下数目内十分中减下一分，与元定恩泽。及乞依陕西、河东纳粮草例，斋郎至大理评事与免本家色役，亡殁者不在免限；若已后改转有荫，亦依条施行。除耆长不免外，与免里正一次。如知州、通判劝诱得人进纳，令本路转运司批上历子。如人数多，候得替，委本司保明，与理为劳绩，或与先次差遣。所乞进纳竹竿，委澶州当职官员将秆草束数价例比折中奏，乞行酬奖。省司今更与添定殿直已上进纳数目，比附钱粮例添定下项等第酬奖。于元进十分数内各减一分。守监簿：杂秆八万束，减一分外纳七万二千束；秆草一十四万束，减一分外纳一十二万六千束。侍禁、太祝、奉礼郎：杂秆九万束，减一分外纳八万一千束；秆草一十六万束，减一分外纳一十四万四千束。大理评事：杂秆一十万束，减一分外纳九万束；秆草一十八万束，减一分外纳一十六万二千束。②

这一"宽进纳之法"，涉及降低赐与民众官职的物料捐助额度、将民众物料捐助的成效与对官员的考核和酬奖挂钩两大方面，其目的自然是为了更好、更有效地激励官员组织民众参与黄河物料的捐助。同样是针对澶州官员组织民众捐助物料效果不佳局面的出现，修河都大总管郭永祐也在庆历八年（1048）七月时建议：

> 伏睹澶州见许人进纳秆草，访闻亦未大段有人进纳。伏缘进纳

---

① 《宋会要》职官55之35，第3616页。
② 《宋会要》职官55之35—36，第3616页。

人自来所受宣敕之内，明言进纳某人受某官，以此豪民之家耻见
"进纳"二字，多致延滞。欲乞愿免"进纳"二字者，于元数上量
加三二分，于所补恩泽宣敕之上除落"免进"二字。如允所奏，乞
降敕命下本州晓谕。

针对郭永祐的这种倡议，宋廷下令"应今来澶州进纳秆草人，并于所受文字
内与落'进纳'二字"，同时又规定"亦更不量加数目"①。为改善民众捐助
黄河物料的不理想状况，宋廷还在庆历八年（1048）七月派遣内臣分赴河北、
陕西、河东、京东、京西、淮南六路"劝诱进纳修河梢芟"②，八月时则下令
"前遣内侍募民入薪刍者皆还，但行诸路自行诱劝"③。

　　宋廷长期将酬与官职作为鼓励民众捐助物料的一种手段加以利用，甚至
还不断降低物料的捐助额度、扩大实施地域，但结果却是收效甚微。如熙宁
初年，针对堵塞黄河曹村决口中"役徒数万，一日馈用辄不属，有司大惧"
这种情形，赵仲祥曾"载粟千斛、薪百万以献"④，从而保障了河役的顺利完
工。在神宗朝黄河决口澶渊、仓促间物料购置经费不足的情形下，傅思齐曾
"辇薪刍千万，愿济其役"⑤，从而有力协助了黄河河役的开展，而宋廷也因此
对其给予太庙斋郎的官职酬奖。类似这种黄河物料的捐助活动，在北宋时期
是相当罕见的。元丰二年（1079），澶州官府也曾"尝出监主簿、斋郎告牒募
人入钱"⑥，以此来募集购置黄河物料所需资金，但结果却几乎无人响应。官
员的黄河物料捐助，也是相当少见。元丰元年（1078）七月，澶州卫南县知
县李夷白曾个人出资购买十余万束埽草捐助给灵平埽，神宗批示"（李）夷白

　　① 《宋会要》职官55之36—37，第3616—3617页。

　　② 《宋会要》方域14之16，第7553页。

　　③ 《长编》卷165，庆历八年八月辛卯，第3965页。

　　④ 赵鼎臣：《竹隐畸士集》卷19《赵八行墓志铭》，台湾商务印书馆1986年影印文渊阁《四库
全书》本。

　　⑤ 李昭玘：《乐静先生李公文集》卷29《傅主簿墓志铭》，《宋集珍本丛刊》第二十七册，第
752页，线装书局2004年版。

　　⑥ 《长编》卷299，元丰二年八月丁未，第7282页。

所买草数不足多赏，然闻济一时急用，实为有功，可特循一资"①。由此可见，宋廷对这种比较罕见的官员捐助黄河物料举动也是破格给予奖赏。由以上相关记载来看，这种借助于官职赏赐而鼓励民众或官员捐助黄河物料的做法，其客观成效确实相当有限。宋廷也曾力图改善这种窘况，却并无明显起色。相对于北宋其他几种重要的物料筹集手段，物料捐助也只能发挥相当有限的辅助作用。

此外，相对于宋廷筹集黄河物料中多种方式、途径的运用，黄河沿岸的部分民众也自筹物料修筑埽岸。如大名府黄河东岸的民众，鉴于当地地势与黄河水面持平、农田常被河水淹浸而导致"民颇失业"的情形，即曾在绍圣二年（1095）时自发开展河役，"自备粮功、梢草，宽留河身于东岸，上自南乐元城界，下接冠氏县，兼助埽筑软堰一道，高阔三二尺"，结果取得了"若非河水暴涨之时，亦可遮拦水势，一方之地数百里之民粗得为生矣"② 的成效。客观而言，诸如此类民众自筹物料修筑黄河埽岸活动比较罕见，因而就其功效来讲自然相当有限。

总体来看，北宋时期黄河的频繁决溢、水灾防治活动的长期开展，对物料的消耗也是规模庞大。而为保障黄河河役的不断开展、物料的充分供应，宋廷综合利用多种方式、多种途径来积极开展物料的筹集，这对黄河水灾防治活动的运行也发挥了相当关键的作用。相对于当时的社会条件，北宋时期的黄河物料筹集方式、手段可以说已经较为完备。

第四节　黄河水灾防治中的人力、物料检计

北宋时期黄河水灾防治活动的常年开展，所耗费的人力、物料规模巨大，

---

① 《长编》卷290，元丰元年七月癸未，第7099页。
② 陈次升：《谠论集》卷2《上徽宗乞为河西软堰状》，台湾商务印书馆1986年影印文渊阁《四库全书》本。

"自龙门至于渤海，为埽岸以拒水者，凡且百数。而薪刍之费，岁不下数百万
缗，兵夫之役，岁不下千万功，备御河患不为不至矣"①。针对黄河水灾防治
中频频遭遇人力、物料不足的窘况，宋廷也注重以多种手段、方式加强对人
力、物料的日常检计，以保障黄河河役的顺利开展和人力、物料的有效利用。
同时，鉴于黄河水灾防治中兵夫、物料的征用规模庞大，宋廷也不断从多方
入手加以检计和督察，防范兵夫、物料的肆意滥征和浪费。

一、 兵夫检计

在北宋时期的黄河水灾防治中，对兵夫的长期、大规模调用如何做到更
为有效、合理，这也是宋廷时常面临的一大难题。为保障黄河水灾防治能够
及时、顺利地开展，宋廷不断采取多种多样的举措以保障兵夫征用的规模和
合理使用，遏制兵夫逃亡和官员私自役用等现象的发生。

（一）保障黄河水灾防治兵夫征用的检计

1. 对黄河水灾防治兵夫调拨的检计

在黄河水灾防治活动的开展中，宋廷时常对黄河沿岸的河清兵队伍加以
检查，以此来避免河役期间兵员不足的被动局面。为保障黄河防护活动的及
时开展，宋廷时常运用调拨士兵的手段来补充黄河部分河段力役的不足。如
元丰二年（1079）六月，鉴于澶州明公埽"最为河流向着，其南才隔大堤一
重，备之不时，则与灵平之患无异"的危险形势，宋廷急命都水监迅速奏举
明公埽所缺正官，同时要求"差出埽兵，亦即追还，以防夏秋涨水"②，通过
这些举措来加强对明公埽的防护。宋廷也颇注重对黄河守卫士兵规模的不断
检查和监督，以加强对黄河的日常防护。如元丰三年（1080）六月，宋廷即

---

① 沙克什：《河防通议》卷上《河议第一·堤埽利病》，《丛书集成初编》本，中华书局 1985 年
版，第 2 页。
② 《长编》卷 298，元丰二年六月壬寅，第 7253 页。

采纳权判都水监张唐民"请复黄、汴诸河岁差修河客军九千人额"① 的建议，借以充实黄河守军的规模。针对元丰四年（1081）五月黄河决口澶州、冲入御河而恩州危急的情形，恩州官员奏请"乞以州界退背诸埽梢草及河清兵，支移赴本州；其北岸都大使臣并诸埽巡河使臣亦乞令赴州部役"②，获得了宋廷的批准。同年九月，权判都水监李立之指出，小吴埽决口以下黄河两岸堤防的修筑工程量较大，却只有一千多名河清兵的投入，为此建议"乞于南北两丞地分客军存留五十人，更不放冻，均与新立堤埽，兴修堤道"③，最终也获得宋廷的同意。可见，针对黄河水灾防护中人力不足的情形，宋廷时常采用自他处紧急调拨士兵的方式增强人员配置。另如元丰五年（1082）八月，针对黄河决口郑州原武埽后"决口已引夺大河四分以上"的危急形势，宋廷也紧急下令"辍修尚书省及汴河堤岸司兵五千人，并工修闭"④。

伴随着黄河修治、防护重心的变化，治河士兵也有着相应调动。如元祐五年（1090）九月，右宣德郎孙迥改为知北州都水丞，负责提举北流，右宣德郎李伟权发遣北外都水丞，负责提举东流，二人又共同提举北京黄河地分，"仍那移两河人兵物料"⑤。这种治河士兵的临时调拨，自然可在短期内实现对黄河某些河段所缺兵员的及时补充，但同时也容易滋生出其他一些问题，如"每埽所屯河清军，多是差拨上纲。及诸处占役，有河上功料，却自京东西淮南发卒为之。各离本营，贫弊困苦，逃死大半"⑥ 即为一种突出的弊端。

2. 对黄河水灾防治兵夫征招、差借、移用的检计

为保障所征招河埽兵的整体规模、素质，宋廷对河埽兵征召中官员的高下其手等弊端也有着相应的防范和检视举措。如政和三年（1113）正月，针

---

① 《宋会要》方域17之9，第7601页。
② 《长编》卷312，元丰四年五月癸卯，第7576页。
③ 《长编》卷316，元丰四年九月庚子，第7645页。
④ 《长编》卷329，元丰五年九月壬辰，第7930页；《宋史》卷92《河渠志二·黄河中》系此事于元丰五年八月（第2287页）。此从《长编》。
⑤ 《长编》卷448，元祐五年九月丁亥，第10773页。
⑥ 《河防通议》卷上《河议第一·堤埽利病》，第2页。

对部分黄河官员招收不堪河役人员充当河埽兵的舞弊伎俩，宋廷即明确要求，"可将合招河清兵士，令外丞司委都大并巡河使臣拣选少壮堪任工役之人招刺，逐旋据招到人申都水监，差不干碍官覆验。如有招下年小或不堪工役之人，乃立法施行"①。这种规定的实施对河埽兵的肆意滥征有所限制，但实际效果却较为有限。如宣和二年（1120），徽宗在其所颁手诏中即曾披露，"比闻诸路州军招置厢军河清、壮城等，往往怯懦幼小，不及等样，虚费廪食，不堪驱使"，为此责令"今后并仰遵著令招填，如违戾，以违制论"②。诸如此类诏令的颁布，恰恰也从一个侧面印证了肆意滥征河埽兵现象的严重、普遍。

针对治河兵卒被移作他用、差借等现象，宋廷也有着相应举措加以防范。如大中祥符八年（1015）四月，宋廷即下令"沿河诸埽巡河使臣各给当直军士五人，监物料使臣各三人，并以本城充，自今不得辄差河清卒"③，其目的即在于尽力保障河清卒数额的稳定。这一事件虽涉及的河清卒规模很小，但也明确了宋廷禁止官员擅自私役河清卒的一种态度。嘉祐三年（1058）闰十二月，宋廷也曾采纳河渠司勾当公事李师中的建议，对黄河防治中河清兵的差借、移用等现象加以限制，规定以后在黄河、汴河等沿河地区内"修河物料、榆柳并河清兵士，不得擅有差借役占及采斫修盖"。同时，宋廷也责令转运司、河渠司、提刑安抚司、河渠司勾当公事臣僚、都大巡河使臣等部门、官员要切实加强对黄河兵夫移用现象的日常检查，"今后稍有违犯，并仰取勘以闻"④。但在此后北宋黄河水灾防治活动的开展中，这种规定所起的作用却较为有限，大量治河兵卒被移用的现象仍无法杜绝。元丰三年（1080）正月，针对开封府界第六将奏称已补充襄邑县防护黄河士兵二百余人，宋廷认为汴

---

① 《宋会要》方域 15 之 25，第 7572 页。
② 《宋史》卷 193《兵志七·召募之制》，第 4806 页。
③ 《宋会要》方域 14 之 7，第 7549 页。
④ 《宋会要》职官 5 之 42—43，第 2483—2484 页。

河防护士兵不便调用、当时黄河水流平缓而"不须过为枝梧",为此责令开封府界提点司对襄邑县已差防护黄河的士兵加以监督,"据彼处堤岸去水所余尺寸更行增长,方听上河"①。

治河士兵移用现象无法根治的因素多种多样,譬如宋廷军事行动的开展、官员的贪腐等即为其中的重要方面。如熙宁三年(1070)十二月,鉴于陕西沿边修葺城寨所役用厢军近年逃亡颇多,且"累有重难般运粮草之类,极为疲乏",神宗即下令"可勘会诸河功役,当于陕西、河东、京东差者,并权罢,令并力以完边备"②,这实际上就涉及对黄河力役的移用。熙宁十年(1077)七月,对于黄河河役开展中埽兵抽调所造成的严重后果,文彦博也给予了严厉批评,指出曹村埽"自熙宁八年至今三年,虽每计春料当培低怯,而有司未尝如约,其埽兵又皆给他役,实在者十有七八。今者果大决溢,此非天灾,实人力不至也"③。宋廷在元丰四年(1081)时决定在灵州西侧修筑十五座城堡,并在元丰五年(1082)任命李宪权泾原路经略使兼经制熙河,"令都水监刷黄、汴河清(兵)及客军共万三千人隶之"④。政和三年(1113)三月,针对河清兵使用中被严重抽调的现象,屯田员外郎刘绛也指出,"契勘河清兵级,于法诸处不得抽差,其擅差惜〔借〕或内有役使者徒一年,盖废功役者有害堤防。诸处功作名目抽差占破官司,临时申画朝旨,须至发遣,不能占留,遂使本河缺人。今欲乞除官员依条差破白直人,其承久例差占窠名条法不载者,并令本河勿收入役,今后不许差占外,诸处申请到朝廷特旨并冲改一切条禁等指挥,抽差本河兵级者,并令都水监执奏,更不发遣"⑤,这一建议获得宋廷的同意而被付诸实施。从这些情形来看,宋廷虽然一再禁止治河士兵被移作他用、肆意抽调,但仍无法从根本上加以遏制。

---

① 《长编》卷302,元丰三年正月乙丑,第7342页。
② 《长编》卷218,熙宁三年十二月庚辰,第5309页。
③ 《宋史》卷92《河渠志二·黄河中》,第2284页。
④ 《太平治迹统类》卷15《李宪再举取灵武》。
⑤ 《宋会要》方域15之25,第7572页。

3. 对黄河水灾防治兵夫逃亡、伤亡等现象的检讨

在北宋黄河水灾防治活动的开展中，高劳作强度河役的长期开展也极易引发不堪重负的士兵、民夫的逃亡、伤亡甚至聚众反抗。尤其是治河兵卒的逃亡、伤亡、反抗等现象，在史籍中更是多有反映。这些现象的普遍发生，也成为长久困扰宋廷的一大难题。淳化年间，宋廷调集丁夫堵塞澶州黄河决口，期间就曾出现"众多逸去，独（赵）贺全所部而归"[①] 的现象。元祐三年（1088），范纯仁在奏报中也曾指出，"昨来止用兵卒二万，亦闻逃亡至多"[②]。部分役卒甚至不惜自残，借以规避苛重的河役。如大中祥符五年（1012）二月，阁门祗候钱昭厚曾奏称，"河清卒有惰役者，以镰斧自断足指，利于徙邻州牢城。自有此类，望决讫复隶本军"[③]，以维系河清兵的规模。从最终结果来看，宋廷批准了钱昭厚的这一奏请。除却这些直接参与黄河水灾救护的士兵外，一些承担物料采伐任务的河清兵也不乏"规避重役，故意盗林木以就决配"[④] 现象的发生。客观而言，诸如这些河清兵自残、故意盗取林木、逃亡等现象的产生，决非缘于所谓的"惰役"，而是兵夫在繁重河役逼迫下所做出的一种无奈选择。对此，借助于缩短兴役时间、完善住所等举措，宋廷也会适当降低兵夫的劳动强度、改善兵夫居住条件，以避免人员的大批伤亡、逃亡和维护河役的有序开展。如元丰元年（1078）四月，宋廷就曾下令"新埽役兵疲于盛暑，可三分日力，用二分全役，一分与放半功，午暑听少休息"[⑤]，以此来尽量降低河役劳作强度、减轻人员伤亡。同年五月，宋廷又下令"修河所减放诸埽河清客军，并歇泊十日，如河防紧急入役，即令向后补之"[⑥]。而在元祐七年（1092）八月，宋廷则规定"诸军已自毁伤避征役

---

① 《宋史》卷301《赵贺传》，第10000页。
② 《长编》卷415，元祐三年十月庚子，第10090页。
③ 《宋会要》刑法7之6，第6736页。
④ 《宋会要》方域14之13，第7552页。
⑤ 《宋会要》方域15之2，第7560页。
⑥ 《长编》卷289，元丰元年五月辛丑，第7081页。

者，不以首免"①，加重了对逃避力役者的惩处力度，以对故意规避黄河河役者发挥一定的震慑作用。

为维护黄河兵夫队伍的稳定，宋廷也要求相关官员履行督察职责，否则追究其失职罪责。如大中祥符五年（1012）正月，知澶州周莹在组织黄河河防修治期间即多有兵卒的逃亡，"时发卒修河防，而军中所给糗粮多腐败不可食，又役使不均，（周）莹弗能恤，以故亡命者甚众"。加之其他因素，宋廷决定将周莹予以撤换，"处之闲僻，益便其自奉耳"②。针对皇祐三年（1051）冬季修河兵夫逃亡、死亡颇多这些状况，宋廷在皇祐四年（1052）四月的诏令中明确要求，"盖官吏不能抚存，自今宜会其死亡数而加罚之"③。元祐三年（1088）六月，宋廷也曾命黄河官员加强对所辖兵夫的清查，"严与约束施行，仍勘会逐处所役人兵元初若干，自工役后来损失若干，其诣实闻奏"④。而加强对治河兵卒减放的监管、防范官员舞弊，则是宋廷加强对兵夫检计的另一辅助措施。在黄河水灾防治期间，部分官员出于"避免损折分数"的考虑而"及闻役兵患病稍重，多是作发遣归回本州名目"⑤，借以维系治河兵卒队伍的规模。这些被遣返的兵卒常因天气炎热等缘故而在归返中途多有伤亡，"盛夏苦疫，病死相继，使者恐朝廷知之，皆于垂死放归本郡，毙于道路者不知其数"⑥。对于这种情形，宋廷也严令禁止。如元丰元年（1078）六月，鉴于修河所的"减放役兵多道死者，深可悯恻"这种状况，宋廷即责令各路专门委派提点刑狱官一名监督黄河兵卒的减放，"点检催督，早令达住营州军"⑦，希望借此来减少减放兵卒的中途伤亡。

在黄河河役开展中，聚集一地的大批兵卒因食物和饮水等物资的短缺、

---

① 《长编》卷476，元祐七年八月壬子，第11336页。
② 《长编》卷77，大中祥符五年正月己卯，第1750页。
③ 《长编》卷172，皇祐四年四月戊寅，第4141页。
④ 《长编》卷412，元祐三年六月癸巳，第10021页。
⑤ 《长编》卷412，元祐三年六月癸巳，第10021页。
⑥ 《长编》卷416，元祐三年十一月甲辰，第10115页。
⑦ 《长编》卷290，元丰元年六月乙卯，第7089页。

天气炎热等因素极易引发疾疫的传播和人员的大量伤亡。如天圣元年（1023）六月，鲁宗道等人在盛夏组织士兵大兴河役，竟出现了"兵多渴死"① 的现象。此后，宋廷在天圣五年（1027）九月的诏令中也称，滑州治河过程中因疾病传播而一度涌现兵夫"比多疾病"② 的状况。可见，沉重的河役负担、恶劣的劳作条件、大批人员的聚集等因素的综合作用，不仅会直接造成疾病的迅速、大范围传播与大批治河兵夫的伤亡，也常常成为引发兵夫逃亡的关键诱因。针对这些状况，宋廷通过中央遣官或责成地方官员加以检视和督查，以尽力避免这些情况的出现。如天圣元年（1023）闰九月，宋廷在获知滑州"修河役兵，暴露作苦，而所饭菽粟或爨未熟，乃不可食"③ 后，很快就派遣使臣前往检查。在兵夫疾疫的日常防范方面，宋廷通过对治河兵夫赐药或遣医医治等方式，避免因疾病而造成兵夫大量伤亡现象的发生。一般而言，宋廷在检视役卒医疗状况的过程中，多自翰林医官院、太医局等机构派遣相关人员，这在史籍中也多有相关记载：

（1）天圣五年（1027）九月，宋廷下令"滑州修河兵夫，比多疾病，其令医官院遣医分治之"④。

（2）元丰元年（1078）二月，宋廷"诏提举修闭曹村决口所察视兵夫饮食，如有疾病，令医官悉心治疗，具全失分厘以闻，当议赏罚"⑤。

（3）元丰元年（1078）四月，宋廷"诏翰林医官院选医学二人，驰驿给券，往修闭决河所"⑥。

（4）元丰元年（1078）四月，宋廷"诏太医局选医生十人，给官局熟药，乘驿诣曹村决河所医治见役兵夫"⑦。

① 《长编纪事本末》卷47《修滑州决河》，第1507页。
② 《长编》卷105，天圣五年九月丙辰，第2450页。
③ 《长编》卷101，天圣元年闰九月壬辰，第2335页。
④ 《长编》卷105，天圣五年九月丙辰，第2450页。
⑤ 《长编》卷288，元丰元年二月庚戌，第7043页。
⑥ 《长编》卷289，元丰元年四月乙巳，第7059页。
⑦ 《长编》卷289，元丰元年四月甲子，第7069页。

（5）元祐三年（1088）六月，哲宗下令"访闻见修黄河役兵死损逃亡不少，显是本处饮食、衣服、药医不至如法，当职官吏不切用心照管"①。

此外，在治河兵夫住宿条件的改善等方面，宋廷也有着相关的举措。如天禧三年（1019）十月，宋廷即要求滑州官员在天气转寒的情况下对修治黄河的兵夫"宜令官吏常切存抚，无令失所"②。包括对从事黄河物料采伐的士兵，宋廷也会通过适当减轻劳役强度、缩减劳作时间等途径来稳定队伍。如大中祥符二年（1009）十一月，宋廷即曾"诏诸州采木军士有经冬隶役者，所在休息之"③。这些饮食、医疗等条件的检查与改善，无疑可大幅降低治河兵夫伤亡的危险，从而有利于保障治河队伍的规模和稳定。

（二）控制黄河水灾防治兵夫征用的检计

1. 防止兵夫征发无度的检计

相对于保障黄河水灾防治兵夫征用的检计，宋廷同时也注意采取相应措施加强对兵夫征用规模的控制和检计，以防止官员对兵夫的征发无度、肆意征用。如熙宁七年（1074）四月，宋廷在诏令中明确要求，对于黄河某些水势确实危急、需调集民夫加以救护的地段，"去所隶州五十里以上者，本埽申所属县辍令佐一员部急夫入役，及申外丞司并本属州催促应副，仍令通判提举"，同时严禁肆意扩大民夫的征集规模，"如不至急，妄追集民夫，并科违制，仍委按察官觉察之"④。同年七月，宋廷明确规定以后河北东路、河北西路所差春夫勿过五万人，"河埽重役当增差者亦具以闻"⑤，这也表明宋廷对河夫的征发规模开始适当加以控制。元丰三年（1080）八月，针对河阳府调发河阴县、济源县急夫各千人救护雄武埽的做法，宋廷则认为"今岁夏秋农时，

---

① 《长编》卷412，元祐三年六月癸巳，第10021页。
② 《长编》卷94，天禧三年十月辛亥，第2169页。
③ 《长编》卷72，大中祥符二年十一月乙亥，第1643页。
④ 《长编》卷252，熙宁七年四月癸未，第6158页。
⑤ 《长编》卷254，熙宁七年七月癸卯，第6220页。

并河之民累经调发，人力已困，又前奏雄武流离埽已远，更无可虞，岂有伏槽之际致危急之理！此乃官司不恤，百姓疲于役事，信监埽使臣张皇呼索"，为此随即派遣权提点开封府界诸县镇公事杨景略前往检查，并明令"如不应差发，劾罪以闻"①。元丰四年（1081）五月，宋廷获悉瀛州境内并未出现黄河决溢却役用急夫约一万多人，为此下令"过有张皇，枉费民力，宜令急放散。自今非城壁、堤岸甚危急，不得辄有差拨"②。元丰五年（1082）十二月，都水使者范子渊在勘察卫州王供埽后"更乞增差夫役万人，于所决巧妇涡下预开一河"。对此，宋廷并未立即批准，而是"诏遣吏部侍郎李承之、入内供奉官冯宗道覆案"③。元祐六年（1091）以前，宋廷曾规定"一路等条有不以去官赦降原减太重者……黄河堤岸不至危急，妄有勾集人夫，并科违制罪，不以赦降去官原减、原免"。到元祐六年八月，河北路都转运司"其虽该德音降虑并不原减、不以赦降去官原免之文，乞删去"④ 的奏请获得宋廷的批准，这表明宋廷至此对治河官员擅自征集人夫的惩罚规定有所松动。但透过前后不同时期的这种变化，我们也可看出宋廷一直坚持对官员征集黄河人夫规模的检计。元祐七年（1092）十一月，针对权知乾宁军张元卿修筑乾宁军境内黄河埽岸的奏请，宋廷也明确要求"令工部指挥合属官司，每年依修检计合役夫功，从都水监相度，委合起夫，即于本军依近里州军条例，科夫功役不得过三百人，仍却于本路年额沟河夫内除豁。如功役稍大，本军夫不足，即令都水监那融应副"⑤，即对乾宁军内科调丁夫的规模、范围严格限制，同时要求人力不足部分由都水监设法自他处调拨。元符二年（1099）七月，右正言邹浩曾提议，"令条具内外官曾任水事而不专主东流之议者，选用其人，使

---

① 《长编》卷307，元丰三年八月壬寅，第7457页。
② 《长编》卷312，元丰四年五月乙巳，第7577页。
③ 《长编》卷331，元丰五年十二月戊辰，第7989页。
④ 《长编》卷464，元祐六年八月甲辰，第11084页。
⑤ 《长编》卷478，元祐七年十一月壬午，第11392—11393页。

与见今水官相参，措置施行。庶几利害得实，不至重有劳民蠹国之弊"①。邹浩的倡议，也蕴含着借助官员的选任来避免妄兴河役、浪费人力和物料的意图。

针对一些大型黄河河役所需人力动辄规模庞大这一情形，宋廷在制定征用兵夫决策时多采取较为谨慎的态度。如天圣五年（1027）九月，针对宋廷欲增发丁夫二万人赴滑州修治黄河，中书省认为此前滑州河段"调工已众，不可增发"②。在这种情形下，宋廷命程琳、曹仪等人前往滑州按视修河力役，以便最终确定有无增发兵夫的必要。熙宁十年（1077）黄河决口曹村后，宋廷准备实施对决口的堵塞。当时，鉴于原有河道已经堙塞、地势较高而水流不畅的情形，部分大臣提议"自夏津县东开签河入董固护旧河，袤七十里九十步，又自张村埽直东筑堤至庞家庄古堤，袤五十里二百步，计用兵三百余万、物料三十余万"，但杨琰等人则认为黄河河道已自成而"不必开筑，以糜工役"。针对这种分歧，宋廷派遣杨琰、韩缜一同前往加以勘验，随后韩缜回奏称"涨水冲刷新河，已成河道。河势变移无常，虽开河就堤，及于河身创立生堤，枉费功力。欲止用新河，量加增修，可以经久"③。最终，宋廷采纳了杨琰、韩缜的建议而避免了对大批士兵的征用。

对于地方未经申报而擅兴河役、役用民夫的做法，宋廷也是明令禁止，以避免对民夫的肆意征用。如大中祥符五年（1012）十月，宋廷下令"宜令诸路，自今除常例合调民夫外，如别有工役须至差拨者，并须取实役人数调讫具事以闻。如因缘妄有差拨，不即闻奏，当重寘其罪"④，以防止河役开展中对民夫征发无度。元丰三年（1080）六月，在得知都水监丞司在澶州吴村堤开决水口而"致大河水流入濮州，枯河行流，下接横陇口已下，濮、郓州修贴堤道"后，宋廷严令彻查在当年夏季黄河水并未大涨、堤岸并无危急的

---

① 《长编》卷513，元符二年七月己未，第12201页。
② 《长编》卷105，天圣五年九月癸卯，第2447页。
③ 《长编》卷286，熙宁十年十二月甲申，第6996页。
④ 《宋大诏令集》卷186《戒约调夫有工役并取实役人数调讫以闻诏》，第679页。

情况下，都水监丞司为何有开决水口这种举措的实施，以致"于农忙时致惊动劳扰并河居民"①，尽力避免大量民众因繁重的黄河河役"以夺其时而害其财"② 而大批流徙。对于距离黄河埽所路途较远的民夫，宋廷有时也会适当减轻其河役征发规模。如熙宁五年（1072）闰七月，宋廷即接受京东东路安抚司的提议而下令"自今调京东夫修河，其青、淄州边海道远，宜免十分之五"③。

2. 缩减兵夫征用规模的检计

针对黄河河役拟定的兵夫征用规模，宋廷时常通过遣官勘验等方式而加以缩减，这种做法在北宋时期黄河水灾防治活动的开展中也较为常见。如咸平三年（1000），宋廷原拟自大名府征集十五万丁夫用于黄河、汴河河堤的修治，最终在监察御史王济提出异议并奉命实地勘察后将征发丁夫缩减为十万人。④ 元祐四年（1089）十二月，都提举修河司在组织回河中原计划征用民夫278774 人，这一征用民夫的规模经都水监丞李君赆检计后被裁减为194098 人。在此基础上，宋廷最终"诏令修河司且开减水河，其差夫八万人，于数内减作四万人，充修河工役；于李君赆等裁定差夫内，共减作一十万人，令修河司通那分擘役使"⑤。此役最终实际征用的民夫，与提举修河司原来所拟定的征用规模相比已大为缩减。宋廷对黄河水灾防治中兵夫征用规模的检计，可实现对兵夫役用数量的大幅度缩减，从而对控制兵夫征用规模发挥有效作用。

宋廷通过对部分黄河治理方略的调整，也可降低民夫的征发规模。如熙宁五年（1072），大理寺丞、都水监主簿周良儒指出，相对于熙宁四年（1071）春季"创开訾家店地，役夫兵四万余，一月计一百二十余万工，才及三月，寻已浅淀"这种大量浪费人力、物料的做法，不如采纳应舜臣的奏请，"复用旧口，役工才万余，止计四日而水势顺快"。最终，周良儒在奉命实地

---

① 《长编》卷305，元丰三年六月丁巳，第7431 页。
② 《宋大诏令集》卷183《令官吏条析宽减差役利害诏》，第662 页。
③ 《长编》卷236，熙宁五年闰七月壬子，第5729 页。
④ 《长编》卷46，咸平三年三月戊寅，第997 页。
⑤ 《长编》卷436，元祐四年十二月甲寅，第10502 页。

勘察后奏称，"以今春河口可役夫二千八百五十一人，一月计一十万五十余工，比之（熙宁）四年所役工十减八九，其粮食物料不在数"①，从而令都水监接受了他此前的建议。这种治河策略的调整，对黄河兵夫征发规模的缩减也颇为显著。

二、 黄河水灾防治中的物料检计

为保障黄河河役的顺利开展、所需大量物料的充足供应，宋廷时常遣官对物料准备、使用、保管等情况加以监督和检查，以避免河役开展中物料的短缺。宋廷物料检计活动的长期开展，可在一定程度上防范地方官吏挪用物料、贪污舞弊等情形的出现，从而有利于保障黄河水灾防治的正常运行。

（一） 对物料准备的检计

物料准备是否充足是决定黄河河役能否正常开展的重要前提。在黄河河役开展前，宋廷常派遣官员对物料的储备情况加以检视。如天圣元年（1023）五月，宋廷即命参知政事鲁宗道按视滑州堵塞黄河的功料。② 天圣二年（1024）八月，宋廷为开展滑州、卫州黄河的修塞，也提前派遣李垂、张君平"同往滑、卫州相度水势，及具合役功料数，画图以闻"③，以为河役的如期开展做准备。景祐三年（1036）三月，度支副使郭劝、四方馆使夏元亨也奉命赶赴澶州与当地官员一起"同点检修横陇埽所储钱粮刍稿"④。而在黄河物料尚未准备充分的情况下，宋廷则会推迟河役的开展。如天禧四年（1020）八月，黄河在滑州再次决口。针对堵塞决口需要大量物料这一情况，知制诰吕夷简建议"未议修塞，俟一二年间渐收梢芟，然后兴功……望议定未修河，

---

① 《长编》卷233，熙宁五年五月壬辰，第5655—5656页。
② 《长编》卷100，天圣元年五月甲戌，第2322页。
③ 《宋会要》方域14之11，第7551页。
④ 《长编》卷118，景祐三年三月丙午，第2779页。

特诏谕州县，仍令滑州规度所须梢芟，以军人采伐，或于近州秋税折科"①。
鉴于大批物料确实难以迅速筹集，宋廷最终接受了吕夷简的提议。

　　宋廷对部分黄河关键河段的日常物料检视尤为重视，有时会多次、反复
开展物料的核查。如庆历八年（1048）七月，宋廷即派遣翰林学士朱祁、入
内都知张永和赶赴商胡埽开展物料的检查，"往商胡埽视决河及覆计工料"②。
元丰元年（1078）闰正月，宋廷也命权同判都水监刘璯"覆检计曹村决口功
料以闻"③。政和六年（1116）七月，宋廷明令都水监要确实履行监督职责，
做好广武、雄武等重要河埽的物料储备，"勘会广武、雄武诸埽，复〔腹〕背
清汴，虽已降指挥，都水监广贮功料，即今大河向着，下瞰都城，可令都水
监常切遵守元丰旧制，于逐埽广贮工料，过作枝梧，不得少有疏虞，官吏当
行军法"④。类似的黄河物料检视活动在北宋时期时有开展，其目的就在于保
障黄河物料足额储备的落实。

　　除频繁派遣官员实施对黄河物料的检计外，宋廷还结合物料检计中暴露
出来的问题逐步改进检计举措。如熙宁六年（1073）六月，针对以往黄河物
料检计中"但据官吏所见，增卑培薄，初无定式"的弊端，知大名府韩绛即
建议"望委都水监，自今并以水面为准，高下须一等，其向着处即堤外增贴，
以绝津漏之患，仍先委外都水监丞司与当职官吏躬诣河埽议立法"⑤。这一建
议无疑更侧重对提高物料检计实效的关注，也获得了宋廷的批准而被实施。
元丰元年（1078）六月，宋廷要求"都水监应河埽物料，于合应副路转运及
开封府界提点司，取三年中一中数为额，委逐司管认应副钱物，关本监计
置"⑥。元符二年（1099）十月，在宋廷已将黄河北流的物料筹措等事务指定

①　《宋会要》方域 14 之 9，第 7550 页。
②　《长编》卷 164，庆历八年七月甲子，第 3958 页。
③　《长编》卷 287，元丰元年闰正月庚辰，第 7025 页。
④　《宋会要》方域 15 之 27，第 7573 页。
⑤　《长编》卷 245，熙宁六年六月戊子，第 5969 页。
⑥　《长编》卷 290，元丰元年六月己未，第 7089 页。

转运司负责的形势下，工部建议派遣权都水丞韩辑前往原东流各埽检计物料，"仔细点检自降朝旨河事付转运司日后，见在物料、钱物数目，及北流埽分，逐一相度水势，次第立定向着、退背二埽，每等埽合用物料、人兵额数，然后定差都大若干，用来年例钱、物料、兵夫充数，足与不足，逐一分明立定开说，保明奏闻等"①。随即，宋廷也迅速批准了这一建议。

（二）对物料使用的检计

1. 对物料浪费的检计

宋廷对黄河物料的使用较为谨慎，由此也对黄河物料使用的合理性、规模有着诸多的检计，以避免物料浪费现象的发生。对于黄河河役的兴作，宋廷通常会对其可行性加以核实后再决定物料的使用。如元丰六年（1083）九月，户部侍郎蹇周辅等人多次奏请"乞不闭御河徐曲口，以通漕运，及令商旅舟船至缘边，蒙差河北东路提举官杨景芬，兼转运司委官相继案视，得量留口地，节限水势"。为此，宋廷随即派遣都水监丞陈祐甫负责工役的实施。结果，陈祐甫在组织施工中"计惜工料，不即开拨徐曲口"②。在这种情形下，蹇周辅建议改派非都水监官员开展实地勘察。最终，宋廷责令河北东路安抚司、提点刑狱司与恩州官员联合勘验以确定是否兴役。这一过程，实际上即涉及对物料使用合理性的检计。对于一些重大河役的物料使用，宋廷更是颇为谨慎，往往在多次遣官核实后再确定是否开展河役。如针对天圣年间的黄河决口天台埽这一形势，宋廷对物料的使用就多有检计，"凡两次遣近臣躬亲相度，又预积物料者数年，方始兴役，其慎重如此"③。元祐七年（1092）二月，京西路转运司曾奏请"河阳南北岸年例修河桩木石，并是支本司见钱，召人户中卖，候科降春夫，依旧于南北路科出免夫钱拨还"。对于这一请求，

---

① 《长编》卷517，元符二年十月丁巳，第12302页。
② 《长编》卷339，元丰六年九月丁巳，第8168页。
③ 《长编》卷415，元祐三年十月戊戌，第10087页。

工部在核实后则明确指出，"河阳本造石堰以代木岸，即无二堰并设之理，若令作石堰，即当回改木岸，工费充用"①。结果，宋廷听取了工部的意见而否决了京西路转运司的提议，从而避免了物料的浪费。元丰五年（1082）正月，宋廷也曾责令判都水监李立之对因小吴埽决口所立堤防加以检查，"并都大巡河使臣棐名，无致虚设官司，横费兵夫物料"②。

2. 对物料减省的检计

为防范官员追求恩赏而肆意减省或浪费物料，宋廷也有着相应的监管举措。如大中祥符八年（1015）三月，宋廷命滑州都监、监押二员"每月更巡河上，提辖六埽修河物料"③，这也有着监管物料使用的意图。天禧五年（1021）五月，宋廷要求以后沿黄河州军的长吏或通判、河堤官吏、都大巡河、本地分使臣等官员，每年要亲自对修治黄河河堤的功料进行检查，"如是堤岸怯弱，河道埋塞，合行开浚修筑，即连书以闻，不得复有减省功料以为劳绩，希求恩赏，违者真深罪"④。对于以往黄河水灾救护中的物料使用情况，宋廷有时也会遣官加以勘验。如宣和五年（1123）八月，针对都水监丞贾镇"欲乞京西漕臣应副梢草一百万束"这一情形，宋廷即派遣水部郎中龚端前往京西路加以勘察，要求查明自宣和三年（1121）以来"纳到梢草钱，见在若干，已买梢草若干，见在梢草若干，其钱有无移用。所有贾镇奏上不实，令大理寺取勘，具案闻奏"⑤，并随后对此前检验物料不实的官员给予惩处。

（三）对物料保管的检计

黄河物料的大规模、长期保管，对黄河防治活动的正常开展尤为关键。为此，宋廷也通过多种举措来防范物料因保管不善而腐烂、地方官吏贪污盗

---

① 《长编》卷470，元祐七年二月丁丑，第11228页。
② 《长编》卷322，元丰五年正月己丑，第7759页。
③ 《宋会要》方域14之7，第7549页。
④ 《宋会要》方域14之10，第7550页。
⑤ 《宋会要》方域15之31，第7575页。

卖等现象的发生，并制定诸多有关物料保管的要求与规定、惩治官员的失职，借以加强对黄河物料的检计。

1. 对物料焚毁、腐烂的检计

如何有效避免、减轻物料的焚毁、腐烂，这是宋廷保管黄河物料的一个重要方面。诸多黄河埽所的物料储备往往规模庞大，稍有不慎极易发生火灾而引发物料的严重损毁。自北宋初期开始，宋廷即注意对黄河埽所存储物料防火、防水情况的检视，并对相关失职官员有着较为严厉的惩处。端拱二年（989）五月，滑州房村埽因失火而焚烧竹木梢芟多达一百七十余万，宋廷为此即严令"转运使督沿河州县官吏，常令分行部内埽岸积聚之物，有检视不谨、为水所败者，坐其罪"①。皇祐三年（1051）十月，针对澶州横陇水口西岸物料场失火、焚毁薪刍一百九十余万一事，宋廷也责令转运司追查主管官吏的罪责。② 张方平曾依据对滑州天台、迎阳等四埽物料保管情况的了解，奏请"乞自今后应沿黄河州军有退背埽分积压下物料，以至损烂不堪，交割虚附帐籍者，并令所属州军保明，申转运司于别州差官点检，或无侵欺，并与逐旋除放，责免积欠系帐，枉枷锁平人，破荡民业"③。对人为纵火的防范，也是宋廷加强黄河物料火灾防护中的一个重要组成部分。如元丰元年（1078）十月，针对澶州灵平埽夜间起火这一事件，宋廷就命权同判都水监杨汲负责缉查，"相视堤防，有合修处，即具工料及火发次第以闻。其放火贼令河北转运司立赏钱五百千，募人告捕"④。

同时，宋廷也要求官员在黄河物料的保管中尽力避免物料的大量腐烂。官员管理黄河物料措施的缺失，极易导致"退背之地，任其朽败。至于向着之处，居常缺乏，危急之际，无所救护，坐待溃决"⑤ 局面的出现。对此，宋

---

① 《宋会要》方域14之3，第7547页。
② 《长编》卷119，皇祐三年十月丁未，第2809页。
③ 《张方平集》卷25《乞免枷锢退背埽分物事人》，第390页。
④ 《长编》卷294，元丰元年十一月乙未，第7173页。
⑤ 《河防通议》卷上《河议第一·堤埽利病》，第2页。

廷也有着相应举措的实施。如天圣二年（1024）八月，某些官员即建议，"滑州修河物料，地理阔远，欲令本州相度添差巡检，于高阜处积垒苫益〔盖〕"，以避免物料的腐烂。仁宗对这一建议颇为赞同，认为"草数重逾千万，此皆出于民力，不可枉致损烂，如此约束甚便"①。景祐元年（1034）十月，宋廷也曾采纳三门白波发运使文洎的建议，下令对黄河物料"令转运、发运使依例点检，相度埽岸急慢、物料多少，逐旋移那，则经久别无朽损。又不敢过外约度"②。而为了避免大批物料长期保存中腐烂现象的发生，宋廷也会借助于黄河河役的开展消耗部分物料。如针对滑州黄河决口在堵塞中途"以岁饥罢役"这一情形，知滑州寇瑊即指出，"病民者特楗刍耳，幸调率已集，若积之经年，则朽腐为弃物，后复兴工敛之，是重困也"③，从而推动仁宗下令重开河役。

2. 对官员贪蠹物料的检计

官员贪蠹物料的现象，在北宋时期黄河水灾防治活动的长期开展中也是较为普遍，"河埽使臣、壕寨自来欺弊作过，偷谩官司物料习以成风"④。元祐三年（1088）九月，翰林学士兼侍读苏轼曾指出，自孙村至入海口"旧管堤埽四十五所，役兵万五千人，勾当使臣五十员，岁支物料五百余万。自小吴之决，故道诸埽皆废不治，堤上榆柳，并根掘取，残零物料，变卖无余"⑤。可见，黄河官员多利用变卖的方式实现对物料的贪蠹。而针对这一现象，宋廷也不断采取相关措施加以防范。如开宝三年（970）正月，宋廷即下令"河防官吏毋得掊敛丁夫缗钱，广调材植以给私用，违者弃市"⑥，可见对官员贪蠹黄河物料的惩罚还是相当严厉的。至道三年（997）正月，宋廷派遣内臣前

---

① 《宋会要》方域 14 之 11，第 7551 页。
② 《宋会要》方域 14 之 15，第 7553 页。
③ 《宋史》卷 301《寇瑊传》，第 9989—9990 页。
④ 《长编》卷 454，元祐六年正月甲申，第 10887 页。
⑤ 《长编》卷 414，元祐三年九月戊申，第 10056 页。
⑥ 《长编》卷 11，开宝三年正月辛酉，第 241 页。

往澶州沿河埽所检查竹索的储备，"以官费甚多，吏或侵扰为奸，故令阅数裁减之"①。嘉祐元年（1056）十一月，宋廷以"坐取河材为器，盗所监临"②的罪名而对张怀恩、李仲昌加以惩治。元祐六年（1091）正月，侍御史孙升弹劾都水使者吴安持在监督黄河河役中对属下官员监管不力，其中一个重要罪责即是"壕寨杨赟等偷盗官桩橛一百数十条，本场占护贼人，不肯发遣"③。不仅如此，宋廷还奖励对官员贪蠹物料的告发，"许人告，赏钱一千贯，以犯人家财充。当职官辄受请求者与同罪"④。

北宋都水监体系的确立及其逐步完善，对黄河水灾防治无疑发挥了积极而重要的作用。都水监及其下属外都水监等机构的共同统筹，使诸多治河举措的实施、各方力量的协调与调度在黄河水灾防治中得以实现。但与此同时，缘于宋廷分化事权原则的影响，都水监体系内部机构臃肿、效率低下等弊端日益严重，都水监与地方转运司等部门间的事权纷争长期存在，这些因素都极大影响到北宋时期黄河水灾防治的成效。北宋时期都水监体系的建立和发展，既对黄河水灾防治的运行具有积极意义，同时又因官僚体制等因素的羁绊而致使其作用的发挥大受影响。伴随着北宋时期黄河水灾防治的长期开展，宋廷对兵夫、物料的检计也不断实施。诸多的相关检计举措几乎涵盖黄河兵夫、物料的方方面面，这在客观上也为黄河河役的及时开展、防范黄河水灾危害的加剧提供了较为有力的保障。同时，兵夫征集与管理中的官员徇私舞弊、兵夫逃亡乃至公然聚众反抗、官员偷盗物料等顽疾却始终无法从根本上加以遏制，这也值得后世深刻反思。

---

① 《宋会要》方域14之4，第7547页。
② 《长编》卷184，嘉祐元年十一月甲辰，第4457页。
③ 《长编》卷454，元祐六年正月甲申，第10887页。
④ 《宋会要》方域15之28，第7573页。

第五章 北宋黄河水灾防治技术、经验的继承与创新

北宋时期的黄河水灾防治，也不乏对于前代技术、经验的继承和创新，这对水灾防治活动的有效开展多有裨益。但在北宋社会对技术创新重视程度相对不足的客观环境下，相关史籍对黄河防治技术、经验的记载较为分散、有限。本章借助于史籍中相对零散的记载，试图对北宋黄河水灾防治中治河技术、经验的继承和创新做一简要钩沉。

第一节 植树护堤等传统手段的运用

一、 黄河植树护堤的立法与实践

宋人对林木保持水土的功效已有了较为深刻的认识，意识到"昔日巨木高森，沿溪平地，竹木亦皆茂密。虽遇暴水湍急，沙土为木根盘固，流下不多，所淤亦少……斧斤相寻，靡山不童。而平地竹木，亦为之一空。大水之归，既无林木少抑奔湍之势，又无根缆以固沙土之留，致使浮沙随流而下，淤塞溪流"①。这

---

① 魏岘：《四明它山水利备览》卷上《淘沙》，浙江省地方志编纂委员会编《宋元浙江方志集成》本，杭州出版社 2009 年版，第 4860 页。

种水土保持意识，在北宋时期黄河河堤植树活动的开展中多有体现。宋廷也频繁制定、颁行相关法律，以此来推动治河官员督促兵民积极开展黄河河堤植树活动，并时常对树木栽植情况加以检查。

早在建隆三年（962）九月，宋廷即责令在黄河、汴河两岸"每岁委所在长吏课民多栽榆柳，以防河决"①，同年十月又"诏沿黄、汴河州县长吏，每岁首令地分兵种榆柳以壮堤防"②。可见，植树固护黄河大堤的做法，在宋初就以法令的形式被确立下来。此后，有关黄河大堤植树的立法进一步完善。如开宝五年（972）正月，宋廷在诏令中即规定，"自今应沿河州县除旧例种艺桑麻外，委长吏课民别种榆柳及所宜之木，仍按户籍高卑，定为五等。第一等岁种五十本，第二等四十本，余三等依此第而减之。民欲广种树者亦自任，其孤寡癃病者，不在此例"③，这就对黄河沿岸民众的植树任务制定了更为明确的标准。对此，《山东通志》也记载称，"开宝五年，诏缘河州县课民树榆柳，以为河防"④。宋廷对黄河河堤植树的这种立法，既对唐朝制度多有承袭，又在相关规定方面更为严密、明确，从而有着较大的创新和提高。

北宋时期的这种植树护堤意识、立法，在黄河水灾防护举措的实施中也有着鲜明的体现。具体到黄河水灾防治的实际开展中，北宋官员也多有着黄河植树护堤活动的开展。如天禧元年（1017）三月，为鼓励黄河沿岸的官员、使臣积极开展植树活动，张君平提议将官员植树成效的优劣纳入考核范畴中，"沿河县令佐、使臣能植榆柳至万株者，书历为课"⑤，以激励黄河沿岸官员积极开展植树活动。天圣七年（1029）六月，宋廷采纳京东路转运司的提议，对知莱州、虞部郎中阎贻庆等人主持的开修夹黄河工程也规定了植树任务，"欲令缘广济河并夹黄河县分，令佐常切巡护，逐年检计工料，圆融夫力，淘出泥土，修贴堤

---

① 《长编》卷3，建隆三年九月丙子，第72页。
② 《宋会要》方域14之1，第7546页。
③ 《宋大诏令集》卷182《沿河州县课民种榆柳及所宜之木诏》，第658—659页。
④ 岳濬：《山东通志》卷18《宋代治河》，台湾商务印书馆1986年影印文渊阁《四库全书》本。
⑤ 《长编》卷92，天禧二年九月甲申条记事，第2127页。

身，于牵路外栽种榆柳。如河堤别无决溢，林木清〔青〕活，具数供申，年终辇运司点检不虚，批上历子，理为劳绩。如公然慢易，致堤岸怯弱颓缺，栽种失时，亦乞勘逐科罚"①。景祐四年（1037）四月，郓城县令刘准致书石介，称为了躲避黄河水患而将县城百姓迁至新址，并采取了一系列相应举措：

> 雨逾月不止，水如故城。谋再迁之，则重劳吾民。且巨野在天下为大泽之一，周视邑内无高燥旁可居万家之处，虽再迁之，水亦随去。与其劳民而再迁，迁不远水，不若惜是民力，择久安之计……于是环城筑长堤千九百步，高二十尺，厚九尺，足以捍城矣，足以御水矣……因即堤上下、城里外，树杨万有三百栽。曰：他日堤之薪刍是共，可以缓民之忧矣。②

由此可见，刘准将修筑堤岸防御水灾与植树护堤有效结合在一起加以利用，在防护新县城中发挥了关键作用。而王嗣宗在担任澶州通判期间，也曾大力开展黄河堤岸的植树活动，"并河东西，植树万株，以固堤防"③，可见其植树成效相当显著。元丰元年（1078）九月，宋廷也曾命都水监"相度沿河榆柳，令地分使臣兼管剥机，及委都大官提举，具利害以闻"④。实际上，这种做法早在熙宁四年（1071）就已开始，当时程昉曾"立法差官主剥机"。到元丰元年（1078）十月，宋廷因"都水监言事已就绪"而罢左藏库副使霍舜举、西京左藏库副使王鉴提举剥机黄、汴等河榆柳，同时下令改为"止令逐地分使臣兼管，及委都大官提举"⑤。元祐七年（1092）二月，宋廷又命都水监在黄河稍慢地分内减罢都大提举官两名、改差都大使臣两名，"令通容提辖管勾南北两丞地分栽种穿杌榆柳，其不系栽种穿杌月分，仍兼提举照检两丞埽岸、收买物料及沿河勾当"⑥。

---

① 《宋会要》方域13之21，第7540页。
② 《徂徕石先生文集》卷19《郓城县新堤记》，第233页。
③ 《宋史》卷287《王嗣宗传》，第9647页。
④ 《长编》卷292，元丰元年九月丁丑，第7131页。
⑤ 《长编》卷293，元丰元年十月戊辰，第7157页。
⑥ 《长编》卷470，元祐七年二月丁丑，第11228页。

在对黄河支流的水灾防治中，宋廷也多有植树活动的开展。如针对并州境内"每汾水涨，州人忧溺"的情形，陈尧佐在天圣年间担任并州知州时就曾率领民众加固堤防，同时"植柳数万本，作柳溪亭，民赖其利"①。而在熙宁九年（1076）七月，针对汾河"夏秋霖雨，水势涨溢，与黄河无异。近淤淀，河道高起，泛涨为患"的状况，知太原府韩绛也建议除自本府差兵百人加以救护外，同时"及令堤上种植林木，以充梢桩"②，也得到了宋廷的同意。

二、 黄河堤木盗毁的严惩

为推动黄河河堤植树活动的较好开展，宋廷对人为盗毁河堤林木的行为会给予相当严厉的惩治，以此来防范黄河堤木的损毁。如咸平三年（1000）五月，宋廷即"申严盗伐河上榆柳之禁"③。此后，宋廷在景德二年（1005）十月又再次重申这一禁令。④ 而对于现实生活中的黄河堤木损毁现象，宋廷也有着相应的惩治。如为了遏制滑州黄河水灾防治中不断出现的士兵偷盗物料现象，宋廷在天圣四年（1026）就明确规定了相应的惩治办法，明令"赃钱不满千钱，从违制失定断，军人刺面，配西京开山指挥，千钱以上奏裁"⑤。与此相类似，知滑州李若谷在天圣七年（1029）七月也对士兵盗伐黄河堤木提出了惩罚建议：

> 河清军士盗伐提〔堤〕埽榆柳，准条凡盗及卖、知情者，赃不满千钱以违制失论，军士刺配西京开山军，诸色人决讫纵之；千钱以上系狱裁如持杖斗敌，以持杖窃盗论。臣所部州多此辈，盖堤埽重役，故图徒配。欲望自今河清军士盗不满千钱者，决讫仍旧充役；千钱以上及三犯者，决讫刺配广南远恶州牢城；诸色人准旧条施行。

最终，宋廷不仅接受了李若谷的提议，还明确要求"凡京东西、河北、淮南濒

① 《长编》卷103，天圣三年三月丙子，第2378页。
② 《宋会要》方域17之8，第7600页。
③ 《宋史》卷91《河渠志一·黄河上》，第2260页。
④ 《长编》卷61景德二年十月己卯，第1369页。
⑤ 《宋会要》方域14之13，第7552页。

河之所，悉如滑州例"①，从而将这种做法推广到其他区域。李若谷的建议与宋廷在天圣四年（1026）的规定颇为接近，同时又有了惩治细节的增加。而这种结果的出现，既表明宋廷对黄河水灾防治中士兵故意盗掘河堤林木"故图徒配"的防范、惩治力度进一步加强，也说明当时的士兵盗伐黄河堤木现象已较为严重。

熙宁八年（1075）正月，针对此前大名府在修筑城池中砍伐黄河堤木这种现象，宋廷明确下令"黄河向着堤岸榆柳，自今不许采伐"，并随即要求"虽水退背堤岸，亦禁采伐"②。但落实到现实中，这种规定实际上并不能被严格地加以贯彻。如该年十二月，都大提举疏浚黄河范子渊即曾奏请，"怀、卫州界沿堤林木甚多，欲选材创四百料船二百只，以给浚河之用"③，就获得了宋廷的批准，这自然会对黄河堤木造成极大破坏。元丰七年（1084）四月，针对河北路频繁奏报多有一二十人乃至二三百人盗取黄河大堤林木、梢芟等物的现象，中书省建议"欲令监司体量有无，如盗迹明白，即依累降指挥督捕。如续有盗河堤林木梢芟等，非凶恶群党，一面依此觉察收捕，月具人数捕获次第以闻"④，也获得了宋廷的批准。

第二节　河埽的创置与功效

在中国古代黄河水灾防治史上，黄河河埽的真正成型和大规模运用肇始于北宋时期。北宋黄河河埽作为一项重大的技术革新，在黄河水灾防治中所发挥的作用颇为关键。在黄河发展史上，北宋时期黄河河埽的出现具有划时代的深远意义。

一、河埽的创置和推广

北宋时期的黄河河埽，是伴随着黄河水灾防治活动的不断开展而逐渐出

---

①　《宋会要》刑法 4 之 16，第 6629 页。

②　《长编》卷 259，熙宁八年正月丙辰，第 6323 页。

③　《长编》卷 271，熙宁八年十二月辛丑，第 6642 页。

④　《长编》卷 345，元丰七年四月戊子，第 8278 页。

现的。关于黄河河埽在北宋时期的最早产生时间，由于现存史籍记载的不足已无从得知。沙克什在《河防通议》中称，"埽之制非古也，盖近世人创之耳"①，也是较为笼统地指出黄河河埽产生于宋代。现存史籍中有关北宋时期黄河河埽的最早明确记载，可能是出现于咸平三年（1000）的郓州王陵埽。②此后，在北宋时期黄河水灾防治活动的发展中，河埽的应用规模、范围逐步扩大。北宋时期黄河河埽的整体规模和分布范围，可借助于《长编》《宋史》《宋会要》等史籍的相关记载得以呈现：

表 5-1：北宋黄河河埽统计简表

序号	河埽名称	史籍中最早出现时间/时期	备注	史料出处	河埽数量（单位：个）
1	王陵埽	咸平三年（1000）五月	郓州界	《长编》卷47，咸平三年五月甲辰，第1018页	1
2	横陇埽	景德元年（1004）九月	澶州界	《长编》卷57，景德元年九月庚戌，第1259页	1
3	王八埽	景德四年（1007）七月	澶州界	《长编》卷66，景德四年七月庚辰，第1475页	1
4	大吴埽	大中祥符七年（1014）八月	澶州界	《长编》卷83，大中祥符七年八月甲戌，第1892页	1
5	阳武埽	天禧四年（1020）二月辛卯	开封府界	《长编》卷95，天禧四年二月辛卯，第2181页	1
6	石堰埽	天禧四年（1020）二月辛卯	滑州界	《长编》卷95，天禧四年二月辛卯，第2181页	1

---

① 《河防通议》卷上《河议第一·卷埽》，第9页。
② 《长编》卷47，咸平三年五月甲辰，第1018页。

序号	河埽名称	史籍中最早出现时间/时期	备注	史料出处	河埽数量（单位：个）
7	孟州南北二埽		孟州界		2
8	凭管埽	真宗朝末年	滑州界		2
9	滑州州西埽				
10	七里曲埽		旧有七里曲埽，后废 滑州界		1
11	濮阳埽				
12	依仁埽				
13	大北埽	真宗朝末年	滑州界		5
14	冈孙埽				
15	陈固埽				
16	孙杜埽	真宗朝末年	大名府界		2
17	候村埽			《宋史》卷91《河渠志一·黄河上》，第2266页	
18	任村、东、西、北四埽	真宗朝末年	濮州界		4
19	博陵埽				
20	关山埽	真宗朝末年	郓州界		4
21	子路埽				
22	竹口埽				
23	采金山埽	真宗朝末年	齐州界		2
24	史家涡埽				
25	平河埽	真宗朝末年	滨州界		2
26	安定埽				
27	聂家埽				
28	梭堤埽	真宗朝末年	棣州界		4
29	锯牙埽				
30	阳成埽				

序号	河埽名称	史籍中最早出现时间/时期	备注	史料出处	河埽数量（单位：个）
31	天台埽	天圣五年（1027）十一月	名滑州新修埽曰天台埽，以其近天台山麓故也滑州界	《长编》卷105，天圣五年十一月丁酉，第2455页	1
32	鱼池埽	天圣五年（1027）十二月	滑州界	《长编》卷105，天圣五年十二月戊辰，第2457页	1
33	张秋埽	天圣六年（1028）四月	析郓州张秋埽为三百步埽，增巡护使臣一员。三百步，其地名也郓州界	《长编》卷106，天圣六年四月庚辰，第2471页	2
34	三百步埽				
35	王楚埽	天圣六年（1028）八月	澶州界	《长编》卷106，天圣六年八月乙亥，第2479页	1
36	嵬固埽	天圣七年（1029）十二月	嵬固下埽①大名府界	《长编》卷108，天圣七年十二月辛亥，第2529页	2
37	房村埽	康定元年（1040）八月	滑州界	《长编》卷128，康定元年八月癸巳，第3032页	1
38	商胡埽	庆历元年（1041）三月	澶州界	《长编》卷131，庆历元年三月庚戌，第3109页	1
39	大韩埽	庆历元年（1041）三月	澶州界	《长编》卷131，庆历元年三月庚戌，第3109页	1
40	明公埽	庆历元年（1041）三月	澶州界	《长编》卷131，庆历元年三月庚戌，第3109页	1

---

① 《长编》卷279，熙宁九年十二月癸未条注文，第6830页。

续表

序号	河埽名称	史籍中最早出现时间/时期	备注	史料出处	河埽数量（单位：个）
41	孙陈埽	庆历元年（1041）	孙村埽①、陈埽②孙、陈两埽③澶州界	《宋史》卷292《张观传》，第9765页	2
42	齐贾埽	皇祐三年（1051）三月	齐贾上埽④、齐贾下埽⑤卫州通利军界	《长编》卷170，皇祐三年三月甲戌，第4085页	2
43	龙门埽	至和二年（1055）九月	河中府界	《长编》卷181，至和二年九月丙子，第4372页	1
44	金堤埽	至和二年（1055）十二月	大名府界	《长编》卷181，至和二年十二月辛亥，第4388页	1
45	魏州第六埽	嘉祐五年（1060）七月	魏州六埽⑥魏州界	《长编》卷192，嘉祐五年七月乙卯，第4638页	6
46	迎阳埽	嘉祐六年（1061）八月	滑州白马县界	《长编》卷194，嘉祐六年八月癸亥，第4699页	1
47	房家埽	治平元年（1064）	冀州界	《宋史》卷91《河渠志一·黄河上》，第2274页	2
48	武邑埽				

① 《长编》卷306，元丰三年七月庚午，第7438页。另据《宋史》卷292《张观传》中所载"孙陈埽"（第9765页）、《宋史》卷331《张问传》中所载"孙、陈两埽"（第10662页）可知，"孙村埽"与"孙埽"应为同一埽所。

② 《长编》卷306，元丰三年七月庚午，第7438页。

③ 《宋史》卷331《张问传》，第10062页。

④ 《长编》卷329，元丰五年八月庚戌，第7913页。

⑤ 《长编》卷347，元丰七年七月己未，第8334页。

⑥ 《宋史》卷91《河渠志一·黄河上》，第2273页

续表

序号	河埽名称	史籍中最早出现时间/时期	备注	史料出处	河埽数量（单位：个）
49	枣强埽	熙宁元年（1068）六月	枣强上埽①冀州界	《宋史》卷91《河渠志一·黄河上》，第2274页	2
50	乐寿埽	熙宁元年（1068）七月	瀛州界	《宋史》卷91《河渠志一·黄河上》，第2274页	1
51	大名埽	熙宁四年（1071）七月辛卯	北京第六埽，②大名埽③大名府界	《长编》卷225，熙宁四年七月辛卯，第5475页	6
52	滑州埽	熙宁四年（1071）八月	滑州界	《长编》卷226，熙宁四年八月己卯，第5510页	1
53	王供埽	熙宁四年（1071）十月	新堤六埽④卫州界	《长编》卷227，熙宁四年十月庚辰条记事，第5535页	6
54	荆家埽	熙宁五年（1072）九月	恩州界	《长编》卷238，熙宁五年九月己酉，第5794页	3
55	鹊城埽				
56	铭家埽				
57	夏津县北岸第一、第二埽	熙宁五年（1072）九月	大名府界	《长编》卷238，熙宁五年九月己酉，第5794页	1
58	堂邑等退背七埽	熙宁七年（1074）六月	博州界	《宋史》卷92《河渠志二·黄河中》，第2284页	7
59	原武埽	熙宁八年（1075）六月	开封府界	《长编》卷265，熙宁八年六月壬子，第6497页	1

---

① 《宋史》卷93《河渠志三·黄河下》，第2313页。

② 《长编》卷272，熙宁九年正月己巳，第6659页。

③ 《长编》卷391，元祐元年十一月丙子，第9519页。

④ 王士俊：《河南通志》卷13《河防二》载，熙宁四年十月"河溢卫州王供，时新堤凡六埽，而决者三"，台湾商务印书馆1986年影印文渊阁《四库全书》本。

续表

序号	河埽名称	史籍中最早出现时间/时期	备注	史料出处	河埽数量（单位：个）
60	雄武埽	熙宁八年（1075）七月	孟州界	《长编》卷266，熙宁八年七月甲戌，第6526页	1
61	许村港埽	熙宁九年（1076）正月	大名府界	《长编》卷272，熙宁九年正月己巳，第6659页	1
62	鱼肋埽	熙宁九年（1076）正月	大名府界	《长编》卷272，熙宁九年正月己巳，第6659页	1
63	治水埽	熙宁九年（1076）正月	大名府界	《长编》卷272，熙宁九年正月己巳，第6659页	1
64	北京第六埽	熙宁九年（1076）正月	大名府界	《宋会要》方域14之25，第7558页	6
65	曹村下埽	熙宁十年（1077）七月	澶州界	《长编》卷283，熙宁十年七月乙丑，第6937页	2
66	汲县上下埽	熙宁十年（1077）七月	汲县埽①卫州界	《宋史》卷92《河渠志二·黄河中》，第2284页	2
67	荥泽埽	熙宁十年（1077）八月	郑州界	《长编》卷284，熙宁十年八月丙午，第6958页	1
68	张村埽	熙宁十年（1077）十二月	大名府界	《长编》卷286，熙宁十年十二月甲申，第6996页	1

---

① 《长编》卷330，元丰五年十月己未，第7951页。

续表

序号	河埽名称	史籍中最早出现时间/时期	备注	史料出处	河埽数量（单位：个）
69	灵平埽	元丰元年（1078）四月	诏改新闭曹村埽曰灵平 灵平下埽① 灵平上埽② 澶州界	《长编》卷289，元丰元年四月戊辰，第7071页	2
70	韩村埽③	元丰元年（1078）十月	滑州界	《长编》卷293，元丰元年十月壬子，第7151页	1
71	广武上下埽	元丰二年（1079）七月	《宋史》卷92载，宋廷在元丰二年七月"诏以广武上、下埽为名"④ 《宋史》卷94载，宋廷在元丰七年八月"诏罢营闭，纵其分流，止护广武三埽"⑤ 《宋史》卷354载，"绍圣末，都水使者议建广武四埽石岸"⑥ 孟州界	《长编》卷299，元丰二年七月戊子，第7275页	4

① 《长编》卷293，元丰元年十一月乙未，第7172页。
② 《长编》卷307，元丰三年八月壬子，第7468页。
③ 《长编》卷330元丰五年十月己未所载韩埽、房埽，应是韩村埽、房村埽（第7951页）。
④ 《宋史》卷92《河渠志二·黄河中》，第2285页。
⑤ 《宋史》卷94《河渠志四·汴河下》，第2329页。
⑥ 《宋史》卷354《谢文瓘传》，第11159页。

续表

序号	河埽名称	史籍中最早出现时间/时期	备注	史料出处	河埽数量（单位：个）
72	雄武上下埽	元丰三年（1080）七月	孟州界	《长编》卷306，元丰三年七月甲子，第7436页	2
73	小吴埽	元丰三年（1080）七月	澶州界	《长编》卷306，元丰三年七月庚午，第7438页	1
74	河阳北岸埽	元丰三年（1080）八月	河阳上埽① 河阳县第一埽② 孟州界	《长编》卷307，元丰三年八月壬子，第7468页	2
75	苏村埽	元丰三年（1080）八月	卫州界	《长编》卷307，元丰三年八月壬子，第7468页	1
76	盐山埽	元丰三年（1080）八月	沧州界	《长编》卷307，元丰三年八月壬子，第7468页	1
77	无棣埽	元丰三年（1080）八月	沧州界	《长编》卷307，元丰三年八月壬子，第7468页	1
78	安阳埽	元丰四年（1081）十二月	相州界	《长编》卷321，元丰四年十二月癸酉，第7747页	1
79	齐贾上埽	元丰五年（1082）八月	通利军界	《长编》卷329，元丰五年八月庚戌，第7913页	2
80	南皮上、下埽	元丰五年（1082）九月	沧州界	《宋史》卷92《河渠志二·黄河中》，第2287页	2

---

① 《宋史》卷330《杜常传》载，杜常在崇宁年间任知河阳军时，"大河决，直州西上埽"（第10635页）。据此可知，河阳当地应至少设有上、下两埽。

② 《宋史》卷93《河渠志三·黄河下》，第2315页。

续表

序号	河埽名称	史籍中最早出现时间/时期	备注	史料出处	河埽数量（单位：个）
81	阜城下埽	元丰五年（1082）九月	永静军界	《宋史》卷92《河渠志二·黄河中》，第2287页	2
82	获嘉埽	元丰五年（1082）十月	卫州界	《长编》卷330，元丰五年十月己未，第7951页	1
83	汲县埽		汲县上下埽①卫州界		2
84	上下卫镇埽		卫州界		2
85	宜村埽	元丰五年（1082）十月	开封府界	《长编》卷330，元丰五年十月己未，第7951页	1
86	韩房埽	元丰五年（1082）十月	滑州界	《长编》卷330，元丰五年十月己未，第7951页	1
87	清池埽	元丰六年（1083）四月	沧州界	《长编》卷334，元丰六年四月戊申，第8045页	1
88	元城埽	元丰七年（1084）七月	元城第二埽②大名府界	《长编》卷347，元丰七年七月甲辰，第8323页	1
89	内黄第三埽	元祐三年（1088）十一月	内黄三埽③内黄埽④内黄下埽⑤大名府界	《长编》卷416，元祐三年十一月甲辰，第10106页	3
90	南宫上下埽⑥	元祐三年（1088）十一月	南宫等五埽⑦冀州界	《长编》卷416，元祐三年十一月甲辰，第10110页	5

① 《宋史》卷92《河渠志二·黄河中》，第2284页。

② 《长编》卷474，元祐七年六月戊寅，第11315页。

③ 《长编》卷420，元祐三年闰十二月戊辰，第10180页。

④ 《宋史》卷92《河渠志二·黄河中》，第2287页。

⑤ 《宋史》卷93《河渠志三·黄河下》，第2307页。

⑥ 《长编》卷430载，"冀州南宫等五埽危急，诏拨提举修河司物料一百万应副"，元祐四年七月己巳（第10380页）。

⑦ 《长编》卷430，元祐四年七月己巳，第10380页。

序号	河埽名称	史籍中最早出现时间/时期	备注	史料出处	河埽数量（单位：个）
91	临河埽	元祐三年（1088）闰十二月	大名府界	《长编》卷420，元祐三年闰十二戊辰，第10180页	1
92	临平等埽	元祐三年（1088）闰十二月	大名府界	《长编》卷420，元祐三年闰十二戊辰，第10180页	2
93	宗城中埽	元祐四年（1089）正月	大名府界	《长编》卷421，元祐四年正月己亥，第10203页	3
94	洛口埽	元祐四年（1089）十一月	河阳府界	《长编》卷435，元祐四年十一月壬申，第10478页	1
95	巨鹿埽	绍圣元年（1094）正月	邢州界	《宋史》卷93《河渠志三·黄河下》，第2305页	1
96	将陵埽	绍圣元年（1094）十月	德州界	《长编》卷517，元符二年十月甲子条注文，第12312页	1
97	博州埽	元符二年（1099）二月	博州界	《长编》卷505，元符二年正月壬申，第12046页	1
98	苏村埽	元符二年（1099）	卫州界	《长编》卷519，元符二年十二月壬戌，第12352页	1
99	平恩四埽	元符三年（1100）三月	洺州界	《宋史》卷93《河渠志三·黄河下》，第2309页	4
100	德清军第一埽	元符年间	德清军界	《龙川略志》卷7《议修河决》，第292页	2
101	枣阳上埽	哲宗朝	冀州界	《京口耆旧传校证》卷6《张悫传》，第197页	2

序号	河埽名称	史籍中最早出现时间/时期	备注	史料出处	河埽数量（单位：个）
102	巨鹿下埽	大观二年（1108）八月	邢州界	《宋会要》食货68之50，第6278页	2
103	酸枣埽	政和二年（1112）三月	开封府界	《宋会要》方域15之25，第7572页	1
104	束鹿上埽	政和三年（1113）二月	深州界	《宋会要》方域15之25，第7572页	2
105	清河埽	宣和三年（1121）六月	清河第二埽①恩州界	《宋史》卷22《徽宗本纪四》，第408页	2
106	信都等埽	宣和三年（1121）八月	冀州界	《宋会要》方域15之30，第7574页	2
总计					171

　　对于表5-1的编制，我们需要做如下说明和解释：其一，本表仅对《长编》《宋史》《宋会要》等史籍中明确或较为明确标明名称的黄河河埽加以统计，其他河埽则不在统计范畴。同时，表中的黄河河埽基本是在上述文献中首次出现。依据这些统计原则，本表共涉及北宋时期的黄河河埽171个，其中真宗朝34个、仁宗朝24个、英宗朝2个、神宗朝74个、哲宗朝27个、徽宗朝10个。当然，这只是按照黄河河埽在上述文献中出现的时间而论，而这种出现的时间与河埽的实际产生时间并非完全一致。其二，对于这些黄河河埽，如依据"魏州六埽"的记载，魏州境内的黄河河埽则按6个加以统计。结合"阜城下埽"的记载，阜城辖区内的黄河河埽则按2个加以统计。针对"宗城

---

① 《宋会要》职官69之10，第3934页。

中埽"的记载，宗城境内的黄河河埽则按 3 个加以统计。其他黄河河埽的统计，也同样采取这种处理方式。需要说明的是，这样一种统计方式所得出的黄河河埽数量，其准确性难免会存在着一定的问题。其三，由于北宋黄河走势的变易不定，黄河河埽的修建也经常做出对应的调整，"水背向不常，则埽各从地而易"①。因此，北宋时期部分黄河河埽的设置，会伴随着黄河走势的变化而出现一些相应的变动。部分黄河河埽的设立与废除、合并与分离，也是客观存在的一种现象，这在表格的统计中也有着一定的体现。当然，因现存《长编》《宋史》《宋会要》等史籍内容的大量缺失，以及北宋时期黄河走势频繁变动、河埽的废立与分合不定，此表也仅能反映北宋黄河河埽设置的一种概况，并不能囊括所有黄河河埽的设置、变动情况。甚至，这种统计还会与北宋黄河河埽的实际设置、变动情况有着较大的出入。因此，表5–1只能算作一种相对静态的统计，从而无法客观、真实地展现北宋黄河河埽的动态变化，也无法对北宋黄河埽所的整体数量、规模给予准确揭示。尤其是在黄河北流、东流并存时期，黄河河埽的实际数量估计要远高于 171 个这一规模。表5–1的统计虽不尽准确、详尽，但仍能从中窥视出北宋时期黄河河埽设置的总体概况。而从黄河河埽的时段分布来看，北宋时期的黄河河埽有 74个集中在熙丰时期，占 171 个黄河河埽的43.27%。这一分布结果，也与这一时期北流、东流并存局面的出现大致相对应。可以肯定的是，北宋时期黄河河埽的整体建设规模无疑颇为显著，并且后期要明显多于前期，如依据元丰改制中所规定的"南、北外都水丞各一人，都提举官八人，监埽官百三十有五人，皆分职莅事"② 来看，当时即应有 135 个黄河河埽。如此大规模河埽的修建，无疑对黄河水灾防治活动的开展发挥着关键作用。其四，北宋时期黄河河埽的空间分布，具有突出的集中性。表5–1 中的 171 个黄河河埽，集中分布在黄河中下游地段，尤其黄河下游河埽的数量更多。其中，河埽比较集

---

① 《长编》卷100，天圣元年正月壬午，第2312页。
② 《宋史》卷165《职官志五·都水监》，第3922页。

中的地区主要包括大名府、卫州、滑州、澶州、冀州、孟州六地，其河埽数量依次为 32 个、17 个、16 个、14 个、12 个、11 个，分别占总数 171 个的 18.71%、9.94%、9.36%、8.17%、7.02%、6.43%。而六地的黄河河埽共计 102 个，占总数 171 个的 59.65%，可见这一比例是相当高的。北宋时期黄河河埽分布的这种特征，也基本与黄河水灾的空间分布特征相一致。

此外，为便于黄河治理活动的开展，宋廷也曾绘有一定数量的河埽地图。如天圣七年（1029）五月，仁宗在承明殿将中书省和枢密院高弁、高继密等人所上的《黄河诸埽图》向大臣们加以展示，并会同大臣们一起对此图展开讨论，最终决定"今〔令〕议所行，乞降付高弁等议定"①。《长编》中对此事的由来、结局更是有着比较详细的记载和说明，"先是，侍御史高弁、内侍杨怀敏往澶州视决河，议筑大韩埽。又遣内侍綦仲宣覆按之，（綦）仲宣言大河已安流，诸埽亦足恃。帝亦重兴役，壬申，以诸埽图示辅臣，罢大韩不复筑"②。可见，《黄河诸埽图》对宋廷制定重大的治河策略有着重要的参考价值。在中国古代黄河发展史上，天圣七年的《黄河诸埽图》极可能也是最早的、专门的黄河河埽地图，因而无疑具有重要的价值和地位。此后，北宋黄河治理中也应有类似河埽图的绘制，却因现存史籍的失载而无从得知其详细情形。同时，宋代以后黄河河埽图的发展和进步，在极大程度上应受到北宋时期《黄河诸埽图》一类地图的深远影响，这一点应该是没有什么疑问的。

二、 河埽制作技术的改进和治河功效

北宋时期的黄河河埽在产生后也较快地被加以利用和推广，并在具体称谓、制作和使用方式等方面逐渐完善。这种变化，在《长编》中部分保存的李清臣《史稿》内容里面即有着典型的反映：

> 岸泪则易摧，故聚刍稿薪条枚，实石而缠之，合以为埽。凡埽

---

① 《宋会要》方域 14 之 13，第 7552 页。
② 《长编》卷 108，天圣七年五月庚午条记事，第 2513—2514 页。

之法，若高十尺，长百尺，其算以径围各折半，因之得积尺七千五百，则用薪八百围（《史稿》作薪五百围。），刍稿二千四百围。所谓苇索、心索、底篓、搭篓、箍首索、签桩、磕橛、拐橛、拽后橛，其多寡称所用。若大小广袤不同，则随时损益之，而亦视此为率焉。故凡置埽，必仞水之深，度岸之高，或叠二，叠三四。一埽之长，居岸二十步，而岸长或数百步，或千余步，埽坏辄牵连而去；又置埽以补救之，其费动为缗钱数万。凡埽初下水曰"扑岸"，居上而捍水曰"争高"，阙地置之以备水曰"陷埽"。埽实垫为亡所患，浮湍则危。其卷埽之器，则有制脚木、制木、进木、拒马、短长木籰、大小石籰、云梯、引橛、推梯、卓斧、绵索。其鼓旗所以利工作，而为号令之节也。[①]

可见，北宋时期的黄河河埽已经有了比较统一的制作规制和要求，并依据黄河不同河段具体的水情变化而加以修补、调整，规模大小不一且制作器具颇为丰富。河埽制作方式、制作器具的产生，对黄河河埽的修建也是极有帮助。

对于北宋时期黄河水灾防治活动的频繁开展而言，黄河河埽的重要性也是不言而喻，"一埽所费不赀，如十八盘各有斗门以杀水势，一失枝梧，民被其害矣"[②]。譬如高超的合龙门法、王居卿的横埽法、陈尧佐的木龙法等河埽修筑技术，都是河埽在黄河水灾防治中发挥有效作用的典型体现。如《梦溪笔谈》中即对高超所创的合龙门技术有着较为详细的记载：

> 庆历中河决北都商胡，久之未塞，三司度支副使郭申锡亲往董作。凡塞决河垂合，中间一埽谓之"合龙门"，功全在此。是时屡塞不合。时合龙门埽长六十步，有水工高超者献议，以为埽身太长，人力不能压，埽不至水底，故河流不断而绳缆多绝。今当以六十步为三节，每节埽长二十步，中间以索连属之，先下第一节，待其至

---

① 《长编》卷100，天圣元年正月壬午，第2312页。

② 熊克：《中兴小纪》卷27，绍兴九年十一月癸酉，台湾文海出版社1968年版，第692页。

底方压第二、第三。旧工争之，以为不可，云："二十步埽不能断漏，徒用三节，所费当倍而决不塞。"（高）超谓之曰："第一埽水信未断，然势必杀半。压第二埽止用半力，水纵未断，不过小漏耳。第三节乃平地施工，足以尽人力。处置三节既定，即上两节自为浊泥所淤，不烦人功。"（郭）申锡主前议，不听（高）超说。是时贾魏公（按：贾昌朝）帅北门，独以（高）超之言为然，阴遣数千人于下流收漉流埽。既定而埽果流，而河决愈甚，（郭）申锡坐谪，卒用（高）超计，商胡方定。①

应该说，庆历年间高超所创的合龙门技术，成功运用了黄河决口堵塞中的分段推进、逐段将河埽压实、最后再并力合口的做法，结果也证明确实相当奏效。而王居卿所创的横埽法，不仅在紧急应对黄河决口中曾发挥过有效作用，也曾被宋廷作为黄河水灾救护中的一种范例予以推广。至于陈尧佐所创立的木龙技术，则是"以巨木骈齿浮水上，下杀其暴"②，从而更便于黄河决口的有效堵塞。

不仅如此，北宋黄河河埽的修建技术，对南方地区水灾救护的开展也发挥着一定的重要影响。如大中祥符五年（1012）正月，杭州官员奏请"浙江坏岸，渐逼州城，望遣使自京部埽匠、壕寨赴州葳役"③，最终采用"以埽岸易柱石之制"④ 的方法而平息了水患。在这一过程中，这些"埽匠"自然也将相关的筑埽技术传播到南方地区。在救治长江水灾的过程中，知峡州姚涣曾"因相地形筑子城、埽台，为木岸七十丈，缭以长堤，橖以薪石，厥后江涨不为害，民德之"⑤，这也涉及对黄河河埽技术的借鉴和利用。这些事例的

---

① 沈括著，金良年点校：《梦溪笔谈》卷11《官政一·高超巧合龙门》，上海书店出版社2003年版，第101页。
② 《欧阳文忠公文集》卷20《太子太师致仕赠司空兼侍中文惠陈公神道碑铭（并序）》。
③ 《长编》卷77，大中祥符五年正月癸酉，第1749页。
④ 周淙：《乾道临安志》卷3《牧守·戚纶》，浙江省地方志编纂委员会编《宋元浙江方志集成》本，杭州出版社2009年版，第51页。
⑤ 《宋史》卷333《姚涣传》，第10709页。

出现，说明黄河水灾防治中所广泛采用的河埽技术对南方地区的水灾防治发挥着重要影响。

总体来看，北宋黄河水灾防治中河埽的创置，既是对前代治河技术的继承，又标志着宋代黄河防治技术、经验的极大改进和提高。伴随着北宋黄河防治活动的不断开展，这种河埽在制作方法、技术方面逐步完善，在黄河水灾防治中的应用范围也日益扩大，对北宋乃至后世的黄河水灾防治都产生了重大影响。

第三节　土方测量、水尺等技术的运用

伴随着北宋时期水灾防治活动的长期、频繁开展，水利工程中的土方测量技术也日趋精确，这对于工程量的计算、人力征用规模的确定以及工期的预测，都有着重要作用和意义。同时，借助于水尺等工具的广泛运用，宋廷又可有效开展黄河水情的日常监测，从而可为水灾防治提供比较系统、准确的水文数据。

一、 土方测量技术的进步

北宋时期的黄河河役往往工程浩大、占用人力众多，这在客观上就需要比较准确地测算施工土方和确定征用人员的规模。在北宋时期黄河水灾防治活动的长期开展中，这种施工的土方测量技术在治河实践中多有体现和运用，并被不断改进和提高。如陈承昭在北宋初期奉命组织惠民河、五丈河的疏浚，即曾依据以往积累的治河经验，"以緺都量河势长短，计其广深，次量锸之阔狭，以锸累尺，以尺累丈，定一夫自早达暮，合运若干锸，计凿若干工，总其都数，合用若干夫，以目奏上"，结果在完工时"止衍九夫"[1]。显然，陈

---

① 范镇：《东斋记事》附录《辑遗》，中华书局1980年版，第51页。

承昭在此次施工中对施工土方以及夫役人数的计算，已经达到了相当精确的水平。而陈承昭也多次参与黄河水灾的防治活动，因而这种土方测量技术想必会被他在黄河救治中加以运用。即使是在一些地形较为复杂、地势差异较大的地段，宋人的土方测量技术也已达到了较高的水平，并能将这种测量结果运用到劳作量的估算中。如天圣元年（1023），宋廷曾明确规定，"凡度役事，负六十斤行六十里为一工；土方一尺重五十斤，取土二十步外者一工；二十五尺上接邪高，皆折计之"①，可见对劳作量的统计已有了一种操作性较强的计算方法。这种方法在黄河水灾防治活动中的运用，对核算人夫征发规模等方面也多有帮助。如至和二年（1055），欧阳修曾谈及，"又欲增一夫所开三尺之方，倍为六尺，且阔厚三尺而长六尺，是一倍之功，在于人力，已为劳苦。若云六尺之方，以开方法算之，乃八倍之功"②。伴随着北宋时期黄河水灾防治活动的开展，这种土方测量技术也不断改进、完善。如熙宁十年（1077）十一月，都水监曾奏称，"勘会黄河递年所役兵夫，自来土功别无成法，昨列到土法，今春试用，委得经久可（行）"③。由此可知，黄河河役中的土工计算又有了更为精确的计量方法，并作为一种制度被正式确立下来，从而在黄河防治中被进一步扩大应用范围。那么，这种比较精确的计量方法在以后黄河河役中的实际运用效果究竟如何呢？北宋时期部分大臣的言论，也许能够帮助我们获得更为深入的了解。如大观元年（1107），有关大臣曾经奏称，"河身当长三千四百四十步，面阔八十尺，底阔五丈，深七尺，计役十万七千余工，用人夫三千五百八十二，凡一月毕"④。据此可知，人们当时通过对土方测量技术的娴熟运用，从而对施工的总土方量、工程所需役用人夫的数量乃至工期，都已有了较为准确的计算。毫无疑问，这种土方测量技术

---

① 《长编》卷100，天圣元年正月壬午，第2312页。
② 《长编》卷181，至和二年九月丙子，第4373页。
③ 《宋会要》方域14之26，第7558页。
④ 《宋史》卷93《河渠志三·黄河下》，第2311页。

对每位役夫日均土方工作量的计算已是相当精确，对黄河河役的实际开展也
颇为有利。

二、 水尺等工具的广泛运用

北宋黄河水灾防治活动的开展、救护工程的修建，是以相关河段地形等
情况的勘测为前提的，这就涉及对水尺等水利测量工具的利用。水尺（也称
"水平""水则""水准"等）这一水位测量工具虽早在宋代之前即已出现，
但其真正的普遍、广泛使用却是在宋代，这在北宋时期的黄河治理中即有着
鲜明体现。如元祐初年，李常在奉命巡视黄河中即曾"自白马津夹河往复行
七千余里，几至河流入海处，升高下下，以水平视地，知孙村地高岸废，堤
防俱坏，无可还之理"①，这就涉及黄河地形勘验中对"以水平视地"此种勘
测手段的利用。而在元祐三年（1088）闰十二月，范百禄、赵君锡奉命一同
勘验黄河北流、东流的地形走势，在这一过程中也涉及对井筒的利用：

> 臣等勘会讲议所欲于孙村口回河，即取撅井筒检量得尚有大河
> 深水二丈五分取引不过，遂奏称难以回河。今臣等躬亲检视，检量
> 得修河司开下堤外第一处井筒一个，通水深共七尺，内除水深一尺
> 五寸外，有五尺五寸十一脉，却行打量得大河水最深处一丈五尺五
> 寸，河岸高八尺四寸，通高深二丈三尺九寸，打量比折得堤外地面
> 高，如河底一丈九尺九寸一分，尚有一丈四尺以上取引不过，即与
> 前来所验无异。而（王）孝先独出已见，更不再开井筒，较量地形
> 高下可与不可回河，执以为便。②

正是借助于井筒的帮助，范百禄、赵君锡二人得出"度地形，究利害，见东
流高仰，北流顺下，知河决不可回"③的结论。由以上这些记载可知，水平、

---

① 《长编》卷421，元祐四年正月己亥，第10199页。
② 《长编》卷420，元祐三年闰十二月戊辰，第10179页。
③ 《长编》卷420，元祐三年闰十二月戊辰，第10178页。

井筒等工具的利用对黄河水灾防治中的水位、地形测量发挥着重要作用。

为了有效配合黄河堤防、河埽的修筑和黄河水情的日常监测，宋廷在黄河的险要河段也多专门设有水尺等设施。通过水尺所获得的详尽监测结果，则可作为及时对黄河加以防护、采取相应举措的重要参考依据，如《长安志图》中就对北宋时期泾渠日常管理中的水尺利用多有记载，"凡水广尺深尺为一徽，以百二十徽为准，守者以度量水口，具尺寸申报，所司凭以布水"①。熙宁八年（1075），范子渊奏称曾"契勘当年二股河次下埽分，各有河水长落尺寸、月日"②，这也应该涉及水尺的使用。这种利用水尺长期开展的黄河水情监测，也逐渐形成了较为丰富的水情记录资料——水历，从而对北宋时期的黄河水灾防治发挥着重要作用。如熙宁十年（1077）五月，针对熊本与都水监主簿陈祐甫、河北转运使陈知俭共同按问诸埽、检验浚川杷的奏报，范子渊即指出："（熊）本等乃集临清、冠氏县十五人责状，及据埽上水历，即南岸以杷试验……讼（熊）本等以七月中北岸水历定五月中南岸河流涨落。"③ 通过范子渊的此番言论，我们也可以获知宋廷在黄河的许多河段有着较多水历的编订和使用，这也说明宋廷在黄河水情监测中的水历运用已逐渐规范化、制度化。宋廷对水尺的充分利用和对水历的系统编制，无疑为黄河水灾防治的开展提供了十分有力的决策支持和帮助。

总之，北宋时期黄河水灾防治活动的长期开展，既有对修筑堤岸、植树护堤等传统手段的继承，又有着创置河埽、土方测量和水尺利用等技术的创新和运用。尽管这些方面并不足以呈现北宋时期黄河水灾防治技术、经验的全部，但也可以从几个侧面展示其技术、经验的继承与进步。同时，这些技术、经验不仅对北宋时期黄河水灾防治的开展发挥了积极作用，诸如河埽修建等技术也对后世的黄河水灾防治有着重要而深远的意义和影响。

---

① 李好文：《长安志图》卷下《洪堰制度》，台湾商务印书馆 1986 年影印文渊阁《四库全书》本。
② 《长编》卷 282，熙宁十年五月庚午条记事，第 6913 页。
③ 《长编》卷 282，熙宁十年五月庚午，第 6911 页。

第六章　黄河水灾防治与北宋政治、军事

相对于黄河水灾的不断涌现、救治活动的长期开展，北宋水灾防治重大方略的制定、具体举措的实施也相当关键。北宋黄河水灾防治活动的运行又往往与政治、军事形势的演变紧密交织，从而使黄河水灾防治活动的复杂性明显增强，这也成为黄河发展史上的显著特征。本章立足于宋辽夏金时期特殊的历史环境，对黄河防治与北宋政治、军事发展的相互关联、影响进行一定的探讨。

第一节　黄河水灾防治与北宋政治

北宋时期黄河水灾的不断涌现与救护活动的长期开展，其影响波及社会的诸多方面。北宋大臣的政治、利益斗争在黄河水灾防治活动的开展中也多有体现，政治集团或个人往往以黄河水灾为媒介而针砭时政、攻击政敌乃至结党营私，这对黄河水灾防治活动的发展也有着重要影响。

一、黄河水灾防治与北宋时期的政治倾轧

（一）抨击政敌的媒介

北宋时期黄河水灾的出现，往往被部分大臣作为政治斗争、倾轧的一种

媒介而加以利用。借助于黄河河政的议论，众多大臣时常展开对他人的抨击、弹劾。早在太平兴国八年（983）十二月，右补阙、直史馆胡旦借进献《河平颂》的时机即对卢多逊、赵普等重臣多有抨击，声称"巨宋受命二十有五载，夏五月，河决于滑，示灾也……逆（卢多）逊远投，奸（赵）普屏外。圣道如堤，崇崇海内"。胡旦的举动令太宗等君臣大为震怒，最终以"取献颂阙廷，谤讟公辅，词意狂悖"的罪名被给予"守殿中丞，充商州团练副使，依分司官例支给半俸，仍不得签署州事"① 的处罚。此后，随着北宋黄河水灾防治的进一步发展，这种借助于黄河河政而排斥和打击甚至不惜肆意污蔑政敌的做法愈演愈烈。如真宗朝时，参知政事鲁宗道准备在盛夏时节开展对滑州黄河决口的堵塞。对此，知滑州孙冲极力反对，声称此举"徒费薪楗，困人力，虽塞必决"②，结果被改任为河阳知县。天圣元年（1023）八月，监察御史鞠咏奏称，"陛下新即位，河决未塞，霖雨害稼，宜思所以应灾变。臣愿陛下以援进忠良、退斥邪佞为国宝，以训劝兵农、丰积仓廪为天瑞"③，这在很大程度上也是缘于钱惟演结交丁谓、希图入相，从而借黄河水灾抨击钱惟演。

部分官员也利用黄河水灾防治中的意见分歧而诬告他人，以达到其政治目的。如嘉祐元年（1056）的开修六塔河河役失败后，刘敞即乘机对王安石进行攻击：

> 嘉祐初，李仲昌议开六塔河，王荆公时为馆职，颇祐之。既而功不成，（李）仲昌以赃败。刘敞侍读以书戏荆公，曰："要当如宗人夷甫（按：王衍字夷甫），不与世事可也。"荆公答曰："天下之事，所以易坏而难合者，正以诸贤无意如鄢宗夷甫也。但仁圣在上，故公家元海（按：刘渊字元海）未敢跋扈耳。"④

---

① 《宋太宗实录》卷27，太平兴国八年十二月丙午，第19—22页。
② 《宋史》卷299《孙冲传》，第9946页。
③ 《长编》卷101，天圣元年八月甲寅，第2331页。
④ 魏泰：《东轩笔录》卷10，中华书局1983年版，第118页。

从中不难看出，黄河河役的开展也成为刘敞、王安石等人相互指责、攻击的一种手段。嘉祐三年（1058）五月，盐铁副使郭申锡奉命检查黄河治理情况，与河北都转运使李参在治河策略上产生分歧。郭申锡乘机诬告李参结交朋党，奏称李参"谬吕公弼荐，迁谏议大夫为侥幸；又遣小吏高守忠赍河图属宰相文彦博"，而御史张伯玉也奏称李参等人"朋邪结托有状"。因此事牵涉宰相文彦博，宋廷专门责成天章阁待制卢士宗、右司谏吴中复共同进行核实，结果查明郭、张二人所奏均不属实。最终，张伯玉"以风闻免劾"，郭申锡则以"与（李）参相决河，议论之异，遂成私忿，章奏屡上，辨诉纷然，敢为诋欺，处之自若，以至兴狱，置对愈旬，参验所陈，一无实者"的罪名而被贬至滁州、"榜于朝堂"。① 通过这一事件可以看出，郭申锡对李参的诬告最终也将宰相、御史牵涉进来，从而将治河期间的分歧作为政治斗争的工具而加以利用。

随着熙丰年间黄河水灾不断、河役频兴以及政治斗争的加剧，黄河水灾救治所受到的政治干扰更为显著。如在熙宁二年（1069）的东流、北流争论中，司马光、张茂则共同奉命勘察恩州、冀州、深州、瀛州所筑生堤及六塔河、二股河，并在回奏中赞同宋昌言的回河东流主张，这与神宗、王安石、程昉等人当时的意见相一致。但在具体的操作环节上，司马光则极力坚持"缓进"：

> 请如宋昌言策，于二股之西置上约，擗水令东。俟东流渐深，北流淤浅，即塞北流，放出御河、胡芦河，下纾恩、冀、深、瀛以西之患……若今岁东流止添二分，则此去河势自东，近者二三年，远者四五年，候及八分以上，河流冲刷已阔，沧、德堤埽已固，自然北流日减，可以闭塞，两路俱无害矣。②

神宗、王安石、程昉等人则是坚持"急进"主张，希望尽快实现回河东流。

---

① 《长编》卷187，嘉祐三年五月乙酉，第4510—4511页。
② 《宋史》卷91《河渠志一·黄河上》，第2275—2276页。

熙宁二年（1069）七月，张巩的上奏也明确表达了这一立场：

> 上约累经泛涨，并下约各已无虞，东流势见顺快，宜塞北流，除恩冀深瀛、永静乾宁等州军水患。又使御河、葫〔胡〕芦河下流各还故道，则漕运无壅遏，邮传无滞留，塘泊无淤浅。复于边防大计，不失南北之限，岁减费不可胜数，亦使流移归复，实无穷之利。

> 且黄河所至，古今未尝无患，较利害轻重而取舍之可也。

司马光认为张巩的建议“或幸而可塞，则东流浅狭，堤防未全，必致决溢，是移恩、冀、深、瀛之患于沧、德等州也”，因而坚持“不若俟三二年，东流益深阔，堤防稍固，北流渐浅，薪刍有备，塞之便”，[①]“须及八分乃可，仍待其自然，不可施工”[②]。针对这种争论，王安石则奏称“（司马）光议事屡不合，今令视河，后必不从其议，是重使不安职也”[③]，最终的结果即是神宗、王安石等人力主闭断北流、回河东流。到元丰末年，伴随着王安石的罢相和神宗的动摇，宋廷在黄河再次决口大吴埽后决定“因导之北流”[④]。熙丰年间这种黄河水患治理策略的纷争，掺杂着诸多政治斗争的成分。围绕着黄河治理而出现的诸多矛盾，在一定程度上也是政治斗争中打击政敌的一种表现形式。尤其是在东流、北流纷争背景下，北宋黄河水患的治理更是与党争紧密关联，“主东流者是罪人，主北流者亦罪人”[⑤]。直至元符二年（1099）六月黄河决口内黄、东流断绝，北宋大臣借黄河名义所开展的政治斗争仍在进行，如左司谏王祖道当时即乘机弹劾吴安持、郑佑、李仲、李伟等人，奏请“投之远方，以明先帝北流之志”[⑥]，最终导致吴安持等人被贬。直至北宋末期，借助于黄河水灾而形成的政治倾轧现象一直普遍存在。

---

① 《宋史》卷91《河渠志一·黄河上》，第2277页。
② 《宋史》卷91《河渠志一·黄河上》，第2278页。
③ 《宋史》卷91《河渠志一·黄河上》，第2278页。
④ 《苏辙集·栾城后集》卷12《颍滨遗老传上》，第1022页。
⑤ 《长编拾补》卷11，绍圣元年十一月乙卯，第458页。
⑥ 《宋史》卷93《河渠志三·黄河下》，第2309页。

（二）官员贬黜的诱因

在北宋黄河水灾防治中，治河主张的分歧往往引发诸多官员的被贬或职务调换，这种结果的出现也是政治倾轧的一种表现形式。如皇祐元年（1049）正月，宋廷欲堵塞商胡埽决口而迫使黄河归复故道，而在这一计划的讨论中河北都转运使施昌言即因"与贾昌朝不合"① 而被改命为知兖州。至和元年（1054）六月，宋廷准备实施六塔河的堵塞，知澶州、建武节度使曹偕对此提出异议，极力坚持"河决殆天时，未易以人力争……不如徐观其势而利导之"②。曹偕的主张与执政大臣的意见显然不符，他也因此而被徙知青州。元祐三年（1088）正月，权发遣京东西路转运判官张景先被改命为河北路转运判官，起因即是"（张）景先议开孙村口减水河，与执政意合，故有是命"③。元祐年间，曾孝广被改命为保州通判，也主要由于"大臣议复河故道，召（曾）孝广问之，言不可"④。绍圣元年（1094）十月，宋廷在黄河决口小吴埽后欲回河东流，外都水使者谢卿材则认为"近岁河流稍行北，无可回之理"，并在参加政事堂会议期间"持论不屈，忤大臣意"⑤，结果谢卿材很快被宋廷改命为河东转运使。通过以上这些事例可以看出，北宋黄河水灾救治活动中诸多官员的被贬，经常是因与主政者治河主张的分歧而致。

基于政治上的对立、斗争，北宋官员也会围绕着黄河水灾防治举措的实施、官员的任命等环节大做文章，由此导致部分官员遭受贬黜。如元祐二年（1087），右司谏王觌在上奏中指出，"转运使范子奇反复求合，都水使者王孝先暗缪"⑥，建议宋廷改换他人。在元祐五年（1090）二月宋廷暂停回河东流

---

① 《长编》卷166，皇祐元年正月庚子，第3981页。
② 《长编》卷176，至和元年六月壬寅，第4263页。
③ 《宋会要》方域15之11，第7565页。
④ 《宋史》卷312《曾公亮传·曾孝广附传》，第10235页。
⑤ 《宋会要》方域15之19，第7569页。
⑥ 《宋史》卷92《河渠志二·黄河中》，第2289页。

的形势下，苏辙也乘机奏请"罢吴安持、李伟都水监差遣，正其欺罔之罪，使天下晓然知圣意所在。如此施行，不独河事就绪，天下臣庶，自此不敢以虚诞欺朝廷，弊事庶几渐去矣"①。同年九月，苏辙更是直言"（李）伟等皆妄言，苟欲自便耳。若不斥去，则邪说无穷，正论无由得伸，最河防之巨蠹也"②，企图以此来阻止回河东流再次兴起。王觌、苏辙等人的此类言论，均与当时复杂的政治斗争环境密切相关。在北宋时期黄河水灾防治活动的开展中，诸多官员的被贬也是政治斗争的一种结果，而黄河水灾则是其中的重要诱因之一。

（三）黄河防治中的河狱

伴随着黄河水患的频繁出现、救护活动的长期开展，宋廷时常会在一些大型河役失败后广泛追究相关官员的责任，由此造成诸多官员受惩、牵涉人员众多的河狱的出现。在北宋河狱的产生和发展中，各种政治力量间的相互斗争，也成为助推河狱复杂化的重要因素。北宋黄河水患救护中河狱的不断出现，直接导致诸多官员出于自保而甘于碌碌无为，这对黄河水患救护的开展所造成的严重危害是不言自明的。如嘉祐元年（1056）四月，在宰相文彦博、富弼等人的坚持下，宋廷否决了贾昌朝的建议而任命李仲昌主持六塔河的开修。在商胡北流被堵塞、黄河水转入六塔河后，六塔河因不足以容纳黄河水而在当晚决溢，导致人员伤亡、物料损失不计其数。贾昌朝利用这一结果大做文章，企图借此事来打击文彦博、富弼等人，"乃教内侍刘恢密奏六塔水死者数千〔十〕万人，穿土干禁忌，且河口冈与国姓御名有嫌，而大兴锸畚，非便"。针对刘恢的上奏，宋廷先是派遣三司盐铁判官沈立前往勘验、贬谪修河官员，随即又命御史吴中复、内侍邓守恭置狱于澶州。在核实"较景

---

① 《苏辙集·栾城集》卷42《乞罢修河司札子》，第746页。
② 《长编》卷448，元祐五年九月辛卯，第10777页。

德户籍，乃赵征村，实非御名。六塔河口亦无冈势"① 后，吴中复、邓守恭等人"劾（李）仲昌等违诏旨，不俟秋冬塞北流而擅进约，以致决溃"。结果，众多官员受到宋廷的严惩，即张怀恩、李仲昌分别被流放潭州、英州，蔡挺被勒停，施昌言、李璋以下则再次被贬谪。由此可见，贾昌朝借李仲昌等人在黄河防治中的失误而肆意引申、打击政敌，最终导致诸多官员在此次河狱中受贬，并对此后黄河防治活动的开展产生了重大影响，"由是议者久不复论河事"②。类似这种黄河河狱的形成，即是北宋大臣将水灾防治中的分歧作为抨击政敌的手段而加以利用的结果。贾昌朝为了达到打击政敌的目的，更是利用刘恢而肆意夸大其词。

宋廷曾责令熊本会同都水监主簿陈祐甫、河北转运使陈知俭一起"定夺卫州运河及疏浚黄河利害异同，理曲不实之人，劾罪以闻"，结果熊本等人在熙宁十年（1077）五月奏称借助于浚川杷所开展的疏浚黄河淤积活动并无实效。对此，范子渊迅速给予回击，指出"熊本、陈祐甫意谓王安石出，文彦博必将入相，附会其意，以浚川杷为不便。臣闻（熊）本奉使按事，乃诣（文）彦博纳拜，从（文）彦博饮食，（陈）祐甫、（陈）知俭皆预焉，及屏人私语。今所奏必不公。且观（文）彦博之意，非止言浚川杷而已。陛下一听其言，天下言新法不便者必蜂起，陛下所立之法大坏矣"。蔡确也抨击熊本勘察不谨、议论不公，建议宋廷另派他人前往勘察。针对这种情形，神宗改命侍御史知杂事蔡确与知谏院黄履"即御史台置狱推究"③。到该年七月，鉴于蔡确等人"所逮证左二百余人，狱久不决"④ 局面的出现，神宗又增派入内供奉官冯宗道前往监督蔡确等人究治河狱，结果"（冯）宗道日具实以闻，上意稍寤，治狱微缓。会荥泽河堤将溃，诏判都水监俞充往治之。（俞）充奏河

① 《长编》卷184，嘉祐元年十一月甲辰，第4457页。
② 《宋史》卷91《河渠志一·黄河上》，第2273页。
③ 《长编》卷282，熙宁十年五月庚午，第6911页。
④ 《长编》卷283，熙宁十年七月辛亥，第6931页。

欲决，赖用浚川杷疏导得完。（范）子渊因图状自明，上喜，于是治狱益急矣"①。可见，此次河情的勘察也融入了诸多政治斗争的因素，导致河狱的形成和大批相关官员遭受牵连。

二、 黄河水灾对北宋施政的影响

受传统天人意识的影响，宋人也往往将黄河水灾的发生视为上天对世人的一种惩戒。在这种社会意识的支配下，北宋君臣时常将黄河水灾与执政的失误相联系，并以水灾为契机来调整相关的施政举措。

在黄河水灾发生后，北宋皇帝往往以颁发罪己诏、减膳、诏求直言等方式作为对水灾的一种回应。如针对开宝五年（972）五月黄河先后自濮阳、阳武决口这种情形，太祖当时即称："朕方以霖雨，又闻河决，三两日来，宫中焚香祷天，若天灾流行，愿移于朕躬，幸勿殃兆民。"② 在太平兴国八年（983）九月阴雨不绝、滑州黄河决口尚未堵塞的情况下，太宗在与赵普等宰臣的交谈中也称，"修防决塞，盖不获已，而秋霖荐降，役民滋苦，岂朕寡德，致其作沴乎"③。嘉祐元年（1056）六月，鉴于当时降雨频繁、水灾不断，仁宗也明确下诏广开言路，"应中外臣僚，并许实封言时政缺失，凡当时之利害，制治之否臧，悉心以陈，无有所讳"④，希望能够借此来消弭灾变。治平二年（1065）八月，英宗也在诏书中宣称，"比年以来，水潦为沴……岂朕之不敏于德而不明于政欤"，同时命中外臣僚"并许上实封言时政缺失及当世之利病，可以佐元元者，悉心以陈，毋所忌讳"⑤。同样，北宋大臣也时常将黄河水灾的发生视为自身执政中的一种过失，有时会主动请求宋廷给予处罚。如熙宁四年（1071）八月，判大名府韩琦即将黄河决口大名归咎于自身执政

---

① 《长编》卷 284，熙宁十年九月壬申，第 6966 页。
② 《宋会要》方域 14 之 2，第 7546 页。
③ 《长编》卷 24，太平兴国八年九月癸丑，第 552 页。
④ 《宋大诏令集》卷 153《雨灾求直言诏》，第 570 页。
⑤ 《宋会要》瑞异 3 之 3，第 2105 页。

的失误，"悉由臣恬无远虑，昏不过忧，早图营缮之方"①，请求神宗对其给予严惩以谢灾民。最终，宋廷免除了对韩琦本人的处罚，但同时下令"其河防当职官吏，令河北提点刑狱司劾奏"②。

此外，北宋大臣也会乘黄河水灾的时机劝谕皇帝调整执政、用人政策，即将黄河水灾作为警戒皇帝的一种手段加以利用。如在天禧元年（1017）"会岁荐饥，河决滑州，大兴力役，饥殍相望"的情形下，刘烨即乘机建议"请策免宰相，以应天变"③。在天圣元年（1023）八月仁宗召集群臣到天安殿观赏灵芝的场合下，监察御史鞠咏则尖锐指出，"陛下新即位，河决未塞，霖雨害稼，宜思所以应灾变。臣愿陛下以援进忠良、退斥邪佞为国宝，以训劝兵农、丰积仓廪为天瑞。草木之怪，何足尚哉"④，告诫仁宗应注重对援引忠良、屏退奸佞等举措的推行，以此来消弭灾异。而针对天圣年间旱灾、蝗灾、黄河决溢等灾害的相继出现，谢绛在上奏中建议，"愿下诏引咎，损太官之膳，避路寝之朝，许士大夫斥讳上闻，讥切时病。罢不急之役，省无名之敛，勿崇私恩，更进直道，宣德流化，以休息天下"⑤，最终也被仁宗采纳。鉴于景祐元年（1034）十二月黄河水灾等灾害的出现，监察御史里行孙沔也乘机规劝仁宗要居安思危，"陛下不可谓时无兵革，乃号太平，政奉简书，便为端拱。窃恐祸生所忽，亡有其存，渐至陵夷，无时逸豫，有唐天宝，可谓覆车"⑥。庆历六年（1046）九月，户部员外郎兼侍御史知杂事梅挚也尖锐指出，"伊、洛暴涨，漂庐舍，海水入台州，杀人民，浙江溃防，黄河溢埽，所谓水不润下"⑦，借助于灾异来警戒仁宗。皇祐二年（1050）十一月，杨安国乘在

---

① 韩琦撰，李之亮、徐正英笺注：《安阳集编年笺注》卷31《北京河决待罪表》，巴蜀书社2000年版，第968页。

② 《长编》卷226，熙宁四年八月丙寅，第5505页。

③ 《宋史》卷262《刘温叟传·刘烨附传》，第9074页。

④ 《长编》卷101，天圣元年八月乙卯，第2331页。

⑤ 《宋史》卷295《谢绛传》，第9844页。

⑥ 《宋朝诸臣奏议》卷20《上仁宗乞每旦亲政振举纲目》，第193页。

⑦ 《长编》卷159，庆历六年九月庚寅，第3846页。

迩英阁讲授《易无妄卦》的时机而劝谏仁宗，"今河水圮决，历五十年，役天下兵民、耗天下财用未尝息，大河亦未尝复故道也……臣以为大河、犬戎自古为患，当如尧、舜务顺民心，顺时修德，其灾自息，亦勿药有喜也"①。面对大批流民涌入京师，知制诰刘敞在至和二年（1055）曾指出，"所以致此者，其源在水旱也。所以致水旱者，其本在阴阳不和也。所以致阴阳不和者，其端在人事不修也"②，将水旱灾害的发生归咎于执政失误。嘉祐六年（1061）九月，知江州吕海也将京师及各路内的雨灾、江河决溢视作上天的警告，并乘机劝诫仁宗"若尚不加警悟，殆非畏天保国之深虑"③。鉴于"水潦为灾，言事者云'咎在不能进贤'"，英宗也曾在治平三年（1066）采纳欧阳修等大臣的建议而"命宰执举馆职各五人"④。元祐二年（1087）四月，针对此前水旱灾害频现、大批灾民流徙乃至发生民变的客观形势，苏辙也建议朝廷广开言路，"臣以谓群臣识虑深浅不同，其心好恶亦异，故须兼听广览，然后能尽物情而得事实"⑤。有关黄河水灾防治举措的争论，也时常被大臣与宋廷的施政得失联系在一起。如元祐四年（1089）十一月，知颍昌府范纯仁抨击回河东流在一定程度上是王安石变法的遗留弊端，"小人之情，希功好进，行险生事，于圣明无事之朝，则必妄说利害，觊朝廷举事以求爵赏……自王安石轻信小人之言，劝先皇更改法令，而后乘间妄作者纷然矣"⑥，即由黄河河政的议论而延及对宋廷执政措施的指责。客观而言，黄河水灾的频繁出现对北宋部分执政举措的调整有着一定的推动作用，而将北宋黄河水灾与执政失误直接相连的做法则不免过于牵强。

总体来讲，北宋时期黄河水灾的频繁发生和救护举措的实施、失误，时

---

① 《长编》卷169，皇祐二年十一月丁酉，第4064页。
② 《公是集》卷32《上仁宗论水旱之本》，《宋集珍本丛刊》第九册，第598页。
③ 《长编》卷195，嘉祐六年九月丁丑，第4724页。
④ 《宋史》卷156《选举志二·举遗逸附》，第3647页。
⑤ 《苏辙集·栾城集》卷41《因旱乞许群臣面对言事札子》，第719页。
⑥ 《宋朝诸臣奏议》卷127《上哲宗论回河》，第1403页。

常与北宋政治斗争的发展紧密联系在一起，从而被人为赋予浓厚的政治色彩。这种特征的形成，无疑为北宋时期黄河水灾防治活动的开展带来了诸多羁绊、产生了极大的消极影响，同时也显著增加了黄河水灾防治的复杂性。受政治斗争等因素的影响，北宋治河举措的制定与实施多呈现出一种多变、反复的特征，"转大议是非如反掌，视一方安危如儿戏"①、"数十日间，而变议者再三"②。尤其是东流、北流之争中，宋廷治河策略的推行更是"东流北流，皆未有定论"③。河策制定、河役实施的反复多变，已不仅仅局限在治河本身的争论范畴内，也是借河议而展开的一种政治斗争。

第二节　北宋利用黄河防御辽金的战略

在北宋的对外民族斗争中，辽朝成为宋廷长期重点防范的对象。针对辽朝骑兵行动迅捷的特点，宋廷在对辽防御中颇借重对黄河的充分利用，为此而不断加强黄河沿线的兵力布防、开展冬季的黄河打凌、防凌活动。而黄河北流、东流之争的出现与北方地区的塘泊营建，也都与宋廷的黄河御辽战略密切相关。这种军事战略思想和举措，在宋金斗争中也有着突出的体现。

一、北宋黄河御辽基调的确立与"恃德不恃险"

中国古代都城的选址颇注重对山川、河流等条件的充分利用，"建邦设都，皆冯〔凭〕险阻。山川者，天之险阻也；城池者，人之险阻也。城池必依山川以为固"④，"古者立国，必有所恃，谋国之要，必负其所恃之地"⑤。

---

①　《长编》卷374，元祐元年四月己丑，第9055—9056页。

②　《长编》卷399，元祐二年四月丁未条记事，第9732页。

③　吕中撰，张其凡、白晓霞整理：《类编皇朝大事记讲义》卷19《水患河决》，上海人民出版社2013年版，第340页。

④　郑樵：《通志》卷41《都邑略第一·都邑序》，中华书局2012年版，志553。

⑤　《宋史》卷395《王阮传》，第12054页。

燕云十六州在五代时期被石敬瑭转让给辽朝后，北方地区的对辽军事防御不再拥有山川之利，"山险皆为虏所有，而河北尽在平地，无险可以据守"①，"凛凛常有戎马在郊之忧"②。这种军事屏障的丧失，甚至也严重危及北宋都城开封的防御，"开封作为都城，在很大程度上可以弥补长安、洛阳的不足之处。但是，开封四周的平原地形，对其防御却是相当不利的"③。北宋在立国初期主要遵循先南后北、先易后难的战略方针开展对南方地区的统一战争，与北方辽朝暂时能够保持一种相安无事的状态。但北宋在灭亡北汉后随即开展了两次大规模的对辽战争，这直接导致宋辽间军事形势的紧张。两次对辽战争的惨败，也导致北宋的内外政策发生显著变化，这在淳化二年（991）八月时太宗与大臣的谈话中即有着明确的阐述：

> 国家若无外忧，必有内患。外忧不过边事，皆可预防。惟奸邪
>
> 无状，若为内患，深可惧也。帝王用心，常须谨此。④

可见，伴随着这种守内虚外政策的确立，北宋对辽朝的斗争策略已由最初的主动进攻转为全面的军事防御，"宋太祖太宗对武将防制的根本区别在于对边防的态度和立场。宋太祖对武将的防制有其消极的一面，但在他统治期间，对边防则十分重视，无丝毫的放松。宋太宗则发展了宋太祖防制武将政策的消极因素，极大地削弱了宋的边防，以至不能不造成'守内虚外'的严重恶果"⑤。更为严重的是，宋廷在太宗朝所确立的这种守内虚外政策还被其后继者们奉为"祖宗家法"而严格继承和遵行，从而为北宋军事的发展带来极大弊端。与这种守内虚外政策相适应，黄河的军事战略地位在北宋防御辽朝的过程中也被充分利用和彰显。宋廷对黄河的军事利用，也是守内虚外政策的

---

① 程大昌：《北边备对·契丹》，《全宋笔记》第四编第八册，大象出版社 2008 年版，第 127 页。

② 叶适撰，刘公纯、王孝鱼、李哲夫点校：《叶适集·水心别集》卷 10《外稿·取燕三》，中华书局 1961 年版，第 763 页。

③ 陈峰：《北宋定都开封的背景及原因》，《历史教学》1996 年第 8 期。

④ 《长编》卷 32，淳化二年八月丁亥，第 719 页。

⑤ 漆侠：《宋太宗与守内虚外》，《探知集》，河北大学出版社 1999 年版，第 151—167 页。

产物和重要组成部分。

体现到北宋君臣的言论中，宋人在不同时期对宋辽军事形势有着较为清醒的认识。如太宗即曾宣称，"大河乃天设巨堑，以限夷夏"①。张洎、吕中也曾明确指出，北宋时期"国家比于前代，力又倍焉。何则？自飞狐以东，重关复岭，塞垣巨险，皆为契丹所有。燕蓟以南，平壤千里，无名山大川之阻，蕃汉共之。此所以失地利，而困中国也"②，"燕蓟不收，则河北不固。河北不固，则河南不可高枕而卧"。另如范仲淹等人，也将北宋对辽朝的军事防范置于显要地位加以对待，认为"国家御戎之计在北为大"③。在宋、辽、西夏政权对峙的形势下，北宋也将对辽朝的防范置于首要地位，"西（夏）小而轻，故为变易，北（辽）大而重，故为变迟。小者疥癣，大者痈疽也"④。基于这种军事认识，黄河的重要作用在防御辽朝的过程中即受到士大夫们的充分倚重，这从诸如"自古立国，必据险阻，宋都汴梁平原之地，而与强虏为敌，所以限之者一河耳"⑤、"国家所恃，独一洪河耳……不然，臣惧戎人将饮马于河渚矣"⑥、"御边之计，莫大于河"⑦、"使契丹得渡河，虽高城深池，何可恃耶"⑧ 一类主张的不时涌现即可得到较好的反映。宋廷将黄河纳入对辽朝的军事防御战略中，在一定程度上也是受中国古代传统的"山河城池，设险之大端"⑨ 军事思想的影响。

相对于这种对黄河御辽军事作用的看重，相当一部分北宋士大夫则极力宣扬在对辽防御中应"恃德不恃险"，而且这种言论在宋廷内部也有着一定的

① 释文莹撰，郑世刚、杨立扬点校：《玉壶清话》卷8，中华书局1997年版，第81页。
② 《长编》卷30，端拱二年正月乙未，第667页。
③ 《历代名臣奏议》卷324《四河北备策》，第4206页。
④ 张耒：《柯山集》卷40《送李端叔赴定州序》，《丛书集成初编》本，中华书局1985年版，第471页。
⑤ 《汴京遗迹志》卷13《杂志二·靖康之变》，第230页。
⑥ 《长编》卷46，咸平三年三月戊寅，第997页。
⑦ 《宋史》卷91《河渠志一·黄河上》，第2262页。
⑧ 《宋史》卷311《吕夷简传》，第10209页。
⑨ 刁包：《易酌》卷5《周易上经》，台湾商务印书馆1986年影印文渊阁《四库全书》本。

市场。如元祐三年（1088）十一月，签书枢密院事赵瞻在其上奏中即指出：

> 尧、舜都蒲、冀，周、汉都咸、镐，历年皆数百，而不闻以黄
> 河障外国，盖王者恃德不恃险也。今谓前日澶渊之役，若非大河，
> 则敌南抵都城矣，此又不然也。澶渊之役，盖以庙社之灵，章圣之
> 德，寇准之谋，威震北人，射中大帅挞兰，北人乃请和而退，岂独
> 云河之力邪？如晋时河固在澶渊，而匈奴入塞，安能抗之哉？朝廷
> 若内用贤辅，外有名将，则燕蓟非其所有，岂便窥中国耶！就如能
> 为限隔，使北人外扰河北，旁连河东，则京师可得安居乎？①

又如户部侍郎苏辙，在此问题上也有着类似的主张：

> 昔真宗皇帝亲征澶渊，拒破契丹，因其败亡，与结欢好，自是
> 以来，河朔不见兵革几百年矣，陛下试思之，此岂独黄河之功哉？
> 昔石晋之败，黄河非不在东，而祥符以来，非独河南无北忧，河北
> 亦自无兵患。由此观之，交接敌国，顾德政何如耳。②

这种"恃德不恃险"的言论，相对于宋辽间的军事对峙无异于一种空谈，其
实质即是主张对黄河水患放任自流，因而对北宋黄河水患防治活动的开展也
无任何积极作用可言。澶渊之盟的订立决非是凭借所谓宋廷的"庙社之灵，
章圣之德"③，而这种"对于德治的迷信"也给宋廷的对辽防御造成了较大的
消极影响，"形成了对于加强武备抵抗侵略的一个大障碍"④，"契丹给宋造成
的亡国威胁远大于西夏……虽有有识之士不断提醒契丹的潜在威胁，但那种
主张以德怀远，维持眼前和平局面的观点一直占据主流"⑤。宋廷将防御辽朝
的希望寄托在所谓的"恃德不恃险"方面，这在当时的客观军事形势下无异
于痴人说梦。宋廷借助于黄河防御辽朝的战略虽受到"恃德不恃险"言论的

---

① 《长编》卷416，元祐三年十一月甲辰，第10109页。
② 《长编》卷416，元祐三年十一月甲辰，第10117页。
③ 《太史范公文集》卷41《同知枢密院赵公神道碑铭》，《宋集珍本丛刊》第二十四册，第407页。
④ 陶晋生：《宋辽关系史研究》，台湾联经出版事业公司1984年版，第130页。
⑤ 李华瑞：《宋夏关系史》，河北人民出版社1998年版，第354页。

一定冲击和影响，但仍得以在对抗辽朝的军事斗争中被长期推行。

二、 北宋防御辽金战略中的黄河沿线布防

从军事角度讲，辽朝骑兵常常利用其行动迅捷的优势而渡过黄河，大肆掳掠北宋北方地区后迅速回撤。如咸平三年（1000）正月，辽朝骑兵即"自德、棣济河，掠淄、齐而去"①。针对这种情形，宋廷在防御辽朝中一系列军事举措的制定、兵力的部署，都足以彰显对黄河的高度重视和充分利用。咸平二年（999）十二月，右司谏、直史馆孙何在其上奏中即建议"大河津济，处处有之，亦望量屯劲兵，扼其要害"②。同年十二月，赵安仁也明确指出"京师天下之根本也。澶、魏，河朔之咽喉也。"③ 在这种加强澶州、魏州等地军事防卫以拱卫京师战略的实施中，黄河无疑是其中的重要一环。咸平六年（1003）十二月，何承矩曾向宋廷建议导滨州、棣州界内黄河入赤河，认为如此则可"东汇于海，甚为长久之利"④。最终，真宗担心此役工役浩大、毁坏民众田庐，并未采纳这一建议。何承矩的规划，其出发点也主要是着眼于借助黄河来加强对辽朝的军事防御。澶渊之盟订立前，宋廷曾下令"如河冰已合，敌由东路，则刘用、刘汉凝、田思明以兵五千会（石）普、（孙）全照为掎角，仍命石保吉将万兵镇大名，以张军势"⑤，借以加强黄河沿线的军事防卫、防御辽兵的突奔南下。到景德元年（1004）十月，宋廷又进一步加强了澶州辖区黄河沿线的兵力部署，同时任命由澶州兵马钤辖内一人兼统，"时缘河州军益兵，备戎人故也"⑥。而在澶渊之盟订立后，宋廷也丝毫不敢放松借助于黄河所开展的对辽军事防御。

---

① 《长编》卷46，咸平三年正月甲申，第985页。
② 《长编》卷45，咸平二年十二月丙子，第977页。
③ 《宋朝诸臣奏议》卷130《上真宗答诏论边事》，第1434页。
④ 《宋会要》方域14之4，第7567页。
⑤ 《宋史》卷324《石普传》，第10473页。
⑥ 《长编》卷58，景德元年十月丙戌，第1274页。

宋廷在黄河沿线军事防御举措的实施，到仁宗朝得到了进一步的加强。如在天圣年间获悉"契丹大阅，声言猎幽州"的情形下，宋廷强化了黄河沿线的防御力量，借黄河决口的时机，"发兵以防河为名"① 增强布防，以避免激化与辽朝的矛盾。庆历三年（1043）七月，针对大臣"滨、棣等六州河可涉，宜有城守如边，以待契丹"的提议，宋廷派遣杨怀敏、施昌言前往勘察，最终鉴于"六州地千里，又河数移徙，城之甚难而无利"② 而未实施筑城。但筑城建议的提出，其出发点也主要基于对黄河防线的加强。同月，枢密副使韩琦也表达了对辽军经由德州、博州渡过黄河而直抵开封的担忧，"则朝廷根本之地，宗庙、宫寝、府库、仓廪、百官、六军室家所在，而一无城守之略"③，并建议宋廷应加强德州、博州等地的黄河防线。庆历四年（1044）六月，富弼在上奏中也极力建议宋廷加强黄河南岸的兵力布防，"缘大河州军起敖仓，支移河南民税及漕江淮粟以实之"④。庆历八年（1048），判大名府夏竦极力主张依托黄河加强大名的军事防卫力量，"北京为河朔根本，宜宿重兵，控扼大河，内则屏蔽王畿，外则声援诸路"⑤。从众多大臣的轮番提议和相关举措的实施来看，黄河沿线的军事防御力量在仁宗朝得到了很好的充实，这在大名等地体现得尤为突出。

在神宗朝，宋廷对黄河沿线兵力部署又有所强化。如元丰元年（1078）十月，宋廷曾下令"造战船二十艘，仍于澶州置黄河巡检一员，择河清兵五百，以捕黄河贼盗为名，习水战以备不虞"⑥，以此来加强澶州黄河沿线的军事防御力量。另如元丰五年（1082）十一月，针对河东路经略司奏报府州、火山军境内"黄河内有北界人船漂至河滨，斥候堡已收救得"⑦ 一事，宋廷随

---

① 《宋史》卷310《张知白传》，第10188—10189 页。
② 《长编》卷142，庆历三年七月己丑，第3404—3405 页。
③ 《长编》卷142，庆历三年七月甲午，第3413 页。
④ 《宋朝诸臣奏议》卷135《上仁宗河北守御十三策》，第1503 页。
⑤ 《长编》卷164，庆历八年四月辛卯，第3948 页。
⑥ 《长编》卷293，元丰元年十月壬戌，第7156 页。
⑦ 《长编》卷331，元丰五年十一月乙酉，第7971 页。

即责令府州、火山军官员将越境的辽朝人员加以遣返。通过这些事件也可看出，宋廷黄河沿线的军事防卫在元丰时期仍较为严密。

金朝灭亡辽朝后，北宋对黄河天险依然多有借重。太常少卿李纲即曾倡议，"恃河以为固，旁近州县，屯宿重兵，营垒相望，以卫京师，持重养威，勿与之战，待其粮竭势衰，然后议之"①，对黄河的军事作用多有倚重。靖康元年（1126）正月，太学正秦桧也曾提议，在金兵南下时宋军可借助于黄河实施有效防卫，"望一面遣兵备守黄河，仍急击渡河寇兵，使不得联续以进"②。但在金兵南侵直抵黄河北岸时，负责守卫黎阳等地的梁方平、何灌等将领均望风而逃，直接导致"大河天险，弃而不守"③，"黄河南岸无一人御敌，金师遂直叩京城"④。诸如许高、许亢等将领，当时也是"受任防河，寇未至而遁"⑤。靖康年间，秘书省校书郎余应求也称，宋廷在金兵入侵、"长驱而南"的形势下"有大河之险，以为守御"⑥。等到南下的金兵在靖康元年（1126）十一月到达黄河北岸时，宣抚副使折彦质领兵十二万守卫黄河，最终却在金兵冲击下迅速溃败，导致金兵渡过黄河而逼近开封。⑦ 面对这种结果，金兵统帅斡离不在当时不无嘲讽地指出，"南朝若以二千人守河，我岂得渡哉"⑧。斡离不的言论，也恰恰从一个侧面印证了黄河在防御金朝中的重要战略地位。靖康二年（1127）金兵再次南下时，宋廷"始命刑部侍郎宋伯友提举河防，（薛）弼以点检粮草从之"⑨，这表明北宋在灭亡前夕仍坚持对黄河军事作用的借重。而诸如后人"不割三镇，必有以守三镇。不割两河，必有

---

① 李纲著，王瑞明点校：《李纲全集》卷41《表札奏议三·上道君太上皇帝封事》，岳麓书社2004年版，第501页。
② 《宋朝诸臣奏议》卷142《上钦宗论边机三事》，第1605页。
③ 杨时撰，林海权校理：《杨时集》附录二《龟山先生墓志铭》，中华书局2018年版，第1136页。
④ 《宋史》卷357《何灌传》，第11227页。
⑤ 《宋史》卷358《李纲传上》，第11256页。
⑥ 佚名：《靖康要录》卷1，台湾文海出版社1967年版，第73页。
⑦ 《宋史》卷23《钦宗木纪》，第432页。
⑧ 《汴京遗迹志》卷13《杂志二·靖康之变》，第230页。
⑨ 《宋史》卷380《薛弼传》，第11721页。

以守两河。欲守三镇、两河，必固守大河以为之根本"① 一类的言论，也是将黄河在防御金朝中的重要性置于突出地位加以看待。

利用黄河来抵御外敌的做法，在南宋初期的一些军事行动中仍被运用。如建炎元年（1127），宗泽为收复黄河以北失地，曾在开封周围"各置使以领招集之兵。又据形势立坚壁二十四所于城外，沿河鳞次为连珠砦，连结河东、河北山水砦忠义民兵"②。建炎年间，李纲也将守护黄河的失误视为导致北宋政权灭亡的一个重要方面，并积极着手将黄河纳入南宋初期的御金战略中：

> 大河、江、淮，皆天设之险，帝王所恃以守其国者也。然须措置控扼，以人绩加之，乃为我用。苟委之自然，不复措置，虽大河奔湍，虏骑济渡，如枕席之上，况江淮哉！嘉祐中，范仲淹请于河阳上流置战舰，水军习水战以备契丹之深入，当时不从其议。至于靖康间，金人渡河，如入无人之境，盖无水军战舰以击其渡而控扼之也。③

> 请于沿江、淮、河帅府置水兵二军，要郡别置水兵一军，次要郡别置中军，招善舟楫者充，立军号曰凌波、楼船军。其战舰则有海鳅、水哨马、双车、得胜、十棹、大飞、旗捷、防沙、平底、水飞马之名。④

由此可见，对黄河军事地位的借重不仅在北宋时期有着鲜明体现，这种军事战略也直接影响到南宋初期相关防御举措的实施。南宋初期注重黄河战略地位的思维模式，完全是与北宋时期一脉相承，这也足见黄河军事地位在宋人防御北方少数民族中根深蒂固的重要影响。

---

① 王夫之著，舒士彦点校：《宋论》卷9《钦宗》，中华书局2003年版，第161页。
② 《宋史》卷360《宗泽传》，第11280页。
③ 《李纲全集》卷176《建炎进退志总叙下之上》，第1629—1630页。
④ 《宋史》卷187《兵志一·禁军上》，第4583页。

此外，在借助黄河防御辽金的过程中，宋廷在冬季也时常开展防凌、打凌活动。如咸平二年（999）冬季，辽朝骑兵乘黄河冰封时机南下侵袭淄州、齐州等地，引发了宋廷的极度恐慌。① 咸平六年（1003）十一月，真宗也告诫大臣，"戎人（契丹）虽有善意，国家以安民息众为念，固已许之。然彼……深入吾土，又河冰已合，戎马可度，亦宜过为之备"②，丝毫不敢放松黄河的冬季对辽防御。景德元年（1004）十一月，宋廷命滑州知州张秉、齐州知州马应昌、濮州知州张晟"往来河上，部丁夫凿冰，以防戎马之度"③。同年十二月，真宗一行到达澶州城南临河亭时即曾"赐凿凌军绵襦"④，可知在黄河的冬季守卫中专门有这种凿冰士兵的设置。景德四年（1007），在辽军南下的危急形势下，丁谓曾组织士兵"使并河执旗帜，击刁斗，呼声闻百余里"⑤，从而暂时阻止了辽军的南侵。直到澶渊之盟订立前夕，真宗仍告诫宰相等大臣，"（王）继忠言契丹请和，虽许之，然河冰已合，且其情多诈，不可不为之备"⑥。在庆历二年（1042）冬季得到黄河冰封的奏报后，宋廷出于"敌骑旦夕径度"的担忧而紧急命苏颂"护役疏凿，即时通流"⑦。在当时的条件下，这种冬季防凌、打凌活动的开展自然也是阻击少数民族骑兵奔袭的一种必要举措。

三、 北宋御辽战略中的黄河东流、 北流之争

宋廷防御辽朝中对黄河的利用，在治河方略的制定与实施中也有着突出体现。早在大中祥符五年（1012），李垂即在上奏中明确建议，"大伾而下，

---

① 《范仲淹全集·范文正公文集》卷 16《书环州马岭镇夫子庙碑阴》，第 383 页。
② 《宋会要》蕃夷 1 之 30，第 7687 页。
③ 《长编》卷 58，景德元年十一月壬申，第 1283 页。
④ 《宋史》卷 7《真宗本纪二》，第 126 页。
⑤ 《宋史》卷 283《丁谓传》，第 9567 页。
⑥ 《宋史》卷 7《真宗本纪二》，第 126 页。
⑦ 苏颂著，王同策、管成学、颜中其等点校：《苏魏公文集》卷 57《工部侍郎致仕掌公墓志铭》，中华书局 1988 年版，第 869 页。

黄、御混流，薄山障堤，势不能远。如是则载之高地而北行，百姓获利，而契丹不能南侵矣"①。李垂提出的分水方略，即将黄河分流与防御辽朝的军事战略紧密结合在一起。天禧四年（1020），李垂奉命赴大名府、滑州等地与当地官员共同谋划对黄河的疏治。在实地勘察的基础上，李垂再次提出：

> 今者决河而南，为害既多，而又阳武埽东、石堰埽西，地形污下，东河泄水又艰……若决河而北，为害虽少，一旦河水注御河，荡易水，迳乾宁军，入独流口，遂及契丹之境。或者云："因此摇动边鄙。"如是，则议疏河者又益为难。臣于两难之间，辄画一计：请自上流引北载之高地，东至大伾，泄复于澶渊旧道，使南不至滑州，北不出通利军界。②

李垂的这一规划综合考虑了疏治黄河与维护北方地区对辽军事防御两大方面，其中更为侧重后者。尽管李垂的提议最终并未被宋廷采纳和实施，但将黄河治理纳入对辽军事防御中予以通盘考虑的指导思想，则是当时黄河治理中的一种普遍倾向。而随着庆历八年（1048）六月黄河决口澶州商胡埽后北流局面的形成，宋廷内部围绕着黄河北流、东流展开了长期的争论。该年十二月，贾昌朝即指出：

> 朝廷以朔方根本之地，御备契丹，取财用以馈军师者，惟沧、棣、滨、齐最厚。自横陇决，财利耗半，商胡之败，十失其八九。况国家恃此大河，内固京都，外限敌马。祖宗以来，留意河防，条禁严切者以此。今乃旁流散出，甚有可涉之处，臣窃谓朝廷未之思也。如或思之，则不可不救其弊。臣愚窃谓救之之术，莫若东复故道，尽塞诸口。按横陇以东至郓、濮间，堤埽具在，宜加完葺。其堙浅之处，可以时发近县夫，开导至郓州东界。其南悉沿邱〔丘〕麓，高不能决。此皆平原旷野无所陁束，自古不为防岸以达于海，

---

① 《宋史》卷91《河渠志一·黄河上》，第2261页。
② 《宋史》卷91《河渠志一·黄河上》，第2263页。

此历世之长利也。谨绘漯川、横陇、商胡三河为一图上进，惟陛下留省。①

由此可以看出，贾昌朝认为黄河北流不仅造成北方赋役区域内财富的大量损失，同时在军事上也危及防御辽朝活动的开展，因此极力主张回河东流。贾昌朝的主张开启了北宋时期黄河北流、东流之争的先声。此后，伴随着黄河防治活动的开展，这种引导黄河回归东流的主张在宋廷内部长期占据主导地位。如熙宁元年（1068）六月，黄河溢于恩州乌栏堤、决口冀州枣强埽，又向北注入瀛州并在七月时溢于乐寿埽。针对这种情形，都水监丞宋昌言、屯田都监内侍程昉均主张开二股河以导河东流，都水监也奏称："近岁冀州而下，河道梗涩，致上下埽岸屡危。今枣强抹岸，冲夺故道，虽创新堤，终非久计。愿相六塔旧口，并二股河导使东流，徐塞北流。"提举河渠王亚等人对开修二股河的提议极力反对，认为黄河北流乃"天所以限契丹。议者欲再开二股，渐闭北流，此乃未尝睹黄河在界河内东流之利也。"② 事态发展的最终结果是开修二股河、闭塞北流的主张得以实施。回河东流举措的实施，主要是着眼于军事方面的考虑，这在熙宁二年（1069）七月张巩的言论中也有着明确的阐发：

> 上约累经泛涨，并下约各已无虞，东流势渐顺快，宜塞北流，除恩冀深瀛、永静乾宁等州军水患。又使御河、胡卢〔芦〕河下流各还故道，则漕运无壅遏，邮传无滞留，塘泊无淤浅。复于边防大计，不失南北之限，岁减费不可胜数，亦使流移归复，实无穷之利。③

借助黄河东流加强北宋对辽的军事防御，是张巩此番言论的核心所在，也是主张黄河东流一派的主导思想。这种主张在以后黄河水灾防治活动的开展中

---

① 《长编》卷165，庆历八年十二月庚辰，第3977页。
② 《宋史》卷91《河渠志一·黄河上》，第2274—2275页。
③ 《宋史》卷91《河渠志一·黄河上》，第2277页。

也有着鲜明体现。熙宁八年（1075）四月，曾公亮对黄河的重要军事地位也给予了高度肯定，声称"敌若敢深入内地，则臣谓大河之险，可敌坚城数重、劲兵数十万，寇至北岸，前临大河之阻，后有重兵扼之，前不得进，后不得奔，王师仍列强弩于南岸待之，此百胜之势也。"① 在元丰八年（1085）十月黄河自大名小张口决口、河北诸郡遭受水灾的形势下，知澶州王令图提议导黄河归复故道，范子奇也主张在大吴埽北岸修进锯牙来撙约水势，至此回河东流的主张再次兴起。②

借助于回河东流来加强北宋对辽军事防御的主张，在元祐年间也曾一度占据主导地位，其中尤以安焘、王岩叟等朝臣的言论颇具代表性。元祐二年（1087），安焘即明确阐发了他的这种主张：

> 朝廷久议回河，独惮劳费，不顾大患。盖自小吴未决以前，河入海之地虽屡变移，而尽在中国；故京师恃以北限强敌，景德澶渊之事可验也。且河决每西，则河尾每北，河流既益西决，固已北抵境上。若复不止，则南岸遂属辽界，彼必为桥梁，守以州郡；如庆历中因取河南熟户之地，遂筑军以窥河外，已然之效如此。盖自河而南，地势平衍，直抵京师，长虑却顾，可为寒心。又朝廷捐东南之利，半以宿河北重兵，备预之意深矣。使敌能至河南，则邈不相及。今欲便于治河而缓于设险，非计也。③

> 河泛滥西北，抵境上不止。则南岸遂属虏界，岂可便于治河而缓于设险。④

安焘的言论，反映了他对黄河在北宋防御辽朝、拱卫京师中的军事作用颇为看重，同时批评黄河北流是"便于治河而缓于设险"。元祐二年（1087）四

---

① 《长编》卷262，熙宁八年四月丙寅，第6397页。
② 《宋史》卷92《河渠志二·黄河中》，第2288页。
③ 《宋史》卷92《河渠志二·黄河中》，第2289—2290页。
④ 《宋朝诸臣奏议》卷127《上哲宗论回河》，第1398页。

月，侍御史王岩叟更是详尽分析了黄河北流的诸番弊端：

> 今有大害者七焉，不可不早为计尔。北塞之所恃以为险者在塘泊，若河堙没，势虽退流，猝不可浚，浸失北塞险固之利，一也。横遏西山之水，不得顺流而下，蠹溢于千里，使百万生灵居无庐，耕无田，流散而不复，二也。乾宁孤垒，危绝不足道，而大名、深、冀腹心郡县，皆有终不自保之势，三也。沧州扼北虏海道，自河不东流，沧州在河之南，直抵京师，无有限隔，四也。并吞御河，边城失转输之便，五也。河北转运司岁耗财用，陷租赋以百万计，六也。六、七月之间，河流交涨，占没西路，阻绝虏使，进退不能，两朝以为忧，七也。非此七者之害，则委之可也，缓而未治之可也。且去岁之患已甚于前岁，今岁之患又甚焉，则将奈何？①

在王岩叟阐述的黄河北流"大害者七"中，相当关键的一点即是北流对宋廷军事防御所造成的多重危害，涉及黄河北流引发北方塘泊淤塞而削弱宋廷的"北塞险固之利"以及大名府、深州、冀州等地军事形势恶化而难以自保、京师因黄河屏障的丧失而陷入危险境地等诸多弊端。在这种舆论的影响下，宋廷在元祐三年（1088）六月正式下达诏令，一方面声称"黄河未复故道，终为河北之患。王孝先等所议，已尝兴役，不可中罢，宜接续工料，向去决要回复故道"，另一方面又责成三省、枢密院迅速商议回河东流事宜。文彦博、吕大防、安焘等大臣力主回河东流，认为"河不冻，则失中国之险，为契丹之利"②、"自小吴未决之前，河虽屡徙，而尽在中国，故京师得以为北限。今决而西，则河尾益北，如此不已，将南岸遂属敌界。彼若建桥梁，守以州郡，窥兵河外，可为寒心。今水官之议，不过论地形，较功费；而献纳之臣，不考利害轻重，徒便于治河，而以设险为缓，非至计也"③，极力强调黄河东流

---

① 《宋朝诸臣奏议》卷127《上哲宗乞诏大臣早决河议》，第1399页。
② 《宋史》卷92《河渠志二·黄河中》，第2291页。
③ 《宋史》卷328《安焘传》，第10566—10567页。

在防御辽朝中的重要地位和作用。同年十一月，中书舍人曾肇也表达了类似主张：

> 盖今之言河患者，不过曰坏御河，堙溏泺，害民田，此犹其小者耳，河渐北注，失中国之险，最莫大之患也。虽臣之愚，亦不敢谓此为不足患也，然窃以谓坏御河，堙溏泺，害民田，特数州之患耳，至于失中国之险，则又未然之事，有无盖未可知，而其患远者也。①

文彦博、吕大防、安焘、曾肇等人的主张，都注重对黄河御辽作用的充分利用。

范纯仁、王存、胡宗愈等人则极力反对回河东流，认为回河东流必将产生"虚费劳民"的严重后果，"今公私财力困匮，惟朝廷未甚知者，赖先帝时封桩钱物可用耳。外路往往空乏，奈何起数千万物料、兵夫，图不可必成之功?"② 其中，范纯仁的反对意见尤为强烈、更具代表性：

> 大河为中国之险，此乃人所共知。今欲改移，须先审验河势所向，地形高下，可为则为，固不可以人力、国财强与水争。前来执政轻信，事不预虑，已枉用过人工物料不少。今来又欲不度可否，决要施工，只恐将来用过财力渐多，朝廷欲罢不能，财匮人劳，别生它事，则设险之利未成，而疲耗之弊难救矣。

不仅如此，范纯仁对黄河东流的御辽作用也颇为质疑，认为回河东流纯属妄生事端，"黄河北流，今已数年，未曾别为大患，而议者先事回复，恐失中国之利。正如西夏不曾为边患，而好事者以为不取恐失机会，遂兴灵武之师"③。最终，在范纯仁等人的极力反对下，宋廷下令取消回河东流的计划。此后，黄河东流、北流的争论仍持续发展。如元祐四年（1089）四月，尚书省奏称：

---

① 《长编》卷417，元祐三年十一月戊辰，第10131—10132页。
② 《宋史》卷92《河渠志二·黄河中》，第2291—2292页。
③ 《长编》卷415，元祐三年十月庚子，第10091页。

"大河东流，为中国之要险。自大吴决后，由界河入海，不惟淤坏塘泺，兼浊水入界河，向去浅淀，则河必北流。若河尾直注北界入海，则中国全失险阻之限，不可不为深虑。"① 范百禄等人随即对尚书省的这一观点加以驳斥，极力坚持黄河北流的合理性，认为"本朝以来，未有大河安流，合于禹迹，如此之利便者。其界河向去只有深阔，加以朝夕海潮往来渲荡，必无浅淀，河尾安得直注北界，中国亦无全失险阻之理"②。与范百禄等人针锋相对，都水监力主回河东流，"以为北流无患，则前二年河决南宫下埽，去三年决上埽，今四年决宗城中埽，岂是北流可保无虞？……要是大河千里，未见归纳经久之计，所以昨相度第三、第四铺分决涨水，少纾目前之急。继又宗城决溢，向下包蓄不定，虽欲不为东流之计，不可得也。"③ 最终，这种争论直到元符二年（1099）六月黄河决口内黄口、东流断绝才得以终止。在这场庆历八年（1048）到元符二年（1099）的东流、北流争论中，主东流者的核心主张，即是坚持借助于黄河东流来加强宋廷的对辽军事防御。

总体来看，在宋辽、宋金军事斗争中，对黄河防线的高度重视、利用始终被宋廷置于重要地位，这在黄河北流、东流之争的演变中得到了充分体现。主东流者正是出于对黄河军事地位、作用的看重，执意坚持回河东流，"北宋河益北徙，几复故道，宋人恐河入契丹境，则南朝失险，故兴六塔二股河，欲挽之使东，又不知讲求漯川故道，其弊在于以河界敌，志不在治河也"④。正是缘于军事上的这种考量，宋廷在黄河治理中一再实施回河东流也就不足为奇了，"像富弼、王安石、司马光、文彦博这样的重臣和仁、英、神、哲（高太后）历朝君主都力主回河，并排除非议而付诸实施，不能用简单的一句话'宋人不明大势'来批评主回河东流者。也就是说应当看到他们其所以

---

① 《长编》卷425，元祐四年四月戊午，第10280页。
② 《宋史》卷92《河渠志二·黄河中》，第2297页。
③ 《宋史》卷92《河渠志二·黄河中》，第2297页。
④ 魏源著，中华书局编辑部编：《魏源集》上册《默觚上·筹河篇中》，中华书局2009年版，第369—370页。

'逆地势、戾水性',一意主东流背后难言的历史隐情,对于主东流者来说,治河固然重要,但相对于事关国家根本安危的辽朝威胁而言,还是居于次要地位的"①。

四、 黄河北流影响下的塘泊建设

北宋在防御辽朝中的塘泊建设活动,与黄河北流也密切相关。自太宗朝开始,宋廷即着力加强对北方塘泊的营建,将塘泊作为阻遏辽朝骑兵突奔南袭的军事屏障。②何承矩等人积极推动、参与了塘泊修建活动的组织和实施。对于塘泊的军事御辽作用,何承矩在咸平三年(1000)四月时即曾明确指出:

> 臣闻兵有三阵:日月风云,天阵也;山陵水泉,地阵也;兵车士卒,人阵也。今用地阵而设险,以水泉而作固,建设陂塘,绵亘沧海,纵有敌骑,安能折冲?昨者契丹犯边,高阳一路,东负海,西抵顺安,士庶安居,即屯田之利也。今顺安西至西山,地虽数军,路才百里,纵有丘陵冈阜,亦多川渎泉源,因而广之,制为塘埭,自可息边患矣。③

宋廷实际兴建塘泊的范围也相当广泛,"河北之地,四方不及千里,而缘边广信、安肃、顺安、雄、霸之间尽为塘水"④。客观而言,肇始于太宗时期的塘泊军事战略,虽不断受到来自北宋大臣的诸多批评,但仍能被较为严格地继承和执行,这主要也是缘于加强北方地区军事防御的客观需要,"河北又天下之重处,左河右山,强国之与邻列,而为藩者皆将相大臣,所屯无非天下之

---

① 《宋夏史研究》,第153页。
② 阎心恒《北宋对辽塘埭设施之研究》(《台湾地区政治大学学报》1963年第8期)、高恩泽《北宋时期河北"水长城"考略》(《河北学刊》1983年第4期)、程民生《北宋河北塘泺的国防与经济作用》(《河北学刊》1985年第5期)、李克武《关于北宋河北塘泺问题》(《中州学刊》1987年第4期)等文章,分别从不同的角度对北宋河北塘泊的兴起、大致分布范围、修筑与维护、军事御辽作用等内容给予了探讨。
③ 《宋史》卷273《何继筠传·何承矩附传》,第9330页。
④ 《欧阳文忠公文集》卷118《论河北财产上时相书》。

劲兵悍卒，以惠则恣，以威则摇。幸时无事，庙堂之上犹北顾而不敢忽；有事，虽天子其忧未尝不在河北也"①。相对于北方重兵的部署，宋廷塘泊建设的大规模开展也成为防范辽朝的另一重要举措。宋廷不断采取引滹沱河、胡芦河等河水的做法来维系塘泊的蓄水量，其中对黄河水的引用也是重要的一个组成部分。如庆历年间郭谘曾倡议，"决黎阳大河，下与胡芦、滹沱、后唐河以注塘泊，混界河，使东北抵于海，上溢鹚䳍陂，下注北当城，南视塘泊，界截房疆，东至海口，西接保塞。惟保塞正西四十里，水不可到，请立堡砦，以兵戍之"②。这一计划本来获得了宋廷的同意而准备付诸实施，最终因宋辽议和而止。尽管此次引黄河水补充塘泊蓄水的计划并未成行，但类似的做法却应该有着一定的运用。

宋廷借助于塘泊而实施的御辽战略多与黄河紧密交织。如至和二年（1055），宋祁即对黄河泛决而造成塘泊淤塞这一状况颇为担忧：

> 景德之后，守臣广陂障，蓄水接海，又黄河限其南，是以议者超然不以沧州为剧地。自河决横陇、商胡，游波纡浸贝丘，荡永静，环海而北，破乾宁，恣肆放流，以入于海，凡游〔淤〕塞下陂水数百里皆为平地，则滨棣淄青失河之险，未有以恃也。我未有恃，则启戎心，故不可不虑也。

同时，宋祁建议"宜权建沧州为一道，以扞东陲"③，以减轻黄河对塘泊及其他河流的淤积。在如何看待黄河北流对北方塘泊的影响问题上，北宋大臣内部一直存在着较长时期的激烈争论。如元祐二年（1087），右司谏王觌指出，"河北塘泊之崄，以大河横流，涨为平陆者数百里，敌骑之来将通行而无碍矣，而莫有任其责者"④，"塘泊之设，以限南北，浊水所经，即为平陆……外

---

① 《临川先生文集》卷76《上杜学士书》。
② 《宋史》卷326《郭谘传》，第10531页。
③ 宋祁：《景文集》卷44《和戎论·篇之四》，《丛书集成初编》本，中华书局1985年版，第557页。
④ 《长编》卷398，元祐二年四月己亥，第9713—9714页。

则生遏方窥觇之心"①。稍后，侍御史王岩叟更是详尽指出黄河北流的弊端，认为"北塞之所恃以为险者在塘泊，若河堙没，势虽退流，猝不可浚，浸失北塞险固之利……沧州扼北虏海道，自河不东流，沧州在河之南，直抵京师，无有限隔……并吞御河，边城失转输之便"②。反对黄河北流者的主张，其中重要的一点即是指责黄河北流对塘泊的严重淤积，"大臣欲回河东流者，皆以北流坏塘泺为言"③。诚如众多大臣所抨击、批评的那样，富含泥沙的黄河水对北方塘泊的淤积确实相当严重。

主张黄河北流的一派，又有哪些措施以应对黄河对塘泊的淤积这一问题呢？从相关大臣的一些言论、部分举措的实际推行中，我们可以大致了解主黄河北流者的应对之策。如嘉祐六年（1061）七月，河北提点刑狱张问在奏报中曾指出，"张茂则乞塘泺八州军于塘里取土作堤，渐得地浚堤高，包蓄西山并九河夏秋暴涨水，既增塘泺，又免潦涝民田，实为利便"④，同时建议"请下逐处，岁以时修筑"⑤，得到了宋廷的同意。张茂则所倡议的举措，能够较好地协调塘泊补充蓄水与减轻黄河水泥沙淤积的矛盾，在当时的条件下不失为一种良策。建中靖国元年（1101）春季，任伯雨在上奏中也提议，"若恐北流淤淀塘泊，亦祇宜因塘泊之岸，增设堤防，乃为长策"⑥。落实到宋廷对塘泊的实际维护中，这些举措也确实得到了一定的实施。如崇宁四年（1105）闰二月，针对尚书省所指出的"大河北流，合西山诸水，在深州武强、瀛州乐寿埽，俯瞰雄、霸、莫州及沿边塘泺，万一决溢，为害甚大"这种担忧，宋廷随即下令"增二埽堤及储蓄，以备涨水"⑦。又如大观二年（1108）六月，都水使者吴玠指出，元丰年间黄河自小吴埽决溢后北注御河，"下合西山

① 《长编》卷396，元祐二年三月丙子，第9661页。
② 《宋朝诸臣奏议》卷127《上哲宗乞大臣早决河议》，第1399页。
③ 《宋史》卷95《河渠志五·塘泺缘边诸水》，第2363页。
④ 《宋会要》兵27之45，第7269页。
⑤ 《长编》卷194，嘉祐六年七月己丑，第4690页。
⑥ 《宋史》卷93《河渠志三·黄河下》，第2310页。
⑦ 《宋史》卷93《河渠志三·黄河下》，第2311页。

诸水，至清州独流砦三叉口入海。虽深得保固形胜之策，而岁月寖久，侵犯
塘堤，冲坏道路，啮损城砦"①。吴玠称，他虽奉诏组织了对黄河堤防的修筑，
但仍恐黄河泛决而与塘水相通、不利边防。因此，他建议宋廷应继续加强对
黄河北流堤防的修治和塘泊的保护，"诸寨铺依自来条令，遇有些小工料，即
令寨铺使臣营修，无使损垫堤寨……不唯无增兵创官户〔之〕疑，而边防得
久完固"②，这一提议最终也被宋廷采纳。宋廷长期开展的塘泊建设与黄河防
线的构建，二者既各为对辽军事防御体系中的一部分，又相互配合、密切
关联。

第三节　北宋利用黄河防御西夏的战略

北宋在太祖朝与西北党项等民族尚无直接冲突，但到太宗朝两者间的军
事形势则开始紧张。到元昊正式建立西夏政权后，北宋、西夏间的军事斗争
则更为公开化。在这种民族斗争的演变中，宋廷对黄河也长期有着军事上的
借重和利用，从而使黄河成为北宋防御西夏军事战略中的一个重要组成部分。

一、　北宋利用黄河防御西夏战略雏形的确立

宋廷对山川、河流的利用，也是受中国古代以水代兵传统思想影响的产
物，而这种做法在防御西北党项等少数民族的过程中也有着相应的实施。早
在西夏政权建立前，北宋在同西北党项等少数民族的斗争中就对黄河的军事
战略地位予以关注和重视，这在北宋君臣的言论和一系列军事举措的实施中
即有着充分体现。如太平兴国四年（979）三月，银川刺史李光远、绥州刺史
李光宪受定难留后李继筠的派遣，曾"帅蕃汉兵卒缘黄河列寨，渡河略敌境

---

① 《宋史》卷93《河渠志三·黄河下》，第2312页。
② 《宋会要》方域15之24，第7571页。

以张军势"①。这种举措的实施，即为借助黄河开展对党项人的防卫与威慑。天圣五年（1027）五月，管勾麟府路军马王应昌也向宋廷建议，"麟州界外西贼以水〔冰〕合渡河，入岚州劫掠，窃虑异日或深入为寇。乞下并代总管司，令每至河凌合时，差兵屯戍巡托，以遏奸谋"②，最后得到了批准。客观而言，宋廷在这一时期对黄河军事作用的借重相对还比较有限，但也为以后这一战略的强化奠定了基础。

二、 北宋利用黄河防御西夏战略的全面实施

伴随着北宋与党项等西北各族军事斗争的加剧，黄河的军事作用也被逐渐提升。1038 年西夏政权正式建立后，北宋与西夏的军事冲突变得更为直接、突出。横亘在宋夏间的黄河，成为北宋防范西夏骑兵突袭的一道天然军事屏障，"西夏的铁骑不能如契丹的铁骑在无险隘之阻的华北平原上往来驰骋，其铁骑的运动速度明显地受到限制"③。具体到宋夏战事的进行中，北宋倚仗黄河加强对西夏防御的军事举措不断推出。如知永兴军夏竦在论及宋夏军事时，曾称"若穷其巢穴，须渡大河，既无长舟巨舰，则须浮囊挽缚，贼列寨河上，以逸待劳，我师半渡，左右夹击，未知何谋可以捍御"④，对黄河的军事作用就较为重视。宝元二年（1039）六月，莫州刺史任福改任岚州、石州、隰州都巡检使，他向宋廷明确指出，"河东，蕃戎往来之径，地介大河，斥候疏阔，愿严守备，以戒不虞"⑤。任福的建议，也得到了仁宗的认可。

随着庆历年间宋夏战事的频繁开展，黄河的军事作用更是受到北宋的重视。康定元年（1040）五月，陕西都转运使范仲淹建议对西夏实施坚壁清野政策：

---

① 《长编》卷20，太平兴国四年三月乙巳，第447页。
② 《宋会要》方域21之6，第7664页。
③ 《宋夏关系史》，第160—161页。
④ 《长编》卷123，宝元二年六月丙子，第2912页。
⑤ 《长编》卷123，宝元二年六月乙酉，第2914页。

为今之计，莫若且严边城，使持久可守；实关内，使无虚可乘。

西则邠州、凤翔为环、庆、仪、渭之声援，北则同州、河中府扼鄜、延之要害，东则陕府、华州据黄河、潼关之险，中则永兴为都会之府，各须屯兵三二万人。若寇至，使边城清野，不与大战。①

范仲淹提出的这一战略，也将宋廷对黄河的利用作为其中的重要一环。而该年六月，侍御史知杂事张奎奏称元昊命人在河东路砍伐林木造船，认为西夏将渡过黄河侵扰北宋边境州郡。宋廷对张奎的奏报颇为重视，随即下令"置岚、石州沿河都巡检使"② 借以加强黄河沿线的军事防卫。庆历元年（1041）八月，同陕西经略安抚使、知永兴军陈执中曾指出，"贼围麟、府，有大河之限，难于援救。且河东一路介于二虏，若首尾合而内寇，则其为患大于关中"③，因而极力主张加强麟州的防卫。同年九月，鉴于此前元昊已率军攻破丰州、引兵屯琉璃堡并纵骑兵不断侵扰麟州、府州等地这一形势，宋廷曾计划放弃黄河以外的麟州、府州等地而"守保德军，以河为界"，但最终并未将这一计划付诸实施，而是改命张亢"为并代钤辖，专管勾麟府军马公事"④。随后，张亢等人统领宋军在与西夏的交战中"破之于柏子，又破之于兔毛川，（张）亢筑十余栅，河外始固"⑤。另外，宋廷又遣兵对麟州、府州给予增援，并"诏札与知并州杨偕，除并州合驻大军外，麟、府州比旧增屯，余即分布黄河东岸诸州御备，交相应援"⑥。该年十月，知并州杨偕提议"建新麟州于岚州合河津黄河东崖裴家山"，并阐明此种迁城之举"有五利，不然，则有三害"。对于杨偕放弃麟州的主张，仁宗则认为"麟州，古郡也。咸平中，尝经寇兵攻围，非不可守，今遽欲弃之，是将退而以黄河为界也"，并要求"其谕

---

① 《宋朝诸臣奏议》卷132《上仁宗乞严边城实关内》，第1457页。
② 《长编》卷127，康定元年六月辛亥，第3021页。
③ 《长编》卷133，庆历元年八月丙戌，第3162页。
④ 《长编》卷133，庆历元年九月庚戌，第3172页。
⑤ 《宋史》卷485《外国一·夏国上》，第13997页。
⑥ 《长编》卷133，庆历元年九月庚戌，第3173页。

（杨）偕速修复宁远寨，以援麟州"①。到庆历四年（1044）四月，针对诸多朝臣"以河东刍粮不继，数请废麟州"的论调，仁宗明确反对，坚持"但徙屯军马近府州，另置一城，亦可纾其患也"②，同时派遣欧阳修赶赴河东路进行实地勘察。依据勘察结果，欧阳修指出麟州不可废除，认为"今二州五寨，虽云空守无人之境，然贼亦未敢据吾地，是尚能斥贼于二三百里外。若麟州一移，则五寨势亦难存"③，"麟州天险不可废，废之，则河内郡县，民皆不安居矣"。可见，欧阳修也将麟州视为黄河防线的重要前沿加以看待。而为了解决麟州粮饷运输的困难，欧阳修建议"不若分其兵，驻并河内诸堡，缓急得以应援，而平时可省转输，于策为便"④。张方平也曾主张，"麟府辅车相依，而为河东之蔽，无麟州则府州孤危。国家备河东，重戍正当在麟、府。使麟、府不能制贼后，则大河以东孰可守者！故麟、府之于并、代，犹手臂之捍头目也"⑤。正是在欧阳修、张方平等人的极力坚持下，麟州最终才未被宋廷放弃。而针对麟州的实际情况，欧阳修同时也建议，"今议麟州者，存之则困河东，弃之则失河外。若欲两全而不失，莫若择其土豪，委之自守"⑥，即主张借助麟州当地的"土豪"加强对西夏的防御力量。到熙宁三年（1070）七月，针对边臣奏报"河外老小以访闻西贼恐将入寇，皆惊移，乞渡河以避，兼麟、府、丰州屡言探到西贼点集"的情形，宋廷一面命知麟州王庆民"如西贼犯境，即令诸城寨相度有险可恃者，专为清夜〔野〕自守之计"，同时命河东经略司"如蕃汉老小愿入河里安泊者，速具船筏济渡，即不得令强壮一例入城，有误防守"⑦。而在熙宁四年（1071）二月，针对陕西安抚司奏报的计划在定胡县等处修筑堡子至啰兀城以通粮道、"所修堡子入生界，首尾一百五十七

---

① 《长编》卷134，庆历元年十月丁亥，第3188—3189页。
② 《长编》卷148，庆历四年四月己亥，第3582页。
③ 《长编》卷149，庆历四年五月丁丑，第3611页。
④ 《宋史》卷319《欧阳修传》，第10377页。
⑤ 《张方平集》卷20《陈政事三条》，第272页。
⑥ 《长编》卷149，庆历四年五月丁丑，第3612页。
⑦ 《宋会要》兵28之8，第7273页。

里"而难以防护一事，枢密院提议"且于定胡、尅胡夹河相对，于河西岸就险近河，各先修堡子一座。所贵易为功力，早得成就"。最终，宋廷命陕西安抚司速修第一寨，"其第二寨即以渐次计置有备，候第一寨了日取旨"①。客观而言，麟州城地处宋、夏边境，并且"城险且坚，东南各有水门，崖壁峭绝，下临大河"②，因而在军事上具有相当重要的战略地位。宋廷加强麟州、府州等地军事防御举措的实施，明显也是与对黄河的倚仗密切配合、共同加以利用。总体来看，庆历年间宋夏军事形势的恶化，直接导致黄河的军事战略地位进一步获得宋廷的重视与加强。

宋廷借重黄河增强对西夏防御的指导思想，在神宗朝、哲宗朝继续获得遵行和发展。如熙丰年间，宋廷合并熙州、河州、兰州、会州为熙河路，同时也对黄河充分利用，"阻河为界，设为三关"③，通过这些举措加强对西夏的军事防卫。而在宋夏关系中，兰州无疑具有重要的战略地位，因此宋廷对兰州黄河的防卫也相当重视。如元丰三年（1080）七月，熙河路经略司奏称，"西界首领万藏结逋药遣蕃部巴鞠等，以译书来告，西夏集兵，将筑撒逋达宗城于河州界黄河之南、洮河之西"。对此，宋廷明确指出，"若如所报，方属河州之境，岂可听其修筑。可速下本司，多备兵马禁止之"④，以防范西夏的军事侵蚀。元丰四年（1081）十一月，宋廷曾命沈括密切关注西夏在黄河沿线的军事动向，"闻夏人渡河东山界簇围罢，欲至宥州。所至之地，皆并汉边，戎人狡狯，举动难测，不可不谨为之备。其严敕守将日夕明远斥候，广募间谍，伺其所向，无失枝梧，有误边计"⑤。元丰五年（1082）四月，宋廷也曾"乃移军讨葭芦，遣曲珍屯绥德以图之。夏兵塞明堂川以拒（曲）珍"。为减轻西夏对鄜州等地的军事威胁，沈括派遣部将李仪"自河东客台津夜绝

---

① 《宋会要》兵 28 之 9—10，第 7274 页。
② 《长编》卷 133，庆历元年八月戊子，第 3163 页。
③ 《宋朝诸臣奏议》卷 45《上钦宗论彗星》，第 481 页。
④ 《宋会要》兵 28 之 22—23，第 7280—7281 页。
⑤ 《长编》卷 319，元丰四年十一月癸未，第 7699 页。

河以袭葭芦，河东将訾虎率麟、丰之甲会之"，随后趁西夏军队救援葭芦的时机迅速撤回，"得地二百里，控弦四千人"①，并借助黄河对西夏军队实施防卫。元丰六年（1083）二月，枢密院也建议借助黄河加强兰州的防卫，"昨大军至灵州城外，远壕三重，无平地可下营。及贼决黄河，放水入壕，致限隔军马，不得地利。兰州去黄河不远，若依此开凿，引河水以为险固，纵使旋来填壕，亦可出兵隔壕御捍"②。宋廷随即命李宪委派官员会同李浩等人进行详细勘察，最终因兰州地势过高而未果。元祐七年（1092）二月，枢密院奏称，"熙河路遇西贼于别路入寇，本路合出兵牵制。缘兰州限隔大河，缓急济渡有无船筏，曾与不曾豫计置以备缓急，欲下本路经略司勘会，如别无准备，即疾速计置"③，这一提议也获得了宋廷批准。此举的实施，可为兰州城防卫西夏提供船只供应的便利。绍圣四年（1097）三月，针对西夏时常在秋季对宋袭扰这一情形，权知兰州苗履曾建议：

> 欲豫造浮桥，缓急济渡军马，使右厢常为备御。造船止费万缗。
> 常具图，议建金城关。因旧基增损，周圆长千步已上，中系浮桥，
> 矢石不及。洪道须阔，以防火械。仍于兰州置水军一指挥，以五百
> 人为额。夏贼每并兵河南，盖阻大河，右厢初不为备。如问〔间〕
> 作渡河入讨之势，虚实网测，庶伐其谋。

对于苗履的计划，宋廷随后诏令"王文郁、钟传详所申，从长施行"④，以提前谋划、实施的举措来加强兰州城的守卫。

在元祐五年（1090）宋夏议定边界的过程中，御史中丞苏辙力主"近黄河者仍以河为界"⑤，在一定程度上也折射出黄河在宋夏斗争中的重要军事地位。元符二年（1099）四月，枢密院曾奏称，熙河路修筑东冷牟、会州、打

---

① 《长编》卷325，元丰五年四月甲子，第7820页。
② 《长编》卷333，元丰六年二月己酉，第8014页。
③ 《长编》卷470，元祐七年二月壬戌，第11223页。
④ 《宋会要》兵28之42—43，第7290—7291页。
⑤ 《宋朝诸臣奏议》卷140《上哲宗论地界》，第1579页。

绳川一带城寨，"即须至韦精川一带及沿黄河摆置东、西关堡以来及金城关以外，皆是合要安置烽台堡铺及人马卓望巡绰所至之处，鄜延、河东路亦合依此相度修置"，同时认为应牢固占据横山寨以及黄河以南一带要害地区，以便对西夏的长久防御。针对枢密院的这一提议，宋廷命陕西、河东等路帅臣"选委近上兵将官，从长相度修置，仍具所置烽台、堡铺及巡绰所至地名著望去处，及与极边新旧城寨相去地里远近，图贴以闻"①。由此来看，宋廷在黄河以南诸多城寨的修筑，主要就是为了便于借助黄河加强对西夏的军事防御。

对于黄河在北宋防御西夏中的军事地位，史念海也曾指出，"宋代对于西夏，本是三面防守：鄜延路固属重要，河东路却也未稍放松。河东路这一翼，当时有三条防线，麟、府两州为前方，其次是黄河，再其次才是黄河与太原之间的岚（治所在今山西岚县北）、石（治所在今山西省吕梁市离石区）、隰（治所在今山西隰县）"②。宋廷对麟州、府州等地的坚守，是与对黄河的守卫相为呼应、合为一体的。在黄河沿线的兵力部署、军事行动的开展等方面，宋廷对西夏的防卫意识体现得也比较明显。如元祐七年（1092）六月，针对此前黄河外军情紧急情形下"许勾备北将兵，毋得过五指挥"的规定，枢密院请求加以改变，"今请不拘有无事宜，委自都总管司相度差人替兑，毋得过半年，轮往河外及沿河防拓，仍请额外招募土兵"③，得到了宋廷的同意。元符二年（1099）十一月，对分布在黄河南北、用于防御西夏的军队，宋廷也下令加以检查，"令胡宗回相度，一面从长措置讫奏"④。

在对西夏奸细的防范中，黄河也是宋廷高度重视的一条防线。如元祐二年（1087）十二月，枢密院曾向宋廷提出了一套内容颇为全面的建议，以防

---

① 《长编》卷509，元符二年四月辛丑，第12129页。

② 史念海：《宋明时期陕西北部黄河两侧的设防》，《河山集·四集》，陕西师范大学出版社1991年版，第136页。

③ 《长编》卷474，元祐七年六月，第11312页。

④ 《长编》卷518，元符二年十一月庚午，第12317页。

范在招纳西夏内附军民过程中奸细的混入：

> 兀征声延部族兵七百人、妇女老幼万人渡河南，正要羁縻得
> 所。令刘舜卿措置，时给粮食，质其首领及强梁之家近亲于城
> 中，以防奸诈。仍谕兀征声延勿失河北地，或据讲珠城哩恭宗
> 堡，令河州量事力为援，或乘机难待报者，听以便宜从事。方夏
> 人与西蕃连衡，宜多方经画，严戒边吏，明远斥堠，先事为备，
> 以破奸谋。①

枢密院的这些建议，涉及对归附的西夏军民给予粮食加以安置、对西夏奸细
渗透的严密防范、派遣斥堠、利用内附的西夏军民巩固黄河南北两岸的防守
等诸多方面，而宋廷也完全予以采纳。

三、 北宋利用黄河防御西夏战略中的防凌、打凌

在借助黄河防御西夏的过程中，宋廷时常组织士兵开展冬季的防凌、打
凌活动，而这些举措也是倚仗黄河实施防御西夏军事战略的重要组成部分。
为加强对西夏斗争中黄河沿线的军事防卫，宋廷也有凿冰士兵的专门设置，
以确保对西夏骑兵冬季突袭的防范。在当时条件下，这自然不失为阻击西
夏骑兵奔袭的一种较为有效的军事举措。在对西夏的长期军事防御中，宋
廷对冬季防凌、打凌举措的运用、重视也颇为突出。这种做法的出现，既
与宋廷对外军事防御战略直接相关，也与西北地区冬季的严寒气候密切
相连。

为加强对兰州城的防卫，宋廷在兰州及其周围所实施的冬季黄河防凌、
打凌活动也时有开展。如元丰五年（1082）十月，阎仁武向宋廷奏报，西夏
士兵五十余人在兰州北隔黄河叫嚣，"我夏国已胜鄜延路兵，俟河冻，即至兰
州"。对此，宋廷在十一月时命知熙州、同经制熙河边防财用苗授"宜大作枝

---

① 《长编》卷407，元祐二年十二月壬辰，第9907页。

梧，守御器具，倍加点检"①，即要求提前做好防范准备。同年十二月，都大经制熙河兰会路边防财用李宪奏报，"洛施、凡洛宗两堡，东接兰州，北临黄河，每岁河冻，须藉洛施等处控遏贼冲"②。由此可见，宋军在黄河冰冻时也在洛施等处布兵防范西夏军队的侵袭。元丰七年（1084）八月，宋廷得到西夏军队将进攻兰州的谍报，为此迅速派遣康识前往兰州会同当地官员加强军事防备，并明令康识督导护卫黄河的兵将"昼夜悉力应副，以取坐胜，仍度人情，时与犒给。候大河冰开，方得往他处巡历"③，足见对兰州冬季防凌的重视。同样是出于"兰州下临大河，虑冬深冻合"的考虑，宋廷在元祐四年（1089）十一月曾命范育"检详累年大河冻合，差那兵将等往兰州、定西城等处守御堤备"④。在元符二年（1099）七月的朝议中，曾布甚至指出，"兰州未有金城以前，每岁河冻，非用兵马防托，不敢开城门"⑤，足见黄河冰冻给兰州城的防卫带来的极大不利。也正因如此，宋廷对黄河防御西夏的作用直至北宋末期仍相当重视，不断在兰州等地开展冬季的防凌、打凌活动，"恃河为固，每岁河冰合，必严兵以备，士不释甲者累月"⑥。可见，宋廷在兰州等地的黄河防凌、打凌活动是长期开展。

宋廷对西夏政权时有戒备，因而在冬季时常组织士兵开展黄河防凌、打凌活动也就不足为奇了。如景德元年（1004）十二月，宋廷废除石州、隰州部署而改设石州、隰州缘边都巡检使，任命高文岯、张守恩分别担任都巡检使和都监，而高、张二人的一项重要职责就是"领驻泊兵，俟河冰合，即往来巡察"⑦。庆历四年（1044）五月，欧阳修在论及麟州的存废问题时曾指出，"今贼在数百里外，沿河尚费于防秋，若使夹岸相望，则泛舟践冰，终岁常忧

① 《宋会要》兵28之29，第7284页。
② 《长编》卷331，元丰五年十二月癸丑，第7983页。
③ 《长编》卷348，元丰七年八月甲午，第8352页。
④ 《长编》卷435，元祐四年十一月甲申，第10487页。
⑤ 《长编》卷513，元符二年七月戊辰，第12203页。
⑥ 《宋史》卷353《张叔夜传》，第11140页。
⑦ 《长编》卷58，景德元年十二月丁未，第1301页。

寇至，沿河内郡尽为边戍"①，其中对黄河冬季防凌的重要军事作用也相当看重。嘉祐元年（1056）四月，宋廷曾命陕府、河中府"差防桥打凌兵士赴麟、府等州防冻"②，这主要也是出于防范西夏趁冬季黄河结冰而兴兵南下的考虑。元祐七年（1092）九月，韩缜在上奏中指出，"火山军至石州，沿河边面阔远，若贼乘河冰，如履平地。缘庆历元年、二年、元丰六年，皆准朝旨，于火山军界惹凌下流保德军、岚石州，可使千里不冻，以限贼马。所用工料不多，本司已差殿前燕涣等相度，百子会、归子口可以惹凌"③。他的这一建议，获得了宋廷批准而得以实施。透过韩缜的上奏可以获知，宋廷在庆历元年（1041）、庆历二年（1042）、元丰六年（1083）均曾实施过大规模的黄河打凌活动。而元祐七年（1092）的黄河打凌活动，则更是线路绵长、工程量巨大。同时，宋廷也会利用黄河冬季结冰的时机开展对西夏的军事进攻。如大观年间，在西夏军队进犯会州失利后，宋军即乘势追击并大获全胜，"屠和尔提克泉，略乌尔戬川，乘冰坚逾河，蹂躏四百里，俘获万计余，皆麋鹿不思自保"④。

总体来看，北宋时期黄河水灾防治活动的开展始终与政治斗争的发展、政治局势的变化密切交织，往往成为官员权力斗争的工具。同时，黄河水灾的产生也会促进宋廷部分施政举措的改进，在这一方面则具有一定的积极意义。而从军事方面来看，宋廷在防御辽、金、西夏时对黄河军事地位、作用的重视与利用，既与双方作战方式的差异相关，而更主要的则是宋廷"守内虚外"军事战略的直接产物。宋廷对黄河的长期倚仗及沿线大量军队的部署，一方面为遏制辽、金、西夏骑兵武装的快速奔袭、增强防卫力量发挥了一定的积极作用，另一方面也充分暴露出宋廷在长期对外斗争中的软弱性、被动

---

① 《长编》卷149，庆历四年五月丁丑，第3611页。
② 《宋会要》兵27之40，第7266页。
③ 《长编》卷477，元祐七年九月丙申，第11372页。
④ 王安中著，徐立群点校：《初寮集》卷10《定功继伐碑》，河北大学出版社2017年版，第506页。

防御性等弊端，从而给北宋对外军事斗争的开展造成了较为严重的消极影响。同时，宋廷借重黄河防御辽、金的做法，也对黄河水灾防治活动的开展、治河策略的实施产生重大影响，从而加剧了黄河水灾防治的复杂性、艰巨性，"或东或北之论异，而河患滋"①。

---

① 《宋会要》选举7之28，第4369页。

第七章 北宋黄河农田水利资源的开发

唐末五代时期的北方战争，使黄河中下游地区的农业生产普遍遭受严重破坏。五代末期，后周政权已开始着手加强对农业生产和水利建设的恢复。宋朝在建立初期基本继承了后周政权的做法，并在后续发展中逐步取得了极大改进和提高，其中对黄河农田水利资源的开发也是如此。伴随着黄河水灾的频繁发生和救治活动的不断开展，宋廷也采取诸多举措积极开展黄河水利资源的开发、利用，从而收到了较为突出的成效。这种成效的取得，也有力推动了北宋时期黄河地区的农业恢复和发展，并足以为后世所借鉴。本章主要围绕引黄灌溉、引黄淤田、黄河故道与退滩地开垦等几个方面，试对北宋时期黄河农田水利资源的开发予以探讨。

第一节 灌溉型农田的开发

水利资源能否被有效地加以利用，直接关系农业发展的优劣，"夫稼，民之命也；水，稼之命也"[①]。正因如此，宋廷颇为注重引黄灌溉的开展，借以促进北方农业的恢复和对黄河水利资源的开发。北宋建立初期，黄河流域的

---

① 《历代名臣奏议》卷253《水利》，第3321页。

农田水利建设在整体上还较为萧条。但随着北宋统一战争的结束，引黄灌溉活动也逐渐得以恢复和发展，其中尤以三白渠的修复成效更为显著。北宋时期的引黄灌溉活动虽多有起伏，但整体上仍颇有成效。

一、 太祖朝至仁宗朝引黄灌溉的初步恢复和发展

（一） 太祖朝、太宗朝引黄灌溉的初步恢复

因历经唐末五代时期的不断破坏，北宋初期的三白渠（按：三白渠，北宋时也称郑白渠、泾渠）灌溉农田"不及二千顷"[①]，其灌溉功效已是大幅减退。此后，在诸多地方官员的主持下，三白渠的衰败局面逐渐得以改善。如乾德年间，节度判官施继业组织泾阳县民众以梢穰、笆篱、栈木等材料截河为堰、壅水入渠，一度取得"缘渠之民，颇获其利"的成效。但这种局面未能维系太久，很快就陷入"凡遇暑雨，山水暴至，则堰辄坏"的困境。该年秋季，施继业再次向民众征取治渠所需的材料，结果导致"民烦数役，终不能固……数敛重困，无有止休"[②] 局面的形成。陈省华在太宗朝也曾主持对栎阳县境内三白渠的修复，并打破了三白渠一度被临邑强族占据的局面，从而取得"尽去壅遏，水利均及，民皆赖之"[③] 的成效。淳化二年（991）秋季，京兆府泾阳县百姓杜思渊也曾奏请宋廷修复三白渠的灌溉功效，指出"泾河内旧有石䃮以堰水入白渠，溉雍、耀田，岁收三万斛。其后多历年所，石䃮坏，三白渠水少，溉田不足，民颇艰食……乞依古制，调丁夫修叠石䃮，可得数十年不挠。所谓暂劳永逸矣"[④]。宋廷对于杜思渊的提议较为重视，并派遣将作监丞周约己等人主持施工，可惜最终因工程浩大而未能完工。至道元

[①] 《宋史》卷94《河渠志四·三白渠》，第2346页。
[②] 《宋史》卷94《河渠志四·三白渠》，第2345—2347页。
[③] 《宋史》卷284《陈尧佐传》，第9581页。
[④] 《宋史》卷94《河渠志四·三白渠》，第2345—2346页。

年（995），陈尧叟、梁鼎在上奏中也提出了修复三白渠的建议，指出"按旧史……两渠溉田凡四万四千五百顷，今所存者不及二千顷，皆近代改修渠堰，浸瀹旧防，繇是灌溉之利，绝少于古矣。郑渠难为兴工，今请遣使先诣三白渠行视，复修旧迹"①。随后，大理寺丞皇甫选、光禄寺丞何亮奉命赶赴当地加以勘察。依据实地勘察的结果，皇甫选、何亮也认为郑渠因年久失修而不便修复，并对三白渠的修复提出了一套较为详尽的方案：

> 三白渠溉泾阳、栎阳、高陵、云阳、三原、富平六县田三千八百五十余顷，此渠衣食之源也，望令增筑堤堰，以固护之。旧设节水斗门一百七十有六，皆坏，请悉缮完。渠口旧有六石门，谓之"洪门"，今亦隤圮，若复议兴置，则其功甚大，且欲就近度其岸势，别开渠口，以通水道。岁令渠官行视，岸之缺薄，水之淤填，即时浚治。严豪民盗水之禁。

同时，鉴于乾德年间施继业修复三白渠失败的教训，皇甫选、何亮也给出了相应的应对办法：

> 欲令自今溉田既毕，命水工拆堰木寘于岸侧，可充二三岁修堰之用。所役缘渠之民，计田出丁，凡调万三千人。疏渠造堰，各获其利，固不惮其劳也。选能吏司其事，置署于泾阳县侧，以时行视，往复甚便。

皇甫选、何亮修复三白渠的规划，已充分考虑到施工过程中可能遭遇的实际困难，并有相应的解决方案加以应对。宋廷采纳了何亮等人的意见，并任命当时总监三白渠的著作佐郎孙冕负责施工，同时要求"自仲山之南，移治泾阳县"②。至道二年（996），灵庆路副都署杨琼也曾采取相应举措积极引黄灌溉并取得显著成效，"导黄河，溉民田数千顷"③。

---

① 《宋史》卷94《河渠志四·三白渠》，第2346页。
② 《宋史》卷94《河渠志四·邓许诸渠》，第2347页。
③ 《宋史》卷280《杨琼传》，第9501页。

　　其他地区的引黄灌溉活动，在北宋初期也取得了一定的成效。如针对邓州、许州、陈州、颍州、蔡州、宿州、亳州境内大批农田荒废、农田水利失修的现状，陈尧叟、梁鼎在至道元年（995）正月时即指出，这七州内"有公私闲田，凡三百五十一处，合二十二万余顷，民力不能尽耕"①，"用水利垦田，陈迹具在"②，认为可逐步开展农田水利的恢复，"若皆增筑陂堰，劳费颇甚，欲堤防未坏可兴水利者，先耕二万余顷，他处渐图建置"③。对于实际施工的官员选任和人力、农具、耕牛等物资的筹措，陈尧叟、梁鼎也给出了具体的解决办法，即"望选稽古通方之士，分为诸州长吏，兼管农事，大开公田，以通水利"④，同时"发江淮下军散卒，给官钱市牛及耕具，导达沟渎，增筑防堰，每千人，人给牛一头，治田五万亩，亩三斛，岁可得十五万斛。凡七州之间，置二十七屯，岁可得三百万斛。因而益之，不知其极矣。行之二三年，必可以置仓廪，省江淮漕运。闲田益垦，民益饶足"⑤。宋廷采纳了这种通盘规划，任命皇甫选、何亮等人负责具体实施，"令（皇甫）选等举一人，与邓州通判同掌其事。（皇甫）选与（何）亮分路按察"⑥。但这一庞大工役在开始不久后就停滞下来，因此未能实现预期的农田水利恢复。黄河地区农田灌溉的恢复在太祖朝、太宗朝取得了一定成效，但整体实效却较为有限。

（二）真宗朝、仁宗朝引黄灌溉的进一步发展

黄河地区的农田建设、水利发展在真宗朝逐步迎来了一个高潮，"宋初的

　　① 《宋史》卷94《河渠志四·三白渠》，第2347页。
　　② 《长编》卷37，至道元年正月戊申，第806—807页。
　　③ 《宋史》卷94《河渠志四·三白渠》，第2347页；另见于《宋会要》食货61之89，第5918页。《宋太宗实录》卷77系此事于至道二年四月（第174—175页）。此从《宋史》、《宋会要》。
　　④ 《长编》卷37，至道元年正月戊申，第807页。
　　⑤ 《宋会要》食货7之1，第4906页。
　　⑥ 《宋史》卷94《河渠志四·三白渠》，第2347—2348页。

水利侧重水路运输，至宋真宗以后，农田水利工程才陆续兴修起来"①。这种局面的出现，在很大程度上与宋廷内外政策的调整直接相关。这一时期，宋廷对三白渠等水利工程的维护、修复取得了较好的成效。景德三年（1006），盐铁副使林特、度支副使马景盛提议对三白渠进行修复，为此宋廷派遣太常博士尚宾前往勘察。尚宾在勘验后指出，三白渠中的郑渠因荒废太久而不可能短期内加以恢复，而"今自介公庙回白渠洪口直东南，合旧渠以畎泾河，灌富平、栎阳、高陵等县，经久可以不竭"。宋廷采纳了尚宾的意见，下令对白渠实施修复，结果取得了"工既毕而水利饶足，民获数倍"②的显著成效。天圣年间，耀州的云阳县、三原县、富平县以及京兆府境内的泾阳县、高陵县、栎阳县民众也曾"沿渠皆立斗门，多者置四十余所，以分水势，其下别开细渠，则水有所分，民无奔注之患"，从而在利用三白渠引水灌溉农田的过程中收效显著。鉴于三白渠灌溉功效的明显改善，监察御史王沿曾建议有计划地召集部分河北相州境内的水工赴三白渠进行实地观摩，"就摹古人作堰决渠之法，及观今人置斗门溉田之方"，同时又可以"云阳民犯罪当配者，令皆徙相州，教百姓水种陆莳之利"③。王沿的倡议，明显反映出当时三白渠水利工程修复成果的显著以及灌溉技术的极大改进。真宗朝末期，针对当时商州商洛县境内"渭水经邑可溉，而民不知用"的局面，县令西门成允"亲相地形，率并水居人为圩堰沟塍，使之殖稻，教以灌引蓄泄之法，刻其法于石，田岁增溉，皆为沃野，民赖以无饥"④。由此可见，其推广水稻种植、利用渭河河水兴修农田水利的成效也比较显著。

相对于北宋初期，仁宗朝的引黄灌溉活动有了显著改进和提高，三白渠水利工程的修复即为其中的一个重要方面。天圣六年（1028）二月，针对都

---

① 魏天安、李晓荣：《北宋时期河南的农业开发》，《中州学刊》2001年第4期。
② 《宋史》卷94《河渠志四·三白渠》，第2348页。
③ 《长编》卷104，天圣四年八月辛巳，第2417—2418页。
④ 《忠肃集》卷13《赠谏议大夫西门公墓志铭》，第262页。

官员外郎、监正阳镇酒税李同"三白渠宜立约以限水"的建议，宋廷擢升李同为泾阳知县并下令"诏永兴军泾阳知县兼管勾三白渠"①，这标志着对三白渠水利灌溉管理的进一步加强。景祐三年（1036），陕西都转运使王沿指出，三白渠3000多顷的灌溉面积相对于汉代的40000顷、唐代的10000顷已大为缩减，这主要是由于"官司因循，浸至堙废"的缘故。为此，王沿提议"请调兵夫修复之"②，以提高灌溉功效。随即，宋廷任命王沿主持对三白渠的修复。而在京兆府的推荐下，雷简夫也曾主持对三白渠的修复，最终取得"用三十日，梢木比旧三之一，而水有余"的骄人成绩。相对于此前"治渠岁役六县民四十日，用梢木数百万，而水不足"③的局面，雷简夫对三白渠的修复显然是相当成功的。庆历七年（1047），知永兴军叶清臣组织当地大批民众实施对三白渠淤积泥沙的疏浚，极大改善了三白渠的灌溉能力，"溉田逾六千顷"④。英宗朝三白渠的灌溉功效则较为有限。治平年间，宋廷曾在陕西永兴军设置"掌开浚三白渠以给关中灌溉之利"⑤的提举三白渠公事一职，这对三白渠灌溉活动的发展有着一定的推动作用。

　　仁宗朝的引黄灌溉，在卫州等地也取得了较好发展。北宋初期，卫州农田水利的开发、利用还比较有限，"共城有稻田以供尚食，水利有余而民不与焉"。而伴随着仁宗朝农田水利设施的逐渐修复，卫州境内引水灌溉的面积有了较大增长，官田和民田均获其利，从而出现了"岁溉之外，与百姓共之"⑥、"沙田多种稻，野饭殊脱粟"⑦的景象。保州境内的水稻种植，也因当地农田水利的发展而取得了较好成绩。如大中祥符五年（1012）正月，宋廷在其诏

---

① 《长编》卷106，天圣六年二月甲戌，第2465页。
② 《长编》卷118，景祐三年二月甲子，第2777页。
③ 《宋史》卷278《雷德骧传·雷简夫附传》，第9464页。
④ 《宋史》卷295《叶清臣传》，第9851页。
⑤ 《宋会要》职官42之20，第3244页。
⑥ 《范仲淹全集·范文正公文集》卷14《太常少卿直昭文馆知广州军州事贾公墓志铭》，第342页。
⑦ 《宛陵先生文集》卷26《卫州通判赵中舍》，《宋集珍本丛刊》第三册，第710页。

令中即称，"保州稻田务累岁积谷未尝支用，虑经久腐败，令三司规度给遣"①，这也很好地印证了保州水稻种植的成效颇为可观。而为了进一步推动农田水利事业的发展，宋廷在政策引导方面也有着一定相关举措的出台。如庆历三年（1043）九月，范仲淹在《上仁宗条陈十事》中即对农田水利建设多有建议，奏请宋廷在每年秋季督促各路转运司"令辖下州军吏民各言农桑可兴之利、可去之害，或合开河渠，或筑堤堰陂塘之类，并委本州军选官计定工料，每岁于二月间兴役"②。最终，范仲淹的这一建议在仁宗支持下也得以正式实施。庆历新政尽管最终不到一年即宣告失败，但对农田水利建设的发展还是产生了一定的积极影响。此外，仁宗朝的农田水利技术推广，也取得了一定的成效。如景祐元年（1034）六月，宋廷即曾派遣尚书职方员外郎沈厚载前往怀州、卫州、磁州、相州、邢州、洺州、镇州、赵州等地"教民种水田"③。这种举措的实施，对北方地区水稻种植面积的扩大和技术的推广都有积极意义。总体来看，仁宗朝北方地区的农田水利建设，在水利工程的修建、水田耕作面积的扩大、水利技术的推广等诸多方面都取得了较为突出的成效。

真宗朝、仁宗朝引黄灌溉活动的发展，也带动了北方地区水稻种植的推广。如西门氏在真宗朝担任商州商洛县县令时，积极带领民众加强农田水利建设和推广水稻的种植，"公亲相地形，率并水居人为圩堰沟塍，使之殖稻，教以灌引蓄泄之法，刻其法于石"，结果收到了"田岁增溉，皆为沃野，民赖以无饥"④的显著成效。原本已在雍熙二年（985）被废除的汝州洛南务，到咸平年间又被重新恢复，"募民户二百余，自备耕牛，立团长，垦地六百顷，导汝水溉灌，岁收二万三千石"⑤。张士逊在仁宗朝担任许州通判时，也曾组

---

① 《长编》卷77，大中祥符五年正月丙申，第1752页。
② 《长编》卷143，庆历三年九月丁卯，第3440页。
③ 《长编》卷114，景祐元年六月壬辰，第2677页。
④ 《忠肃集》卷13《赠谏议大夫西门公墓志铭》，第262页。
⑤ 《宋史》卷176《食货志上四·屯田》，第4265页。

织相关人员赴襄汉地区招揽农户到许州传授水稻种植技术。许州境内的水稻种植借助技术的大力引进和推广也收效显著，以致很快就呈现出"压塍霜稻报丰年，镰响枷鸣野日天"①的一派繁荣景象。陈襄在皇祐年间担任河阳知县时，也曾带领原本"不习水田之利"的该县民众尝试水稻种植，"公因政之暇行相地宜，得水之可以溉田者，言之州，州未之信。公命其徒出泉十万佣田二顷以试之，粳稻果大收，得谷以偿出泉者，其余犹足以供官，河阳人大享利"②。此次水稻种植的成功，打消了孟州州官以及河阳县民众的怀疑，从而对推动水稻在当地的普及起到了相当有效的积极作用。此外，西北地区水稻种植的推广、种植面积的扩大也获得了较为可观的成效，如陕西境内的长安周围逐渐形成了"高原种菽粟，陂泽满粳稻"③的局面。薛奎在仁宗朝担任秦州知州时，也曾亲率民众开展水稻的种植，"务为俭约，教民水耕，谨商算"，很快就取得了"岁中积粟三百万，征算余三千万，核民隐田数千顷，得刍粟十余万"的可喜成绩。水稻种植活动的开展，既一改此前"（秦）州宿重兵，经费常不足"④的局面，又有力推动了水稻种植在渭河流域的推广。

二、　神宗朝引黄灌溉的高涨

（一）引黄灌溉工程的广泛兴建

农田水利工程的兴建、修复相当不易，但如果维护不善则会在短期内迅速衰败。北宋黄河地区的农田水利工程在真宗朝、仁宗朝一度获得较好发展，但因后续修缮、维护的不到位而导致熙宁初年已多呈衰败景象，"诸州县古迹陂塘，异时皆蓄水溉田，民利数倍，近岁多所湮废"⑤，"农民坏于徭役，而未

---

① 《景文集》卷23《湖上见担稻者》，第287页。
② 《古灵先生文集》卷25《墓志铭·先生行状》，《宋集珍本丛刊》第九册，第71页。
③ 《苏辙集·栾城集》卷2《李氏园》，第27页。
④ 《宋史》卷286《薛奎传》，第9631页。
⑤ 《文献通考》卷6《田赋考六·水利田》，考70。

尝特见救恤，又不为之设官以修其水土之利"①。在这一背景下，宋廷自熙宁初年又开始采取相应举措开展农田水利工程的建设和修复。如位于汾州城东、方圆达四十里的西河泺，原本颇具灌溉之利，"岁旱以溉民田，雨以潴水，又有蒲鱼、菱芡之利，可给贫民"②，但在熙宁前却被陕西转运使王沿组织人员填为平田，致使当地的农田灌溉深受影响。针对这种状况，宋廷接受知杂御史刘述的建议，在熙宁元年（1068）正月下令对西河泺加以修复，最终恢复了西河泺的灌溉功效。到熙宁二年（1069），王安石变法运动的兴起、《农田水利利害条约》的正式颁行，使广泛兴修农田水利工程的高潮逐渐在全国范围内开始出现。在《农田水利利害条约》中，宋廷对农田水利建设给出了颇为详尽的规定：

> 应逐县田土边迫大川，数经水害，或地势污下，所积聚雨潦，须合修筑圩埠堤防之数〔类〕以障水患；或开导沟洫，归之大川，通泄积水。并计度阔狭、高厚、深浅各若干工料，立定期限，令逐年官为提举，人户量力修筑开浚，上下相接……

> 应有开垦废田、兴修水利、建立堤防、修贴圩埠之类，工役浩大、民力不能给者，许受利人户于常平广惠仓系官钱斛内，连状借贷支用。仍依青苗钱例，作两限或三限送纳。如是系官钱斛支借不足，亦许州县劝谕物力人出钱借贷，依例出息，官为置簿及催理。诸色人能出财力、纠众户、创修兴复农田水利，经久便民，当议随功利多少酬奖。其出财颇多兴利至大者，即量才录用。

> ……

> 应知县、县令能用新法兴修本县农田水利，已见次第，令管勾官及提刑或转运使、本州长吏保明闻奏，乞朝廷量功绩大小与转官、或升任减年磨勘循资、或赐金帛令再任，或选差知自来陂塘圩埠沟

① 《临川先生文集》卷41《本朝百年无事札子》。
② 《宋史》卷95《河渠志五·塘泺沿边诸水》，第2362页。

洫田土堰废最多县分，或充知州通判令提举部内兴修农田水利，资

浅者且令权入……①

可见，《农田水利利害条约》对官员组织实施农田水利工程建设中的职责与酬奖、建设资金的青苗钱借贷、政府出面劝谕富户出钱借贷、其他各类有功人员的酬奖等众多方面都做出了相应的规定，涵盖内容相当广泛。而为保障该条约的落实，宋廷还随即在各路内"各置相度农田水利官"，并对民众开展的农田水利工程兴建予以一定的资金支持，"民修水利，许贷常平钱谷给用"②。以此为契机，兴修农田水利工程的高潮在全国范围内很快出现，"四方争言农田水利，古陂废堰，悉务兴复"③、"人人争言水利"④。

为了推动农田水利建设的顺利、有效开展，宋廷在熙宁年间对水利兴建中暴露的问题也注意及时加以纠正和改进，并逐步完善相关机构的设置。如熙宁二年（1069）四月，宋廷派遣制置三司条例司的刘彝等八人"分遣诸路，相度农田水利、税赋科率、徭役利害"⑤，以发现、纠正农田水利建设中出现的问题。同年九月，宋廷又在京东路等地设置常平广惠仓，并下令"差官充逐路提举常平广惠仓，兼管勾农田水利差役事"⑥，以便更好推动农田水利事业的发展。到熙宁三年（1070）五月，宋廷采纳制置三司条例司的建议，将常平新法的推行划归司农寺负责，同时下令由司农寺"兼领田役、水利事"⑦。稍后，宋廷又在该年七月重申"诸路提举常平广惠仓兼相度农田差役事官"，并要求"依前降指挥，疾速计会监司、州县相度利害以闻"⑧。熙宁四年

---

①　此据《宋会要》食货 1 之 27—28，第 4815 页；另见于《宋会要》食货 63 之 183—186，第 6078—6079 页，并参考漆侠《王安石变法》（增订本），河北人民出版社 2001 年版，第 264—265 页。

②　《宋史》卷 95《食货志五·河北诸水》，第 2367 页。

③　《宋史》卷 327《王安石传》，第 10545 页。

④　《宋史》卷 95《河渠志五·河北诸水》，第 2369 页。

⑤　《宋会要》职官 5 之 2，第 2463 页。

⑥　《宋会要》食货 65 之 3，第 6158 页。

⑦　《宋会要》食货 65 之 3—4，第 6158 页。

⑧　《宋会要》职官 43 之 3，第 3275 页。

（1071）十月，王子渊建议宋廷督促各路提举司将发展农田水利作为首要事务、司农寺加强对农田水利工程的日常检计，并提出了相应的操作方法：

> 令遍牒诸路，相度检计应系农田水利、沟洫河道、堤岸斗门之类，如系人户自备功力趁农隙日合行兴修去处，依时检计，催督兴修。若合差人夫，并依元料夫工，合听朝旨差拨春夫者，具事状以闻。仍各具将来合行修著望紧慢去处，并的确利害事状、图籍申寺。才候下手日，逐一供报赴寺。①

该建议的核心是希望司农寺与各路提举司加强相互间的有效配合，从而协同推动农田水利建设的发展。这一系列调整举措的实施，对农田水利建设的发展自然是多有帮助。而针对水利建设中的农户田地受损现象，宋廷在熙宁五年（1072）正月则做出"应兴水利处，有合开决民田者，即以官田计其顷亩拨还田户；如无田可拨，即计田给直"② 的规定，以对受损农户给予相应的补偿。

在陕西境内，提举陕西常平沈披在熙宁五年（1072）时提议对京兆府武功县内荒废的六门灌溉工程堰加以修复，并给出具体的实施建议，"于石渠南二百步傍为土洞，以木为门，回改河流"，认为此举可扩大水利田340里。对此，宋廷命陕西提举常平司派遣官员一名与沈披共同进行勘察，"如合兴修，即计工以闻"③，可惜最终未能成功实施。该年八月，在神宗、王安石谈论水利事务的过程中，神宗对三白渠的修复也极为关注，认为"三白渠为利尤大，兼有旧迹，自可极力兴修"④。为了推动陕西境内农田水利工程的修建，权发遣都水监丞周良孺在熙宁五年（1072）十一月也提出了一套颇为详尽的施工方案：

---

① 《宋会要》食货63之188，第6080页。
② 《宋会要》食货7之23，第4917页。
③ 《长编》卷233，熙宁五年五月丁未，第5668页。
④ 《长编》卷237，熙宁五年八月丁酉，第5771—5772页。

奉诏相度陕西提举常平杨蟠所议洪口水利，今与泾阳知县侯可

等相度，欲就石门创口，引水入侯可所议凿小郑泉新渠，与泾水合

而为一，引水并高随古郑渠南岸。今自石门以北，已开凿二丈四尺，

此处用约起泾水入新渠行，可溉田二万余顷。若开渠直至三限口合

入白渠，则其利愈多，然虑功大难成。若且依（侯）可等所陈，回

洪口至骆驼项合白渠，行十余里，虽溉两旁高阜不及，然用功不多，

既凿石为洪口，则经久无迁徙之弊。若更开渠至临泾镇城东，就高

入白渠，则水行二十五里，灌溉益多。或不以功大为难成，遂开渠

直至三限口五十余里，下接耀州云阳界，则所溉田可及三万余顷，

虽用功稍多，然获利亦远。

周良孺的规划，其灌溉面积是颇为可观的。宋廷最终也批准了这一方案，任
命陕西提举常平杨蟠负责实施，并命入内供奉官黄怀信前往相度功料。王安
石认为此事与唐州邵渠相似，"从高泻水，决无可虑……若捐常平息钱助民兴
作，何善如之"。神宗也鼎力支持，甚至直言"纵用内藏钱，亦何惜也"①。
由王安石、神宗的这些言论足以看出，宋廷对广泛兴建农田水利的支持可谓
不遗余力。熙宁六年（1073）五月，宋廷又派遣赞善大夫蔡朦开展对永兴军
白渠的修治。② 这些举措的先后实施，对三白渠整体灌溉功效的恢复颇为有
效。在随后的发展中，宋廷对三白渠的修缮活动仍在继续，如熙宁七年
（1074）泾阳县令侯可即曾率领民众"自仲山旁凿石渠，引泾水东南与小郑泉
会，下流合白渠"，可惜该役却因"岁歉弛役"③ 而中途停止。

伴随着元丰年间王安石变法重心向军事方面的转移，农田水利建设的发
展也出现了减弱的趋势，但仍有着一定成绩的取得。相关的农田水利政策，
仍被宋廷部分加以推行。如元丰元年（1078）四月，宋廷在所颁诏令中即称，

① 《长编》卷240，熙宁五年十一月壬戌，第5831—5832页。
② 《宋史》卷95《河渠志五·河北诸水》，第2370页。
③ 《长安志图》卷下《渠堰因革》。

“开废田、兴水利、建立堤防、修贴圩埠之类，民力不能给役者，听受利民户具应用之类，贷常平钱谷，限二年两料输足，岁出息一分”①，这基本上也是延续了熙宁年间的做法，在资金方面为农田水利建设提供支持。具体到一些灌溉型农田的修建，宋廷也有着一定的举措。如元丰四年（1081），游师雄曾组织民众引泾水、渭河灌溉沿岸民田，“溉田数千顷，自陕以西水利之兴者复万余顷，民赖其惠”②。但总体而言，元丰年间的农田水利工程建设与熙宁时期相比已大为逊色。

（二）引黄灌溉中水利田的扩大

熙宁年间大批农田水利工程的兴建，也直接推动了农田灌溉面积的扩大。汴河沿岸地区的引水灌溉农田活动，成效即颇为显著。如熙宁元年（1068），秘书丞侯叔献即提议利用汴河水广泛实施对农田的灌溉：

> 汴岸沃壤千里，而夹河公私废田，略计二万余顷，多用牧马。计马而牧，不过用地之半，则是万有余顷常为不耕之地。观其地势，利于行水。欲于汴河两岸置斗门，泄其余水，分为支渠，及引京、索河并三十六陂，以灌溉田。③

宋廷对于这一建议加以采纳，并随即责令侯叔献与著作佐郎杨汲共同组织实施。这一举措的实施，对农田灌溉面积的扩大相当有利。在程昉的建议下，宋廷在熙宁六年（1073）曾派遣官员导共城县旧河漕以入三渡河，从而得以成功引水灌溉西垅稻田。④ 而在霸州境内，这一时期的相关水利设施建设也颇有成就。如熙宁七年（1074），针对此前霸州大城县东南深受黄河支流“岁决注民田，淤漫为陂”侵扰的问题，知大城县阎充国带领当地民众修筑张光堤，

① 《宋会要》食货53之12，第5725页。
② 王昶：《金石萃编》卷141《游师雄墓志》，中国书店1985年版。
③ 《宋史》卷95《河渠志五·河北诸水》，第2367页。
④ 《宋史》卷95《河渠志五·河北诸水》，第2370页。

以此来阻遏黄河水对农田的冲击。最终，张光堤也有效发挥了护田作用，"向之堤地复为良田，自是大河屡决不及雄（州）、霸（州），堤之利也"。出于对阎充国的感激，大城县百姓将此堤称为"阎公堤"。到阎充国任满即将前往永兴军将陵县就任时，大城县百姓对他极力加以挽留，以致出现了"至持白挺争相攀挽，吏以朝命谕之，累日方散去"① 的局面。为便于开封、陈留、咸平三县内水稻的种植，杨琰曾在熙宁八年（1075）五月时建议，"于陈留县界旧汴河下口，因新旧二堤之间，修筑水塘，用碎甓筑成虚堤五步"②，即通过引汴河水进入水塘来扩大三县内水田的灌溉。也正是在熙宁时期农田水利政策的积极推动下，原来的诸多荒田都被广泛开垦。不止于此，宋廷对洮河、渭河等河流的开发、利用，也推动了西北地区农田灌溉的较好发展。如熙宁八年（1075）闰四月，提点秦凤等路刑狱郑民宪提议，"于熙州南关以南开渠堰，堰引洮水并东山直北通下至北关，并自通远军熟羊砦导渭河至军溉田"。针对这一提议，宋廷责令郑民宪通过勘验以确定是否可行，同时表示"如可作陂，即募京西、江南陂匠以往"③。

　　熙宁年间农田水利建设的发展，获得了宋廷多种形式的资金、技术和政策支持，这也有效推动了北方地区水稻种植面积的扩大。如熙宁五年（1072）十月，针对王韶在洮河附近种植水稻、"欲得善种稻者"的请求，宋廷专门下令"淮南、两浙、江南、荆湖、成都府、梓州路如有谙晓耕种稻田农民犯罪该刺配者，除强盗情理凶恶及合配本州、邻州、沙门岛人外，并刺配熙州，候及三百人止"④。这一举措的实施，对洮河流域内水稻种植的推广也发挥了积极推动作用。熙宁六年（1073）十月，李复、王谌奉命赶赴川陕、福建等地招募精于水稻种植的人员，以便于指导开封畿县的水田耕作，"募人分耕畿

① 《范忠宣公文集》卷14《朝议大夫阎君墓志》，《宋集珍本丛刊》第三册，第477页。
② 《长编》卷264，熙宁八年五月乙酉，第6478页。
③ 《宋史》卷95《河渠志五·河北诸水》，第2372页。
④ 《长编》卷239，熙宁五年十月甲辰，第5822页。

县荒地，以为稻田"①。这些做法足以说明宋廷对引进和推广南方地区先进水
稻种植技术的重视。对于民众开展农田水利建设所需的资金，宋廷也给予大
力支持，这在《农田水利利害条约》中即有着很好的反映，"工役浩大，民力
所不能给者，许受利人户于常平仓系官钱斛内连状借贷支用，仍依青苗钱例
作两限或三限送纳，只令出息二分。如是系官钱斛支借不足，亦许州县劝诱
物力人出钱借贷，依乡原例出息，官为置簿，及时催理"②。此外，为推动北
方地区水稻种植面积的扩大，宋廷在农田水利政策方面也多方予以支持。如
熙宁三年（1070）四月，针对河北路怀州、赵州等地民众因"虑起立粳稻米
水税"而不愿兴修农田水利、改种水稻的情形，宋廷接受河北路常平广惠仓
皮公弼的提议，下令在河北东路、陕西路内"人户今来创新修到渠堰，引水
溉田，种到粳稻，并只令依旧管旧税，更不增添水税名额"③。与此相类似，
针对前知襄州光禄卿史照"民已获利，虑州县遽欲增税"的奏报，宋廷在熙
宁四年（1071）十月也明令三司"应兴修水利，垦开荒梗，毋增税"④。宋廷
不增赋税的明确表态，对打消民众顾虑、推动北方地区水稻种植面积的扩大
也相当关键。宋廷这种农田水利政策的有力推行，使汝州、洛阳等地的水稻
种植取得了较为丰硕的成果，"汝阴土沃民伙，有鱼稻之饶"⑤、"洛下稻田亦
多，土人以稻之无芒者为和尚稻"⑥。河东路境内汾河河谷的水稻种植规模也
较为庞大，梅尧臣在其诗文中对此即有着"北登太行入汾曲，正获稏耙秋风
前"⑦的描述。另如并州内的晋祠，其周围地带的水稻种植也一度呈现"稻花
漠漠浇平田"⑧的繁盛景象。熙宁八年（1075）七月，太原府百姓史守一主持

① 《长编》卷247，熙宁六年十月丁丑，第6021页。
② 《宋会要》食货61之100，第5923页。
③ 《宋会要》食货61之98，第5922页。
④ 《宋史》卷95《河渠志五·河北诸水》，第2369页。
⑤ 《苏辙集·栾城集》卷30《崔公度知颍州》，第516页。
⑥ 朱弁：《曲洧旧闻》卷3《和尚稻》，中华书局2002年版，第127页。
⑦ 《宛陵先生文集》卷56《送谢师厚太博通判汾州》，《宋集珍本丛刊》第三册，第115页。
⑧ 《欧阳文忠公文集》卷2《晋祠》。

对晋祠水利的修缮，取得了"溉田六百余顷"①的成效。相对于官府组织民众大力开展的水稻种植的推广，宋廷还在"南暨襄、唐，西及渑池，北逾大河"②的广阔区域内普遍设置稻田务。

宋廷在熙宁年间陆续推行的诸多农田水利建设举措，也不断受到保守派势力的抨击和阻挠。如熙宁二年（1069）十二月，直史馆、权开封府推官苏轼即公开宣称，"天下久平，民物滋息，四方遗利，盖略尽矣。今欲凿空访寻水利……岂惟徒劳，必大烦扰"③。熙宁三年（1070）正月，翰林学士范镇更是叫嚣，"乃者天雨土，地生毛，天鸣地震，皆民劳之象也。伏惟陛下观天地之变，罢青苗之举，归农田水利于州县，追还使者，以安民心，而解中外之疑"④，即将所谓的"天变"归罪于农田水利法的实施。熙宁七年（1074）四月，司马光甚至声称变法运动开展六年间，"百度分扰，四民失业……信狂狡之人，妄兴水利，劳民费财"⑤，对农田水利法更是肆意诋毁。针对保守派等势力的百般污蔑，变法派则给予了针锋相对的有力回击。如熙宁七年（1074）二月，针对吴充的减省河北路河役以减轻对民众骚扰的提议，王安石以河北路内农田建设的丰硕成果为依据给予了严厉回击。王安石明确指出，宋廷调集数万民夫堵塞黄河的做法令恩州、冀州等地大批百姓免于流亡，收获大量良田，"塞滹沱河又出田几万顷，灌田四千余顷，纵未经打量，不知万顷实否，然亦须五六千顷，并淤到卤地亦自万顷"⑥。变法派与保守派势力的交锋，在熙宁年间农田水利的发展中时有发生。

据《文献通考》记载，宋廷在熙宁三年（1070）至熙宁九年（1076）共在全国范围内兴修水利田多达10793处，所灌溉农田的面积达361178多顷。⑦

---

① 《宋史》卷95《河渠志五·河北诸水》，第2372页。
② 《宋史》卷174《食货志上二·赋税》，第4212页。
③ 《宋朝诸臣奏议》卷110《上神宗论新法》，第1196页。
④ 《宋朝诸臣奏议》卷111《上神宗论新法》，第1207页。
⑤ 《长编》卷252，熙宁七年四月甲申，第6161—6164页。
⑥ 《长编》卷250，熙宁七年二月丙子，第6088—6089页。
⑦ 《文献通考》卷6《田赋考六·水利田》，考70。

在当时的条件下，这一成就无疑是相当可观的。对于这些水利田的大致情况，我们依据《长编》转引《中书备对》的记载可做如下简要统计:①

表7-1：1070—1076 年北宋兴建水利田分布简表

水利田界至 （路、府、军）	水利田数量 （单位：处）	水利田面积
开封府界	25	15749 顷 29 亩
河北西路	34	40209 顷 4 亩
河北东路	11	19451 顷 56 亩（内含官地 27 亩）
京东东路	71	8849 顷 38 亩（内含官地 285 顷 50 亩）
京东西路	106	17091 顷 76 亩
京西南路	727	11558 顷 79 亩
京西北路	283	21802 顷 66 亩
河东路	114	4719 顷 81 亩
永兴等军路	19	1353 顷 91 亩
秦凤等路	113	3627 顷 79 亩（内含官地 1629 顷 53 亩）
梓州路	11	901 顷 77 亩
利州路	1	31 顷 30 亩
夔州路	274	854 顷 66 亩
成都府路	29	2883 顷 87 亩
淮南西路	1761	43651 顷 10 亩
淮南东路	513	31160 顷 51 亩
福建路	212	3024 顷 71 亩
两浙路	1980	104848 顷 42 亩
江南东路	510	10702 顷 66 亩
江南西路	997	4674 顷 81 亩
荆湖北路	233	8733 顷 30 亩

---

① 《宋会要》食货 61 之 68—69，第 5907—5908 页。

水利田界至 （路、府、军）	水利田数量 （单位：处）	水利田面积
荆湖南路	1473	1151 顷 14 亩
广南西路	879	2738 顷 89 亩
广南东路	407	597 顷 73 亩
总计	10793	361178 顷 88 亩、官地 1915 顷 30 亩

从表 7-1 中的相关数据来看，南方地区的水利田在数量、规模上都大大超越北方。尽管如此，北方地区的水利田建设同以往相比也有了极大发展和改进，这是应该予以肯定的。杨德泉等人曾对熙丰年间北方地区灌溉型水利田的地理分布情况给出了较为细致的统计，认为主要是集中在开封府界、京西路、京东路、河北路、河东路、永兴军路、秦凤路等地，"北方灌溉工程的地理分布比南方更为广泛"①，并指出当时全国灌溉型水利田面积的一半多、垦田的绝大多数均在北方地区。客观而言，这种估计恐怕未免有些偏高。但不可否认，熙宁年间的引黄灌溉成效确实颇为显著，对此郑獬在其《木渠》一诗中也有着极高的赞誉，"木渠远自西山来，下溉万顷民间田。谁谓一石泥数斗？直是万顷黄金钱……安得木渠通万里，坐令四海成丰年"②。

三、 哲宗朝、 徽宗朝引黄灌溉的逐渐衰退

元祐时期，宋廷的农田水利建设渐趋低迷，"朝廷方务省事，水利亦浸缓矣"③。宋廷虽然也有元祐七年（1092）四月"农桑垦殖、野无旷土，水利兴修、民赖其用为劝课之最"④ 一类县令考课规定的出台，但此类规定的实际作

---

① 杨德泉、任鹏杰：《论熙丰农田水利法实施的地理分布及其社会效益》，《中国历史地理论丛》1988 年第 1 期。
② 《郧溪集》卷 26《木渠》，《宋集珍本丛刊》第十五册，第 232 页。
③ 《宋史》卷 95《河渠志五·河北诸水》，第 2374 页。
④ 《长编》卷 472，元祐七年四月甲戌，第 11271 页。

用却是微乎其微。保守派在元祐更化中对王安石变法举措几乎尽废，这是导致元祐年间农田水利进一步衰败的关键因素。绍圣二年（1095）七月，蔡京对元祐旧党废除青苗法的批评即能说明这一问题，"自元祐废罢以来，兼并得纵，农渐失业，向之所积，支用殆尽，以致于今，未之复也"①。

徽宗朝对熙丰年间部分政策、举措的恢复，也直接推动了农田水利的恢复和发展。建中靖国元年（1101）十一月，宋廷在所颁敕书中即明确宣称，"熙宁、元丰中，诸路专置提举官，兼领农田水利，应民田堤防灌溉之利，莫不修举。近多因循废弛，虑岁久日更隳坏，命典者以时检举推行"②。崇宁二年（1103）三月，蔡京也提议恢复熙宁年间的农田水利法，"熙宁初，修水土之政，元祐例多废弛。绍复先烈，当在今日。如荒闲可耕，瘠卤可腴，陆可为水，水可为陆，陂塘可修，灌溉可复，积潦可泄，圩埠可兴，许民具陈利害"。同时，对于兴修农田水利所需的资金、人力，蔡京也建议"或官为借贷，或自备工力，或从官办集"③。随后，蔡京的这些倡议都被批准并推行。崇宁三年（1104）十月，也有大臣明确指出，"元丰官制，水之政令，详立法之意，非徒为穿塞开导、修举目前而已，凡天下水利，皆在所掌……愿推广元丰修明水政"④，这种提议也被宋廷加以采纳。为进一步推动农田水利的发展，宋廷也再次将农桑垦殖、水利兴修确立为徽宗朝考核官员的"劝课之最"⑤。到政和元年（1111）九月，宋廷还明令官民为农田水利积极献言，"自今应命官或诸色人陈述农田水利，令本州日下开具申部，从本部置籍。如可兴修，令所属依绍圣条法，一面兴条〔修〕。提举官因巡历所至，询访讲究施行。所贵地无遗利"⑥。这些举措的实施，对徽宗朝农田水利的发展是较为

---

① 《宋会要》食货 5 之 16，第 4868 页。
② 《宋史》卷 95《河渠志五·河北诸水》，第 2374 页。
③ 《宋史》卷 95《河渠志五·河北诸水》，第 2374 页。
④ 《宋史》卷 95《河渠志五·河北诸水》，第 2375 页。
⑤ 戴建国点校：《庆元条法事类》卷 5《职制门二·考课格·知州县令四善四最》，《中国珍稀法律典籍续编》本，黑龙江人民出版社 2002 年版，第 70 页。
⑥ 《宋会要》食货 63 之 192，第 6082 页。

有利的。徽宗朝农田水利工程建设最为显著的成果即是对三白渠再次进行了较大规模的恢复、改建。关中地区的水利工程在徽宗朝初期已呈"多因循废弛"①的凋敝局面，其中三白渠也是颇为破败，"溉田之利，名存而实废者十居八九"。到大观二年（1108）九月，永兴军提举常平使者赵佺启动了对三白渠的全面修复。蔡薄的《开修洪口石渠题名记》，对此次施工的情形有着较为详尽的记载：

> 工之始，视石之坚柔定以尺寸，为工其下，石顽攻不中程，乃增工二万七千九百五十三，凡石渠之工，总四十九万八百六十六……土渠北自石渠口，东南与故渠接，初计六千四百五十九尺，而所展石渠既已省一千七百一十六尺。其后接故渠处，土杂沙石，随治随坏，度不可持久，乃即其右开横渠二百尺，与故渠合地脉坚实，功简而径，又省旧所治渠九百六十五尺，实计土渠三千九百七十八尺。上广五十尺，下广十有八尺，浅深随地形，其最深者七十五尺，分凿六县，会工二十一万一千八百一十六。内泾阳、三原、高陵所凿有石棚隐土下，厚或一丈或七尺、八尺，乃损土工一万一千八百一十一，而增椎凿之工四万七千九百七十九，凡土渠之工总二十六万七千九百八十四。二年九月工兴，四年五月毕。渠成，惟石渠依泾之东岸不当水冲，乃即渠口而工入水凿二渠，各开一丈，南渠百尺，北渠百五十尺，使水势顺流而下。

此次三白渠的修复，因工程浩大而历时近两年才得以完工。通过灌溉系统的修复，三白渠的灌溉功效已大为提高，"溉七邑田三万五千九十余顷"②。程民生认为，相对于汉代44500余顷约合3077620市亩、宋代的35093顷约合3158370市亩，徽宗朝的这一灌溉规模要比汉代多出80000多市亩。③ 而这一

---

① 《宋史》卷95《河渠志五·河北诸水》，第2374页。
② 《长安志图》卷下《渠堰因革》。
③ 程民生：《论宋代陕西路经济》，《中国历史地理论丛》1994年第1期。

灌溉规模，更是远超唐代高宗永徽年间的最高峰 10000 多顷。也正是由于三白渠的这一显著灌溉成效，徽宗也欣然为三白渠赐名"丰利渠"，"宋之丰利渠功大而利久"。这一局面的出现，使得三白渠成为徽宗朝黄河地区农田水利建设中的一大亮点，也标志着这一时期农田水利恢复、发展中取得了巨大成绩。此后，蔡溥、邵伯温等人在徽宗朝曾先后担任"管勾永兴军耀州三白渠公事"[①]、"主管永兴军耀州三白渠公事"[②] 等职务，对三白渠都有着相应的维护。而在政和七年（1117）七月，提点京畿刑狱公事王本奏称，他在此前担任提举京畿常平任上曾积极组织京畿地区民众开垦荒田、推广水稻种植，"根括诸县天荒瘠卤地，开修水田，引水种稻，逐年所收土利不少。将引水不利之地一万二千余顷，并置图籍，拘管入稻田务，召人承佃。数内已佃五千三百余顷"。为保障农田水利建设成果的巩固，王本建议在"蒙朝廷立定赏格，已足激励"的基础上"比附盐事司开垦卤地赏格推赏"[③]，得到了宋廷的同意。徽宗朝的北方农田水利建设、恢复曾一度取得较为丰硕的成果，但很快又趋于衰落，"为监司、守、令者，虽有劝农之名，而不考其实；为提举常平、县丞者，虽有农田水利之职，而不举其事"[④]。在这一过程中，三白渠显著灌溉成效的取得和衰败，也呈现出这种特征。到钦宗朝，宋廷虽力图恢复元丰、绍圣年间官员兴修农田水利的奖赏办法，但已无力扭转农田水利的下滑趋势。

第二节　淤灌型农田的开发

通过充分利用河水淤泥肥田、浑水灌溉的淤灌方式，北宋官民积极开展

---

① 《长安志图》卷下《渠堰因革》。
② 《宋史》卷 433《儒林传三·邵伯温传》，第 12853 页。
③ 《宋会要》食货 61 之 106，第 5926 页。
④ 《宋会要》食货 63 之 195，第 6084 页。

的山区引雨洪、平原引浑水淤灌活动也成效显著。①凭借对黄河水携带大批有机质泥沙认识的提高和对引水时机的合理把握，北宋官民大范围开展引黄淤田活动，从而极大改善了贫瘠土地的肥力，"深、冀、沧、瀛间，惟大河、滹沱、漳水所淤方为美田，淤淀不至处悉是斥卤，不可种艺"②。因此，黄河沿岸的广大民众一方面要长期遭受黄河水灾的侵害，同时又可借助黄河开展大规模的淤田，"濒河之民虽被水害，然亦有填淤肥美及渔采之利"③。苏辙所说的"河之所行，利害相半，夏潦涨溢，侵败秋田，滨河数十里为之破税，此其害也。涨水既去，淤厚累尺，宿麦之利，比之它田，其收十倍"④、"盖水来虽有败田破税之害，其去亦有淤厚宿麦之利"⑤，也阐明了黄河水携带肥沃泥沙、河决后能够形成大量肥沃田地的这一道理。黄河、汴河、漳河等河流沿岸地区经历河水泛滥后的田地，也可算作是一种被动式的淤田。在对黄河地区农田的开发中，北宋官民对引黄淤田长期加以利用并取得了相当显著的成效。

一、 太宗朝至仁宗朝淤灌型农田的初步发展

北宋官民较早即已明确认识到引黄河水淤灌的功效，并开始在一定范围内开展相关的淤田活动。如淳化年间，京东转运使柴成务建议，"河水所经地肥淀，愿免其租税，劝民种艺"⑥，即获得了宋廷的批准而得以实施。胡旦在太宗朝也曾对黄河淤田的显著功效颇有赞誉，认为"长淮以北，太行以东，河水罢灾，土地甚沃。因其丰实，取其谷帛，减价以折纳，见钱以贵籴，官府多积，兵役无虞，用兵丰财，可济大事"⑦。黄河王陵埽在乾兴元年（1022）

---

① 郑连第等主编：《中国水利百科全书（水利史分册）》，中国水利水电出版社2004年版，第73页。
② 《梦溪笔谈》卷13《权智·潴水为塞》，第118页。
③ 《太史范公文集》卷17《乞罢河役状》，《宋集珍本丛刊》第二十四册，第250页。
④ 《长编》卷416，元祐三年十一月甲辰，第10114页。
⑤ 《宋史》卷92《河渠志二·黄河中》，第2293页。
⑥ 《宋史》卷306《柴成务传》，第10114页。
⑦ 《宋史》卷432《儒林传二·胡旦传》，第12828页。

的决溢，造成大量农田被淹没。但随着洪水的消退，大批肥沃农田的出现也引发了当地百姓的激烈争夺，"水去而土肥，阡陌不复辨，民数争，不能决"。最终，这种争夺在知平阴县范讽的调解下才得以平息，"（范）讽为手书，分别疆里，民皆持去以为定券，无复争者"①。

陕西转运使薛颜在真宗朝也曾组织民众开展引黄淤田活动，"即北岸疏上流为支渠，以顺水怒，又以溉其下泻卤之田，而民利之"②，从而实现了对盐碱地的较好改良。景德年间，知应天府李防也率领民众引汴河水开展淤田，"凿府西障口为斗门，泄汴水，淤旁田数百亩，民甚利之"③。天圣六年（1028）沧州黄河水灾，曾造成大面积农田受涝、大批灾民外迁。部分豪强当时乘机侵夺淹田，以图获得灾后的淤田，"只为河淤肥浓，指望将来水退，悉为良田，倍获子利"。针对这种情形，知沧州郭劝在庆历七年（1047）时即明确向宋廷建议，"应系黄河等灾伤逃户田土，见在水下，虽有人请射，未曾耕种、未纳税数，如本主归业，委州县勘会，不以年岁远近，并却给还。内有水退出地土耕种已纳税数兼该年限者，不在〔再〕给还"。最终，宋廷对郭劝的这些提议全部加以采纳，"下京东、京西、河北、陕西转运司指挥沿黄河州军，依（郭）劝所奏外，仍乞自今后如有似此黄河积水流移人户田土，虽是限满未来归业，未许诸色人请射，直候将来水退，其地土堪任耕种。耕种日，与依敕限，许令本户归业。如限满不来，即许诸色人请射为主，供输税赋"④。这种解决方式，对帮助黄河灾民重返农业耕作、增加政府赋税收入都极为有利。而类似的豪强侵夺黄河淤田现象，在仁宗朝的棣州黄河决溢期间也曾发生，"河北地当六塔之冲者，岁决溢病民田。水退，强者遂冒占，弱者耕居无所"⑤。结果，知棣州张洞下令由官府对黄河淤田重新加以标识，并运用蠲免

---

① 《长编》卷98，乾兴元年二月戊辰，第2275页。
② 《东都事略》卷112《薛颜传》，第1726页。
③ 《宋史》卷303《李防传》，第10039页。
④ 《宋会要》食货61之60，第5903页。
⑤ 《宋史》卷299《张洞传》，第9934页。

地租的方式来招集流民复业。庆历七年（1047），知邓州富弼也曾盛赞黄河淤田，宣称"自来经水田土，十倍肥浓，耕凿之功，不甚劳力，但能布种在地，便有厚获之望"①。这一说法虽对淤田功效不免夸张，却也在一定程度上代表了时人对淤田的看重。

二、神宗朝淤灌型农田的高度发展

（一）淤灌型农田的显著扩大

随着王安石变法的兴起，大规模的黄河淤田活动开始迅速发展起来。这种局面的出现，与《农田水利利害条约》的颁行和神宗、王安石等变法派的积极推动密不可分。熙宁二年（1069）十一月，秘书丞侯叔献积极倡议在汴河沿岸地区内广泛开展淤田、推广水稻的种植，指出汴河两岸马监占用的田地约两万多顷，"计马而牧，不过用地之半，则是万有余顷常为不耕之地。观其地势，利于行水"。对于淤田活动的具体操作，侯叔献则建议在汴河两岸设置斗门来引导河水，"分为支渠，及引京、索河并三十六陂，以灌溉田"②。对于侯叔献的规划，苏轼、司马光等人却极力反对。苏轼认为，"汴水浊流，自生民以来，不以种稻。秦人之歌曰：'泾水一石，其泥数斗。且溉且粪，长我禾黍。'何尝言长我粳稻耶？"③ 司马光也是极尽嘲讽，宣称"决汴水以种稻……道路之人，共所非笑"④。尽管如此，宋廷仍坚持任命侯叔献、杨汲一同实施这一规划。在侯叔献、杨汲的带领下，汴河两岸的大规模淤田活动迅速展开并取得显赫成效，"行汴水淤田法，遂鲫汴流涨潦以溉西部，瘠土皆为

---

① 《宋朝诸臣奏议》卷105《上仁宗乞拨河北逃田为屯田》，第1133页。
② 《宋史》卷95《河渠志五·河北诸水》，第2367页。
③ 孔凡礼点校：《苏轼文集》卷25《上神宗皇帝书》，中华书局1986年版，第733页。
④ 司马光：《增广司马温公全集》卷37《乞罢条例司常平使》，《宋集珍本丛刊》第十一册，第624页，中华书局2004年版。

良田"①。熙宁三年（1070）二月，同判都水监张巩等人在对中牟县辖区内的曹村周边实地勘察后，建议在曹村创建水柜一座以便于大面积淤灌农田，"遇涨水时，任其自流，比之修斗门大省费。又更灌二十余里民田，都计五十余里，（淤民田）约千有余顷"②。这种淤田规划，迅速得到了宋廷的批准。至于黄河洪水消退后所形成的淤田，规模往往更为可观。如熙宁五年（1072）六月，王安石即曾指出，"（黄河）北流不塞，占公私田至多……昨修二股，费至少而公私田皆出，向之泻卤，俱为沃壤，庸非利乎"③。

为了更好地推动开封等地淤田活动的有效开展，宋廷在熙宁五年（1072）十一月命权发遣提点开封府界诸县镇、屯田员外郎吴审礼兼提举淤田。④ 熙宁六年（1073）夏季，侯叔献主持导引汴河河水淤灌开封府辖区内的闲置土地，因规模庞大竟出现了"（汴河）水既数放，或至绝流"⑤ 的局面。该年八月，程昉计划再次引漳河水开展淤田，对此王安石也极力支持并要求"须及冬乃可经画"⑥。熙宁年间，程昉多次主持大规模的淤田活动且收效显著。王安石在熙宁六年（1073）十二月时曾指出，"程昉开闭四河，除漳河、黄河外，尚有溉淤及退出田四万余顷。自秦以来，水利之功，未有及此"⑦。程昉在熙宁七年（1074）正月时的奏报中指出，相关官员此前曾在沧州、深州等地广泛开展淤田活动，"沧州增修西流河堤，引黄河水淤田种稻，添灌塘泊，并深州开引滹沱河水淤田，及开回胡卢〔芦〕河，并回滹沱河下尾"⑧。在黄河淤田上，宋廷积极引导民众种植水稻等作物或栽种树木。如熙宁七年（1074）六月，河北东路察访司曾孝宽即建议，"自本司差官同安抚、转运司相度沧州三

① 《宋史》卷 355《杨汲传》，第 11187 页。
② 《宋会要》食货 61 之 97，第 5922 页。
③ 《宋史》卷 92《河渠志二·黄河中》，第 2282 页。
④ 《长编》卷 240，熙宁五年十一月丁巳，第 5826 页。
⑤ 《宋史》卷 93《河渠志三·汴河上》，第 2324 页。
⑥ 《宋史》卷 95《河渠志五·河北诸水》，第 2370 页。
⑦ 《宋史》卷 95《河渠志五·河北诸水》，第 2371 页。
⑧ 《长编》卷 249，熙宁七年正月甲子，第 6076 页。

塘及缘界河经黄河填污〔淤〕地募人种木"①。熙宁八年（1075）九月，西京左藏库副使王鉴奏称，开封府界内靠近京师的地区牧地和淤田众多，如在这些区域内广泛开展树木的种植会收益更高。针对这种提议，宋廷命王鉴、霍舜举共同负责广植树木的活动。② 熙宁七年（1074）十一月，淤田司在酸枣、阳武二县境内开展淤田，结果"役夫四五十万，后以地下难淤而止"③。这次淤田活动虽中途停止，但从其役用民夫四五十万人这一情形也可看出，淤田的预期规模是相当庞大的。熙宁八年（1075）四月，程昉建议可在次年从滹沱河、胡芦河引水淤溉滹沱河南岸魏公乡、孝仁乡一万五千多顷的贫瘠土地，自永静军双陵道口引河水淤溉北岸曲淀等村一万二千多顷的贫瘠土地。④ 这种规模庞大、范围广泛的淤田规划，最终也被宋廷批准。

　　熙宁年间，京东路、京西路等地也有着淤田活动的广泛开展。如熙宁八年（1075）四月，管辖京东淤田李孝宽提议，"矾山涨水甚浊，乞开四斗门，引以淤田"⑤ 即得到宋廷的批准而得以实施。同年八月，针对陆经奏报河中府内淤灌官田、私田共二千多顷，宋廷也责成司农寺加以核实。⑥ 该年九月，提举出卖解盐张景温提议从黄河、汴河引水淤灌陈留等八县的碱地。对此，宋廷在责令都大提举淤田司勘验后而决定第二年正式兴工。⑦ 为推动淤田活动的更快发展，宋廷还在熙宁九年（1076）五月专门任命判都水监程师孟"兼权都大提举京东、西淤田"⑧。此外，宋廷又命外都水监丞范子渊"同提举卫州界运河、兼卖河北淤田及材木等事"、都水监丞耿琬"兼同都大提举京东、西

---

① 《长编》卷254，熙宁七年六月庚午，第6206页。
② 《长编》卷268，熙宁八年九月乙丑，第6560—6561页。
③ 《宋史》卷95《河渠志五·河北诸水》，第2371页。
④ 《长编》卷262，熙宁八年四月戊寅，第6400页。
⑤ 《宋史》卷95《河渠志五·河北诸水》，第2372页。
⑥ 《宋史》卷95《河渠志五·河北诸水》，第2372页。
⑦ 《长编》卷268，熙宁八年九月癸未，第6572页。
⑧ 《长编》卷275，熙宁九年五月癸未，第6736页。

淤田"①，以便于河北路、京东路、京西路等区域内黄河淤田活动的组织、实施。都水监侯叔献在神宗朝曾"引矾水溉畿内瘠卤，成淤田四十万顷以给京师"②，这也是王安石变法期间规模最大的一次淤田活动。另如都水监丞俞充在熙宁年间也曾借助汴河开展淤田，并取得了"为上腴者八万顷"③的显著成效。

元丰年间的淤田活动仍在开展，但成效较熙宁年间已严重下滑。如元丰元年（1078）二月，都大提举淤田司奏称京东路、京西路辖区内此前曾淤灌官田、私田 5800 多顷。④ 鉴于都大提举淤田司的请求，宋廷在元丰二年（1079）十二月也下令"诏开封府界牧地可耕者为官庄"⑤，这自然也是为淤田活动的开展而做的一种事先准备。元丰五年（1082）十月，宋廷责令宣义郎张元方"相度措置淤碱地"⑥。此后，北宋的淤田活动已基本无从得见。在经历了熙宁年间的大规模发展后，北宋的淤田活动到元丰年间逐渐趋于衰落。同时，通过前面的论述我们也可看到，熙丰年间利用滹沱河、胡芦河、漳河等河流所开展的淤田活动，其成效也是颇为可观，而这种成效的取得多是充分利用这些河流往往与黄河相通、河水富含泥沙的条件，因此可视为黄河淤田的一种补充和延伸。杨德泉等人认为，熙丰时期的淤田约达 2500 万亩左右，这大约占当时水利田总规模的 25% 上下。⑦ 但笔者以为，熙丰时期淤田的成效、规模确实颇为显著，而这种淤田规模、淤田所占水利田比例的估计恐怕有些偏高。韦骧到金陵拜谒退隐的王安石时，曾在诗文中对淤田的成就给予

① 《长编》卷277，熙宁九年九月己巳，第6783页。
② 黄震著，张伟、何忠礼主编：《黄震全集》卷91《书侯水监行状》，浙江大学出版社2013年版，第2420页。
③ 《宋史》卷333《俞充传》，第10701页。
④ 《长编》卷288，元丰元年二月甲寅，第7045页。
⑤ 《长编》卷301，元丰二年十二月壬子，第7331页。
⑥ 《长编》卷330，元丰五年冬十月丙寅，第7957页。
⑦ 杨德泉、任鹏杰：《论熙丰农田水利法实施的地理分布及其社会效益》，《中国历史地理论丛》1988年第1期。

了高度评价，"万里耕桑富，中原气象豪。河淤开亿顷，海贡集千艘"①，诸如此类的赞誉自然也有着一定的夸张成分。但毫无疑问，熙丰年间淤田活动的长期开展对改善农田质量、扩大水利田耕作面积有着极大的推动作用，并将中国古代的淤田活动推进到一个顶峰阶段。

（二）淤灌型农田的对外出售和租佃

熙丰时期的大规模淤田活动，确实收到了将大片碱卤地变为良田的良好成效，这对土壤肥力的极大改善、种植结构的调整都有着显著的影响。因此，对熙丰时期的淤田"行得甚力。差官去监那个水，也是肥。只是未蒙其利"②一类的评价，也就有失公允。淤田所带来的亩产量提高、地价上涨，对广大民众也极具吸引力。受经济利益的驱动，许多民户也愿意购买淤田或请求官方代为淤田，"河淤肥浓，指望将来水退，悉为良田，倍获子利"③。部分财力雄厚者，甚至自行淤田。而淤田的大量对外出售，也是宋廷增加财政收入的一种有效途径。官府还依据淤田质量的高低而将其划分为赤淤、花淤等不同等级，对外出售的价格也相应有所差异。如熙宁五年（1072）二月，知都水监丞公事侯叔献等人曾提议：

> 见淤官田，今定赤淤地每亩价三贯至二贯五百，花淤地价二贯
> 五百至二贯。见有七十余户，乞依定价承买，欲作三年限输纳，仍
> 于次年起税。其有愿添钱或近限输纳者，即不以投状先后给之。其
> 续淤官地亦乞依此。④

可见，淤田的对外出售已形成了一套比较完善的价格标准和办法。尽管淤田的价格较高，但民众仍踊跃购买。同时，随着淤田的逐渐增多，宋廷还开始

---

①　韦骧：《钱塘集》卷5《过金陵上仆射王舒公》，台湾商务印书馆1986年影印文渊阁《四库全书》本。

②　《朱子全书·朱子语类》卷2《理气下·天地下》，第十四册，第150页。

③　《宋会要》食货61之60，第5903页。

④　《长编》卷230，熙宁五年二月壬子，第5586页。

专门设置相关的机构、官员来加强对淤田的管理。如熙宁九年（1076）九月，外都水监丞范子渊即被委任兼卖河北淤田及材木等事。① 相对于淤田的出售，官府无偿为民众开展的淤田活动也较为普遍，如漳河、洺河沿岸地区的民众数十人在熙宁五年（1072）闰七月曾"经待漏谢朝廷与开河出美田三四百里"。王安石对于漳河等地的淤田成效也颇为满意，曾称"漳河一淤凡数千顷"②，认为这对推动该区域内农田水利的发展相当有利。熙宁六年（1073），阳武县邢晏等364户民众上奏宋廷，表示愿意出资请官府代为淤田，"田沙碱瘠薄，乞淤溉，候淤深一尺，计亩输钱，以助兴修"③。最终，宋廷也决定无偿为这些民户淤田。

熙丰年间，宋廷也时常将部分淤田租佃给民众耕种，如熙宁四年（1071）八月就曾责令司农寺将汴河两岸所淤官陂、牧地、逃田"召人请射租佃"④。河北路招募的乡兵原来曾经"给塘泊河淤之田"，但因"力不足以耕，重苦番教，应募者寡"，这一做法最终在熙宁七年（1074）作罢。随后，宋廷将这些"塘泊河淤之田"转为募民耕种，"户两顷，蠲其赋，以为保甲"⑤。熙宁八年（1075）十月，都大提举淤田司建议，"诸牧地乞从本司淤溉，除留牧马外，募人增课承佃，以给群牧司岁费，余钱封桩买马"⑥，这一请求也获得了宋廷的同意。通过这种做法，宋廷既扩大了淤田的规模，又可凭借对外租种淤田的收入购买部分马匹，"河北制置牧田所继言，牧田没于民者五千七百余顷。乃严侵冒之法，而加告获之赏，自是利入增多"⑦。元丰元年（1078）六月，京东体量安抚黄廉曾指出，澶州及京东路、河北路所淤肥沃官田可招募客户加以耕种，"依其土俗私出牛力、官出种子分收，选晓田利官两员诣京东、河

---

① 《长编》卷277，熙宁九年九月己巳，第6783页。
② 《长编》卷236，熙宁五年闰七月辛亥，第5729页。
③ 《宋史》卷95《河渠志五·河北诸水》，第2370页。
④ 《长编》卷226，熙宁四年八月庚午，第5506页。
⑤ 《宋史》卷190《兵志四·乡兵一》，第4711页。
⑥ 《长编》卷269，熙宁八年冬十月甲午，第6596页。
⑦ 《宋史》卷198《兵志十二·马政》，第4941页。

北计会，转运、提举二司及逐县令佐相度，招募客户自今秋营种，并下司农寺详定条约"①。宋廷对此表示同意，并责成相关官员遵照黄廉提出的具体办法实施。

（三）淤灌型农田发展中的论争

熙丰年间淤田活动的开展，一直受到反变法派的不断攻击。同时，变法派则针锋相对地予以回击，以保障淤田活动的顺利实施。如刘挚在熙宁二年（1069）时指责淤田的开展"费大而不效"②、冯京在熙宁四年（1071）三月时叫嚣"府界既淤田，又行免役，作保甲，人极劳弊"③，此类举动的目的无疑都是要极力破坏、阻挠淤田活动的正常开展。熙宁四年（1071）五月，针对此前枢密院奏称"淤田役兵多走死，至一指挥但有军员五人归营者。又言府界营妇举营诉于提点刑狱，乞放淤田兵士"一事，王安石给予了严厉驳斥，指出实际情况是"淤田兵士走死多处不及三厘"④。宋廷也随即遣官追查，结果证明枢密院所称却是依据曾孝宽等人的传闻。熙宁七年（1074），针对程昉利用滹沱河开展的淤田活动，提举河北常平等事韩宗师也抨击其"堤坏水溢，广害民稼"⑤。熙宁八年（1075）九月，判大名府文彦博也曾抨击黄河淤灌对农田多有冲毁，声称"大河衍溢，坏民田多者六十村，户至万七千；少者九村，户至四千六百"。都水监奉命实施勘验，结果却是"惟滨州薄有水患不多，已奏外，余皆无之"⑥。另如熙宁年间侯叔献、杨汲因实施汴河淤田而获赏，反变法派却诬告二人"引河水淤田，决清水于畿县、澶州间，坏民田庐冢墓，岁被其患，他州县游〔淤〕田类如此，而朝廷不知也"⑦。《涑水记闻》

---

① 《长编》卷290，元丰元年六月癸卯，第7085页。
② 《忠肃集》卷3《分析第二疏》，第57页。
③ 《宋史》卷95《河渠志五·河北诸水》，第2369页。
④ 《长编》卷223，熙宁四年五月乙未，第5423页。
⑤ 《文献通考》卷6《田赋考六·水利田》，考70。
⑥ 《长编》卷268，熙宁八年九月癸酉，第6569页。
⑦ 《太平治迹统类》卷13《神宗任用安石》。

中记载，有人曾向王安石建议"欲决白马河堤以淤东方之田""梁山泊决而涸之，可得良田万余顷，但未择得便利之地贮其水耳"①，最终王安石出于对此类举措破坏北使往还道路等方面的顾虑而未加采纳。这种记载，显然颇富反变法派对王安石的污蔑和调侃。反变法派的夸大其词乃至无中生有，其目的无非就是要阻挠淤田活动的顺利实施。而劳民伤财、肥力有限，也往往成为淤田活动遭受攻击的另一理由。例如，苏轼即曾称：

> 汴水浊流……今欲陂而清之，万顷之稻必用千顷之陂，一岁一淤，三岁而满矣。陛下遂信其说，即使相视地形。万一官吏苟且顺从，真谓陛下有意兴作，上廪帑廥，下夺农时，堤防一开，水失故道，虽食议者之肉，何补于民？②

> 数年前……方矾山水盛时，放斗门，则河田坟墓间舍皆被害。及秋深水退而放，则淤不能厚，谓之蒸饼淤。③

对于此类言论，神宗、王安石等人也予以有力回击。神宗明确指出，"中人视麦者，言淤田甚佳，有未淤不可耕之地，一望数百里。独枢密院以淤田无益，谓其薄如饼"④；王安石承认某些淤田可能比较稀薄，但也指出"固可再淤，厚而后止"⑤、"但当令次年更淤，有何所害"⑥。同时，王安石也坚信，经过淤灌的广大农田土壤肥力确实有了显著改善，如"漳河淤地，名为沃壤……河北西路惟漳河南北最是良田"⑦。变法派的坚决回击，使得熙丰时期的淤田活动得以推行。熙宁六年（1073）六月，宋廷任命殿中丞、知都水监主簿刘璹"兼同提举沿汴淤溉民田"⑧，责成他协同其他官员开展引汴淤溉活

---

① 《涑水记闻》卷15，第299—300页。
② 《宋朝诸臣奏议》卷110《上神宗论新法》，第1196页。
③ 《苏轼文集》卷66《书汴河斗门》，第2075页。
④ 《宋史》卷95《河渠志五·河北诸水》，第2368页。
⑤ 《宋史》卷95《河渠志五·河北诸水》，第2368页。
⑥ 《长编》卷223，熙宁四年五月乙未，第5423页。
⑦ 《包拯集校注》卷7《请将邢洺州牧马地给人户依旧耕佃（一）》，第120—121页。
⑧ 《长编》卷244，熙宁六年四月丁酉，第5942页。

动。熙宁七年（1074）正月，程昉在其上奏中也称，"沧州增修西流河堤，引
黄河水淤田种稻，添灌塘泊，并深州开引滹沱河水淤田，及开回胡卢〔芦〕
河，并回滹沱河下尾"①，据此可知利用黄河、滹沱河所开展的淤田活动在进
一步扩大。为给予反变法派更有力的反击，神宗等人也多次派遣内侍对淤田
活动进行实地勘验。如熙宁五年（1072）九月，宋廷即曾派遣检正中书刑房
公事沈括"相视开封府界以东沿汴官私田可以置斗门引汴水淤溉处以闻"②。
对于淤田活动改善土壤肥力的功效，神宗依据使者的回奏给予了高度肯定，
声称"大河源深流长，皆山川膏腴渗漉，故灌溉民田，可以变斥卤而为肥沃。
朕遣中使往取淤土亲自尝之，极为细润"③、"视之如细面"④、"一寺僧言旧有
田不可种，去岁以淤田故遂得麦"⑤。熙宁七年（1074）正月，针对提举河北
路常平等事韩宗师对程昉主持漳河、滹沱河淤田活动的抨击，王安石也予以
严厉驳斥，指出"程昉淤田……今检定到出却好田一万顷，又淤却四千余顷
好田"。不仅如此，王安石甚至认为正是得益于程昉的淤田，才使漳河两岸地
区"除去百姓三二十年灾害"⑥。同时，针对反变法派的种种攻击，宋廷也会
对部分官员给予严厉的惩治。如针对王孝先抨击淤田营田司在熙宁七年
（1074）至熙宁十年（1077）耗资155400多缗一事，宋廷随即将他改命为知
邠州⑦，以此作为对反变法派的一种惩戒。

　　元祐时期保守派执政局面的出现和王安石变法举措的几乎尽废，导致淤
田活动已无从得见，这种局面的出现也是熙丰时期变法派、反变法派淤田论
争进一步发展的结果。实际上，宋廷早在熙宁九年（1076）十一月即正式下

---

① 《长编》卷249，熙宁七年正月甲子，第6076页。
② 《长编》卷238，熙宁五年九月壬子，第5796页。
③ 《长编》卷295，元丰元年十二月甲辰，第7180页。
④ 《宋会要》食货61之69，第5908页。
⑤ 《长编》卷221，熙宁四年三月戊子，第5370页。
⑥ 《长编》卷249，熙宁七年正月癸亥，第6074页。
⑦ 《长编》卷302，元丰三年二月壬寅，第7352页。

令"罢都大提举淤田司官"①,这已标志着淤田活动的衰落。相对而言,宋廷在哲宗朝对黄河退滩地的开发和利用却较为有效,对此问题将在后面予以探讨。至于徽宗朝、钦宗朝,有关淤田活动的相关记载更是已不见踪迹。

(四)淤灌型农田的经验、技术进步与不足

北宋时期的淤田,其相关技术、方法、经验也经历了逐步改进和提高。如对于黄河水势的变化,宋人已有了形象而生动的认识:

> 自立春之后,东风解冻,河边人候水,初至凡一寸,则夏秋当至一尺,颇为信验,故谓之"信水"。二月、三月桃华始开,冰泮雨积,川流猥集,波澜盛长,谓之"桃华水"。春末芜菁华开,谓之"菜华水"。四月末垄麦结秀,擢芒变色,谓之"麦黄水"。五月瓜实延蔓,谓之"瓜蔓水"。朔野之地,深山穷谷,固阴沍寒,冰坚晚泮,逮乎盛夏,消释方尽,而沃荡山石,水带矾腥,并流于河,故六月中旬后,谓之"矾山水"。七月菽豆方秀,谓之"豆华水"。八月荻薍华,谓之"荻苗水"。九月以重阳纪节,谓之"登高水"。十月水落安流,复其故道,谓之"复槽水"。十一月、十二月断冰杂流,乘寒复结,谓之"蹙凌水"。水信有常,率以为准;非时暴涨,谓之"客水"。②

这种对黄河水势的认识,对利用黄河开展灌溉、淤田活动都是颇为有利的。正是基于对黄河水携带泥沙在不同季节、不同阶段变化特性的准确把握,人们更便于恰当地捕捉合适时机开展相应的灌溉、淤田活动,"水退淤淀,夏则胶土肥腴,初秋则黄灭土,颇为疏壤,深秋则白灭土,霜降后皆沙也"③。前述诸多淤田活动的开展,也鲜明体现出这一特征。而在不适于开展淤田的季

---

① 《长编》卷279,熙宁九年十一月丁巳,第6820页。
② 《宋史》卷91《河渠志一·黄河上》,第2265页。
③ 《宋史》卷91《河渠志一·黄河上》,第2265页。

节，宋廷也会明令对淤田活动加以禁止，以此来加强对农田的保护。如元丰元年（1078）闰正月，宋廷即专门下令"候河水稍浑闭口，毋得沙损京东民田"①。

　　在具体的淤田活动中，宋人在充分掌握、利用黄河的这种特性基础上也多有着其他的一些技术创新。如熙宁年间，杨汲在引黄淤田中曾采用"随地形筑堤，逐方了当，以此免潦浸之患"② 的方法，即将所淤农田依据地势的变化而分割为若干部分依次淤灌，从而保证了淤田活动的顺利开展。这种方法的采用更为合理、有效，既可保障淤田活动的逐步实施，又可避免淤田中河水泛溢对农田的冲毁。都水监丞侯叔献在熙宁年间利用汴河开展淤田的过程中，曾突然遭遇汴河水暴涨、堤防将溃的危险形势。当时，侯叔献紧急将部分河水导入汴河上游数十里外的一座废弃古城，从而缓解了淤田区域的汴河水势，又随即"急使人治堤陷，次日古城中水盈，汴流复行，而堤陷已完矣，徐塞古城所决，内外之水平而不流，瞬息可塞"③，保障了此次淤田的顺利进行。

　　当然，北宋时期淤田活动的长期实施，也难免因举措、时机不当等原因而出现冲毁农田、阻遏漕运等一系列问题。如熙宁七年（1074）十一月，同知谏院范百禄奏称，都水监丞王孝先在主持黄河淤田的过程中，曾"于同州朝邑县界畎黄河淤安昌等处卤地。及放河水，而卤地皆高原不能及，乃灌注朝邑县长丰乡永丰等十社千九百户秋苗田三百六十余顷"。这种结果的出现，即是由于施工中"淤田约水不住"。④ 熙宁八年（1075），开封府雍丘等县的淤田活动，也因"分其未淤处清水"⑤ 而造成部分农田的淹毁。可见，引黄淤田举措的不当，难免会造成"决河淤田，而平原沃壤反有浸灌之害"⑥ 的破

---

① 《宋会要》方域15之1，第7560页。
② 《长编》卷264，熙宁八年五月甲戌条注文，第6464页。
③ 《梦溪笔谈》卷13《机智·侯叔献治汴堤》，第120页。
④ 《长编》卷258，熙宁七年十一月丁未，第6291页。
⑤ 《长编》卷266，熙宁八年七月己巳，第6523页。
⑥ 《太史范公文集》卷19《资政殿学士范公墓志铭》，《宋集珍本丛刊》第二十四册，第424页。

坏。而因时机不当或河水漫流失控等原因，淤田活动也会对交通运输的开展造成一定冲击。如熙宁六年（1073）六月，都水监丞侯叔献组织引汴淤田，期间就曾出现"水既数放，或至绝流，公私重舟不可荡，有阁折者"[1]、"中河绝流……下流公私重船，初不豫知放水淤田时日，以故减剥不及，类皆阁折损坏，致留滞久，人情不安"[2] 的情形。熙宁八年（1075）四月，管辖京东路淤田李孝宽为利用矶山水实施淤田，甚至奏请"乞候矶山水至，开四斗门引水淤田，权罢漕运三二十日"[3]，得到了宋廷的批准而得以实施。但客观而言，北宋时期淤田活动的开展尽管存在着一系列的弊病，其积极作用、影响却仍是颇为显著、不可否认的。

第三节　黄河故道、退滩地的开发

北宋时期社会人口的急剧增长，使得人地矛盾进一步加剧。为了获取更多的土地，宋人土地开垦的范围、规模也在不断扩大。在这一过程中，人们对黄河故道、黄河退滩地的耕种也是这种增加耕地趋势下的一种重要体现。北宋初期，黄河沿岸的民众较早即开始了对黄河遥堤内土地的垦殖。如太平兴国八年（983）九月，宋廷在诏令中即指出，"近年以来河堤频决……先是筑遥堤以遏，民利其膏沃，多种艺居处其中"。众多民众对黄河故道、黄河退滩地的垦殖，无疑是扩大耕地面积、部分缓解耕地压力的一种手段。这种做法虽具有接近水源、便于农田灌溉的便利，但也较为危险，"河涨即罹其患"[4]，同时也不利于黄河汛期洪水的泄洪。正因如此，宋廷对民众的这种做法时常加以干涉和禁止。如太平兴国八年（983）九月，宋廷为修复黄河遥堤

---

① 《宋史》卷93《河渠志三·汴河上》，第2324页。
② 《长编》卷245，熙宁六年六月甲申，第5967页。
③ 《长编》卷262，熙宁八年四月戊辰，第6398页。
④ 《宋大诏令集》卷181《遣使按行遥堤诏》，第654页。

派遣国子监丞赵孚、殿直郭载和殿中侍御史柴成务、供奉官葛彦恭开始对"民利沃壤，或居（遥堤）其中"这种现象加以清理，分别沿黄河南北两岸"西自河阳，东至于海，同览堤之旧址，凡十州二十四县，并勒所属官司条析堤内民籍、税数，议蠲赋徙民，兴复遥堤利害以闻"①。

但是，民众对黄河故道、黄河退滩地的耕种却并未因政府的限制而终止。在这种形势下，宋廷转而以收税的方式来实施对黄河故道、黄河退滩地的管理。如淄州、青州、齐州、濮州、郓州等地的民众，因耕作黄河退滩地而屡起冲突，"冒耕河壖地，数起争讼"。针对这种情形，张锡在真宗朝担任京东转运使期间曾对其加以化解，"（张）锡命籍其地，收租绢岁二十余万，讼者亦息"②。这一举措的出台，也就将原来民众的自行耕作转为官府对黄河退滩地征收赋税。这种变化，实际上也表明了官府对黄河退滩地利益分割的介入。熙宁二年（1069）八月，针对黄河北流断绝后恩州、冀州以下州军黄河退背田面积广大这种情况，中书省也指出，"深虑权豪之家与民争占，及有元旧地主因水荒出外，未知归请"。随即，宋廷责令河北转运司"应今来北流闭断后黄河退背田土，并未得容人请射，及识认指占。听候朝廷专差朝臣往彼，与本处当职官同行标定讫，收接请状，纽定租税，均行给受"③。可见，宋廷此次对黄河退滩地的处置，也是采用了确定租税额度租佃给民户耕种的方式，以此遏制地方豪强对黄河退滩地的侵占。熙宁五年（1072）闰七月，王安石曾指出，此前对二股河的修治也造就了大规模的黄河退滩地，"出公私田土为北流所占者极众，向时泻卤，今皆肥壤，河北自此必丰富如京东，其功利非细也"④。该年十一月，都水使者范子渊在奏报中称，大名府到乾宁军十五州内的黄河退滩地颇为广阔，"河徙地凡七千顷"⑤。范子渊建议责成河北转运司

---

① 《长编》卷24，太平兴国八年九月戊午，第551—552页。
② 《宋史》卷294《张锡传》，第9826页。
③ 《宋会要》食货63之183，第6078页。
④ 《长编》卷236，熙宁五年闰七月辛亥，第5729页。
⑤ 《长编》卷331，元丰五年十一月丙戌，第7971页。

派人会同当地官员一起"同立标识，方许受状定租给授"①，即将这些黄河退滩地租佃给民众。针对熙宁二年（1069）后大名府境内黄河频繁决溢、农田冲毁严重这一状况，都水监在熙宁七年（1074）六月也奏请由外都水监丞司将黄河水消退后形成的退滩地对外租佃，"使大河复循故道，别无走移壅塞之患。及退出良田数万顷，民得耕种……所有退出田土内，系官及人户未归业地土，即乞许逐旋召人承佃。人户归业，照证分明，即复给还"②，这一建议也获得批准而得以实施。按照这种规划，其预计中的黄河退滩地也是规模庞大。熙宁八年（1075）六月，神宗、王安石等君臣在探讨北方边境驻军的军粮问题时，王安石也对黄河退滩地的重要作用颇为看重：

> 言俵籴事，以为非特岁漕百万石，比今法可省六七十万贯钱，又可榷河北入中价。河北大河无事，诸河又已循道，所出地及淤田至多，即岁增出斛斗不少。既遇斛斗贵，住籴即百姓米无所籴，自然价减。是虽有住籴之名，而实须有物可籴。府界淤田岁须增出数百万石，民食有限，物价须岁加贱俵籴转之。河北非惟实边，亦免伤农。③

王安石的这一设想，也是希望借助对河北境内黄河退滩地、淤田的充分利用，以减轻向边地运输军粮的负担。另外，外都水监丞范子渊在熙宁九年（1076）十月时奏报，在利用浚川杷疏浚二股河的过程中，曾将漫流在许村等地的黄河水引归二股河主流，由此疏导出大量的黄河退滩地，"夺过水势，却归二股河行流，兼退滩内民田数万顷，尽成膏腴"④。可见，该役对大批黄河退滩地的形成也是作用巨大。在熙宁年间推行募役法的过程中，宋廷还一度实行给田募役法，"其法，以系官田如退滩、户绝、没纳之类，及用宽剩钱买民田以

---

① 《文献通考》卷4《田赋考四·历代田赋之制》，考59。
② 《宋会要》方域14之25，第7558页。
③ 《长编》卷265，熙宁八年六月戊申，第6489页。
④ 《长编》卷278，熙宁九年十月丁酉，第6800页。

募役人"①，可见黄河退滩地的开发与募役法的推行也有着密切的关联。

在哲宗朝的黄河退滩地开发、利用中，宋廷一方面仍将其作为增加财政收入的一种手段，同时又用于安抚灾民、招集流民复业。如元祐五年（1090）十一月，中书省准备派遣陈安民至河北东路、河北西路、开封府界内黄河沿岸地区"与州县同括民间冒佃河滩地土，使出租"，以此来解决黄河东流、北流"岁计不足"的问题。刘挚认为此举牵涉民众广泛、不可急于求成，否则"徒为州县、乡耆、河埽因缘之利，数十州百姓有惊骚出钱之患"。同时，刘挚也提议"不若下转运司令州县先出榜，令河旁之民凡冒佃河田者，使具数自首，释其罪，据顷亩自令起租，严立限罚。若限满即差官同河埽司检按，重立骚民受贿条法，如此亦须年岁，可见次第"②。刘挚的倡议，由于获得了吕大防等人的支持而得以实施。元符元年（1098）八月，曾布也指出，河北塘泊"自大河东流，有四千余顷可耕之地，见相度召人耕种"③，可见这种退滩地的面积也颇为可观。利用黄河退滩地来安抚灾民、招集流民复业的做法在哲宗朝也被普遍运用。如元祐元年（1086）四月，吏部侍郎李常等人曾奏称，"被水百姓于新河两堤之内滩地种麦，庶几一收，以资穷乏。体访得本路及州、县理纳税租，督责欠负，欲乞诏有司权与免放，或遣御史同行按视"。针对这一提议，宋廷责令河北转运司实施勘验，同时"诏委官司取索，令本部施行"④。可见，宋廷暂时允许贫苦百姓在灾年开垦黄河堤内的滩地，以此来缓解灾民生活的困顿。同月，据左正言朱光庭披露，宋用臣曾派遣曾孝广将西京永安县沿河地区的百姓田地收归官有。针对这种情况，朱光庭奏请"欲下京西转运司，将拘到地土给还旧日人户"⑤。在此，朱光庭所谈到的黄河沿岸土地，很可能也是退滩地。另如绍圣元年（1094），宋廷也曾派遣左朝请

---

① 《长编》卷374，元祐元年四月癸巳，第9071页。
② 《长编》卷450，元祐五年十一月戊子，第10821页。
③ 《长编》卷501，元符元年八月戊子，第11935页。
④ 《长编》卷374，元祐元年四月乙未，第9078页。
⑤ 《长编》卷375，元祐元年四月己亥，第9089页。

郎王奎前往黄河沿岸地区，利用黄河新堤外的退滩地招徕流民复业。① 绍圣二年（1095）三月，宋廷还进而规定，各地可堪耕作的黄河弃堤、退滩地应立定期限来安置流民，倘若流民限满不来则考虑将这些田地"立定租税，召土居五等人户结保，通家业递相委保承佃，每户不得过二顷。论如盗耕退复田法，追理欺隐税租外，其地并给告人，仍给赏"②。元符二年（1099）十一月，对于河北路内的黄河退滩地，宋廷也下令"并权许流民及灾伤第三等以下人户请佃，与免租税三年。其已前诸逋负亦权住催理三年。如合量行借贷，令提举司相度施行"。同时，为防范官员、豪强侵占黄河退滩地，宋廷对这些人员也明确给予严格限制和严厉惩治，"如官员并吏人及有力之家请佃及官司给与者，各徒二年"③。

徽宗年间，黄河退滩地的开发、利用已完全沦为宋廷盘剥民众的一种手段。如杨戬等人在推行公田法、搜刮民田的过程中，就曾"括废堤、弃堰、荒山、退滩及大河淤流之处，皆勒民主佃"④、"尽山东、河朔天荒逃田与河堤退滩租税举入焉"⑤，即将大量的黄河退滩地也纳入盘剥的范畴。而为了满足徽宗集团的奢侈消费，宋廷也将对外出售黄河退滩地作为扩大财源的途径加以利用。如政和元年（1111）六月，户部侍郎范坦提议，"奉诏总领措置出卖系官田产，欲差提举常平或提刑官专切提举管勾出卖。凡应副河坊〔防〕、沿边召募弓箭手或屯田之类，并存留。凡市易、抵当、折纳、籍没，常平户绝、天荒、省庄，废官职田，江涨沙田，弃堤退滩，濒江河湖海自生芦苇荻场，圩埠、湖田之类，并出卖"⑥，即获得宋廷的批准。为解决宗室成员财用的不足，陈守向也建议宋廷利用部分黄河退滩地的收入加以应对，"以黄河退滩

---

① 《宋会要》食货61之61，第5904页。
② 《宋会要》食货63之189，第6081页。
③ 《长编》卷518，元符二年十一月壬辰，第12337—12338页。
④ 《宋史》卷468《宦者三·杨戬传》，第13664页。
⑤ 《宋史》卷174《食货志上二·赋税》，第4212页。
⑥ 《宋会要》食货63之191，第6082页。

地、淮浙围田及常平赡学所不取者充"①。诸如此类的掠夺民田、对外出卖田产活动，往往也将黄河退滩地囊括其中。当然，宋廷偶尔也会对部分黄河退滩地减免租课的征收，如宣和三年（1121）二月即在赦文中规定，"冒占并天荒、逃移、河堤、退滩等地，并免方量根括，其已方量根括增添创立租课特与减半"②，但这种情形毕竟相当有限。同时，由此可见徽宗朝在此前较长时期内一直将黄河退滩地纳入征收租课的范畴。

　　总体来看，北宋时期借助黄河而长期开展的农田灌溉，对北方农业生产的恢复发挥了积极、有效的推动作用。尤其是通过对黄河等河流的利用而实施的广泛淤田，更是在熙宁年间达到了中国古代的最高峰，这对土壤质量的提高、农业生产条件的改善无疑都具有重要意义。而北宋时期黄河故道、退滩地的开发，也曾一度取得较好成效。这些黄河农田水利资源开发活动的长期开展，有着巩固宋廷封建专制统治、扩大政府财政收入等多重政治、经济因素的驱动。通过黄河农田水利资源的开发，宋廷也力图维系北方地区的农业恢复和发展，降低灾害冲击下的人口流动和维护社会秩序的稳定。因此，北宋时期黄河农田水利资源的开发富有较强的政治和经济意义。同时，北宋时期黄河农田水利资源开发活动的发展，又呈现出多重典型特征：在空间上，北宋黄河农田水利资源开发具有广泛性和相对集中性，即在广阔的黄河流域内都有着一定农田建设活动的开展，同时三白渠农田水利建设、淤田活动的实施等又相对具有集中性。北宋黄河农田水利资源的开发具有较大的起伏性。这种起伏的产生，主要缘于政治形势的波动等因素的影响，如庆历新政、王安石变法运动对农田水利的积极推动和元祐更化对农田水利的严重破坏即可突出说明这一问题。

---

　　① 杨时：《龟山集》卷35《忠毅向公墓志铭》，《宋集珍本丛刊》第二十九册，线装书局2004年版，第555页。

　　② 《宋会要》食货70之122，第6431页。

第八章　北宋黄河的漕运运营与桥梁建设

　　中国古代的漕运在经济社会发展中长期占据重要地位，"漕运之制，为中国大政"①。在北宋时期的漕运发展中，黄河漕运曾一度呈现"万里通槎汉，千帆下漕舟"②的繁荣景象。吕祖谦曾指出，"本朝置发漕，两处最重者是江淮至真州陆路转输之劳。其次北方之粟，底柱之门，舟楫之利。若其他置发运，如惠民河、广济河，虽尝立官，然不如两处之重，此本朝之大略如此"③，由此也可见黄河漕运地位的重要。而在北宋黄河漕运的发展中，粮食、竹木等物资的运营有着一定的重要地位和突出特色，并逐渐经历了由盛转衰的变迁。同时，宋廷通过一系列桥梁建设、防护举措的实施，将黄河桥梁严格掌控在政府手中，而这也是对黄河交通资源开发、利用的另一种重要方式。本章围绕黄河的漕运运营与桥梁建设两大方面展开探讨，以揭示北宋时期黄河漕运、桥梁资源的开发和利用。

---

① 康有为著，汤志钧编：《康有为政论集》，中华书局 1998 年版，第 354 页。
② 《欧阳文忠公文集》卷 10《黄河八韵寄呈圣俞》。
③ 吕祖谦：《历代制度详说》卷 4《漕运·详说》，上海古籍出版社 1992 年版，第 937 页。

第一节　粮食运营

黄河的漕粮运输，早在春秋时期即有了"泛舟之役"① 的相关记载。秦、汉、隋、唐等王朝均定都长安，都曾不同程度地仰仗黄河开展粮食运输。隋唐时期长安城内及其周边人口的显著增加、西北地区物产的不足，使得黄河漕粮运输对长安乃至政权的稳定都颇为重要。隋文帝曾下令在黄河沿岸的蒲州、陕州、伊州、洛州等十三州内专置漕卒，以将关东、山西等地的大批粮食运抵长安。② 裴耀卿、刘晏等人也曾对黄河漕粮运输加以整顿，以致天宝年间一度出现"每岁水陆运米二百五十万石入关"③ 的景象。北宋时期的黄河漕粮运输，虽在规模、地位等方面无法与隋唐时期相提并论，但仍具有一定的重要性，并伴随着经济、军事形势的变化而多有起伏。

一、黄河中游、下游间的粮食漕运

北宋政权建立伊始，就较为重视水路运输的恢复和发展。当时，北宋因疆域局限于北方一隅而漕运区域相对有限，且基本上承袭后周漕制，"京师岁费有限，漕事尚简"④、"国初方隅未一，京师储廪仰给唯京西、京东数路而已，河渠转漕，最为急务。京东自潍、密以西，州郡租赋悉输沿河诸仓，以备上供"⑤。对于北宋初期的漕粮运输，《曾巩集》中也对其有着相应的记载，"置集津之运，转关中之粟，以给大梁。故用侯赟典其任，而三十年间，县官之用无不足"⑥。在这种客观环境下，黄河在北方地区的漕运开展中有着一定

---

① 朱鹤龄：《尚书埤传》卷5《禹贡》，台湾商务印书馆1986年影印文渊阁《四库全书》本。

② 魏征、令狐德棻：《隋书》卷24《食货志》，中华书局1973年版，第683页。

③ 杜佑撰，王文锦、王永兴、刘俊文、徐庭云、谢方点校：《通典》卷10《食货志十·漕运》，中华书局2003年版，第224页。

④ 《宋史》卷175《食货志上三·漕运》，第4250页。

⑤ 《王文正公笔录》，第264页。

⑥ 曾巩撰，陈杏珍、晁继周点校：《曾巩集》卷49《漕运》，中华书局1984年版，第675页。

的地位。北宋统一战争的结束与加强中央集权过程中"粟帛钱币咸聚王畿"①方针的确立，使汴河的地位迅速提升，黄河的漕运地位则开始下滑。尽管如此，黄河漕粮运营在北宋时期仍得以长期维系。

北宋初期，黄河的漕粮运输规模尚不固定。如太平兴国六年（981），黄河漕运的米、豆分别达 50 万石和 30 万石，② 这在当时还是比较可观的。在此后较长的时期内，黄河漕粮的运营基本能够维系这一规模，直到至道元年（995）时仍保持"粟五十万石，菽三十万石，以给京师兵食，非水旱蠲放民租，未尝不及其数"③ 的水准。这一规模虽然无法与汴河米 300 万石、豆 100 万石的漕运水平相提并论，但倘若与此期惠民河运米 40 万石和广济河运豆 20 万、米 12 万石的规模相比④，却仍是较高的。

从北宋时期黄河漕粮的运输路线来看，陕西的粮食基本是自三门、白波等地而通过黄河转入汴河、运抵京师，"陕西之粟，自三门、白波转黄河入汴至京师"⑤。这一运输路线在中途要穿行崇山峻岭且水势落差较大，因此水上航运的条件颇为恶劣。尤其是水流湍急、暗礁丛生的三门一带，更是黄河水路运输的瓶颈，极易发生船毁人亡的现象而被漕运者视作畏途，"水流迅急，势同三峡，破害舟船，自古所患"⑥。唐朝时期，"蜀之三峡、河之三门、南越之恶溪、南康之赣石"即被视为"险绝之所"⑦，这些地方水运的开展都要使用当地的篙工来完成。北宋时期的黄河三门水运，继承了前代的这种做法并试图对这一漕运瓶颈加以克服。如早在建隆二年（961）八月，太祖即曾"幸

---

① 《宋史》卷173《食货志上一·农田》，第4156页。
② 《宋会要》食货46之1，第5604页。
③ 《长编》卷38，至道元年九月月初记事，第820页。
④ 《宋会要》食货46之1，第5604页。
⑤ 《文献通考》卷25《国用考三·漕运》，考245。
⑥ 郦道元撰，陈桥驿校证：《水经注》卷4《河水》，中华书局2007年版，第117页。
⑦ 李肇：《唐国史补》卷下，台湾商务印书馆1986年影印文渊阁《四库全书》本。

崇夏寺，观修三门"①；乾德元年（963）四月，宋廷也"诏重凿砥柱三门"②。
但这些活动最终却均以失败告终，此后也再无宋廷开凿三门活动的相关记载。
尽管如此，北宋时期借助黄河所开展的粮食运输仍在这样一种艰难条件下得
以长期运行。如景德元年（1004），王济在上奏中称，"陕西有关防隔阂，舳
舻远属，军储数万"③，这说明当时的黄河漕粮规模仍较为可观。而景德二年
（1005）时张方平的上奏则透露，宋廷在该年颁行的敕令中曾称，"陕西转运
司每年认定马料三十万石上京，所有细色斛斗如有剩数，即行般运"④，这也
涉及部分粮食的运输。在当时遭受党项族的不断骚扰、西北地区大量用兵的
形势下，陕西本地的粮食消耗颇为庞大，但仍能保持向京师的漕粮运输。大
中祥符初年，陕西各州征发的菽粟也通过黄河被大量运抵京师，"自黄河三门
沿流入汴，以达京师，亦置发运司领之"⑤，"三门白波发运使、判官、催纲领
之"⑥。大中祥符二年（1009）正月，针对陕西转运使奏称"濒河仓庾止有二
年之蓄"⑦ 这一状况，宋廷随即派遣右司谏、直史馆张知白按巡陕西路。这一
事件也说明原来黄河沿岸仓储所储存的粮食是较为丰富的，那么相应的黄河
漕粮运输也应颇具规模。黄河沿岸仓储的设置、粮食的储备，自然相当注重
对黄河水运条件的利用。如针对西京官员在真宗朝奏报当地驻军缺粮这一情
况，陕西转运使张傅即建议自冯翊、华阴两地的丰富储粮中调拨二十万石实
施援助，"繇三门下济之"⑧。在大伾山地区，宋廷也长期设有转运粮仓，"（大
伾山）北麓为黎阳仓，自隋至唐、宋皆置仓于此，即仓城故址也。宋政和以

① 《宋史》卷1《太祖本纪一》，第10页。
② 《长编》卷4，乾德元年四月甲辰，第90页。
③ 《宋史》卷304《王济传》，第10068页。
④ 《张方平集》卷23《论京师军储事》，第348页。
⑤ 《宋史》卷175《食货志上三·漕运》，第4251页。
⑥ 《宋会要》食货46之1，第5604页。
⑦ 《长编》卷71，大中祥符二年正月乙酉，第1592页。
⑧ 《宋史》卷300《张傅传》，第9975页。

后，河易故道，仓始废"①。

相对于黄河漕粮运输的困难，借助于人力、畜力所实施的粮食运输也颇为艰难，这在宋人的议论中即多有反映：

> 调夫与驴于民，夫一名官支雇钱一千、米一石，驴一头官支赁钱五百。而民间自太原至潞州至河外，一夫之费多至百千，驴之直多至十千，调驴三千头，至用钱四万贯，而官支才千余缗。②

> 若以畜乘运之，则驼负三石，马、骡一石五斗，驴一石。比之人运，虽负多而费寡，然刍牧不时，畜多瘦死，一畜死则并所负弃之，较之人负利害相半。③

从宋人的此类言论不难看出，黄河中下游间的陆路运输也面临着费用高昂、运行艰辛等诸多困难。梅尧臣的《汴渠》一诗曾描绘北宋时期人、畜陆路运输的艰辛，"设无通舟航，百货当陆驰。人肩牛骡驴，定应无完皮"④，这一状况又何尝不是当时黄河地区陆路运输的一种真实写照呢？相较于这种陆路运输的艰辛，北宋时期的黄河运输也着实不易，"涉碛阴，运载甚难"⑤，部分河段甚至"黄河水道险于峡江"⑥。正因如此，北宋时期黄河漕运的开展也多有人员伤亡。在这种形势下，宋廷也借助相应的举措加以应对。如天圣七年（1029）四月，针对三司发运使奏报的"黄河挽舟卒不习湍险，多溺死"这种情形，宋廷即专门招募水军安置在河阴以保障黄河漕船的运行，"乃于河阴募置水军二千人"⑦。为使黄河漕粮运输得以维系，宋廷也通过其他相关举措的实施来适当规避运输的困难。如咸平五年（1002）九月，鉴于此前麟州、府

---

① 顾祖禹撰，贺次君、施和金点校：《读史方舆纪要》卷16《北直七》，中华书局2005年版，第719页。

② 《长编》卷344，元丰七年三月庚申条注文，第8264页。

③ 《梦溪笔谈》卷11《官政一·运粮之法》，第100页。

④ 《宛陵先生文集》卷35《汴渠》，《宋集珍本丛刊》第三册，第777页。

⑤ 《长编》卷60，景德二年五月辛亥，第1335页。

⑥ 《长编》卷489，绍圣四年六月甲辰，第11604页。

⑦ 《长编》卷107，天圣七年四月壬辰，第2506页。

州驻军的粮草"皆河东输馈，虽地里甚迩，而限河津之阻。土人利于河东民罕至，则刍粟增价"① 这一状况，宋廷命郑文宝负责在府州、定羌军设置浮桥，以避免黄河运输的不便。尽管黄河水运面临着诸多困难，较大规模的黄河漕粮运输因军储、灾荒赈济等多方面的需求仍被加以保留和开展。

伴随着宝元年间宋夏战事的紧张，宋廷派驻西北边境的军队迅速增加，这也直接导致京师等地向陕西边境的军粮运输数量激增，"陕西用兵，调度百出，县官之费亦广……江淮岁运粮六百余万，以一岁之入仅能充期月之用"②、"夏戎叛命，遂不暇给"③。针对这种情况，欧阳修在康定元年（1040）时建议宋廷采取有效措施来提高黄河的运输能力：

> 今江淮之米岁入于汴者六百万石，诚能分给关西，得一二百万石足矣。今兵之食汴漕者出戍甚众，有司不惜百万之粟分而及之，其患者在三门阻其中耳。今宜浚汴渠，使岁运不阻，然后按求（裴）耀卿之迹，不惮十许里陆运之劳，则河漕通而物可致，且纾关西之困……按（裴）耀卿与（刘）晏初治漕时，其得尚少，至末年其得十倍，是可久行之法明矣，此水运之利也。

欧阳修一方面建议宋廷加强对汴河的疏浚以"使岁运不阻"，另一方面则希望通过陆运、黄河漕运的综合利用将大批粮食运抵关西，"京西之地，北有大河（黄河），南至汉而西接关，若又通其水陆之运，所在积谷，惟陛下诏有司而移用之耳"④。稍后，宋廷在该年六月派遣驾部员外郎卞咸"相度自汴口至集津运粮利害以闻"⑤，以为黄河漕粮运输做好准备。庆历元年（1041）七月，宋廷还命三门白波黄渭汴河发运使梁吉甫兼管汾洛河发运，"应副陕西转运司

---

① 《宋史》卷277《郑文宝传》，第9428页。
② 《文献通考》卷24《国用考二·历代国用》，考231。
③ 《张方平集》卷23《论京师军储事》，第348页。
④ 《宋朝诸臣奏议》卷132《上仁宗论庙算三事》，第1459页。
⑤ 《长编》卷127，康定元年六月癸巳，第3018页。

辇运粮草"①。庆历三年（1043）七月，针对当时陕西永兴军、同州、耀州、华州、陕府等地遭遇严重旱灾而秋收无望、官府没有储粮、军粮短缺等一系列严峻形势，范仲淹、韩琦建议紧急命陕西路转运使孙沔"速相度上件州军向去救济饥民及办给军食有何次第"。同时，范仲淹、韩琦二人也提议，陕西路所缺的粮食需通过黄河自京师紧急漕运，"即便于黄河内般辇自京以来斛米，往彼应副。仍速行相度，沿路如何计纲即不至艰阻事状奏闻"②。在随后的发展中，黄河漕粮活动的开展逐渐衰退，到嘉祐年间已呈现出一种"黄河岁漕益减耗，才运菽三十万石"的情形。嘉祐四年（1059），宋廷明令停止京师向陕西的黄河漕粮运输，"罢所运菽，减漕船三百艘。自是岁漕三河而已"③。这一局面的形成，标志着黄河中下游间粮食运输基本终止。

此后，宋廷也不断试图恢复黄河漕粮运输，但最终却未能实现。如熙宁三年（1070）八月，鉴于鄜延、秦凤、泾原、怀庆四路沿边州军时常缺乏军粮，提举陕西常平等事苏涓建议将京师陆运至陕西的军粮改为水运，并提出了较为具体的漕运路线：

> 今欲自河、洛运入鄜延路至延州，自渭运入秦凤路至秦州，自泾运入泾原、环庆路至渭、庆州。又四路中绥德城尤远，亦可自河入无定河运至绥德城。

针对苏涓的提议，宋廷随即命前知华阴县宁麟、前凤翔府普润县令梁仲堪前往勘察以确定是否可行。依据宁麟、梁仲堪的回奏，中书省认为"本处山河峻急，石碛险恶，恐难以通漕"④，否决了苏涓的建议。元丰四年（1081）七月，宋廷下令"应陕西军需物，可并以舟载至西京界，令京西转运司运致"⑤，这可能涉及部分黄河漕粮活动的开展。针对元祐三年（1088）春季关中地区

---

① 《宋会要》职官42之17，第3243页。
② 《长编》卷142，庆历三年七月辛未，第3397页。
③ 《宋史》卷175《食货志三上·漕运》，第4252页。
④ 《长编》卷214，熙宁三年八月丙子，第5210—5211页。
⑤ 《宋会要》食货47之1，第5612页。

旱灾的发生，吴革倡议借助水路、陆路两种方式自京师向关中运输粮食以救济灾民，"（吴）革言陆运以车营务车、驼坊驼骡运至陕，水运以东南纲船般至洛口，以白波纲船自洛口般入黄河"。宋廷采纳了吴革的建议，但最终却未能成功，"所运米中路留滞，虽有至洛口，散失败坏不可计"①。此后，黄河中下游间的粮食漕运活动在北宋时期再未出现。

二、 黄河下游、 中上游区域内的粮食漕运

（一） 黄河下游区域内的粮食漕运

在黄河下游区域内，北宋时期的黄河粮食运输活动也时有开展。如景德四年（1007）五月，宋廷命河北沿黄河州军在实施黄河漕运中"自今以军士充役，勿差部民"②，可见这一时期河北路内也有着一定规模的粮食等物资的黄河运输。大中祥符五年（1012）五月，宋廷命河北转运使"自今敛市刍粮，宜就濒河州郡，以便挽送"③，这主要是着眼于对黄河水运条件的利用。天禧元年（1017），宋廷命河北都转运使李士衡自绛州运粟十五万石接济京西路。鉴于水路运输路途较远、难度较大，李士衡在获得宋廷同意后将所运粮食改为"止运怀州麦粟五万斛"④。慈州百姓张熙在真宗朝曾诈称黄河都总管而"籍并河州郡刍粮数，至贝州"⑤，最终被贝州知州雷孝先觉察而遭逮捕。此次黄河运输的粮食，其规模可能也较为可观。而为了保障北部边境的军粮供应，宋廷借助黄河所开展的粮食运输活动也不断涌现。如至和二年（1055）十一月，虞部郎中薛向针对河北籴法的弊端而提议实施改革，主张以现钱法的推行来保障河北沿边十四州的军粮供应。同时，他还建议"边谷贵，则籴澶、

---

① 苏辙：《龙川略志》卷5《言水陆运米难易》，中华书局1997年版，第278—279页。
② 《长编》卷65，景德四年五月丁酉，第1454页。
③ 《长编》卷77，大中祥符五年五月丁丑，第1765页。
④ 《长编》卷89，天禧元年五月辛丑，第2059页。
⑤ 《宋史》卷278《雷德骧传·雷孝先附传》，第9463页。

魏粟，漕黄、御河以给边；新陈未交，则散粜减价以救民乏；军食有余，则坐仓收粜以待不足"①。宋廷采纳了这些提议，并随即下令设置河北都大提举使粜粮草及催遣黄御河纲运公事，命薛向总领其事。为补充河北军粮的不足，叶清臣在仁宗朝也提议"自汴漕米繇河阴输北道者七十余万"②，虽因贾昌朝的反对而未成行，但这一计划的漕运规模却较为庞大。此外，熙宁六年（1073）八月，管勾都水监丞侯叔献提议，"欲以白沟为清汴，储三十六陂及京、索二水为源，仿真、楚州开平河置闸，四时行舟，因罢汴渠"。对此，神宗认为汴河水运不可骤废、开修白沟之役需慎重实施，王安石则主张"此役若成，亦无穷之利，当别为漕河，以通黄河一支漕运，乃为经久之利"③。随后，都水监奏请"白沟自滩河至于淮八百里，乞分三年兴修。其废汴河，俟白沟毕功，别相视"④，获得宋廷的批准而正式启动白沟之役。王安石、侯叔献等人对这一计划的倡导和实施，是将其与黄河漕运的开展结合在一起加以整体规划，准备以白沟部分乃至全部取代汴河。但从最终的结果来看，到熙宁七年（1074）正月，随着大批河夫被抽去从事汴河疏浚工程而宣告废止。

神宗朝时，宋廷借助黄河从京师等地向河北沿边地区的粮食运输活动仍多有开展。如熙宁元年（1068）七月，宋廷命虞部郎中、知河阴县张宗道和虞部员外郎、发运司勾当公事傅永"并专切催遣自京所拨赴河北粮纲"⑤，这可能就涉及对黄河水道的利用。熙宁五年（1072）八月，宋廷曾将内藏库钱五十万缗赐给河北常平司，专门用于"近边或沿黄、漳、御河通漕州军丰年市肆粜军储"⑥。这种活动的出现，无疑也与黄河的漕粮运输直接相关。反映到熙宁七年（1074）十月的诏令中，宋廷将原本在沿蔡河州军设置粜场、筹

---

① 《长编》卷181，至和二年十一月丁巳，第4382页。
② 《宋史》卷295《叶清臣传》，第9855页。
③ 《宋会要》方域17之17，第7605页。
④ 《宋史》卷94《河渠志四·白沟河》，第2342页。
⑤ 《宋会要》食货45之2，第5595页。
⑥ 《长编》卷237，熙宁五年八月乙酉，第5765页。

集粮食向河北路运输的计划，改为"更于沿黄河州县计置，除朝廷赐本钱外，同转运司计脚费以闻"①。同年十二月，宋廷接受三司的提议而下令"以京东路上供粮自明年后不折变钱，依旧计置折变米，并于河北近水路州军封桩，以备边用"②。这种粮食的转运，应该也是经由黄河而转入御河。熙宁九年（1076）四月，司农寺曾指出，河北东路提举司所筹集的粮食如果全部运往澶州、大名，"不惟费脚乘不少，兼恐逐处岁支不多，反致陈损"，因此建议"乞令分于近河及屯兵州军桩管"。宋廷采纳了三司的提议，但同时规定"仍令不得过元指定州府二百里"③。元丰五年（1082）三月，提举河北黄河堤防司建议，"御河纲运，惟通恩、沧、永静、乾宁，自可转入大河，不至回远。所相度闭截徐曲来水并入大河为便"④，这也得到了宋廷的批准而得以实施。这样，相当一部分原本由御河运输的粮食就转为利用黄河来运输。此外，如元丰六年（1083）十一月，提举导洛通汴司宋用臣曾提议，"朝旨岁运粮百万硕赴西京，已计置截拨东河粮纲至洛口，以浅船对装，计会本路转运司下卸"，这一建议最终被宋廷采纳。同时，宋廷又明确规定，"仍候来岁终一全年见利害，别议废置"⑤。元丰八年（1085）五月，宋廷下令"罢运粮一百万硕赴西京"⑥。据以上这些事例可知，借助黄河向洛阳运输粮食的规模也是较为庞大。

为便于向河北边地水路运输粮食，宋廷也有着相应修治河道举措的实施。如熙宁八年（1075），针对卫州沙河被湮没这一状况，程昉、刘璯奏请"宜自王供埽开浚，引大河水注之御河，以通江、淮漕运"，这一规划获得批准并在该年秋季完工。文彦博在奉命勘验后，对此役的功效却多有批评：

---

① 《长编》卷257，熙宁七年十月庚午，第6271页。
② 《长编》卷258，熙宁七年十二月丁卯，第6294页。
③ 《长编》卷274，熙宁九年四月辛卯，第6705—6706页。
④ 《长编》卷324，元丰五年三月戊申，第7810页。
⑤ 《宋会要》食货43之3，第5574页。
⑥ 《宋会要》食货47之2，第5613页。

去秋开旧沙河，取黄河行运，欲通江、淮舟楫，彻于河北极边。自今春开口放水，后来涨落不定，所行舟筏皆轻载，有害无利，枉费功料极多……今乃取黄河水以益之，大即不能吞纳，必致决溢；小则缓漫浅涩，必致淤淀……倘谓通江、淮之漕，即尤不然。自江、浙、淮、汴入黄河，顺流而下，又合于御河，大约岁不过一百万斛。若自汴顺流径入黄河，达于北京，自北京和雇车乘，陆行入仓，约用钱五六千缗，却于御河装载赴边城，其省工役、物料及河清衣粮之费，不可胜计。①

前年自汴便入黄河，运粳米二十二万五百余石，至北京口下卸，止用钱四千五百四十余贯，和雇车乘般至城中，临御河仓贮纳。若般一百万斛至北京，只计陆脚钱一万五六千贯。若却要于御河装船般赴沿边，无所不可，用力不多，所费极少。②

相对于高昂的资金投入，文彦博认为修复沙河对粮食运输能力的提升却颇为有限。文彦博指出，由汴河而转入黄河、再入御河这一运输线路却是"用力不多，所费极少"。稍后，熊本在该年十二月奉命勘察后也回奏称：

河北州军赏给茶货，以至应接沿边榷场要用之物，并自黄河运至黎阳出卸，转入御河……向者，朝廷曾赐米河北，亦于黎阳或马陵道口下卸，倒装转致，费亦不多……自兴役至毕，凡用钱米、功料二百万有奇。今后每岁用物料一百一十六万，厢军一千七百余人，约费钱五万七千余缗。开河行水，才百余日，所过船筏六百二十五，而卫州界御河淤浅，已及三万八千余步；沙河左右民田，淹浸者几千顷，所免租税二千贯石有余。有费无利，诚如议者所论。③

可见，熊本与文彦博的意见大体一致，也认为程昉等人修浚沙河的举措对提

---

① 《宋史》卷95《河渠志五·御河》，第2354—2355页。
② 《长编》卷278，熙宁九年十月辛亥，第6811页。
③ 《宋史》卷95，《河渠志五·御河》，第2356页。

升粮食运输能力意义不大、"有费无利"，主张遵循原有路线开展运输。这样看来，程昉等人组织、实施的开修沙河活动，其客观效果确实并不理想。

哲宗朝在河北路等地利用黄河而开展的边境粮食运输，在史籍中少有记载。直到徽宗朝，有关黄河粮食运输的记载才重新涌现。如大观二年（1108）五月，京畿都转运使吴择仁在奉诏勘察后曾向宋廷建议：

> 四辅各积粮草五百万，内北辅将来计置沂河寄洛口入大河，下
> 至临河县，置车铺般折。臣今先次相度，汜水县去河约一里，有都
> 大巡河廨宇，可就本处踏逐仓敖卸纳，就委都大官照管盘〔搬〕装
> 入黄河船，顺流入北辅。又荣泽县通洛坝闸，至黄河三十里，自来
> 遇汴水泛涨，黄、汴两河船枕往来，若计置得粮斛数多，亦可至时
> 装发。又南辅溟河自长葛县西十里堰断，引水东入茶磨，向下开修
> 十七里，取退水还河，足以行运。①

随后，宋廷命吴择仁谋划相关措施后再行奏报。吴择仁的这种规划，其粮草运输的规模还是相当可观的。而在开封等地向河北边境粮食运输中，御河的地位无疑也颇为重要，它与黄河等河流共同维系着大量军粮的运输。对于河北路这种较为有利的粮食水运条件，张方平曾将其与河东路加以对比，指出"河北有塘水之险，城池楼橹坚完，糇粮刍稿有备，至于器械防守之具甚设，而有河、洛以通漕挽，其控御之势皆有素也。若河东雁门、太原乃自古匈奴入寇之路，土瘠赋重，其民贫山险，难于调运，事事之备，非河北比也"②，即认为河北路的粮食水运条件较之河东路更为优越。北宋时期的河北路，通过综合利用黄河等河流积极开展粮食等物资的运输，甚至一度出现"有河漕以实边用，商贾贸迁，刍粟峙积"③ 的景象。

北宋时期灾荒救济活动的开展，也多借助黄河实施粮食运输。如景祐元

---

① 《宋会要》食货43之5—6，第5575页。
② 《张方平集》卷22《请委夏竦经置河东事》，第322页。
③ 《宋史》卷86《地理志二·河北路》，第2130页。

年（1034）六月，鉴于此前京东路内大旱、农户未能及时播种小麦，宋廷将内藏库缗钱五十万拨付三司"于濒河州县置场籴麦"①，这主要也是为了便于利用黄河开展麦种的运输。庆历八年（1048），针对河朔地区大雨成灾、大批民众缺乏食粮这一状况，怀州通判韩公彦曾劝诱当地豪强出粮赈济灾民。同时，宋廷也紧急调拨江淮米一百万斛，经黄河运抵卫州后命韩公彦等人分发给灾民，结果"皆如期以济"②。针对皇祐初年河北路内饥荒的发生，宋廷也调拨汴河漕运纲米七十多万石救济灾民，"漕黄河以济一方之民"。治平四年（1067）五月，新任河北路体量安抚使陈荐倡议效仿皇祐初年的做法，请求将汴河漕运的纲米三十万石"转漕至澶、卫州、通利军、北京赈济"③，最终也获得了批准。可见，赈济饥荒活动时利用黄河运输粮食的规模也比较庞大。

（二）黄河中上游区域内的粮食漕运

在河东路辖区内，横跨黄河的粮食运输也有着一定的开展。宋廷占据绥州、麟州、府州等地，对防御西夏无疑具有相当重要的战略意义，但大批军队在这些地区的常年驻扎也给穿越黄河的粮草等物资运输带来了极大困难。这种状况，在北宋时期也是长期存在。如真宗初年，宋廷自河东路向麟州、府州大量运输粮食就颇为困难，"虽地里甚迩，而限河津之阻"④。咸平五年（1002）四月，钱若水对其他大臣屯兵绥州城的提议也极力反对，一个重要的理由即是"且刍粮之给，全仰河东，其地隔黄河及大、小铁碣二山，又城下有无定河，缓急用师，输送艰阻"⑤。景德三年（1006）前，这种粮食运输的艰辛即体现得比较明显，"河东民常赋及和市刍粮，并输府州，而涉河阻山，颇为劳苦"。而这种粮食运输的艰难，也迫使宋廷对相关军队的部署加以调

---

① 《长编》卷114，景祐元年六月壬子，第2680页。
② 《安阳集编年笺注》卷46《侄殿中丞公彦墓志铭》，第1437页。
③ 《宋会要》职官44之35，第3381页。
④ 《宋史》卷277《郑文宝传》，第9428页。
⑤ 《长编》卷51，咸平五年四月辛未，第1123—1124页。

整，即将原本驻扎在黄河西侧的部分军队移至黄河东侧，以减轻黄河漕粮运输的负担。如景德三年（1006）二月，宋廷下令将黄河西侧部分驻军迁徙到黄河东侧的保德军，"其营在府州者，听量留之，而刍粟之资并给于保德军"。同时，在借助渡船自保德军向黄河西侧运输粮食的过程中，宋廷又规定"如水涨冰合，即听随处给遣，或预令辇载以往，委转运使专提赈之"①。大中祥符元年（1008）三月，宋廷进而下令"徙麟、府州戍兵及钤辖于河东，以边部宁谧，减转饷之劳也。"② 在这些士兵"以麟、府难于馈运，故徙之渡河"后不久，宋廷又针对保德军刍粮不足情形的出现而下令"徙保德军屯兵于并州就粮"③。大中祥符五年（1012）八月，针对河东转运使奏称辖区内粮食丰收的情形，宋廷随即命三司加紧粮食的储备，"聚于陕西及缘河州军，以备歉岁"④。天禧二年（1018）十月，三门白波发运使杜詹建议"自今有抛失收救到盐、粮及诸官物，许本司差随处地分官员躬亲点检送官"⑤，得到了宋廷的批准。

庆历三年（1043）十月，施昌言被任命为河东都转运按察使。针对部分大臣在麟州、府州设立十二寨以拓展边境这一建议，施昌言认为"麟、府在河外，于国家无毫毛入，而至今馈守者，徒以畏蹙国之虚名，今不当又事无利之寨，以重困财力"⑥，最终推动宋廷取消了设立十二寨的计划。在这一过程中，抛开施昌言对麟州、府州军事地位认识的不足，他对宋廷向麟州、府州漕运军粮艰难程度的认识还是比较符合实际情况的。夏竦也曾指出，"若穷其巢穴，须涉大河，长舟巨舰，非仓卒可具也。若浮囊挽梗，联络而进，我师半渡，贼乘势掩击，未知何谋可以捍御"⑦。可见，黄河的客观存在对北宋

---

① 《长编》卷62，景德三年二月癸巳，第1388页。
② 《长编》卷68，大中祥符元年三月乙酉，第1530页。
③ 《长编》卷71，大中祥符二年四月乙巳，第1604页。
④ 《长编》卷78，大中祥符五年八月乙巳，第1780页。
⑤ 《宋会要》食货42之6，第5564页。
⑥ 《长编》卷144，庆历三年十月庚戌，第3483页。
⑦ 《宋史》卷283《夏竦传》，第9573页。

军事活动的开展也确实构成了一定的限制。熙宁四年（1071）二月，范育也指出，"频岁河东竭二十州之力，以供麟、府、丰三州，役人疲于转输，酒户困于折纳，税夫穷于和籴"①。而在元祐年间保守派势力把持朝政的形势下，主张放弃黄河以外地区的论调再次出现。如元祐元年（1086）十二月，侍御史王岩叟即声称，"访闻晋州上二等人户，于葭芦、吴堡两寨纳税……及渡黄河，尤为艰厄……窃以黄河为限，险绝有余。今二寨深在贼境，又隔大河，不系形势之强弱，前日特出于徼功幸赏之人，误朝廷而城之，以遗后患耳。守之无所得，弃之不足惜"②，极力主张放弃葭芦、吴堡等堡寨。元祐二年（1087）三月，王岩叟再次奏称："访闻远输之民，每般辇粮草至黄河，或遇风雪艰阻，有经旬日不能渡河者。暴露岸次，进退无路，惟相与号泣。平时如此，不知一有警急，增益转输，百姓之苦又将何如！臣欲乞下本路转运司相度，废罢二寨，只于河里旧寨为守御之备，外以息边患，内以宽民力。"③在王岩叟等人的主张中，穿越黄河运输粮食等物资的艰辛是他们极力主张放弃黄河以外地区的重要理由之一。此外，一些灾荒赈济活动的开展也涉及黄河粮食运输的实施。如天禧二年（1018）二月，京西转运使奏称其辖区内饥民众多、赈济所需粮食严重不足，为此向朝廷请求"望发绛州粟十万斛，赴白波出粜"，宋廷对此予以批准并"遣使臣督运"④。这种赈灾粮食的运输，也可能要借助黄河漕运而开展。

在黄河上游地区，宋廷也利用黄河开展局部范围内的粮食运输。如基于西北地区"洮、河转漕"⑤的需要，宋廷在熙宁五年（1072）十月采纳王韶的"以洮水自北关下结河，溯流至香子城，可通漕"⑥这一建议，下令在镇洮

---

① 《长编》卷220，熙宁四年二月壬戌，第5345页。

② 《长编》卷393，元祐元年十二月庚子，第9558—9559页。

③ 《长编》卷397，元祐二年三月辛巳，第9672—9673页。

④ 《长编》卷91，天禧二年二月己卯，第2101页。

⑤ 《宋史》卷189《兵志三》，第4643页。

⑥ 《长编》卷239，熙宁五年十月壬辰，第5811—5812页。

军建造船只并设置水手、壮城兵五百人。这也表明宋廷逐渐加大了对洮河、黄河漕运资源的开发、利用。元丰四年（1081）七月，宋廷也曾命李宪"相度置船栰于洮河上流，或漕军食，或载战士，或备火攻"①。元丰五年（1082）二月，宋廷认为可利用熙河路内洮河与黄河通接的条件而"作蒙冲战舰运粮济兵"②，并令李宪负责勘验是否可行。元丰六年（1083）二月，针对李宪奏称"计置兰州粮十万，乞发保甲或公私橐驼般运，又虑妨春耕。臣已修整纲船，自洮河漕至吹龙寨，俟厢军折运赴兰州"一事，宋廷下令倘若橐驼、舟船运输不足则"须当发义勇、保甲，即依前诏"③。据此来看，当时也借助洮河开展了较大规模的粮食运输。另如绍圣四年（1097）五月，熙河兰岷路经略安抚司、陕西路转运司奏称：

> 岷州钱监自来应副六路用兵支费，和雇脚乘，道里阻远。今相度，欲以舟船般运至熙、兰二州极边使用，兼河亦有古道，可以修治，安置递铺，直至熙河北玛尔巴山等路。一自岷州城外装船，于洮河内驾放般载钱物，至中路上衬，地名噶勒斡，河水湍急，并山硤石碛至下衬，计六十余里不可行船。今既沿河见有古道，可行开修，自上衬摆置六铺，勒铺兵二人陆路般运至下衬，地名章龙峡石，却用熙州船装载，直至熙州或临洮堡下卸。其上下衬各置监官一员，量行修廨舍、库屋，卸纳装破，并往来催督水陆路般运钱物。④

这一建议将水路、陆路两种运输方式结合在一起加以利用，从而能够更好地发挥、运用洮河的水运资源。从最终的结果来看，这种提议也得到了宋廷的批准，由此而便于向熙州、兰州边地运输钱币等物资。这些黄河运输活动的开展，主要是服务于军粮的运输。

---

① 《长编》卷314，元丰四年七月癸巳，第7603页。
② 《长编》卷323，元丰五年二月甲寅，第7777页。
③ 《长编》卷333，元丰六年二月庚午，第8024页。
④ 《长编》卷488，绍圣四年五月乙亥，第11589页。

当然，宋廷也尽力对穿越黄河的粮食运输活动加以规避。如景德二年（1005）八月，宋廷即下令"河南州军所管乡县在河北者，今年秋租，许就便于德州输送"①，以规避穿越黄河运输的困难。大中祥符五年（1012）九月，宋廷在诏令中也规定，"濒河列郡，在常赋以攸同，属邑分疆，有长津之是阻。言念供租之际，非无涉险之劳，移隶官司，庶从民便。宜令京东京西河北陕西转运司与逐处长吏同相度缘河县分乡村，各于南北就便管辖"，即将百姓的赋税调整为各在黄河南北两侧交纳，"各于南北就便管辖"②。天禧三年（1019）七月，依据京东路、京西路、河北路转运使"河决坏民田，输税难阻"的奏报，宋廷也相应"诏应经水州县，夏税许从便送纳"③。此类举措的实施，也可部分避免黄河粮食运输的艰辛与风险。

总体来看，北宋时期黄河粮食运输的开展显然具有颇为浓厚的军事色彩，其中自京师向黄河中游地区的粮食运输因水运条件的险恶而在嘉祐四年（1059）后基本停止，而在黄河下游、上游区域内开展的粮食运输却长期存在。尤其是借助对黄河、御河等河流的综合利用，宋廷向河北边地的粮食运输更是较为可观。这种局面的出现，也与北宋时期军事形势的变化直接相关。宋廷在北方地区的驻军，充分利用了通过黄河获取粮食等物资的便利条件，"国家禁旅大兵多驻沿河州县，皆取运漕之便"④。同时，宋廷利用黄河而实施的赈灾粮食运输，也在黄河漕运中占有一定的地位。

第二节　竹木运营

受京师营缮、黄河水灾防治、官员谋利等因素的推动，竹木采伐活动在

---

① 《长编》卷61，景德二年八月乙巳，第1360页。
② 《宋大诏令集》卷159《缘河县分各于河南北就便管辖诏》，第600页。
③ 《长编》卷94，天禧三年七月甲子，第2160页。
④ 《苏魏公文集》卷20《论屯兵漕河大要》，第266页。

北宋时期的黄河中上游等区域内长期开展。这些被采伐的竹木，大部分要借助黄河被转运到开封等地。北宋时期的黄河竹木运营，规模庞大且颇具特色。在史学界已有相关研究的基础上，本节试对北宋时期的黄河竹木运营活动做进一步探讨。

一、 京师营缮等木材的运营

（一）采伐木材的黄河运输

早在隋唐时期，官府已开始在西北地区开展大规模的木材采伐活动。这些被采伐的木材，通过渭河等河流被运抵长安，"运岐陇木入京城"①，水运路程还相对较近。北宋时期，宋廷沿袭了前代在西北地区长期、大规模采伐木材的做法，并将大量的木材通过渭河、黄河长途运抵开封等地。宋廷在西北地区的大规模木材采伐活动，主要由竹木监（务）、司竹监、都木务、采木务、采木处等机构负责组织和实施，而大量木材的运输则由三门白波发运司等机构来承担。北宋时期永兴军路、秦凤路、河东路等地木材采伐活动的长期开展，也足以从一侧面印证黄河木材运营的大规模实施。

北宋初期，宋廷在秦州设置三寨，开展木材的采伐，"止以采取材木，供亿京师"②。同时，宋廷又因袭唐代的做法而设立司竹监，"宋朝因唐制，于凤翔府盩厔县置（司竹）监，隶凤翔府"③，专门负责竹子采集等事务。建隆二年（961），利用秦州西北夕阳镇"连山谷多大木"的条件，知秦州高防在夕阳镇设立采造务，以组织士兵开展大规模的木料采伐，"辟地数百里，筑堡要地……自渭而南，秦州有之。募卒三百，岁获木万章"④。这种采伐活动的大

---

① 《玉海》卷22《河渠下·新绛渠》，第437页。
② 《宋史》卷492《外国八·吐蕃》，第14152页。
③ 《宋会要》方域5之43，第7404页。
④ 《宋史》卷270《高防传》，第9261页。

规模开展，使宋廷获取了大量的木材，但也加剧了北宋与党项族的矛盾。建隆三年（962）六月，党项族尚波于等人"以兵犯渭北"①，企图夺取秦州采造务，结果被高防率兵击退。此后，因担心与党项族的冲突进一步加剧，太祖下令"遂罢采木之役，命吴廷祚为节度以代（高）防"②。据《后山谈丛》记载，宋廷在太祖朝专门"置竹木务于汴上，市竹木于秦晋，由河入汴，有卒千五百人。出材于汴，纳材于场，置事材场于务之侧，有二三千人。凡兴造者受成材焉"③，可见当时西北地区木材采伐、运输规模庞大。到太宗雍熙年间，监市木秦陇张平开始对以往木材采伐的弊端进行改革，并对水路运输的方式加以改进，"（张）平悉究利病，更立新制，建都木务，计水陆之费，以春秋二时联巨筏自渭达河，历砥柱以集于京师"，从而取得了"期岁之间，良材山积"④ 的显著成效。淳化四年（993），针对西北地区"俗杂羌、戎，有两马家、朵藏、枭波等部，唐末以来，居于渭河之南，大洛、小洛门砦，多产良木，为其所据"，宋廷"岁调卒采伐给京师，必以赀假道于羌户，然不免攘夺，甚至杀掠，为平民患"这些现状，知秦州温仲舒开始采取相应措施加以扭转，"部兵历按诸砦，谕其酋以威信，诸部献地内属。既而悉徙其部落于渭北，立堡砦以限之"，从而有效缓解了民族冲突，也保障了宋廷对秦州林木资源的占有、采伐和向京师等地的运输，"二砦后为内地，岁获巨木之利"⑤。

真宗朝，宋廷在秦州等地仍不断大规模采伐木材。如大中祥符元年（1008），真宗君臣举行规模浩大的泰山封禅活动，众多物资即"仍增自京至泰山驿马，令三司沿汴、蔡、御河入广济河运仪仗什物赴兖州"⑥。同时，宋廷也将陕西路上供的部分木材运至郓州用于祭祀活动，"禁于泰山樵采者……

---

① 《宋史》卷1《太祖本纪一》，第11—12页。
② 《宋史》卷270《高防传》，第9261页。
③ 陈师道撰，李伟国点校：《后山谈丛》卷6《太祖置竹木务事材场》，中华书局2007年版，第77页。
④ 《长编》卷28，雍熙四年四月癸巳，第633页。
⑤ 《宋史》卷266《温仲舒传》，第9182页。
⑥ 《宋史》卷104《礼志七》，第2528页。

发陕西上供木，由黄河浮筏（至）郓州，给置顿之费"①。另外，宋廷在大中祥符年间大兴土木、广建道观，所需的大批木材等物资也多自秦凤路、河东路、京西路等地采集，再经黄河运至京师等地。对此，《容斋随笔》等史籍也有着相应的记载，"大中祥符间……真宗以符瑞大兴土木之役以为道宫。玉清、昭应之建……所用有秦陇、歧、同之松，岚石、汾阴之柏……皆遣所在官部兵民入山谷伐取"②、"辇他山之石，相属于道途；伐豫章之材，远周于林麓……功极弥年，费将巨万……规制宏大"③。大中祥符三年（1010）四月，签署枢密院事马知节奏称，"前知秦州，按视得蕃界大、小落〔洛〕门皆巨材所产，已于逐处及缘路置军士憩泊营宇。令番部感朝廷绥抚，各思保塞，望遣使谕诸族，令防援军士同力采取，况俯临渭河，可免牵挽之役"④，这一建议也被宋廷加以采纳。这种自秦州大、小洛门砍伐巨木而利用渭河、黄河运至京师的活动，在这一时期也是规模浩大。大中祥符五年（1012）正月，内供奉官王怀信、侍禁李晏奉命在秦州小洛门置寨采木，"令秦州以骑兵百人、步军五百人防从，无得广兴兵甲，以疑戎人"⑤。可见，这种动用军队作为护卫而开展的木材采伐活动在秦州等地也是不断出现。大中祥符七年（1014），张佶在靠近渭河的地段设置采木场而引发与西北番部的武装冲突，结果"（张）佶不甚存抚，亦不奏加赏赐，边人追悔，引众劫掠，（张）佶深入掩击，败走之"⑥。最终，宋廷采纳曹玮的建议而对番部首领予以安抚才平息此次冲突。同样是在大中祥符年间，高舜臣的从兄也曾率领数百人在西山地区组织大规模的伐木活动。⑦ 而在天禧三年（1019）八月，白波发运司向开封的一次

---

① 《长编》卷68，大中祥符元年四月丙申，第1531页。

② 洪迈：《容斋随笔·三笔》卷11《宫室土木》，上海古籍出版社1998年版，第544页。

③ 《汴京遗迹志》卷14《艺文志一·上真宗乞罢营玉清昭应宫》，第240页。

④ 《长编》卷73，大中祥符三年四月丙寅，第1667页。

⑤ 《长编》卷77，大中祥符五年正月甲申，第1751页。

⑥ 《宋史》卷308《张佶传》，第10151页。

⑦ 《括异志》卷8《高舜臣》。

木材运输即多达三百万棵①，足见宋廷常年开展的黄河木材运营规模更是庞大。

仁宗朝，宋廷在秦凤路、永兴军路等地大肆采伐木材的活动仍未停止。宋廷不仅常年向秦凤路、永兴军路等地下达木材采伐任务，且往往规模庞大，"陕西州军一年之内三五次，各是大段科配"②。宋廷的这种做法，也不断遭到大臣们的强烈反对。如至和二年（1055），欧阳修在《上仁宗论京师土木劳费》奏章中即对此给予了尖锐批评，指出当时"所用材植物料共一万七千五百有零"。如果再加上修缮军营等其他消耗，则木材规模更大。对于这种庞大规模的木材消耗，欧阳修认为"使厚地不生他物，唯产木材，亦不能供此广费"③。诸如此类的反对意见虽不断出现，但服务于京师等地营缮的大规模木材采伐、运输活动却依旧持续开展，如贾逵在仁宗朝就曾率兵前往秦山大量采伐巨木并"取盈而归"④。仁宗朝京师等地大型营缮活动所需的木材，时常要求秦凤路、永兴军路等地供应，这些木材无疑也要通过黄河来运输。另如三司在嘉祐以前曾每年向河东路收取上供木材数万条，后因"岩谷深险，趋河远，民力艰苦"⑤ 而暂时停止。但这种木材征收任务很快就被重新恢复，并且规定的数额比以往更高。

长期的大规模木材采伐，导致众多原本"皆有羡余"的木场到英宗朝已呈"渐就耗减"⑥ 的严重窘况。尽管如此，宋廷在神宗朝仍坚持开展大规模的木材采伐和运输。如熙宁七年（1074）九月，宋廷开始扩建三司，所需的大量木材即要求自熙河路采伐后运至京师，"买民居，增广地步。所用材木，令熙河采伐输运，委都转运使熊本、提点刑狱郑民宪管勾"⑦。熙宁八年（1075）四月，鉴于熙河路钱粮短缺，神宗才下令暂停熙河路内的木材采购活动，"熙

---

① 《长编》卷94，天禧三年八月戊子，第2164页。
② 《包拯集校注》卷2《请权罢陕西州军科率》，第109—110页。
③ 《历代名臣奏议》卷316《营缮》，第4084页。
④ 《宋史》卷349《贾逵传》，第11051页。
⑤ 《安阳集编年笺注·韩魏公家传》卷4，第1799页。
⑥ 《汴京遗迹志》卷14《艺文志一·乞停寝京城不急修造》，第257页。
⑦ 《长编》卷256，熙宁七年九月乙卯，第6261页。

河路见缺钱粮，而将作调营缮材木数多，今三司修建将毕，京师造作又权罢七年，既无急用，即可权住采买，以纾边费"①。宋廷在元丰三年（1080）收复熙州、河州后，也迅速将木材采伐的范围扩展到这些地区并设置专职机构、官员。如该年十二月，宋廷在诏令中即称，"方今天下，独熙河山林久在羌中，养成巨材，最为浩瀚，可以取足即今合用之数"。为此，宋廷专差都大经制熙河路边防财用事李宪兼提举熙河路采买木植司，命他负责筹集尚书省等部门的建筑所需木材，并明令"其本路以东涉历路分，应缘今来职事，他司不得辄干预"②。元丰四年（1081）正月，提举熙河路采买木植司请求"乞先支拨经制司息钱二十万缗，以备本司钱粮和雇水脚之费，候将来回易三二年，所收息既多，可以渐省朝廷应副"、"添置通远军采造兵士一指挥"③，也都得到了宋廷的批准。元丰四年（1081）九月，针对权发遣三司度支副使公事、河北西路体量安抚塞周辅的建议，宋廷派人到西山地区采伐木材用于"修盖北京等处仓敖等"④。这些采自熙河路、通远军、凤翔府等地的大批木材，无疑也要通过黄河水运的方式而被运抵京师。此外，诸多偏远山区在北宋中后期仍分布着大批的林木，这给宋廷的木材采伐、运输提供了可能。如苏轼在《上虢州太守启》中即指出，当时的陕西虢州仍承担着"良材松柏，赡给中都"⑤的任务。河东路木植司奉命自政和二年（1112）秋季开始采伐山林，并将所获大批木材运达京师，结果"总得柱梁四十一万五百条有奇，为二百五纲赴京"⑥。宣和三年（1121）十月，宋廷下令"起复朝请大夫、直秘阁、提举陕西河东木筏赵子湞直龙图阁"⑦，可见此前赵子湞也曾主持陕西、河东等地的木材采伐活动。时至北宋末年，吕梁山区的汾阳木场仍承担着高额的木

---

① 《长编》卷262，熙宁八年四月戊寅，第6399—6400页。
② 《长编》卷310，元丰三年十二月乙酉，第7528—7529页。
③ 《长编》卷311，元丰四年正月丙辰，第7543页。
④ 《宋会要》食货54之5，第5740页。
⑤ 《苏轼文集》卷47《上虢州太守启》，第1357页。
⑥ 《皇宋十朝纲要校正》卷17，政和六年九月乙卯，第490—491页。
⑦ 《宋会要》选举33之36，第4773页。

材砍伐任务，仅一次大旱就导致一万多条"修楠巨梓"① 被积压下来。

（二）购买木材的黄河运输

采木务等机构常年采伐的大批木材，还不足以满足京师等地的日常消耗。为此，宋廷也长期利用购买的方式获取大量木材，并通过黄河运至京师等地。如早在开宝六年（973）五月，供备库使李守信即因在"受诏市木秦、陇"期间"盗官钱巨万"② 而被部下揭发，足见这一时期官府木材购买规模相当庞大。天禧三年（1019）九月，针对此前陕西境内配买木材中的"农民重费，逋欠尤多"现象，宋廷采纳三司使李士衡的提议而下令"自今听民采斫入中，官置场纳之，给以文引"③。尤其是在京师土木工程繁多、木材消耗巨大的时期，这种木材的购买、运输更为普遍。如天圣七年（1029）五月，三司倡议借助商人入中的方式来扩大京师营缮所需木材的筹集，"许商人入竹木受茶以易直"④。天圣八年（1030）三月，宋廷拟修建太一宫以及洪福等寺院，施工所需的木材"计须材木九万四千余条"，当时即下令"下陕西市之"⑤。知陈州范仲淹对此事极力反对，指出"昭应、寿宁，天戒不远。今又侈土木，破民产，非所以顺人心、合天意也。宜罢修寺观，减常岁市木之数，以蠲除积负"⑥，但并未被宋廷采纳。针对京师营缮每年所耗木材多达三十万条这一情形，三司在庆历三年（1043）正月时建议依以往惯例"下陕西转运司收市之"。最终，宋廷下令"诏减三之一，仍令官自遣人就山和市，无得抑配于民"⑦。庆历八年（1048），三司曾责令凤翔府筹集大量木材，"采买上件材木

---

① 陈梦雷：《古今图书集成》职方典卷341《润济侯庙记》，中华书局、巴蜀书社1985年版，第10847页。

② 《长编》卷14，开宝六年五月丙辰，第300页。

③ 《长编》卷94，天禧三年九月庚午，第2166—2167页。

④ 《宋会要》食货36之26，第5444页。

⑤ 《长编》卷109，天圣八年三月庚辰，第2538页。

⑥ 《宋史》卷314《范仲淹传》，第10268页。

⑦ 《长编》卷139，庆历三年正月丙子，第3337页。

九万三千条有零，亦是分配永兴等十四州收买。缘并系大料木植，只是秦州出产。又闻深入番界，采斫至难。其余不产州军，须至差衙前分买"①。可见，这种常年的木材购买往往规模庞大。熙宁六年（1073），神宗也曾对陕西等地常年向京师运输木材这一状况有所论及，"汴渠岁运甚广，河北、陕西资焉。又京畿公私所用良材，皆自汴口而至"②。

京师等地粮仓、桥梁等设施的修建或维护，也需耗费部分木材，而这些木材也多通过采伐或购买获得。如元丰元年（1078）闰正月，宋廷赐与河北东路转运司百道度牒，要求利用这笔资金"买材木，应副大名府、澶州修仓"③。澶州等地黄河桥梁的修护，所需木材有时也自西北地区采伐。如天圣六年（1028）后，修治澶州黄河桥梁的木材即通过"于秦、陇、同州伐木"④的途径而获得。在西北地区局部范围内，宋廷借助黄河所开展的木材运输活动也有着一定的开展。如元符二年（1099）闰九月，宋廷命兰州供应会州修治仓库、营房、廨宇等所需木材，"自黄河沿流运致"⑤。这些木材的运输，也都是利用黄河水运的方式来完成。

（三）黄河木材运输中的民众负担

北宋时期，大量木材在黄河的运输任务除部分由士兵来完成外，更多的则由大批"主典府库，或辇运官物"⑥的衙前来承担，从而导致诸多运输任务承担者负担颇重乃至破产。对于黄河木材运营中的这种弊端，北宋时期不乏批评和改革。如宋廷在真宗朝曾役使吏人沿黄河自陕西向京师运输羊、木材等物资，结果"羊多道死，木至湍险处往往漂失，吏至破产不能偿"。针对这

①　《包拯集校注》卷2《请权罢陕西州军科率》，第109页。
②　《宋史》卷94《河渠志四·白沟河》，第2342页。
③　《宋会要》食货54之4，第5739页。
④　《长编》卷106，天圣六年三月乙酉，第2467页。
⑤　《长编》卷516，元符二年闰九月壬申，第12265页。
⑥　《长编》卷114，景祐元年正月庚午，第2659页。

一状况，李仕衡即对其加以调整，"听民自采木输官，用入粟法偿其直"①。针对"关中自元昊叛，民贫役重，岐下岁输南山木柷，自渭入河，经砥柱之险，衙吏踵破家"这种情形，苏轼在担任凤翔府节度判官期间曾对衙规加以修订，允许衙前"自择水工以时进止"，结果"自是害减半"②。同样，针对衙前自渭河入黄河的木材运输中"漂没备偿，及不中程者，至破家产"现象，郑戬也在庆历二年（1042）奏请降低木材的水运负担，最终"条冤状，岁裁减二十余万"③。尽管如此，黄河木材运营中衙前的负担仍相当沉重。至和二年（1055），文彦博对此即指出：

> 陕西衙前最苦者押木筏纲，无不被刑破产。臣在永兴，令通判职官周询其弊，皆言每岁春初，方自朝省分配到合要木植，比至收买系筏，须及夏末以来仅得办集。正值黄河水泛涨之时，常有飘〔漂〕失，其劳苦费用动逾数倍。

同时，文彦博也提出了相应的改革建议：

> 遂擘画于年前冬初，沿河出木处县邑官置买木场，先勘会省转向前分配文字，约度常年须合应用木植预前收买，如法安置，比至春初省司配木植文字到来，量事添备便可系筏，趁四月间水势平缓之时驾放赴下纳，州军极甚省功减费。④

文彦博的建议主要体现在初冬置场预先购买木材、来年四月黄河水流较为平缓时开展运输两大方面。这种做法，既可保障水运木材的顺利开展，又省力

---

① 《宋史》卷299《李仕衡传》，第9938页。

② 《宋史》卷338《苏轼传》，第10802页。

③ 《文恭集》卷36《宋故宣徽北院使奉国军节度使明州管内观察处置等使金紫光禄大夫检校太保使持节明州诸军事明州刺史兼御史大夫判并州河东路经略安抚使兼并代泽潞麟府岚石兵马都部署上柱国荥阳郡开国公食邑二千五百户食实封三百户赠太尉文肃郑公墓志铭》，《宋集珍本丛刊》第二册，第436页；《长编》卷138载为"奏岁减三十余万"，庆历二年十一月辛卯（第3326页）。此从《文恭集》。

④ 文彦博：《文潞公文集》卷17《奏陕西衙前押木筏纲》，《宋集珍本丛刊》第五册，第355—356页，线装书局2004年版。

省费，从而可收到较好的成效。在伴随着这种黄河木材运营的常年开展中，宋廷偶尔会削减规模以部分减轻民众的运输负担。如大中祥符五年（1012）八月，宋廷即下令"如闻诸路采木送京师，其数尤广，颇扰民。宜令三司规度，如给用无缺，宜悉罢之"①。但此类做法根本无法真正落实，因而对民众黄河木材运输负担的减轻也就作用有限了。

二、治河物料的运营

伴随着北宋时期黄河决溢的不断发生，黄河防治的部分物料也要借助黄河运输而获取。如大中祥符八年（1015），宋廷在筹集黄河物料中曾和雇民船"载薪刍供应滑州修河"②。通过黄河运输的物料，多来自秦凤路、永兴军路等地。如宋廷在大中祥符三年（1010）五月时即规定，秦凤路凤翔府司竹监所辖的竹木务除向司竹监缴纳部分竹子外，"剩数许令出卖"③。这些缴纳给司竹监的竹子，应是经渭河、黄河被运抵黄河工地用作物料。白波发运司判官王真在天禧二年（1018）四月时也曾建议，"上供材植及诸埽岸桩橛，欲望隔年下陕西州军和市，编排为筏，候春水或霜降水落之际，由三门入汴"④。宋廷命三司审议王真的提议，但最终结果却不得而知。天禧三年（1019）八月，白波发运司建议"遣内官一员于泗州已来拨借公私船供应"⑤，以保障运输三百万黄河梢木所需的三千船只。

凤翔府、河中府等地，也常年承担大规模黄河物料的筹集任务。如在庆历八年（1048）前，宋廷曾命凤翔府购买修河木桩43万多条，"亦于永兴等七州军配买，比之常岁，多两倍已上"，同时又命其供应澶州、河中府缆索竹

① 《长编》卷78，大中祥符五年八月丙辰，第1781页。
② 《宋会要》食货50之1，第5657页。
③ 《宋会要》食货55之13，第5754页。
④ 《宋会要》食货37之8，第5452页。
⑤ 《长编》卷94，天禧三年八月戊子，第2164页。

150多万竿，"差人司竹监研次"①。针对这些情形，包拯在庆历八年（1048）奏请"罢秦陇所科斜谷务造船材，及罢七州所赋河桩竹索"② 即多达数十万。与原来"七州出赋河桥竹索，恒数十万"③ 的状况相比，这一结果已使民众的物料负担大为减轻。宋廷虽有着治平四年（1067）"罢陕西衙前配买修河木植"④ 一类诏令的颁布，但黄河沿岸民众采集黄河木料的负担却仍是相当沉重。例如，范纯仁在熙宁二年（1069）时曾指出，黄河梢木的采集给陕府、虢州、解州等地民众带来了极大的劳役、经济负担：

> 每年差夫共约二万人，至西京等处采黄河梢木，令人夫于山中寻逐采研，多为本处居民于人夫未到之前收采已尽，却致人夫贵价于居人处买纳，及纳处邀难，所费至厚，每一夫计七八贯文，贫民有卖产以供夫者。⑤

可见，陕府、虢州、解州等地民众在黄河物料采集中常年承担着"每年差夫共二万人"这样沉重的力役负担。而随着物料采集向山区内部的延伸，大批民众在无法完成任务的情况下只能通过购买木材来交差。繁重的木材采伐任务，已转化为民众的一项沉重经济负担。通过以上各种方式所获得的黄河物料，也要借助黄河来运输。

三、 官员私贩竹木的运营

部分北宋官员为谋取私利，也不断染指黄河竹木的运输。早在北宋初期，官员侵占黄河竹木运营利益现象就已出现。如建隆年间，部分官员违禁自秦陇地区购置巨木，随后经黄河运抵开封用于府邸的修建，"时权要多冒禁市巨

---

① 《包拯集校注》卷2《请权罢陕西州军科率》，第109—110页。
② 《长编》卷164，庆历八年六月己丑，第3953页。
③ 《宋史》卷316《包拯传》，第10316页。
④ 李攸：《宋朝事实》卷5《郊赦二》，台湾文海出版社1967年版，第193页。
⑤ 《历代名臣奏议》卷330《御边》，第4276页。

木秦、陇间，以营私宅，及事败露，皆自启于上前"①。开宝六年（973），宰相赵普也不顾宋廷严禁官员私贩秦陇木材的规定，私遣手下前往购置，结果"联巨筏至京师治第，吏因之窃货大木，冒称（赵）普市货鬻都下"。最终，这种私自贩卖木材的活动被权三司使赵玭揭发，以致"太祖大怒，促令追班，将下制逐（赵）普，赖王溥奏解之"②。同年，祁廷训也曾将私自贩运的竹木转卖给官府，结果在事情败露后被"责本卫大将军"③。相对于这种私自贩卖木材的活动，负责为宋廷采购木材的官员也乘机从中渔利。如开宝六年（973），供备库使李守信奉命赴秦陇地区采购木材，就会同其女婿右拾遗、通判秦州马适将部分木材侵吞。最终，此事被他人告发而导致李守信自杀、马适"坐弃市，仍籍其家"④。此后，为严厉打击官员利用黄河私贩竹木的活动和维护政府利益，宋廷在太平兴国二年（977）正月专门下令，规定官员"自今不得因乘传出入，赍轻货，邀厚利"⑤。官员从事私贩竹木的活动虽暂时有所收敛，但受厚利的诱惑仍敢于违反禁约，致使私贩活动还是较为猖獗。如太平兴国五年（980），王仁赡"廉得近臣戚里遣人市竹木秦、陇间，联巨筏至京师，所过关渡，矫称制免算；既至，厚结有司，悉官市之，倍收其直"，并将这一情况密奏太宗。随即，太宗命三司副使范旻、户部判官杜载、开封府判官吕端实施彻查，以图严惩、震慑涉事官员，但"（范）旻、（杜）载具伏阁上为市竹木入官；（吕）端为秦府亲吏乔琏请托执事者"。最终，范旻、杜载、吕端均被贬为司户参军，判四方馆事程德玄，武德使刘知信，翰林使杜彦圭，日骑，天武四厢都指挥使赵延溥，武德副使窦神兴，左卫上将军张永德，左领军卫上将军祁廷训，驸马都尉王承衍、石保吉、魏咸信等人也

---

① 《宋史》卷264《沈伦传》，第9113页。
② 《宋史》卷256《赵普传》，第8933页。
③ 《宋史》卷261《祁廷训传》，第9047页。
④ 《长编》卷14，开宝六年五月丙辰，第301页。
⑤ 《长编》卷18，太平兴国二年正月丙寅，第393页。

"并坐贩竹木入官，责降罚奉"①。不仅如此，牵涉此事的其他官员，也都受到了较为严厉的惩处，其中即包括陕府西南转运使、左拾遗韦务升，京西转运使、起居舍人程能，判官、右赞善大夫时载等人，"坐纵（程）德玄等于部下私贩鬻"②。可见，此次追查牵涉官员颇广，而宋廷也随即明确规定"自今文武职官不得辄入三司公署，及不得以书札往来请托公事。门吏谨察之，违者以告"③。秦州杨平木场坊木筏在太宗朝也曾"沿程免税而至京，吕（端）之亲旧竞托选买，吕（端）皆从而买之。于是，入官者多拣退材植值"，此事最终被三司使、给事中侯陟揭发，致使吕端为此受到了"俾台司枷项送商于安置"④ 的处罚。

上述事例的出现，表明宋廷为维护黄河竹木的专营利益而不断严禁官僚染指。这些举措的实施虽未能彻底杜绝官僚的私贩活动，但还是发挥了较为有力的打击作用。到真宗朝，宋廷继续执行严厉打击黄河竹木私贩活动的政策。如大中祥符五年（1012）六月，驸马都尉柴宗庆公然向真宗请求"自陕西市木至京，望蠲免税算"⑤，结果真宗严厉警告他应以太平兴国五年（980）的事例为诫，从而回绝了这一请求并责成枢密使对其予以申饬。大中祥符八年（1015）闰六月，宋廷还要求"皇族及文武臣僚、僧道诸河般载薪炭刍粟州〔舟〕船，止准宣敕及中书、枢密院所降圣旨札子内只数与免差遣"⑥，这也蕴含着防范官员私贩黄河竹木的目的。此后，黄河竹木的运营虽然仍掺杂着一定的官员私贩活动，如李溥在真宗朝"私役兵为姻家林特起第，附官舟贩竹木"⑦、王素在庆历五年（1045）"降知华州，坐托刘京市木亏价也"⑧

---

① 《宋史》卷 257《王仁赡传》，第 8957—8958 页。
② 《宋史》卷 309《程德玄传》，第 10156 页。
③ 《长编》卷 21，太平兴国五年八月甲戌，第 478 页。
④ 潘汝士撰，杨倩描、徐立群点校：《丁晋公谈录》，中华书局 2012 年版，第 20 页。
⑤ 《长编》卷 78，大中祥符五年六月戊申，第 1770 页。
⑥ 《宋会要》食货 50 之 1，第 5657 页。
⑦ 《宋史》卷 299《李溥传》，第 9940 页。
⑧ 《宋会要》职官 64 之 49，第 3845 页。

352

等，但与以往相比已大幅减少。到庆历五年后，有关北宋私贩黄河竹木活动的记载在史籍中已无从得见。这种结果的形成，也说明太祖以来一系列限制、打击官员利用黄河私贩竹木活动的举措确实发挥了重要作用。

第三节　其他物资运营

北宋时期的黄河漕运，也多涉及对其他物资的运输。这些物资的种类较为丰富，主要包括船只、食盐、马料、钱币、绢帛及其他杂物。这些物资运输的整体规模虽相对于粮食、竹木居于次要地位，但也是对黄河漕运的一种补充和丰富，因而具有一定的地位和意义。

一、黄河的船只运输

宋廷利用西北地区富产木材的便利条件，在凤翔等地专门设立造船场开展大批船只的生产。如雍熙四年（987），凤翔造船场在船只生产中采用"造舟既成，一艘调三户守之……岁役民数千家"[1] 的做法。据此推算，凤翔造船场一年的造船量应该多达几百艘，这一规模是比较庞大的。胡令仪在太宗朝任河东转运使、知凤翔府期间，凤翔造船场的造船规模更为庞大，而且所造船只一般经渭河进入黄河以作黄河漕船使用，"每岁造舟六百艘，供大河馈运，必借民操篙，沿渭而下以达于河。凡有覆溺，破产而偿。吏私诸豪，专扰下户"[2]。针对运输船只给民众造成的沉重负担，胡令仪重新订立相关法令，使豪强与民众共同承担运输任务和赔偿责任。通过这一事例也可看出，北宋时期黄河运输的许多船只都来自凤翔造船场。到天禧末年，凤翔斜谷造船场承担的造船任务仍达六百艘，这一规模当时在全国位居第二，仅次于南方地

---

① 《长编》卷28，雍熙四年四月癸巳，第633页。
② 陆心源：《宋史翼》卷18《循吏一·胡令仪传》，中华书局1991年版，第183页。

区的虔州。① 而在天圣六年（1028）三月，鉴于此前澶州修建浮桥中所需的四十九艘船只"自温州历梁、堰二十余重，凡三二岁方达澶州"，京西转运使杨峤提议，"请自今于秦、陇、同州伐木，磁、相州取铁及石灰，就本州造船"②，即将这些物资运至京西路用于建造船只。最终，杨峤的建议也得到了宋廷的批准而得以实施。庆历二年（1042）二月，宋廷接受河北安抚司的建议决定在黄河沿线州军内秘密建造战船，"京东、西路造五百只赴河北"③，这些战船最终应是通过黄河、御河被运到北方边境。直到庆历年间，凤翔斜谷造船务仍依旧承担着"每年造六百料额船六百只"④ 的任务。元丰六年（1083）九月，三门白波提举辇运司奏请借用治下阜财监的上供钱一万缗，"遣官于邻州市木，于本司造船场造六百料运船，下陕西转运司依数拨还"⑤。结果，宋廷批准了三门白波提举辇运司的造船计划，而这些船只自然也要被投入黄河漕运活动中。船只运输活动的开展，在北宋时期的黄河漕运中也占据着重要地位。

此外，邢恕在崇宁年间担任泾原经略使时，"谋立边功以洗诬谤宗庙之罪"，为此采纳许彦圭的建议而计划在一年内"造舟五百艘，将直抵兴、灵以控夏国"。随后，宋廷将这一造船任务交付熙河路转运使李复来落实。李复明确指出，在熙河路严重缺乏造船工匠、物料的情形下，"观（邢）恕奏请，实是儿戏……臣未敢便依指挥擘画，恐虚费钱物，终误大事"⑥，促使徽宗下令取消了这一庞大的造船计划。

二、黄河的食盐运输

食盐运输也是北宋时期黄河漕运的一个重要组成部分。利用黄河运输食

---

① 《文献通考》卷25《国用考三·漕运》，考245。
② 《长编》卷106，天圣六年三月己酉，第2467页。
③ 《长编》卷135，庆历二年二月丁酉，第3226页。
④ 《包拯集校注》卷2《请权罢陕西州军科率》，第108页。
⑤ 《宋会要》食货45之3，第5595页。
⑥ 《宋史翼》卷8《李复传》，第86页。

盐，这种做法早在北宋之前就已出现。北魏正始二年（505），北魏政府已开展永丰渠、黄河间的食盐运输，"都水校尉元清引平坑水西入黄河以运盐"①。这一运输路线在隋唐时期也被继承，一度承担了大量食盐的转运。但这一食盐运输通道在唐末五代时期却因疏于修治而逐渐衰落，"唐末至五代不复治"，以致北宋初期已呈现出河道湮浅、舟船不通的一派颓废景象，"盐运大艰"②。宋廷曾不断采取措施，力图恢复这一食盐运输通道。如天圣四年（1026）闰五月，右班殿直刘达、陕西转运使王博文等人奏请修治解州安邑县至白家场的永丰渠，认为这对解盐的外运颇为有利，"行舟运盐，经久不至劳民"③。最终，这一计划得以实施并在该年内顺利完工，从而重新开通了解池、永丰渠、黄河这一解盐水运通道，这对于解盐的大规模外运自然极为便利。而北宋时期解盐向外运输的另一条重要线路，则是"从解州沿姚暹渠，入涑水，于蒲坂处再入黄河，'自黄河三门沿流入汴'，以'至京师'"④。为加强对这一解盐运输通道的管理，宋廷在至道二年（996）二月还专门规定，"自三门垛盐务装发至白波务，每席支沿路抛撒耗盐一斤，白波务支堆垛消折盐半斤。自白波务装发至东京，又支沿路抛撒盐一斤。其耗盐候逐处下卸，如有摆撼消折不尽数目，并令尽底受纳，附帐管系"⑤，即对运输途中的解盐损耗也做出了具体要求。到咸平五年（1002）二月，宋廷也对京师都盐院提出明确要求，规定"京盐院合般盐货，每席量破随纲折耗，三百里以上耗一斤，三百里以下半斤"⑥，借以强化对解盐等食盐运输的管理。宋廷这些管理规定的出台，主要着眼于督促相关官员在黄河食盐运输中尽量降低损耗、提高成效。

庆历二年（1042），宋廷采纳范宗杰的建议恢复京师榷盐，同时"东盐则

① 《宋会要》食货8之48，第4958页。
② 《长编》卷104，天圣四年闰五月己酉，第2408页。
③ 《宋会要》食货8之48，第4958页。
④ 郭正忠：《宋代黄河中游的商人运输队——略论"垣曲县店下样"的社会经济意义》，《中州学刊》1983年第3期
⑤ 《宋会要》食货42之2，第5562页。
⑥ 《宋会要》职官5之67，第2496页。

盛置卒徒，车运抵河而舟，寒暑往来，未尝暂息"①，对解盐的销售造成了极大冲击。这种状况，直到庆历四年（1044）范祥开展解盐改革后才得以缓解。而在元丰六年（1083）二月，三门白波发运司奏请"权借发运司四百料平底船三百只，运榷场盐货、赏茶等至汜水，以本司船运赴河北"②。由于蒋之奇的反对，三门白波发运司请求的船只并未被拨付。尽管如此，大批食盐、茶叶等货物向河北榷场的水运，最终也得以成行。到元祐二年（1087）五月，针对当时开封府界、京西路、京东路等地所需的食盐三万二千五十席，户部奏请由其预先支给盐引，"令出卖解盐司召人结揽般运，于绛州垣曲县盐司送纳，令三门辇运司般运，应副支俵。应合给脚乘文钞，亦令解盐司据所般实数申本部拨还"③，这一建议也得到了宋廷的批准而得以推行。

三、 黄河的薪炭、 马料等物资运输

薪炭、马料、钱币、绢帛等物品，也是北宋时期黄河漕运的对象。如治平二年（1065），京师所需的大量薪炭，即通过黄河从京西路、陕西路、河东路等地运抵，"繇京西、陕西、河东运薪炭至京师，薪以斤计一千七百一十三万，炭以秤计一百万"④。薪炭运输的正常开展，对京师的重要性自然是不言而喻，如户部在政和六年（1116）闰正月的上奏中即明确指出，"京邑之大，生齿繁众，薪炭之用，民所甚急……然畿内与京西北路岁入之数，以折计之者才七十万，严冬祈寒，有足虑者"⑤。另如景德二年（1005），宋廷要求陕西转运司"每年认定马料三十万石上京，所有细色斛斗如有剩数，即行般运"⑥，可见马料的黄河漕运规模在当时也较为可观，只是稍后有所减弱。

---

① 《长编》卷146，庆历四年二月乙未，第3534页。
② 《长编》卷333，元丰六年二月辛亥，第8016页。
③ 《长编》卷401，元祐二年五月乙丑，第9760页。
④ 《宋史》卷175《食货志上三·漕运》，第4253页。
⑤ 《宋会要》职官27之22，第2947页。
⑥ 《张方平集》卷23《论京师军储事》，第348页。

　　熙宁五年（1072）九月，宋廷命江、淮等发运司将银十万两、绢十五万匹转交陕西转运司，以便陕西转运司利用这笔钱物为镇洮军、通远军购置粮草。① 这些钱物的运输，可能也是由黄河漕运来实现。元符二年（1099）闰九月，针对陕西辖区内官方要求以铁钱置换铜钱而引民众疑惑、钱轻物重局面的出现，宋廷迅速责令都转运使陆思闵、转运副使王博闻、转运判官孙轸采取措施来维护陕西辖区内铁钱的稳定，同时"仍令陕西路并禁使铜钱"。对于此前在陕西辖区内流通的铜钱，宋廷则允许民众兑换成铁钱或盐钞，"诸色人欲入铜钱地分，许于陕府近便处官中兑换。换到铜钱并官库铜钱，除量留换钱支用外，并津置三门，般运赴元丰库纳。陕西铸钱司计置到铜，般运就京西近便处置监铸造，充朝廷封桩，人匠并于陕西铸钱监那移。本路官铁钱有缺损轻薄不堪支使者，送监别铸"②。此外，北宋时期黄河漕运物资也包括部分绢帛，如三司在元丰四年（1081）九月开展的一次绢帛运输就规模较为庞大，"起发应副鄜延、（环）庆、泾原三路经略司绢十七万五千匹，市易司起发十五万五千匹，用赢马百二十四头及官船水运至西京"③。这些绢帛的运输，综合利用了水运、陆运两种方式而得以完成。为保障此次运输活动的顺利开展，宋廷也责令三司派官员一名"往鄜延路点检催辇载绸绢等纲，仍根究津般乖方处以闻"④。

四、 黄河的其他物品运输

　　北宋时期的黄河漕运，也包括对文书、军需杂物、兵器等物品的运输。借助黄河而开展的文书传递，也是北宋黄河运输的一个组成部分。如元丰四年（1081）十二月，鉴于黄河西侧的吴堡寨已被鄜延路第四将高钤辖收复，

---

① 《长编》卷238，熙宁五年九月丙辰，第5797页。
② 《长编》卷516，元符二年闰九月甲戌，第12269页。
③ 《宋会要》食货45之2，第5595页。
④ 《宋会要》食货56之22，第5783页。

河东路经略司巡检张璨即奏请"须渡船一二艘,以备转递文书"①。最终,宋廷命河东路转运司负责增置渡船用于传递文书。部分军需杂物的运输,也要通过黄河水运实现。如景德三年(1006)八月,宋廷命禁卫步骑兵在河阳、澶州、曹州、滑州、徐州、许州、陕州、白波各驻扎两千人,在陈州、汝州、怀州、虢州各驻扎一千人,同时"诏扈从百司所须之物,并从水运至西京,勿借民车乘"②。这种兵力部署的调整,也多涉及黄河运输军需杂物活动的开展。宋廷也曾利用黄河开展横渡黄河的兵器运输,并制定了严格规定。如大中祥符三年(1010)三月,鉴于河北路、河东路内禁止兵器穿越黄河的规定,侍卫马军司奏请"缘诸州军合用阅习木枪、弩弦等,望据数封记赍往"③,才使得这些兵器被放行。元丰二年(1079)六月,提举三门白波辇运司奏请"河阴窑务上京砖瓦,乞罢差中官督促"④,可见砖瓦的运输在黄河漕运中也偶尔出现。元丰六年(1083)二月,宋廷曾将度牒二百付赐与三门白波辇运司,用于"雇装发岁计并积年未运官物"⑤。此外,北宋君臣多次前往汾河等地开展大规模的祭祀活动,这也涉及利用黄河所开展的物资运输。如大中祥符年间,刘承规就曾受命负责运输祭祀汾阴活动所需的物资。针对当时"议者以自京至河中,由陆则山险,具舟则湍悍"的主张,刘承规坚持利用黄河开展运输,结果"凡百供应,悉安流而达"⑥。诸如此类的黄河水路运输,在北宋时期可能也为数不少。

---

① 《长编》卷321,元丰四年十二月丙子,第7749页。
② 《长编》卷63,景德三年八月丁亥,第1419页。
③ 《长编》卷73,大中祥符三年三月己酉,第1661—1662页。
④ 《长编》卷298,元丰二年六月辛丑,第7253页。
⑤ 《长编》卷333,元丰六年二月辛亥,第8016页。
⑥ 《宋史》卷466《宦者一·刘承规传》,第13609页。

表 8-1：北宋黄河漕运官员简表

人物	职务	任职起时	史料中出现时间	备注	资料出处
姚沆	三门发运使	太平兴国五年（980）正月			《宋会要》职官 42 之 15，第 3242 页
刘顺	监三门发运务	太平兴国五年（980）十月			《宋会要》职官 42 之 15，第 3242 页
卞日华	三门发运判官	淳化四年（993）			《武溪集》① 卷 20 《宋故礼宾副使知邵州卞府君墓志铭》，《宋集珍本丛刊》第三册，第 323 页
王宾	兼领黄、御两河发运事	太宗朝			《宋史》卷 276 《王宾传》第 9410 页
刘综	三门发运司水路转运使				《宋史》卷 277 《刘综传》第 9431 页
胡令仪	三门发运判官	咸平初年			《范仲淹全集》卷 12 《宋故卫尉少卿分司西京胡公神道碑铭》，第 295 页
杨覃	三门发运使	咸平初年			《宋史》卷 307 《杨覃传》第 10130 页
杨允恭	知通利军、兼黄、御河发运使		咸平年间		《宋史》卷 309 《杨允恭传》第 10162 页

---

① 余靖：《武溪集》，《宋集珍本丛刊》本、线装书局 2004 年版。

续表

人物	职务	任职起时	史料中出现时间	备注	资料出处
许元豹	三门发运使	景德元年(1004)七月			《长编》卷56，景德元年七月壬辰，第1246页
李渭	三门发运使	景德二年(1005)八月			《宋会要》职官42之15，第3242页
史莹	白波发运判官		大中祥符二年(1009)十月		《长编》卷72，大中祥符二年十月庚寅，第1636页
			大中祥符四年(1011)十月		《长编》卷76，大中祥符四年十月丁卯，第1738页
林潍	白波发运判官		大中祥符八年(1015)六月		《长编》卷84，大中祥符八年六月癸亥，第1931页
王黄裳	黄、汴河催纲		大中祥符八年(1015)闰六月		《宋会要》食货50之1，第5657页
任布	白波发运使		大中祥符年间		《宋史》卷288《任布传》，第9683页
戚纶			大中祥符年间	祀汾阴，复领发运之职	《宋史》卷306《戚纶传》，第10106页

续表

人物	职务	任职起时	史料中出现时间	备注	资料出处
王真	白波发运判官		天禧二年(1018)四月		《长编》卷91，天禧二年四月壬午，第2108页
	三门发运判官		天禧三年(1019)十月	天禧三年十月，改任监察御史，充三司度支判官	《长编》卷94，天禧三年十月乙未，第2168页
杜簷	三门白波发运使		天禧二年(1018)十月七日		《宋会要》食货46之6，第5506页
赵及	黄河、御河催纲		真宗朝		《宋史》卷304《赵及传》，第10074页
林濰	三门白波发运使	天圣初年			《新郑碑刻文集》①第44页，《宋太子宾客致仕林公(濰)墓志铭》
张方	白波三门发运使		天圣二年(1024)十月②		《邵氏闻见录》③卷9，第96页
张禛	三门白波发运使		天圣三年(1025)十月		《宋会要》食货46之10，第5508页
卢瓒	三门白波发运使		天圣六年(1028)十月		《宋会要》食货42之14，第5568页

① 新郑市文物管理局编：《新郑碑刻文集》，香港国际出版社2004年版。
② 《宋会要》职官49之2—3，第3530—3531页。《邵氏闻见录》于此处载为"(乾兴)二年十月"，而史无乾兴二年，应为"(天圣)二年十月"。
③ 邵伯温撰，李剑雄、刘德权点校：《邵氏闻见录》，中华书局1983年版。

续表

人物	职务	任职起时	史料中出现时间	备注	资料出处
文洎	三门白波发运使		天圣八年(1030)十月		《宋会要》方域14之14,第7552页
	三门白波发运使		景祐元年(1034)十二月		《长编》卷115,景祐元年二月癸未,第2709页
周越	三门发运判官		景祐年间		《渑水燕谈录》卷7《书画》,第90页
陈述古	三门白波发运使		宝元元年(1038)二月		《长编》卷121,宝元元年二月甲申,第2862页
潘若冲	白波运判官	宝元元年(1038)六月			《长编》卷121,宝元元年六月戊辰,第2873页
李渭	三门白波都监	康定元年(1040)三月			《长编》卷126,康定元年三月,第2982页
梁吉甫	三门白波发运使		康定元年(1040)十一月		《长编》卷129,康定元年十一月甲寅,第3055页
梁吉甫	三门白波黄渭汴河发运使		庆历元年(1041)七月	兼汾、洛河发运,应副陕西转运司奉运粮草	《宋会要》职官42之17,第3243页
李昭遘	三门白波发运使	庆历二年(1042)八月丙子			《长编》卷137,庆历二年六月戊子,第3278页
郑骧	权陕西转运按察使兼三门发运使	庆历三年(1043)八月			《长编》卷142,庆历三年八月丙辰,第3423页

续表

人物	职务	任职起时	史料中出现时间	备注	资料出处
夏安期	京西转运按察使兼白波发运使	庆历三年(1043)八月			《长编》卷142，庆历三年八月丙辰，第3423页
张巩	河阴发运判官		皇祐年间		《宋史》卷326《张君平传》，第10526页
薛向	催漕黄、御河纲运公事	至和二年(1055)十一月			《长编》卷181，至和二年十一月丁巳，第4383页
王举元	河阴发运判官		仁宗朝		《宋史》卷266《王化基传·王举元附传》，第9188页
宋昌言	河阴发运判官		仁宗朝		《宋史》卷291《宋绶传·宋昌言附传》，第9737页
杨佐	河阴发运判官		仁宗朝		《宋史》卷333《杨佐传》，第10695页
许元	三门发运判官		仁宗朝		《宋史》卷299《许元传》，第9944页
宋道	都官郎中、同提举三门白波辇运	熙宁元年(1068)			《范忠宣公文集》卷13《朝请大夫宋君墓志铭》，《宋集珍本丛刊》第十五册，第467页
			熙宁四年(1071)三月		《长编》卷221，熙宁四年三月癸丑条记事，第5395页
	都大提举三门白波辇运				《范忠宣公文集》卷13《朝请大夫宋君墓志铭》，《宋集珍本丛刊》第十五册，第467页

续表

人物	职务	任职起时	史料中出现时间	备注	资料出处
王广廉	权发遣河北转运副使、兼都大提举余随粮草催遣黄御河纲运	熙宁四年(1071)四月			《长编》卷222，熙宁四年四月丙子，第5409页
李孝孙	三门白波都大提举辇运公事	熙宁四年(1071)九月			《宋会要》食货45之2，第5595页
应舜臣	河阴同提举催促辇运、都官郎中①		熙宁四年(1071)十月		《长编》卷227，熙宁四年十月庚辰，第5535页
王玩	提举河阴辇运		熙宁七年(1074)四月		《长编》卷252，熙宁七年四月癸巳，第6175页
李直躬	黄御等与催纲		熙宁七年(1074)十月		《长编》卷257，熙宁七年十月丙子，第6274页
文贻庆	权发遣提举三门白波辇运②		元祐元年(1086)四月		《长编》卷376，元祐元年四月辛亥，第9117页
吴革	提举白波辇运			元祐三年(1088)罢任	《龙川略志》卷5《言水陆运米难易》，第278页
富绍庭	提举三门白波辇运		哲宗朝		《宋史》卷313《富弼传·富绍庭附传》，第10258页

① 《长编》卷227熙宁四年十月庚辰条注文称，"（熙宁）四年六月，自河阴提举催促辇运……权发遣盐铁判官"，第5535页。
② 《长编》卷386载，"（文）贻庆辞新命，乞依旧为白波辇运。诏从所乞，仍特与理转运判官资序"，元祐元年八月壬子，第9411页。

续表

人物	职务	任职起时	史料中出现时间	备注	资料出处
赵子渞	提举三门白波辇运		徽宗朝		《宋史》卷247《宗室四·赵子渞传》，第8741页
李伯宗	提举白波辇运		徽宗朝		《宋史》卷354《李伯宗传》，第11165页
薛昂	三门白波辇运		靖康年间		《宋史》卷380《薛昂传》，第11721页
吕由诚	提举三门白波辇运	不详		言者谓其赀浅，罢之	《宋史》卷448《忠义传三·吕由诚传》，第13204页
杜比	河阴提举辇运	不详			《祠部集》①《回河阴提举辇运杜比比尚书》，第500页
文永世	提举三门白波辇运	不详			《大史范公文集》卷39《梁国郡君王氏墓志铭》，第396页
褚侯	提举三门白波辇运	不详			《陶山集》②卷15《寿安县君张氏墓志铭》，第172页
赵叔何	三门白波辇运司催促纲运	不详			《南涧甲乙稿》③卷20《武经郎主管台州崇道观赵府君墓志铭》，第387页

① 强至：《祠部集》，《丛书集成初编》本，中华书局1985年版。
② 陆佃：《陶山集》，《丛书集成初编》本，中华书局1985年版。
③ 韩元吉：《南涧甲乙稿》，《丛书集成初编》本，中华书局1985年版。

续表

人物	职务	任职起时	史料中出现时间	备注	资料出处
钱智周	三门发运判官	不详			《文庄集》卷 1《大理寺丞充三门发运判官钱智周可太子中舍依旧制》，《宋集珍本丛刊》第二册，第 434 页
刘忠顺	三门发运判官	不详			《郧溪集》卷 21《卫尉少卿刘公墓志铭》，《宋集珍本丛刊》第十五册，第 191 页

第四节　黄河桥梁的维护与管制

就黄河桥梁最基本、最重要的价值就在于沟通黄河两岸的交通，便于人员、货物的通行。但在北宋时期，黄河泛溢的不断出现极易造成桥梁的损毁，火灾的发生、冬季的凌汛、管理不善等因素也会对黄河桥梁造成严重破坏。针对这些情形，宋廷积极运用多种举措加以防范和应对，通过修建或修复减水河、冬季打凌、临时拆除和改建他址、防范火灾及其他日常修缮活动的开展、调整维护制度和建立奖惩机制，开展黄河桥梁的保护与维护，实现"人绝往来之阻，地无南北之殊"① 的目的。同时，宋廷通过黄河桥梁税的征收和军事盘查、守卫的严密开展，加强对其经济收益的有效掌控和人员、物资的稽查，并赋予黄河桥梁多重功能。在学界已有研究成果的基础上②，本节试对北宋时期黄河桥梁的维护与管制做进一步探讨。

一、　黄河桥梁的损毁与日常修建、维护

黄河自黄土高原转入平原地区而水势落差极大、黄河地区的季风性气候导致降雨多集中在夏季和秋季等因素，极易导致黄河的频繁决溢乃至"河势变移无常"③，从而对黄河桥梁的威胁相当显著。而火灾焚毁、管理不善等原因，也会造成黄河桥梁的严重破坏。在这种形势下，宋廷相当重视黄河桥梁

---

① 《宋史》卷93《河渠志三·黄河下》，第2313页。

② 周宝珠的《宋代黄河上的三山浮桥》一文，集中对北宋三山浮桥的修建、管理、毁坏等问题给予了详尽的分析（《史学月刊》1993年第2期）；曹家齐《宋代交通管理制度研究》第一章第六节"关津管理制度"、第五章第一节"桥道、驿铺的修治与保护"等部分的相关探讨，对北宋时期黄河桥梁修建与管理的机构、举措等内容多有论及（第75—78页、第264—273页）；张杨的《宋金桥梁建造与维护管理研究》，第四章第一节中对北宋黄河桥梁的管理机构略有论及（河北大学2011年硕士学位论文）；王战扬《北宋河道巡查管理机制初探——以黄河、汴河为中心》对北宋时期黄河浮桥的巡护有着较为简要的探讨（《中国历史地理理论丛》2017年第4期）。

③ 《长编》卷286，熙宁十年十二月甲申，第6996页。

的修建，采取多种举措对黄河桥梁进行防护，并逐步建立起相应的奖惩机制，以便大量粮食等物资的运输、军民的人员通行。

（一）黄河桥梁的损坏概况

在造成北宋时期黄河桥梁破坏的诸多因素中，水灾无疑最为普遍、最为严重，这一情形在史籍中也多有反映。体现到《宋史》等史籍中，关于黄河水灾对桥梁的严重损毁就有如下记载：

表 8－2：北宋黄河桥梁水灾损毁简表

序号	时间	黄河桥梁损毁概况	资料出处
1	乾德三年（965）秋季	孟州水涨，坏中潬桥梁	《宋史》卷91《河渠志一·黄河上》，第2257页
2	太平兴国二年（977）六月	孟州河溢，又涨于澶州……坏浮梁	《文献通考》卷296《物异考二·水灾》，考2344
3	太平兴国四年（979）九月	澶州河涨，陷浮梁	《文献通考》卷296《物异考二·水灾》，考2344
4	太平兴国八年（983）六月	陕州河涨，坏浮梁	《宋史》卷61《五行志一上·水上》，第1321页
5	太平兴国九年（984）八月	孟州河涨，坏浮梁	《宋史》卷61《五行志一上·水上》，第1322页
6	天圣七年（1029）六月	河北大水，坏澶州浮桥	《宋史》卷61《五行志一上·水上》，第1326页
7	治平三年（1066）四月	河中府浮梁用铁牛八维之……水暴涨绝梁，牛没于（黄）河	《长编》卷208，治平三年四月己丑，第5049页
8	仁宗朝	河坏（澶州）明公埽，绝浮桥	《宋史》卷300《姚仲孙传》，第9971页
9	仁宗朝	河坏（澶州）孙陈埽及浮梁	《宋史》卷292《张观传》，第9765页
10	熙宁十年（1077）八月	河水坏澶州桥	《长编》卷284，熙宁十年八月戊子，第6951页

续表

序号	时间	黄河桥梁损毁概况	资料出处
11	元丰四年（1081）九月	澶州言浮桥坏	《长编》卷316，元丰四年九月丙辰，第7638页
12	元丰七年（1084）七月	（滑州）齐贾下埽河水涨，坏浮桥	《长编》卷347，元丰七年七月己未，第8334页
13	元祐八年（1093）五月	水官卒请进梁村上、下约，东狭河门。既涉涨水，遂壅而溃……河水四出，坏东郡浮梁	《宋史》卷93《河渠志三·黄河下》，第2304页

这一表格所反映出的黄河水灾对桥梁的损毁，无疑会与实际的损毁次数、情形存在着较大的差异，但由此也可部分折射出黄河桥梁在水灾冲击下的严重毁坏。而水灾的频繁发生也极易造成黄河桥梁在修复后存系的时间比较短暂，从而导致部分黄河桥梁不断处于修建、被毁这种循环中。此外，火灾的发生、日常管理不善等原因也会造成黄河桥梁的严重损毁，此不赘言。

（二）黄河桥梁的日常修建

为便于人员通行和物资运输，宋廷长期开展黄河桥梁的修建。如熙宁六年（1073）十月，出于"滨河戎人尝刳木以济行者，艰滞既甚，何以来远"的考虑，神宗命景思立负责在河州安乡城黄河渡口修建浮桥。宋廷在河州安乡城黄河渡口修建黄河桥梁，有着便于人员通行、加强与西北少数民族交往的政治考虑。同日，宋廷又下令在延州永宁关黄河渡口修建浮桥，任命赵卨负责组织实施，此举主要是鉴于永宁关黄河渡口的重要交通地位和现实需要，"永宁关与洛〔石〕、湿〔隰〕州跨河相对，地沃多田收，尝以刍粮资延州东路城寨，而津渡阻隔，有十数日不克济者……以通粮道，兵民便之"①。可见，

---

① 《宋会要》方域13之22，第7541页。

此次黄河浮桥的修建主要着眼于便于军粮运输和军事活动的开展。政和七年（1117）六月，都水使者孟扬指出，"旧河阳南北两河分流，立中潬，系浮梁。顷缘北河淤淀，水不通行，止于南河修系一桥。因此河项窄狭，水势冲激，每遇涨水，多致损坏"，为此建议"欲措置开修北河，如旧修系南北两桥"①，也获得了宋廷的批准。诸如此类的黄河桥梁修建活动，在北宋时期经常开展。

（三）黄河桥梁的日常维护

北宋时期，黄河桥梁在连接两岸交通、保障大批人员通行和运输物资方面具有重要地位，如黄庭坚曾称"澶渊不作渡河梁，由是中原府库疮"②，足见黄河桥梁在保障粮食等物资运输方面的显赫作用。正因如此，加之黄河水情复杂、桥梁易毁，宋廷多有日常维护举措的实施。具体到黄河桥梁维护活动的实际开展中，宋廷的日常维护举措主要涉及如下几个方面。

第一，以修建或修复减水河、冬季打凌等举措避免黄河桥梁的损毁。黄河桥梁在洪峰来临时极易被毁，宋廷为此而多有修建或修复减水河活动的开展，即通过泄洪的方法来避免黄河桥梁被冲毁。如宋仁宗初年，陕西转运使薛颜曾组织当地民众修建减水河，"即北岸疏上流为支渠以顺水怒"③，从而使当地的黄河桥梁在此后较长时期内未被河水毁坏。同时，宋廷也注意对原有减水河的修复以改善其泄洪功能，这自然也利于对黄河桥梁的有效保护。如治平四年（1067）八月，陕西体量安抚使孙永奏称，"河中府浮梁自来西岸有减水口子，自淤淀后，遇水泛涨，束狭得河流湍悍，故坏中埽〔潬〕及浮桥。乞将陈杜唐州材三口略行疏理，分泄黄河泛涨时水势"④，后得到了宋廷的批准而实施。在冬季的黄河桥梁防护中，打凌活动的开展则成为避免桥梁被毁

① 《宋史》卷93《河渠志三·黄河下》，第2314页。
② 《山谷全书》别集卷1《题文潞公黄河议后》，《宋集珍本丛刊》第二十六册，第115页。
③ 《东都事略》卷112《薛颜传》，第1726页。
④ 《宋会要》方域13之22，第7541页。

的关键手段之一,宋廷为此也专门设有"打凌卒"这种厢军。如至和元年（1054）十一月,河阳、澶州官员即组织打凌卒开展打凌护桥活动。① 嘉祐元年（1056）四月,宋廷也责令陕府、河中府"差防桥打凌兵士赴麟府等州防冻"②,这既有防范西夏军队乘机入侵的目的,也是对黄河桥梁实施有效保护的必要手段。

第二,以临时拆除、改建他址等举措避免黄河桥梁的损毁。针对黄河桥梁在洪峰来临时极易被冲毁问题,宋廷常以临时拆除的方式加以规避,待洪峰过后再重建桥梁。相对而言,这种方法的利用在北宋时期黄河桥梁的防护中比较普遍。如元丰五年（1082）八月,鉴于工部奏报滑州天台埽、卫州齐贾上埽危急的情形,宋廷诏令工部郎中范子奇与都水监官员共同勘察二埽,"如浮梁壅遏水势,权拆去以闻"③。元丰六年（1083）二月,工部郎中范子奇指出,滑州浮桥每年在黄河涨水前都要暂时拆除,到深秋时节再加以恢复。④ 这种黄河浮桥的不时拆除,也实属无奈之举。对于部分频繁遭受洪水毁坏的黄河桥梁,宋廷则通过将桥梁移建他处的方式来规避被毁风险。如熙宁十年（1077）澶州浮桥再次被毁后,宋廷在该年八月采纳张茂则等人"北使驿路可以出澶州之西黎阳,由白马县北,可相度系桥"的建议,由枢密院"委张茂则、刘瑨选便道口岸系桥"⑤。针对澶州黄河浮桥每年反复拆建、"岁费财力"的弊端,范子奇曾在元丰六年（1083）二月建议重新选址另建浮桥,"欲于决口下别相视系定,免系拆及壅遏之患"⑥。此外,宋廷也常督促地方官员加强对黄河桥梁的日常巡护,以便及时发现险情、采取措施,如天圣七年（1029）六月即下令"缘广济河并夹黄河县分、令佐常切巡护"⑦ 沿河桥坝。

---

① 《长编》卷177,至和元年十一月庚辰,第4291页。
② 《宋会要》兵27之40,第7266页。
③ 《长编》卷329,元丰五年八月庚戌,第7913页。
④ 《长编》卷333,元丰六年二月甲子,第8023页。
⑤ 《长编》卷284,熙宁十年八月戊子,第6951页。
⑥ 《长编》卷333,元丰六年二月甲子,第8023页。
⑦ 《宋会要》方域13之21,第7540页。

此类黄河桥梁巡护活动的开展，自然有利于相关防护举措的实施。

第三，防范火灾对黄河桥梁的损毁。火灾对黄河桥梁足以构成致命威胁，因此也成为北宋黄河桥梁防护的重点。在黄河桥梁的火灾防范中，宋廷不断有着严格法令、举措的出台，对相关官员和士兵制定诸多要求和规定，尤其是对一些重要河段桥梁的防护更是如此。如熙宁八年（1075）八月，宋廷"诏澶州制造吴舜臣所造获〔护〕浮桥铁叉竿"①，这种铁叉竿无疑主要用于黄河浮桥的防火和防范船只等撞击。绍圣二年（1095）六月，详定重修敕令所针对黄河桥梁纵火等现象提出了一套较为完备的防范、惩治办法，"故烧黄河浮桥者，罪赏并依故烧官粮草法。即于浮桥内停火及遗火者，各依仓库内燃火遗火律。看守、巡防及部辖人不觉察，各减犯人五等，监官又减一等。其上流船筏在五里内停火者杖八十，在十里内遗火者杖一百，带火于浮桥上下过者并准此。黄河浮桥脚船创漏合用灯者，监官审察，差部辖人监守，用讫扑灭"，并要求黄河桥梁所属各州"置板榜书火禁于桥两岸晓示"②。依据这种规定，宋廷对故意或无意烧毁黄河浮桥、带火过桥人员以及失于觉察的守护官员，要分别给予不同的严厉惩罚。同时，在黄河桥梁的日常防护中，宋廷也相当重视对辽军焚毁桥梁的防范。如熙宁八年（1075）八月，沈括曾指出，"河北阻于大河，惟澶州浮梁属于河南，契丹或下西山之材为桴，以火河梁，则河北界然援绝。（沈）括请设火备，无使奸火得发"③，这一建议被宋廷采纳。元丰元年（1078）十月，吕温卿也指出，"朝廷差官制造澶州浮梁火叉，其为防患不为不预。然恐万一寇至，以火筏、火船随流而下，风顺火炽，桥上容人不多，难以守御，不若别置战舰以攻其后"，为此提议建战船二十艘，在澶州设置黄河巡检一名，并挑选河清兵五百人"习水战以备不虞"。为避免引发辽朝的警觉，宋廷最终决定只选一百名河清兵设为桥道水军，"令

---

① 《宋会要》方域 13 之 23，第 7541 页。
② 《宋会要》刑法 1 之 16，第 6469 页。
③ 《长编》卷 267，熙宁八年八月癸巳，第 6543 页。

习熟船水，可使缓急御捍上流舟筏及装驾战舰"①。崇宁五年（1106）二月，宋廷下令在滑州黄河北岸修筑浮桥，同时要求"仍筑城垒，置官兵守护之"②，以加强对黄河桥梁的防护。

第四，黄河桥梁的日常修缮。在黄河桥梁的日常维护中，宋廷也时常对其损毁尽力加以修缮。天圣六年（1028）以后，宋廷时常"于秦、陇、同州伐木"③用于对澶州黄河桥梁的修治。仁宗朝时，针对"蒲津浮桥坏，铁牛皆没水中"的状况，天章阁待制、陕西都转运使张焘组织人力"以策列巨木于岸以为衡，缒石其杪，挽出之，桥复其初"④，成功修复了黄河浮桥。而面对河中府辖区内黄河浮桥常被河水损毁的情形，知府阎询也组织人力将其"易为长桥"⑤，使其抗御洪水的能力大为改观。治平三年（1066）四月，针对"河中府浮梁用铁牛八维之……水暴涨绝梁，牛没于（黄）河"的局面，河中府官员募人加以救护，结果"怀丙以二大舟实土，夹牛维之，用大木为权衡状，钩牛，徐去其土，舟浮牛出"⑥，自黄河河底打捞出铁牛，成功修复了黄河桥梁。元丰四年（1081）九月，澶州官员奏报黄河桥梁被河水冲毁，随后开展的桥梁修缮直至十二月才完工。⑦ 政和六年（1116）七月，宋廷下令加强对三山浮桥的守护，"令都水监与当职官夙夜常切固护，如何〔河〕流向着或浅淀，即行疏浚"⑧，以避免三山浮桥被毁。通过这些事例可以看出，北宋时期黄河桥梁被河水冲毁的现象时有发生，与之相应的日常修缮活动也经常开展。对于损毁严重、无法修复的黄河桥梁，宋廷则会对其加以重建。

第五，黄河桥梁相关维护制度、规定的部分调整。为便于黄河桥梁日常

---

① 《长编》卷293，元丰元年十月壬戌，第7155—7156页。
② 《宋史》卷93《河渠志三·黄河下》，第2311页。
③ 《长编》卷106，天圣六年三月乙酉，第2467页。
④ 《宋史》卷333《张焘传》，第10701页。
⑤ 《宋史》卷333《阎询传》，第10704页。
⑥ 《长编》卷208，治平三年四月己丑，第5049页。
⑦ 《长编》卷316，元丰四年九月丙戌，第7638页。
⑧ 《宋会要》方域13之26，第7543页。

维护、救护活动的及时开展，宋廷在相关制度规定方面也有一定的调整和改进。如政和五年（1115）十一月，尚书工部侍郎孟昌龄即指出，"大河非他水之比，或涨或落，掠岸冲激，势不可测。缓急若须令臣出入照管，即待班次朝辞，万一恐失期会"，同时请求"欲权依都水监官员出入条例，逐急出门，只具奏闻，及申牒逐处官司，庶免临时误事"①，这一建议得到了宋廷的同意。此番变动，可保障相关官员在黄河桥梁遭受水灾威胁时及时实施救护举措，避免因逐层审批而贻误救护时机。为了维护黄河桥梁救护队伍的足额、稳定，宋廷在桥道司士兵的待遇等方面也有一定的改善。如政和六年（1116）正月，提举三山天成桥河事孟扩指出，桥道司额定士兵一千人因看船守宿、打凌等占用而所剩不多、招填不足，"盖因招军例物与黄河扫〔埽〕兵多寡不同，是致少人投充"。针对这种情况，宋廷采纳了孟扩"将桥道司招军例物与黄河埽一般支给"②的建议，以扭转黄河桥梁维护士兵规模不足的局面。此类举措的实施，对保障黄河桥梁维护活动的顺利开展都有积极作用。

（四）黄河桥梁修建、维护中的相关奖惩

在黄河桥梁的日常维护中，宋廷对相关官员、士兵和民众也依据其功绩大小、成效优劣给予相应的奖惩。如至和元年（1054）十一月，宋廷下令"赐河阳、澶州浮桥打凌卒衲袄"③，以此作为对打凌兵卒的一种激励。治平三年（1066）四月，真定府僧人怀丙因成功打捞出河中府黄河浮桥铁牛，经张焘奏报宋廷后而被赐紫衣。④相对而言，史籍中对北宋时期士兵、民众维护黄河桥梁的奖赏记载较少，更多的则是对相关官员的赏赐。如元丰四年（1081）十二月，因滑州段黄河浮桥修筑完毕，宋廷即"赐承议郎、知将作监丞吴处

---

① 《宋会要》方域13之25，第7542页。
② 《宋会要》方域13之26，第7543页。
③ 《长编》卷177，至和元年十一月庚辰，第4291页。
④ 《长编》卷208，治平三年四月己丑，第5049页。

厚银、绢，及使臣、吏人银、绢有差"①。政和四年（1114）十一月，都水使者孟昌龄奏称，"今岁夏秋涨水，河流上下并行中道，滑州浮桥不劳解拆，大省岁费"，为此宋廷下令对相关官吏"推恩有差"②。政和五年（1115）四月，在通利军三山开河修桥工程顺利完成后，宋廷下令"其在彼公役人，赐钱绢、钱物有差"③。宣和元年（1119）十二月，鉴于淮南西路提点刑狱徐阁中在担任知濮州期间曾"应副桥埽，协力固护有劳"，宋廷也下诏对其"特赐紫章服"④。宣和四年（1122）四月，针对黄河三山桥在修筑完毕后屡经秋季涨水而并未毁坏，宋廷下令对组织此次桥梁修筑的官员予以褒奖，"赐都水使者孟扬以下转官、赐帛有差"⑤。诸如此类的官员酬奖，在北宋时期黄河桥梁的修治、维护中比较常见。

反之，对于黄河桥梁修建、管理不力以及经费使用不当等相关官员，宋廷也会予以相应的严厉制裁。如《宋刑统》中明确规定，"其津济之处，应造桥航，及应置船筏，而不造置，及擅移桥济者，杖七十，停废行人者，杖一百"⑥，这自然也适用于黄河桥梁管理官员。大观三年（1109）正月，宋廷曾明确诏令，"应系桥渡官为如法修整，今后擅置及将官桥毁坏者，徒二年，配一千里，其官渡桥不修整者，杖一百，令优展一考"⑦，可见对修建、管理黄河桥梁不力官员的惩治是比较严厉的。政和五年（1115）九月，显谟阁待制、知河阳府任熙明被给予落职、提举华州云台观的处罚，主要就是"以言者论其不救护河阳浮桥"⑧。宣和三年（1121）八月，宋廷追论此前天成桥、圣功

① 《长编》卷321，元丰四年十二月戊辰，第7745页。
② 《宋史》卷93《河渠志三·黄河下》，第2312页。
③ 《宋会要》方域17之14，第7603页。
④ 《宋会要》方域15之29，第7574页。
⑤ 《宋会要》方域13之27，第7543页。
⑥ 窦仪等撰，薛梅卿点校：《宋刑统》卷27《杂律·不修堤防盗决堤防》，法律出版社1999年版，第488页。
⑦ 《宋会要》方域13之23，第7541页。
⑧ 《宋会要》职官68之35，第3925页。

桥被河水冲毁的相关官员罪责，下令"本处当职官失职与免勘，监桥官二员各降两官，都大一员降一官、展二年磨勘，滑州知、通二员各降一官，应当官职〔按：'官职'应为'职官'〕各展三年磨勘，提举官、都大司人吏、滑州当行人吏、监桥官下军司桥匠、作头等，各科杖一百"①。这种对有关失职官员的处罚，力度较重且波及范围相当广泛。靖康元年（1126）二月，御史中丞许翰弹劾孟昌龄父子的罪状之一，即是"大河浮桥，岁一造舟，京西之民，犹惮其役。而昌龄首建三山之策，回大河之势，顿取百年浮桥之费，仅为数岁行路之观"②，由此宋廷也对孟昌龄父子给予落职处罚。对于黄河桥梁维护中的一些奖惩失误，宋廷在事后也会及时予以纠正。如嘉祐二年（1057）十二月，针对此前澶州官员组织人员修缮黄河洪水毁坏浮桥而获朝廷赏赐一事，中书省认为澶州黄河桥梁的破坏应属官吏监护不力，力主应对有关官员追究其失职之责。为此，宋廷再次下诏"追先降修澶州浮桥官吏奖谕诏……既令免勘，而诏亦追罢之"③。

二、 黄河桥梁的日常盘查与防卫

在与辽、西夏、金等政权的长期军事斗争中，宋廷对黄河桥梁的日常盘查和防卫也成为其中的一个重要方面。其中，宋廷防范的重点主要集中在对奸细渗透和士兵逃亡的防卫、对禁运物品的严格盘查等方面。

在黄河桥梁人员通行、货物运输、盘查奸细等日常管理中，宋廷制定了一系列的制度与规定。如天圣二年（1024）八月，宋廷诏令"断绝私过渡河西兴贩违禁物货及鞍马、人等，令河东转运司检详前后条贯，定夺闻奏"④。嘉祐五年（1060）七月，宋廷规定，"河北两地供输人辄过黄河南者，以违制

---

① 《宋会要》方域13之27，第7543页。
② 《宋史》卷93《河渠志三·黄河下》，第2316页。
③ 《宋会要》方域13之22，第7541页。
④ 《宋会要》兵27之21，第7257页。

论"，这主要缘于"恐渐入近南州军刺事，难以辨奸诈"①的考虑。熙宁七年（1074）正月，宋廷又明确规定，"诸关门并黄河桥渡，常切辨察奸诈禁物，军人、公人及官员经过，取索公文券历文字按验"。可见，借助黄河桥梁的严格管控，宋廷得以实现对经过桥梁人员、货物商税的征收，并严格开展限制禁物通行、盘查奸细的活动。在这种严格盘查中，军人、公人、官员通过黄河桥梁，都需由检查人员查验其相关凭证，并且许多桥梁"过夜以锁门，唯军期急速，审闻听开"②。元丰年间，宋廷颁行的《元丰令》中也规定，"诸黄河桥渡常辨察奸诈及禁物，若诸军或公人经过，并取公文券历验认。官员或疑虑者，亦取随身文书审验"③。此后，类似的规定不断被重申、强化。

在借助黄河桥梁开展的人员盘查中，宋廷对逃亡士兵的稽查是其中的一个重要方面。如元丰五年（1082），颖昌府官员在奉旨勘察逃亡士卒的过程中，指出此前朝廷虽有"应军前逃亡人，限一月自首免罪"的诏令，但"勘会至陕西路以东首者皆私越潼关或黄河，法不许首"。针对这种状况，宋廷决定调整为"能限内首者，免越度关津罪"④。直至政和元年（1111）四月，部分大臣仍主张加强汜水、潼关等地的关防之禁，借以防范士兵的逃亡：

> 关防之禁，昔年经由汜水、潼关，机察甚严，既抄录官员职位，又取券牒逐一检认军兵。今缘干关陕，所至关津未有过而问者。昔者以关禁之严，戍兵无逃窜之路，今则相携而去，略无留碍，故诸兵卒皆动归心。伏望申严关防之禁，汜水、潼关两处关津，咸阳、河中、陕府三处浮桥，检察之法，并遵元丰旧制。仍责委提刑司及知、通点检，违慢之人按劾，庶几不生戍卒逃窜之心，又可断绝奸细度越之弊。

① 《长编》卷192，嘉祐五年七月庚寅，第4634页。
② 《宋会要》方域13之6，第7533页。
③ 《宋会要》方域12之6，第7522页。
④ 《长编》卷323，元丰五年二月丙子，第7791页。

同时，尚书省也重申熙宁、元丰、元符年间的关防禁令，并提议"仰京西、陕西提刑司严切约束"①。这些提议，都获得了宋廷的同意而被实施。

在对周边政权的军事防御中，宋廷对黄河桥梁的防卫相当严密，时常借助黄河桥梁开展对兵器、士兵的严格稽查。如大中祥符三年（1010）三月，侍卫马军司奏请，"河北、河东禁军器过河，缘诸州军合用阅习木枪、弩弦等，望据数封记赍往"②，这一计划在获得宋廷批准后才得以成行。熙宁四年（1071）二月，宋军在定胡县到啰兀城一线修筑城堡，"以通粮道入生界，首尾百七十里，须以兵防护"。因这一防线过长，宋廷担心在西夏军队突袭或占据黄河西岸的情形下难以救援。针对宋廷的这种顾虑，枢密院则给出了相应的建议：

> 欲令宣抚司更相视山河形势，如府州与保德军、合河津与通津堡，且于定胡、剋胡夹河相对，西岸依险筑堡，所贵易而早成，出师济河以有保庇，贼不敢辄临河攻御。若入西界还师，万一贼马追袭，便有归守之处。其余向西展作堡寨，渐次易就。③

最终，宋廷采纳了枢密院的提议。修筑城堡活动能够得以开展，主要基于定胡县、剋胡县隔黄河而对且有黄河桥梁沟通、宋军渡河救援或回撤都较为便捷这一前提。此类举措的实施，明显反映出宋廷在军事斗争中对守护黄河桥梁的高度重视。元祐七年（1092）二月，枢密院"熙河路遇西贼于别路入寇，本路合出兵牵制。缘兰州限隔大河，缓急济渡有无船筏，曾与不曾豫计置以备缓急，欲下本路经略司勘会，如别无准备，即疾速计置"④ 的提议也得到宋廷批准，由此可保障兰州城在防御西夏战争中船只供应的便利。

同时，黄河桥梁在军事斗争中也难免遭受人为破坏，如在宋真宗年间"契丹来侵，自山北抵（黄）河浒"⑤ 的形势下，耿全斌曾派遣其子耿从政焚

① 《宋会要》方域12之5—6，第7522页。
② 《长编》卷73，大中祥符三年三月己酉，第1661—1662页。
③ 《长编》卷220，熙宁四年二月辛酉，第5337页。
④ 《长编》卷470，元祐七年二月壬戌，第11223页。
⑤ 《宋史》卷279《耿全斌传》，第9491页。

毁黄河上的桥梁，以此来阻止辽军渡河南下。出于对辽朝骑兵南下的担忧，枢密使陈尧叟在景德二年（1005）八月时甚至建议，"令缘河悉撤桥梁，毁船舫，稽缓者论以军法"。随即，宋廷责令河阳府、河中府等处执行陈晓叟的主张。针对宋廷的这种做法，监察御史、知河中府王济则明确提出异议，认为"陕西有关防隔碍，舳舻相属，军储数万，奈何一旦沉之？且动摇民心"①，从而促使宋廷最终中止了毁桥策略的实施。这些举措的实施，是将破坏黄河桥梁作为战争中的一种阻敌手段加以利用，但同时对黄河桥梁的人为损毁也相当严重。

三、　黄河桥梁税的征收

北宋建立后，很快即采取措施部分减轻对民众黄河桥梁税钱的征收。如建隆元年（960）三月，宋廷诏令"沧、德、（棣）、淄、齐、郓等州界，有古黄河及原河大河因水潦置渡收算，凡三十九处，及水涸为桥亦算行者，名曰干渡钱，宜并除之。或秋夏水涨，听民具舟济渡官物取算"②。此举的实施，在北宋初期无疑是出于巩固政权的需要。但宋廷随后即开始严禁民众私自渡河或以黄河渡船牟利，并对黄河桥梁的过往民众开始征税，借以维护宋廷的专营之利。宋廷对过往行人、货物等征收的黄河桥梁税，无疑是增加政府财政收入的一种有效途径，并在较长时期内都有较为严格的规定。

在征收桥梁税过程中，宋廷对黄河私渡行为也严格加以限制。如开宝五年（972）二月，宋廷即规定"自潼关至无（棣），沿河民置船私渡者，禁止之"③，并下令将黄河沿岸民众的渡船全部销毁，"民素具舟济行人者，籍其数毁之"④。此后，类似规定不断被加以重申、强化，如庆历元年（1041）十月

---

① 《长编》卷61，景德二年八月庚寅，第1358页。
② 《宋会要》方域13之3，第7531页。
③ 《宋会要》方域13之3，第7531页。
④ 《长编》卷13，开宝五年二月戊子，第280页。

宋廷诏令严禁火山军、保德军“缘黄河私置渡船”①。针对知澶州王令图在元祐元年（1086）十二月时“乞有干黄河处逃军经过，不坐越渡罪，诸色人并许从便过往”的奏请，刑部建议“今欲将越干黄河条删去”②，也获得了宋廷的批准。通过这一事件可知，即使是干涸的黄河地段，宋廷在相当长时期内也严格限制行人通行。直到大观三年（1109）正月，宋廷仍明令规定，“今后擅置私渡，不原赦降，并从杖一百”③。北宋时期这些举措的实施，与宋廷对黄河桥梁税的征收直接相关。绍兴七年（1137）三月，南宋政府曾要求建康府官员对长江津渡加强稽查，“权依黄河法”④，这一事例也从一个侧面印证了北宋时期有着一整套较为完备的黄河津渡管理法规。

在灾荒年份，宋廷会对穿行黄河桥梁的迁徙灾民、救灾粮种和耕牛等人员、物资免除桥梁税的征收，将减免黄河桥梁税作为救助迁徙灾民的一种手段加以利用。如大中祥符二年（1009）八月，宋廷下令对郓州、淄州、齐州等地躲避黄河水患的民众免征桥梁算钱⑤。同时，针对河北牛疫盛行、河南民众贩往河北的诸多耕牛被澶州桥梁管理官员加以阻挠这些情形，宋廷“诏澶州自今民以耕牛过河北者勿禁”⑥。大中祥符九年（1016）十二月，对于河北路、京东路内以车辆贩运粮种、经过黄河的民众，宋廷也诏令“缘河津渡勿收其算，俟稔岁奏以待报”⑦。宝元二年（1039）八月，鉴于河东路转运司的奏请，宋廷诏令“流民经过诸处，公私渡钱、随身将带盘缠见钱合收税者，并与免放”⑧。康定元年（1040），宋廷下令“民流而渡河者亦为之免算”⑨。

---

① 《长编》卷134，庆历元年十月戊戌，第3192页。
② 《长编》卷393，元祐元年十二月丙午，第9575页。
③ 《宋会要》方域13之6，第7533页。
④ 《宋会要》方域2之14，第7338页。
⑤ 《长编》卷72，大中祥符二年八月丙戌，第1625页。
⑥ 《宋会要》食货1之17，第4810页。
⑦ 《长编》卷88，大中祥符九年十二月辛卯，第2031页。
⑧ 《宋会要》食货69之40，第6349页。
⑨ 《宋史》卷186《食货志下八·商税》，第4543页。

庆历二年（1042）闰九月，宋廷还下诏"罢澶州等处浮梁算缗"[1]。元丰三年（1080）七月，对澶州、大名府遭遇黄河水灾而缺食外迁的流民，宋廷也明令"即流移逐熟，经过河渡，若将带随行物，其税渡钱听免收一季"[2]。由这些举措的实施可以看出，宋廷对黄河桥梁税的减免，主要是为了便于粮种等生产资料的运输和尽快恢复灾区农业生产、为缺粮灾民的迁徙提供一定的便利和帮助。作为对灾民实施救助的一部分，这些举措自然对灾民的迁徙和灾后农业生产的恢复都具有一定的辅助作用。相对而言，这些举措的实施往往限于灾荒等特殊年份，且一般持续时间较短，因而对宋廷黄河桥梁税的整体收入影响比较有限。

总体来看，北宋时期京师开封与陕西等地间的粮食运营，在经历了近百年的发展、曾一度地位显赫后而在嘉祐四年（1059）宣告中止。京师等地向河北边境的军粮运输，则在北宋时期得以长期开展。相对而言，向河北地区赈灾粮食的运输、黄河上游局部区域内的军粮运输，其开展频次、规模较为有限。这些黄河漕粮运输的实施，在整体上颇富浓厚的军事色彩，"宋代黄河流域漕运是北宋漕运体系中的重要部分之一，是江淮至汴京漕运的一个延伸，它有效地保证了河北边境、西北边防与汴京政治重心、江淮经济重心的联系"[3]。北宋时期的黄河竹木运营，其推动因素多种多样且规模庞大，而黄河竹木运营繁荣的背后则是森林的严重破坏。徐海亮认为，唐宋时期作为中国古代的第二个森林砍伐高峰，其森林每年的消减量高达4.5万—8.1万亩，而其中北宋较唐代更是有过之而无不及，[4] 北宋时期黄河水患频繁发生与此也存在着密切的内在关联。至于北宋时期黄河桥梁的建设与经营，则成为黄河水利资源开发的一种扩展和延伸。

---

① 《长编》卷137，庆历二年闰九月辛卯，第3300页。
② 《长编》卷306，元丰三年七月乙亥，第7440页。
③ 吴琦：《漕运与中国社会》，华中师范大学出版社1999年版，第109页。
④ 徐海亮：《历代中州森林变迁》，《中国农史》1988年第4期。

第九章　北宋黄河水灾防治与水利资源
开发中的奖惩机制

　　北宋时期的黄河水灾防治与水利资源开发，逐步形成了一整套比较完备的奖惩机制，并涉及水灾防治、水利资源开发的众多方面和官员、士兵、民众各个阶层。这种奖惩机制有着对官员丰富、完备的奖励体系，"恩逮于百官者惟恐其不足"①。同时，宋廷对官员惩罚举措的实施也相当严厉，"逮宋金而河徙加数，为害尤剧，故设备益盛，而立法愈密"②、"逮庆历而议论始兴，逮熙宁而法制始密"③。这些奖惩机制的逐步建立和实际运行，标志着北宋黄河水灾防治与水利资源开发的逐渐成熟和完善，并对后世产生了重要影响。本章主要对黄河水灾防治、农田水利资源开发、黄河漕运资源开发中的奖惩试做探讨，以管窥北宋黄河水灾防治与水利资源开发的奖惩机制。

第一节　黄河水灾防治中的官员奖惩机制

　　北宋黄河水灾防治中的官员奖惩，主要借助物质奖惩（赐钱与赐物、罚

---

① 赵翼著，王树民校证：《廿二史札记校证》卷25《宋制禄之厚》，中华书局2001年版，第534页。
② 《河防通议·原序》。
③ 《宋论》卷1《太祖》，第5页。

钱与罚物等）和官职奖惩（赐官与贬官、减磨勘与展磨勘等）等手段而实施。在学界相关研究成果的基础上，本节试从几个方面对北宋黄河水灾防治中的官员奖惩机制做进一步探讨。

一、　河役是否顺利完工的奖惩①

在黄河河役顺利完工后，宋廷时常会对参与官员给予相应的官职酬奖，尤其是在一些大型河役结束后更是如此。如天禧元年（1017）十月，滑州监押、侍禁勾重贵奏称，"准先降敕，知州军、通判官、令佐、巡检河堤埽岸使臣得替后并有酬奖，惟不及都监、监押"，从而推动宋廷下令对都监、监押等人员"自今替日与免短使"。② 黄河自天禧二年（1018）决溢，直到天圣五年（1027）才被堵塞。到天圣五年（1027）十一月，宋廷对参与此役的众多人员也广泛予以酬赏，其中修河部署、马军副都指挥使、保顺节度使彭睿加武昌节度使，右谏议大夫、权三司使范雍加龙图阁直学士，知滑州、右谏议大夫寇瑊加枢密直学士，"凡督役者第迁官"③。熙宁七年（1074）十二月，宋廷大力酬奖开修清水镇直河以及使用浚川杷疏导黄河的官员，下令虞部员外郎、权同管勾外都水监丞范子渊和殿中丞、权知都水监丞刘璕、文思副使朱仲立各迁一官，"（范）子渊落权字"④，司勋郎中、知都水监丞王令图等四人各减三年磨勘，其余官员也分别给予减磨勘、支赐等赏赐。元丰元年（1078）五月，濮州、齐州、郓州、徐州官员在防护黄河水灾中"以立堤救水，城得不没"，因而被宋廷"皆降诏奖谕"⑤。同月，权河北转运副使、祠部郎中王居卿与权发遣河北东路提点刑狱汪辅之各减磨勘三年，"赏应副河事毕也"⑥。元

---

① 本节内容多参考李华瑞、郭志安《北宋黄河河防中的官员奖惩机制》（《河北大学学报》2007年第1期）一文，并在此基础上有进一步的扩充和完善。

② 《宋会要》方域14之7，第7549页。

③ 《长编》卷105，天圣五年十一月己亥，第2455页。

④ 《长编》卷258，熙宁七年十二月甲戌，第6301页。

⑤ 《长编》卷289，元丰元年五月甲戌，第7072页。

⑥ 《长编》卷289，元丰元年五月己亥，第7080页。

丰元年（1078）五月，宋廷广泛酬奖成功堵塞黄河的相关官员，下令入内东头供奉官韩永式转两官，同时"其保明劳绩，优等转两官；第一等转一官，减磨勘二年，选人改合入官；第二等转一官，选人循两资；第三等减磨勘三年。总管及转运司各减一等。其灵平埽都大及巡河等官满日酬奖"①。在元符二年（1099）五月修筑直河顺利完工后，参与该役的发运副使张商英、淮南转运副使张元方分别被减磨勘一年和赏赐绢帛。② 宣和三年（1121）九月，对参与广武埽、雄武埽救护的朝散大夫、都水监丞梁防，宋廷也下令在河役完工后"可令再任……特与转行一官"③。宣和七年（1125）八月，对救护广武埽中"备见宣力"④ 的京西转运副使刘民瞻、韩奕忠，宋廷也明令对二人各升迁一职。此外，作为对官员顺利完成黄河河役的一种奖赏，宋廷也会给予赐钱、赐田等酬奖。如建隆二年（961）七月，陈承昭成功堵塞黄河棣州、滑州决口，因此而被赐钱三十万。⑤ 熙宁五年（1072）三月，对成功堵塞北京第五埽决口、导河入二股河的宋昌言、王令图、程昉等人，宋廷也都给予钱银赏赐。⑥ 熙宁八年（1075）闰四月，针对都大提举疏浚黄河司勾当官李公义、内侍黄怀信疏浚黄河的功绩，宋廷对二人分别给予淤田十顷作为赏赐。⑦

反之，对于某些迟迟不能顺利完工的黄河河役官员，宋廷则要给予相应的严惩。如元祐元年（1086），御史吕陶抨击范子渊在此前黄河救护中"修堤开河，靡费巨万，护堤压埽之人，溺死无数。元丰六年兴役，至七年功用不成"⑧，结果导致范子渊被黜知兖州。不止于此，其他大臣稍后又攻击范子渊"以有限之材，兴不可成之役"，从而推动宋廷进一步加重了对范子渊的惩治，

---

① 《宋会要》方域 15 之 2，第 7560 页。
② 《宋会要》方域 15 之 20，第 7569 页。
③ 《宋会要》方域 15 之 30，第 7574 页。
④ 《宋会要》方域 15 之 32，第 7575 页。
⑤ 《长编》卷 2，建隆二年七月壬午，第 51 页。
⑥ 《长编》卷 231，熙宁五年三月丙申，第 5612 页。
⑦ 《长编》卷 263，熙宁八年闰四月壬寅，第 6435 页。
⑧ 《宋史》卷 92《河渠志二·黄河中》，第 2288 页。

责令其"依前官知峡州"①。

二、 是否尽职防护堤埽、 避免河决的奖惩

对于因渎职等原因而导致黄河决溢的官员，宋廷也多有着严厉的惩处。如太平兴国八年（983）十一月，巡检河堤作坊使郝守浚擅离职守、未能及时实施对黄河水灾的救护，为此即受到了严厉的惩治，"责授慈州团练副使，坐不救河决，擅赴阙奏事也"②。元祐元年（1086）四月，御史中丞刘挚抨击河北转运司李南公、范子奇等人在频兴河役中"未尝亲至河上……欲以侥幸有成"③。最终，宋廷对李、范二人分别给予罚铜十斤、展二年磨勘的处罚。另如宣和元年（1119）七月，京畿提举常平吉观国被弹劾在黄河暴涨时"端坐，恬不介意，并无措置"④，吉观国由此也受到了宋廷的严惩。在《宋刑统》等法律中，宋廷对地方官员修护堤防的职责也有明确规定，"诸不修堤防及修而失时者，主司杖七十。毁坏人家、漂失财物者，坐赃论减五等；以故杀伤人者，减斗杀伤罪三等"⑤，可见惩罚力度的严厉。诸多的规定，其目的主要是为了督促官员在黄河堤埽的防护中尽职尽责、降低黄河决溢的风险。

对于防护堤埽不谨而造成黄河决溢的官员，宋廷也会追究其罪责。如由于咸平三年（1000）五月郓州王陵埽决口一事，诸多官员即因此而被追究失职罪责，"知州马襄、通判孔勖坐免官，巡堤、左藏库使李继元配隶许州"⑥。景德三年（1006）六月黄河自应天府南堤决口后，负责守护的钱昭晟等人随

① 《宋大诏令集》卷206《范子渊降知峡州制》，第771页。

② 《长编》卷24，太平兴国八年十一月丙寅，第557页；《宋太宗实录》卷27载为"西八作使郝守浚责授慈州团练副使，作护塞河决，惩无状也"，太平兴国八年十一月丙寅（第17页）。此从《长编》。

③ 《长编》卷374，元祐元年四月己丑，第9056页。

④ 《宋会要》职官69之3，第3931页。

⑤ 《宋刑统》卷27《杂律·不修堤防盗决堤防》，第488页。

⑥ 《长编》卷47，咸平三年五月甲辰，第1018页。

即被贬秩。① 天圣五年（1027）七月，针对黄河在滑州的决溢，宋廷也下令追究相关官员的失察罪责，"诏察京东被灾县吏不职者以闻"②。天圣七年（1029）九月王楚埽决溢后，澶州河官全部被贬官一等。③ 庆历六年（1046）十月，宋廷规定黄河各埽官吏"如经大水抹岸，岁满并与远地官"④。熙宁十年（1077）十月，宋廷又规定"大河决口，官吏不以赦降去官原减"⑤。元丰元年（1078）八月，因澶州曹村段黄河泛溢、抹岸，宋廷为此追究相关官员"失不预请修贴堤岸"的责任，结果"栾文德淮南编管，苗帅中冲替并追两官，王谨微冲替，陈祐甫降一官"⑥。元丰三年（1080）七月，鉴于黄河在澶州大吴埽、小吴埽等地的决口，宋廷责令河北提刑司"劾河决当职官以闻"⑦，追究相关官员守护黄河的失职罪责。元丰四年（1081）九月，宋廷下令"都大提举修护澶濮州堤岸、东头供奉官张从惠追毁出身以来文字，除名、勒停，编管黄州；前知南外都水丞苏液、前权发遣北外都水丞陈祐甫皆追两官；前通判澶州戚守道追一官；河北路转运判官吕大中罚铜三十斤"⑧，这主要就是缘于此前小吴埽的决溢。宣和三年（1121）十一月，都水监北丞司官张光懋与恩州知州、通判、清河县令各被降一官，"以河决恩州清河第二埽故也"⑨。类似的事例，在北宋时期黄河水灾防治中时有出现。可见，宋廷对官员守护黄河大堤失误罪责的惩处是相当严厉的。

对于官员在以往守护黄河大堤中的失误，宋廷还实行事后追责。如至道

---

① 《长编》卷 63，景德三年六月甲午，第 1408 页。

② 《宋史》卷 9《仁宗本纪一》，第 184 页。

③ 《长编》卷 108，天圣七年九月戊辰，第 2522 页；《宋会要》职官 64 之 31 载，天圣七年九月十三日，"知澶州、礼宾使张绰降崇仪副使，通判、秘书丞柳灏降著作佐郎，太子中舍辛有孚降大理寺丞，都大修护埽堤、礼宾副使戴潜降为内殿承制，阁门祗候、镇宁军节度推官陈湜降沂州防御推官，权知庆宁军节度推官事、泉州观察知使、知观城县刘旦降泉州节度推官，职任如故。坐河决也"，应该即是由于此次王楚埽决口（第 3836 页）。

④ 《长编》卷 159，庆历六年十月壬戌，第 3847 页。

⑤ 《长编》卷 285，熙宁十年十月癸未，第 6974 页。

⑥ 《长编》卷 291，元丰元年八月丁未，第 7112—7113 页。

⑦ 《长编》卷 306，元丰三年七月丁丑，第 7442 页。

⑧ 《宋会要》职官 66 之 15，第 3875 页。

⑨ 《宋会要》职官 69 之 10，第 3934 页。

二年（996）闰七月，宋廷追论此前黄河决口宋州一事的责任，结果李元吉因此而被免除国子博士。[①] 张奎在仁宗朝担任知澶州时，到任才七天就发生了黄河商胡埽的决溢。尽管张奎当时积极组织水灾的救助且成效显著，"拯溺救饥，所全活者十余万"[②]，但在事后仍被免职。嘉祐元年（1056）六月，宋廷对此前六塔河决溢的罪责进行追究，李章、燕度、蔡挺、王从善、张怀恩、李仲昌等大批官员再次受到严惩。[③] 嘉祐五年（1060）十月，监察御史里行王陶指责蔡挺"前罔朝廷以希功赏，使滨（河）以来民被其害，至今未已"[④]，结果蔡挺被降知南康军。而到熙丰年间，宋廷对官员守护黄河大堤失误的追责更是时常出现。如熙宁二年（1069）三月，针对上年黄河决口冀州枣强一事，宋廷下令"都水监丞宋昌言降一官，通判冀州王序等令冲替，同判都水监张巩等罚铜各二十斤"[⑤]。因"坐大河以风雨溢岸，失于备预"[⑥] 的罪责，韩村埽巡河、左班殿直武继宁在元丰元年（1078）十月被追一官勒停，其他官员也分别受到冲替、罚铜的责罚。另如在追论黄河决口曹村的过程中，前河北路转运副使陈知俭、前提点河北路刑狱韩正彦均因疏于防护罪责，在元丰三年（1080）四月各被罚铜三十斤。[⑦] 元丰四年（1081）五月，针对此前堵塞黄河小吴埽决口失败、苏液已受冲替处罚的情形，陈祐甫也受到大臣的弹劾而被给予冲替处罚。[⑧] 元丰五年（1082）二月，宋廷追论元丰四年（1081）黄河决溢、相关官员未能及时救护一事，结果前知澶州韩璹，都水监丞张次山、苏液，北外都水丞陈祐甫，判都水监张唐民，主簿李士良，都水监勾当公事钱暹、张元卿都被给予罚铜处罚，"澶州通判、幕职官，临河、濮阳县令

① 《宋太宗实录》卷78，至道二年闰七月丁亥，第187页。
② 《宋史》卷333《张奎传》，第10700页。
③ 《宋会要》职官65之14，第3853页。
④ 《宋会要》职官65之19，第3856页。
⑤ 《宋会要》职官65之30，第3861页。
⑥ 《长编》卷293，元丰元年十月壬子，第7151页。
⑦ 《长编》卷303，元丰三年四月壬子，第7386页。
⑧ 《长编》卷312，元丰四年五月己酉，第7578页。

佐并冲替；本路监司劾罪"①。通过以上这些事例可以看出，宋廷对官员守护
黄河中失误罪责的惩罚力度较为严厉，波及官员范围也较为广泛。另一方面，
宋廷对以往黄河河役中官员奖惩的失误，也会在事后加以纠正。如元符二年
（1099）九月，权殿中侍御史石豫、右正言邹浩等人建议追究此前被"迁转官
秩，升擢任使"的郑佑、李仲、李伟等水官，"昨因河事转官擢任，而今已见
其罪状者，出自睿断，并行黜谪，以谢河北之民，以惩妄作之吏"，从而导致
宋廷下令解除郑佑等人新任官职，"各随见今所在州军听候指挥"②。

反之，对于在黄河堤防守护中尽职护堤、有效避免河决的官员，宋廷也
有着多方面的奖赏。如宋廷规定，黄河沿岸的知州军、通判、令佐、巡检河
堤埽岸使臣等官员在任满时会获得一定酬奖，而这种官员酬奖的范围到天禧
元年（1017）十月还扩展到包括沿河都监、监押等官员在内。③ 天圣七年
（1029）正月，宋廷规定，澶州、滑州签判职官在任满得替时，可依照知州、
通判酬赏规定给予奖赏。④ 宋廷对黄河官员的酬赏，往往波及人员广泛。如元
丰二年（1079）九月，前京西转运副使李南公因护卫黄河南岸功绩而被减磨勘
三年，其他十一人也分获迁官、减磨勘、升名次等酬赏。⑤ 政和四年（1114）十
一月，鉴于该年黄河虽经历夏季、秋季的涨水危急但仍埽岸完好，依照崇宁四
年（1105）的推赏安流官员做法，宋廷下令对都水监使者、都水监丞、都水监
主簿各转一官，"人吏等第受赐"。同时，宋廷又明确规定，"经大河安流年分三
次，都水监官转一次，工部官减三年磨勘；经一〔二〕次，都水监官减三年
磨勘，工部官减二年；经一次，都水监官减二年磨勘，工部官减一年磨勘"⑥。

对于恪尽职守的黄河水官，宋廷也会给予官职等酬奖，以此作为对其他

---

① 《长编》卷323，元丰五年二月丙子，第7791页。
② 《长编》卷515，元符二年九月乙卯，第12246页。
③ 《宋会要》方域14之7，第7549页。
④ 《宋会要》方域14之13，第7552页。
⑤ 《宋会要》方域15之5，第7562页。
⑥ 《宋会要》方域15之26，第7572页。

官员的引导。如大中祥符八年（1015）八月，鉴于右班殿直韦继升已尽职守护黄河大堤十五年，宋廷给予他"擢阁门祗候"① 的酬奖。在天禧三年（1019）五月黄河决口澶渊时，河北转运使、兵部员外郎寇瑊"视役河上，堤垫数里，众皆奔溃，而（寇）瑊独留自若，水为折去"②。针对寇瑊的表现，宋廷也给予他擢升工部郎中、再留一任的奖赏。熙宁四年（1071）正月，鉴于同勾当汴口李宗善"明习水事，在汴口十二年"，宋廷命李宗善改任礼宾副使、"增秩再任"③。在元丰元年（1078）六月堵塞黄河曹村决口的过程中，杨琰尽职谋划并取得了"省人功物料钱百余万缗，又五埽退背减罢使臣五员"的成效，为此宋廷也给予他"令任满日再任，赐度牒五十"④ 的酬奖。

三、　救治举措是否运用得当的奖惩

官员救护黄河水灾的举措是否运用得当，直接关系河役的成败和成效的优劣。对于水灾救护举措运用得当、成功防护黄河的官员，宋廷多有着相应的奖赏。如天禧五年（1021）六月，知滑州陈尧佐组织疏浚旧黄河、分减黄河水势，从而得以成功护卫滑州城，为此宋廷即下令对他给予奖赏。⑤ 熙宁五年（1072）三月，都大提举官宋昌言、王令图、程昉等人成功堵塞大名第五埽决口、导黄河入二股河，因此而获得数量不等的钱绢赏赐。⑥ 熙宁六年（1073）十二月，都水监丞王令图因"创白马县界锯牙，免河势暴溢之患"⑦ 而被予以减磨勘二年的酬奖。在元丰元年（1078）的曹村河役中，转运使王居卿运用横埽法成功堵塞决口，"决口断流，实获其力"⑧。事后，针对王居卿被漏赏

① 《长编》卷85，大中祥符八年八月辛丑，第1947页。
② 《长编》卷93，天禧三年五月庚午，第2146页。
③ 《长编》卷219，熙宁四年正月辛亥，第5329页。
④ 《长编》卷290，元丰元年六月丙午，第7086页。
⑤ 《长编》卷97，天禧五年六月癸亥，第2249页。
⑥ 《宋会要》方域14之23，第7557页。
⑦ 《长编》卷248，熙宁六年十二月丁亥，第6060页。
⑧ 《长编》卷295，元丰元年十二月丙辰，第7184页。

这一情形，蔡确奏请宋廷勘验横埽法的成效和责成都水监负责推广、重赏王居卿。北外都水丞张克懋、冀州知州韩昭、通判晁将之等人采取有效措施而成功救护冀州信都等埽、避免了河堤的决溢，为此也分别获得各转一官的奖赏。①

对于治河举措失误或妄兴河役的相关官员，宋廷则会给予严厉的惩罚。如在庆历年间堵塞黄河商胡决口的过程中，监官三司度支副使郭申锡拒绝采纳水工高超的合龙门方法，结果一度导致"河决愈甚"②，最终因此而被贬。针对举措失当、损失重大的黄河河役，宋廷对相关官员的惩罚更是广泛而严厉。如嘉祐元年（1056）四月，蔡挺、李仲昌等人执意闭商胡北流、导黄河水入六塔河，以致六塔河大肆决溢而导致兵夫伤亡严重、物料损失重大。这种结果的出现，导致诸多官员遭受贬黜，一时竟出现"修（商胡埽）河官皆谪"③的局面。熙宁八年（1075）六月，因闭塞訾家口河役举措失当，众多官员也因此而受到责罚，其中李立之、王令图、李黼、陈祐甫各被罚铜二十斤，李立之出知陕州，宋昌言、王琏、颜处恭、刘文应各降一官，宋昌言改知丹州。④ 针对妄兴河役的官员，宋廷也严厉加以惩治。如针对元符二年（1099）九月的黄河决溢，右司谏王祖道即奏请追论吴安持、郑佑、李仲、李伟等人执意回河东流的罪责，建议"投之远方，以明先帝北流之志"⑤，最终导致吴安持等人被贬。同时，诸多大臣也不断建议加强对妄兴河役官员的惩罚力度。元祐二年（1087）三月，朱光庭即提议"乞朝廷指挥，令水官身任其责，庶几兴役不敢有妄"⑥。

四、 是否及时施救的奖惩

相关官员能否迅速着手实施救护、抢抓水灾救护的有利时机，这对黄河

---

① 《宋会要》方域 15 之 30，第 7574 页。
② 《梦溪笔谈》卷 11《官政一·高超巧合龙门》，第 101 页。
③ 《宋史》卷 91《河渠志一·黄河上》，第 2273 页。
④ 《长编》卷 265，熙宁八年六月丙午，第 6487 页。
⑤ 《长编》卷 515，元符二年九月辛丑，第 12237 页。
⑥ 《宋朝诸臣奏议》卷 127《上哲宗论回河》，第 1398 页。

水灾救护的成败相当关键。依据水灾救护的实际情况，宋廷对能否及时开展水灾救护的官员也有着相应的奖惩。如天禧四年（1020）九月，京东劝农使奏报，知徐州、驸马都尉王贻贞在黄河泛至徐州时曾及时筑堤城南以捍水患。为此，宋廷下令对王贻贞予以奖赏。① 熙宁十年（1077）八月，在黄河决口曹村并迅速冲至濮州的危急形势下，知濮州、屯田郎中闾邱孝直紧急率领属官及禁兵筑堤护城，从而使濮州城免于淹没，他也因此被擢升为福建路提点刑狱。② 元丰五年（1082）十一月，鉴于此前救护广武埽沦塌堤岸中诸多官吏"奔走赴功，连夕暴露，毕力营救，遂获安定"③ 这一情形，都水使者范子渊奏请对有功官吏予以褒奖。随后，宋廷在元丰六年（1083）正月下令转运副使向宗旦以下六人减磨勘一年，"余人各减年、升名、赐帛有差"④。另如在黄河水即将涌入阳武县城时，阳武县尉、权知县张绛率众紧急展开救护，"身先劳苦，率众用命，救护县城，公私以济"⑤，因此被擢升为阳武县知县。元祐三年（1088）四月，针对此前内殿承制、知乾宁军张赴等人对黄河涨水的积极防护，宋廷下令对张赴及其属官七人分别给予奖赏。⑥ 可见，作为对官员在黄河水灾防治中率先垂范、及时兴役的一种激励，宋廷不乏对相关官吏的广泛褒奖。

行动迟缓、应对滞后而错失黄河水灾救护良机的官员，则会受到宋廷的严厉惩处。如元丰三年（1080）五月，宋廷诏令"前知卫州鲁有开罚铜三十斤，通判、幕职官、汲县主簿、尉并冲替，巡河部役官追官、勒停、差替"⑦，这主要缘于相关官员在黄河决溢时失于及时救护。元丰五年（1082）十一月，原武埽护堤官吏在黄河决口后行动迟缓而错失救护良机，又因天气转寒而不便河役的继续开展，从而令宋廷被迫决定来年再实施决口的堵塞。对于相关

---

① 《长编》卷96，天禧四年九月庚午，第2218页。
② 《长编》卷284，熙宁十年八月辛丑，第6956页。
③ 《长编》卷331，元丰五年十一月戊寅，第7966—7967页。
④ 《长编》卷332，元丰六年正月戊寅，第7996页。
⑤ 《长编》卷334，元丰六年三月戊戌，第8038页。
⑥ 《长编》卷409，元祐三年四月己卯，第9963页。
⑦ 《宋会要》职官66之12，第3874页。

的失职官员，宋廷明令给予追罚，"应修闭水口官吏并令开封府劾罪"①。元丰六年（1083）三月，河北转运判官吕大忠也因在黄河决溢时未及时救护而受到了罚铜三十斤的处罚。②诸如此类的惩罚，主要目的即在于督促黄河水官履行职责、及时开展黄河水灾的救护，以避免水灾危害的进一步扩大。

五、对物料筹备、使用是否合理的奖惩

在大量黄河物料的筹措、使用等环节，宋廷也有着诸多奖惩举措。在黄河物料的筹措中，宋廷主要着眼于物料的足额与及时准备，以防黄河水灾时物料不足局面的出现。宋廷依据官员购买物料的成效，会对其给予相应的酬奖。如元祐六年（1091）十二月，工部提议"河北、京西、府界三路今后所买河埽年计物料，所差官止买及一万束，许支给食钱、驿券"③，就获得了宋廷的同意。实际上，这也表明宋廷明显降低了对官员购买物料的酬奖标准。而对延误物料供给乃至影响救护活动如期开展的官员，宋廷也会给予严厉惩治。如熙宁五年（1072）五月，针对此前堵塞黄河决口中物料未能及时供应这一现象，神宗即下令"京东部夫官任满注家便官"④，以减少类似情形的发生。

在黄河水灾的救护中，减省功料曾在较长时期内被宋廷作为奖惩官员的重要标准。当然，这一标准实施的一个重要前提就是要保障河堤修筑的牢固、完好。景德二年（1005），宋廷曾要求黄河、汴河沿岸的知州、通判、巡河使臣、令佐等官员认真检查物料、人力的使用情况，如能逐年大幅减省物料、人力且堤岸牢固则给予相应的酬赏，"与将在任减剩得功料，比附前界叙为劳绩，候得替到阙，特行酬奖"⑤。此后，宋廷对尽职谋划、减省工料的官员，也有着诸多奖赏。如景德二年（1005）十一月，内殿崇班、阁门祗候钱昭晟

---

① 《长编》卷331，元丰五年十一月乙酉，第7970页。
② 《长编》卷334，元丰六年三月丙子，第8030页。
③ 《长编》卷468，元祐六年十二月乙亥，第11186页。
④ 《长编》卷233，熙宁五年五月癸未，第5647页。
⑤ 《宋会要》方域14之9，第7550页。

在黄河河堤修筑中尽职谋划、尽心巡视，最终"省功减费"①，因此被擢升为崇仪副使。但时隔不久，出于对治河官员可能为追求奖赏而刻意减少功料、致使河堤修筑质量下降的担忧，宋廷很快就对这一奖赏标准加以修订。如景德三年（1006）春季，针对阳武县、酸枣县河堤使者奏请以减省功料为劳绩这一事件，宋廷即迅速改派他人将其替换，"亟命选勤干者代之"②。不仅如此，宋廷在该年七月又明确规定，"自今修缮河堤无得更减功料"③，以对官员刻意减省功料的现象加以遏制。到天禧四年（1020）五月，宋廷再次明令黄河沿岸州军内的长吏、巡河使臣每年都要亲自巡视河堤，"当浚筑者，备书以闻"，同时要求他们加强对黄河河役中物料、人力使用情况的检查，"勿复减省功料，以图恩奖。违者真重罪"④。该年九月，吕夷简也指出，景德二年（1005）的规定可能会导致官员为追求恩赏而刻意减少物料的使用、影响河堤的修筑质量，"恐沿河州军官吏因此诏条，每年多减功料数目，故得欲替叙为劳绩，以致堤岸渐至薄怯，致昨来河决滑州，倍费功力修塞"⑤。因此，他建议废除景德二年的规定，获得了宋廷的同意。此后，宋廷对减省物料仍不断有着相关诏令的颁布和规定的出台。如天禧五年（1021）五月，宋廷即命沿黄河州军官员"不得复有减省功料以为劳绩，希求恩赏，违者真深罪"⑥。天圣四年（1026）十二月，宋廷又规定，滑州以下黄河埽岸的修护"仍以修过功料进取进止"⑦。但与此同时，对于节省物料、人力且河堤修筑牢固的河役，宋廷对有关官员仍会给予较为丰厚的奖赏。如高坤曾以叶石修筑河阳县境内的黄河堤岸，节省人工显著且经勘验工程牢固，为此宋廷在大中祥符三年（1010）五月即对他予以褒奖。⑧ 熙宁六年（1073）六月，王亨、高超等人在河埽修筑中"献筑土供埽，月

---

① 《宋会要》方域14之4，第7547页。
② 《宋会要》方域14之5，第7548页。
③ 《长编》卷63，景德三年七月庚午，第1415页。
④ 《宋会要》方域14之9，第7550页。
⑤ 《宋会要》方域14之9，第7550页。
⑥ 《宋会要》方域14之10，第7550页。
⑦ 《宋会要》方域14之11，第7551页。
⑧ 《宋会要》方域14之5，第7548页。

堤闭口，比修闭决口裁省功料"①，二人因此分别获得了减磨勘三年、赐钱三万的酬奖。诸如此类的酬奖，在北宋时期黄河水灾防治的开展中也屡次出现。

此外，针对官员在物料筹备中乘机渔利、举措不当而造成黄河救治中虚耗大批物料等现象，宋廷会对有关官员给予严厉的惩治。如政和七年（1117）八月，针对当时河朔地区物料征集中"寄居命官子弟及举人、伎术、道僧、公吏人等"巧立名目、勒索钱财等行径，宋廷即诏令"自今并以违御笔论，不以荫赎及赦降、自首原减。许人告，赏钱一千贯，以犯事人家财充。当职官辄受请求者与同罪"②。而对于因举措失误等原因所造成的黄河防治、救护中的物料浪费，宋廷也会追究相关官员的责任、对其予以严惩。如嘉祐元年（1056）四月，蔡挺、李仲昌等人倡议闭黄河北流以入于六塔河，结果"六塔河隘而不能容，一夕复决，漂溺兵夫与楗塞之费不可胜计"③，蔡挺、李仲昌等大批官员均因此而受到严厉惩处。针对范子渊调集民夫万人、耗费工料数十万开修直河却无果而终这一问题，宋廷在元丰七年（1084）四月给予范子渊降一官的处罚。④ 元祐五年（1090）三月，侍御史孙升建议追究李伟、吴安持大兴河役而枉费财物的罪责，指出在元祐四年（1089）回河东流中"二人相与诬罔朝廷，而（吴）安持诡谲多奸，既已诳惑大臣，不肯同任其责，万一侥幸其成，则欲享其利，败事则将归之建议者……而枉费财用民力，已不可胜数"⑤。在北宋时期黄河防治、救护活动中，官员因举措不当而耗费大量物料、遭受朝廷严厉惩治的现象是比较普遍的。

六、 官员进献河策的奖惩

宋廷鼓励官员积极进献救护黄河的策略，并对献策者给予相应的酬奖，这种做法在黄河水患的防治中也体现得较为明显。如大中祥符四年（1011）

---

① 《长编》卷245，熙宁六年六月癸未，第5967页。
② 《宋会要》刑法2之68，第6529页。
③ 《宋会要》职官65之14，第3853页。
④ 《宋会要》方域15之10，第7564页。
⑤ 《长编》卷439，元祐五年三月戊辰，第10569页。

八月，宋廷决定在滑州西岸开修减水河，认为此举可消减黄河水势、节省民力，并同时下令"事毕，诏奖献言者"①。天禧三年（1019）十月，三门发运判官、殿中丞王真改任监察御史、充三司度支判官，其起因即是"上书言河决事称旨，故奖之"②。皇祐五年（1053）七月，蕲州判官李虚一进呈《溉漕新书》四十卷，"其间颇言修六塔之便"③，他也因此而被特迁一资。元丰二年（1079）九月，范子渊、宋用臣因首倡导洛入汴而被擢升，即范子渊升一任为金部郎中，宋用臣升任寄六宅使、遥郡团练使并"给寄资全俸"④。绍圣四年（1097）十二月，因"首建言及主议河功"⑤，郭知章、李伟、王孝先各被迁一官，中散大夫王令图获赠左中散大夫。

　　同时，针对某些被证实并不奏效的治河策略，宋廷也会对进献官员给予一定的惩罚。如元符二年（1099）十月，宋廷追论元祐年间导河东流提议者的罪责，结果就导致多人为此受到责罚，其中郭知章、吴安持、鲁君贶、王森、梁铸、郑佑等大批官员均受到降职、追夺原来所受赏赐等处罚。⑥ 可见，此次罪责追究不仅范围广泛，且惩罚力度也较为严厉。崇宁元年（1102）闰六月，翰林学士郭知章、都水使者黄思被大臣弹劾"皆以昔论河事尝主东流之议"⑦，二人因此也被贬职。赵霆在徽宗朝时曾建议开修直河，"谓自此无水忧"，结果"（黄河）决坏巨鹿，法当斩"。最终，赵霆由于"善交结"而仅被给予"但削一官，犹为太仆少卿"⑧ 的处罚。

七、 对已故官员的追赏

　　对于亡殁的黄河官员，宋廷往往会对其家人给予物质或官职奖赏，或对

---

①　《宋会要》方域14之5，第7548页。
②　《长编》卷94，天禧三年十月乙未，第2168页。此处载为"王直"，应为"王真"。
③　《长编》卷175，皇祐五年七月癸丑，第4220页。
④　《长编》卷300，元丰二年九月丁卯，第7297页。
⑤　《长编》卷493，绍圣四年十二月乙未，第11712页。
⑥　《长编》卷517，元符二年十月甲子，第12307页。
⑦　《宋会要》方域15之21，第7570页。
⑧　《宋史》卷348《石公弼传》，第11032页。

官员本人给予官职追赐，将这些手段作为对官员治河政绩的一种肯定和追赏。如天禧二年（1018）至天圣五年（1027）堵塞滑州黄河决口河役结束后不久，西京作坊使、滑州钤辖张君平去世。稍后，宋廷在天圣五年（1027）十一月下令录用其三子，"（张）造为三班奉职，（张）逊、（张）达并为借职"①，以此作为对张君平治河功绩的一种追赏。熙宁四年（1071），聂仪仲抱病督导卫州王供埽的紧急救护，结果在治河期间病故。为追赏聂仪仲的功绩，宋廷在该年十二月下令对其家属赐绢一百匹。② 熙宁九年（1076）二月，鉴于工部郎中侯叔献的病故和都水监的奏请，宋廷也对侯叔献给予追赏，决定录用其子侯择中为太庙斋郎，同时赐其家绢三百匹。③ 到该年六月，宋廷又再次追赏侯叔献，赏赐其长子、上高县尉侯时中循一资。④ 针对程昉的去世，宋廷鉴于他以往"任水事有功"，在熙宁九年（1076）九月下令"官其二子，赐宅一区"⑤。刘瑾在长期担任黄河水官期间恪尽职守、"凡以职事建明，朝廷无不可者"，最终在救护黄河水灾的过程中"昼夜躬亲监护，至于忘食。重冒寒暑，感疾不瘳"。元丰元年（1078）四月，宋廷为表彰刘瑾的治河功绩，下令追授刘瑾为刑部郎中、恩荫其子一人、赐其家绢三百匹，并在稍后"又赐帛五百"⑥。元丰元年（1078）十二月，管勾外都水监丞耿琬妻子安氏向宋廷奏报称，耿琬在率兵夫冒暑救护灵平埽期间中暑而亡。宋廷在核实此事后下令赐耿琬儿子耿敏为郊社斋郎。⑦ 元祐二年（1087）三月，针对都水使者王令图卒于河北路黄河救护任上一事，宋廷责令河北路官员协助其家人料理后事，并对其家人给予丰厚赏赐，"令本路量与应副丧事，仍赐钱五十万"⑧。元符元年

---

① 《长编》卷105，天圣五年十一月壬戌，第2456页。
② 《长编》卷228，熙宁四年十二月甲子，第5555页。
③ 《长编》卷273，熙宁九年二月癸未，第6697页。
④ 《长编》卷276，熙宁九年六月，第6741页。
⑤ 《长编》卷277，熙宁九年九月丙寅，第6782页。
⑥ 《长编》卷289，元丰元年四月庚午，第7072页。
⑦ 《长编》卷295，元丰元年十二月甲子，第7189—7190页。
⑧ 《长编》卷396，元祐二年三月己巳，第9658页。

（1098）八月，右班殿直王岑以其父王令图卒于黄河任上为由，"乞推儿男恩泽"。最终，宋廷下令"诏特与（王令图）子孙一名太庙斋郎"①。总体来看，宋廷对亡殒黄河水官本人的追赐和对其家人的物质、官职奖赏，一般都是比较优厚的。

　　总之，北宋黄河水灾防治中的官员奖惩已涵盖诸多环节，在防范河决、及时兴役、救护举措与物料运用、进献河策、官员追赏和责任追究等许多环节都有着相应的制度规定，从而形成了一整套相当完备的官员奖惩机制。这种奖惩机制的运行，往往将对官员的行政升黜、经济赏罚等多重手段综合加以利用，呈现出形式多样、方法灵活的典型特征。这种官员奖惩机制的完善，在推动北宋黄河水灾防治活动的发展方面也发挥了积极、有效作用。

第二节　黄河水灾防治中的兵夫奖惩机制

　　作为河役实际执行者的士兵、民夫，在北宋黄河水灾防治中发挥着重要的作用。因此，宋廷不断利用赐钱、赐物等手段对河役士兵、民夫加以奖赏，以保障黄河河役的顺利开展。这种兵夫奖励机制，也成为北宋黄河水灾防治中的一个重要组成部分。北宋黄河水灾防治中的士兵、民夫惩处，在史籍记载中较为有限。结合相关的史籍记载，本节试对北宋黄河水灾防治中的士兵、民夫奖惩机制做一大体勾勒。

一、黄河水灾防治中的兵夫奖励机制

　　为保障河役的顺利实施，宋廷利用多种奖励手段来维系治河队伍的稳定、降低兵夫的伤亡。为便于相关问题的说明，我们可结合史籍中的相应记载做如下简要统计：

_____

　　① 《长编》卷501，元符元年八月己丑，第11936页。

表 9-1：北宋黄河兵夫赏赐钱物情况简表

时间	受奖者	奖励形式	备注	资料出处
开宝五年(972)正月	澶州修黄河役卒、役夫	澶州修河卒赐以钱、鞋，役夫给以茶		《宋史》卷91《河渠志一·黄河上》，第2257页
雍熙四年(987)六月戊申	修汴口卒	人千钱		《宋太宗实录》卷41，雍熙四年六月戊申，第107页
咸平五年(1002)十二月壬申	黄河、汴河守冻军士	其冬衣未给者就制与之		《长编》卷53，咸平五年十二月壬申，第1170页
景德三年(1006)九月辛酉	缘黄河隶役兵匠	自今除月廪外，别给口粮		《长编》卷64，景德三年九月辛酉，第1426页
大中祥符元年(1008)十月戊戌	车驾所经、黄河护埽军士	并优与特支		《长编》卷70，大中祥符元年十月戊戌，第1569页
天禧四年(1020)二月庚子	滑州修河将士	赐缗钱		《长编》卷95，天禧四年二月庚子，第2182页
天圣元年(1023)七月壬申	徐州修河役卒	赐缗钱		《长编》卷100，天圣元年七月壬申，第2325页
天圣元年(1023)九月癸未	滑州修河役卒	赐缗钱		《长编》卷101，天圣元年九月癸未，第2334页
天圣五年(1027)六月丁亥	黄河役卒	赐衫袴		《长编》卷105，天圣五年六月丁亥，第2442页
天圣五年(1027)七月庚申	汴口役卒	赐缗钱		《长编》卷105，天圣五年七月庚申，第2444页

续表

时间	受奖者	奖励形式	备注	资料出处
天圣五年 (1027) 九月己亥	秦州小洛门采造务役卒	赐缗钱		《长编》卷 105, 天圣五年 九月己亥, 第 2447 页
天圣五年 (1027) 十月辛未	渭州修河役卒	赐缗钱		《长编》卷 105, 天圣五年 十月辛未, 第 2451 页
天圣五年 (1027) 十月乙酉	渭州修河役卒	赐缗钱		《长编》卷 105, 天圣五年 十月乙酉, 第 2453 页
天圣六年 (1028) 六月甲戌	防河卒	赐衫裤	其后率以为常	《长编》卷 106, 天圣六年 六月甲戌, 第 2475 页
天圣六年 (1028) 十二月戊子	许口清河卒	月给钱三百		《长编》卷 106, 天圣六年 十二月戊子, 第 2487 页
景祐二年 (1035) 三月癸卯	天雄军修金堤役卒	赐缗钱		《长编》卷 116, 景祐二年 三月癸卯, 第 2725 页
景祐二年 (1035) 四月壬午	博州修河役卒	赐缗钱		《长编》卷 116, 景祐二年 四月壬午, 第 2729 页
景祐二年 (1035) 五月丙戌	原武县筑河堤役卒	赐缗钱		《长编》卷 116, 景祐二年 五月丙戌, 第 2730 页
景祐二年 (1035) 五月己亥	天雄军金堤、澶州横陇埽役卒	赐缗钱		《长编》卷 116, 景祐二年 五月己亥, 第 2732 页
景祐二年 (1035) 五月甲辰	博州修金堤役卒	赐缗钱		《长编》卷 116, 景祐二年 五月甲辰, 第 2735 页

续表

时间	受奖者	奖励形式	备注	资料出处
景祐二年 (1035) 七月甲申	原武修河役卒	赐缗钱	《长编》此处载为"赐武原修河役卒缗钱",应为"赐原武修河役卒缗钱"	《长编》卷117，景祐二年七月甲申，第2745页
景祐二年 (1035) 七月丙戌	横陇埽巡守卒	赐缗钱		《长编》卷117，景祐二年七月丙戌，第2745页
景祐二年 (1035) 九月乙酉	原武县修河役卒	赐缗钱		《长编》卷117，景祐二年九月乙酉，第2755页
景祐三年 (1036) 六月戊申	沿黄河军埽岸役卒	赐衫裤		《长编》卷118，景祐三年六月戊申，第2789页
景祐四年 (1037) 四月癸亥	汴口开河役卒	赐缗钱		《长编》卷120，景祐四年四月癸亥，第2826页
康定元年 (1040) 九月壬戌	秦州小洛门采造务役卒	赐缗钱		《长编》卷128，景祐四年九月壬戌，第3040页
庆历元年 (1041) 三月丁卯	汴口役卒	赐缗钱		《长编》卷131，庆历元年三月丁卯，第3112页
庆历元年 (1041) 八月癸卯	澶州修护城堤卒	赐缗钱		《长编》卷133，庆历元年八月癸卯，第3169页
庆历元年 (1041) 九月乙卯	秦州小洛门采造务役卒	赐缗钱		《长编》卷133，庆历元年九月乙卯，第3174页

续表

时间	受奖者	奖励形式	备注	资料出处
庆历二年(1042) 九月乙卯	秦州小洛门采造务役卒	赐缗钱		《长编》卷137，庆历二年九月乙卯，第3291页
庆历三年(1043) 十二月甲辰	河阳修雄武提役卒	赐缗钱		《长编》卷145，庆历三年十二月甲辰，第3513页
庆历五年(1045) 六月庚辰	黄河埽役卒	赐缗钱		《长编》卷156，庆历五年六月庚辰，第3787页
庆历六年(1046) 六月甲戌	黄河役卒	赐衫裤		《长编》卷158，庆历六年六月甲戌，第3832页
庆历八年(1048) 七月癸丑	黄河役卒	赐缗钱		《长编》卷164，庆历八年七月癸丑，第3957页
皇祐三年(1051) 十月癸卯	郭固黄河役卒	赐缗钱		《长编》卷171，皇祐三年十月癸卯，第4116页
皇祐四年(1052) 七月	河防禁军	自今日支食钱五十文，八作司并排岸司兵土日支三十文，其墨五日特支①		《宋会要》礼62之40，第1714页
皇祐五年(1053) 四月丁丑	澶州六塔河役卒	赐缗钱		《长编》卷174，皇祐五年四月丁丑，第4205页

① 《长编》卷173载，"旧制，河水增七尺五寸，则京师集禁兵人作排岸兵负土列河上，满五日，赐钱以劳之，曰特支。或数涨数防，又不及五日而罢，则军土腰疲而赐予不及。于是始更其制，比特支才十一，军土便之"，皇祐四年七月庚午（第4164—4165页）。

续表

时间	受奖者	奖励形式	备注	资料出处
皇祐五年（1053）六月己丑	黄河役卒	赐衫袴		《长编》卷174，皇祐五年六月己丑，第4214页
至和元年（1054）十一月庚辰	河阳、澶州浮桥打凌卒	赐袖杯		《长编》卷177，至和元年十一月庚辰，第4291页
嘉祐二年（1057）十一月	澶州修河役卒	赐缗钱		《长编》卷186，嘉祐二年十一月己亥，第4495页
嘉祐四年（1059）六月	沿黄河诸埽役卒	赐衫袴，"若愿给钱者，人五百"		《长编》卷189，嘉祐四年六月甲申，第4571页
嘉祐四年（1059）九月辛亥	滑州修鱼池埽役卒	赐缗钱		《长编》卷190，嘉祐四年九月辛亥，第4693页
嘉祐五年（1060）五月壬辰	修狭河木岸卒	赐缗钱		《长编》卷191，嘉祐五年五月壬辰，第4624页
嘉祐六年（1061）八月癸亥	滑州修鱼池埽、迎阳埽、小吴口役卒	赐缗钱		《长编》卷194，嘉祐六年八月癸亥，第4699页
熙宁元年（1068）八月	开治二股河役兵	特与等第支赐		《宋会要》方域14之22，第7556页
熙宁二年（1069）五月一日	河北修河兵士	赐凉笠、雨衣		《宋会要》礼62之42，第1715页
熙宁三年（1070）四月丙戌	修黄河东流堤埽及浚御河役兵	赐缗钱		《长编》卷210，熙宁三年四月丙戌，第5115页

续表

时间	受奖者	奖励形式	备注	资料出处
熙宁十年(1077)八月辛巳	塞胙城县韩村决河役兵	赐特支钱		《长编》卷284，熙宁十年八月辛巳，第6946页
熙宁十年(1077)八月壬辰	濚泽埽治河役兵	赐特支钱		《长编》卷284，熙宁十年八月壬辰，第6954页
元丰元年(1078)三月戊黄	塞决河役兵	赐塞决河役兵特支钱有差，凡一万八千四百七十人		《长编》卷288，元丰元年三月戊黄，第7049页；《宋会要》方域15之1，第7560页
元丰元年(1078)四月二十一日	曹村决河现役兵夫	赐太医局熬药		《宋会要》职官22之37，第2878页
元丰元年(1078)四月戊辰	修闭曹村埽决口役兵、禁军等	赐特支钱		《长编》卷289，元丰元年四月戊辰，第7071页
元丰元年(1078)四月壬午	塞决河役兵	赐特支钱		《长编》卷289，元丰元年四月壬午，第7075页
元丰元年(1078)五月壬午	塞决河役兵	诏塞决河役兵减放日，赐特支钱有差		《长编》卷289，元丰元年五月壬午，第7075页
元丰元年(1078)六月乙卯	灵平埽役兵	灵平埽役兵冒暑工作，极为劳苦，赐特支钱有差		《长编》卷290，元丰元年六月乙卯，第7089页
元丰二年(1079)四月乙卯	固护黄河南岸卒	赐特支钱		《长编》卷297，元丰二年四月乙卯，第7233页

续表

时间	受奖者	奖励形式	备注	资料出处
元丰二年 (1079) 六月四日	导洛通汴司筑堤役兵	赐特支钱		《长编》卷298，元丰二年六月辛丑，第7253页
元丰三年 (1080) 七月壬午	修闭大小吴埽役兵	赐特支钱		《长编》卷306，元丰三年七月壬午，第7443页
元丰三年 (1080) 七月戊辰	雄武、广武上下埽役兵	方盛暑，昼夜即工，可与特支钱		《长编》卷306，元丰三年七月戊辰，第7437页
元丰三年 (1080) 七月丙戌	修狭河役兵	诏赐狭河役兵钱有差		《长编》卷306，元丰三年七月丙戌，第7445页
元丰五年 (1082) 十月庚申	塞原武埽役兵	赐特支钱有差		《长编》卷330，元丰五年十月庚申，第7952页
元丰五年 (1082) 十月壬申	塞原武埽役兵	诏候原武埽塞，其役兵更赐钱有差		《长编》卷330，元丰五年十月壬申，第7959页
元丰五年 (1082) 十二月庚申	塞原武埽役兵	特赐役兵钱有差		《长编》卷331，元丰五年十二月庚申条记事，第7986页
元丰五年 (1082) 十二月辛未	原武埽役兵	赐钱有差		《长编》卷331，元丰五年十二月辛未，第7991页
元祐三年 (1088) 六月丁亥	北京、恩州、冀州界修河役兵	赐夏药、特支钱		《长编》卷412，元祐三年六月丁亥，第10020页；《宋会要》方域15之11，第7565页

续表

时间	受奖者	奖励形式	备注	资料出处
元祐七年 （1092）八月癸丑	修黄河官兵	赐特支钱、茶、药		《长编》卷 476，元祐七年 八月癸丑，第 11337 页
绍圣元年 （1094）七月戊申	广武等埽救护大河堤埽 役兵	赐银合茶药缗钱有差		《长编拾补》卷 10，绍圣元 年七月戊申，第 430 页

从表9－1所反映出的情况来看，宋廷对黄河兵夫多采用赐钱的方式加以酬奖，同时也有部分赐物手段。表9－1共涉及宋廷对黄河兵夫的赐钱56次、赐衣物（含衫袄、衫裤、鞋、凉笠、雨衣等）10次、赐药4次、赐茶3次、赐粮1次。在赏赐的时段分布方面，太祖朝至哲宗朝均有赏赐黄河兵夫活动，其中仁宗朝、神宗朝更为多见，而徽宗朝、钦宗朝则没有相关的记载。这种时段分布特征的形成，除相关史籍保存不完整这一客观原因外，也与仁宗朝、神宗朝黄河水灾相当突出密切相关。作为另一种形式的经济奖赏，宋廷对参加河役的民夫有时也会部分减免赋税、支移、折变等负担。如大中祥符四年（1011）正月，宋廷即令自河南府孟州、郑州征发的疏浚汴口役夫"今年夏税，止令本处输纳"[1]。熙宁五年（1072）五月，鉴于京东路内已征、待征急夫参与堵塞黄河决口有碍农时、路途遥远，宋廷也下令对这些民夫"并免户下支移、折变一年"[2]，以此作为对河夫损失的一种经济补偿。对于参与黄河防护的部分厢军，宋廷有时也允许其改隶禁军，这也可视为奖赏的一种手段。如天圣五年（1027）十月，宋廷下令修河厢军"候功毕日，其少壮愿隶禁军者，听之"[3]。对于黄河役卒的日常待遇，宋廷也有着一定程度的提高。如景德三年（1006）九月，宋廷曾下令"诏沿黄河隶役兵匠，自今除月廪外，别给口粮"[4]。

对于黄河水灾救护中不幸溺亡的士卒，宋廷也会对其家人给予一定的补偿。如天圣二年（1024）十月，针对滑州等地黄河役卒溺亡后被"第以逃亡除其军籍"、家人无法获得抚恤的现象，仁宗即明令"自今宜令明具溺死者姓名，优给缗钱恤其家"[5]。至和元年（1054）二月，对于此前修治黄河大堤中染疾而亡的民夫，宋廷下令对其家人予以抚恤，"其蠲户税一年；无户税者，

---

① 《长编》卷75，大中祥符四年正月壬辰，第1708页。
② 《长编》卷233，熙宁五年五月癸未，第5647页。
③ 《长编》卷105，天圣五年十月戊寅，第2452页。
④ 《宋会要》方域14之5，第7548页。
⑤ 《长编》卷102，天圣二年十月壬戌，第2367—2368页。

给其家钱三千"①。熙宁五年（1072）五月，宋廷下令对堵塞黄河决口中亡殁河卒的家人给予抚恤，"死者人给本家三千"②。在元丰元年（1078）五月曹村决口被成功堵塞后，宋廷也曾对该役中亡溺兵夫的家人予以抚恤，"赐兵夫死于役者，家钱三千"③。对于长期守护黄河的士兵，宋廷也会给予一些优待，如真宗朝时即对"戍于河上而岁月久远"④的乡兵给予迁补。即使是逃亡河卒的家人，宋廷有时也会给予一定的优待。如天禧四年（1020）六月，陕西转运使刘楚提议，"自今阳武埽逃亡军士，有亲属在营者，望令同、华州依滑州修河例，给三月钱粮。有子愿充军，量材质录之"⑤，得到了宋廷的批准。这种举措的实施，也是为了吸引逃亡河卒重返治河队伍或招收其子弟参与治河。

　　宋廷为鼓励民众积极进献河策，对进献者也给予一定的奖赏。如开宝五年（972）六月，太祖即下令鼓励民众进献治理黄河的策略，规定"凡搢绅多士，草泽之伦，有素习河渠之书，深知疏导之策，若为经久，可免重劳，并许诣阙上书，附驿条奏。朕当亲览，用其所长，勉副询求，即示甄奖"。随即，东鲁人田告著《禹元经》十二篇上呈，太祖亲自召见田告并准备授予其官职，最终"（田）告固辞父年老，求归奉养，诏从之"⑥。开宝六年（973）八月，平民王德方"上修河利害"⑦，最终也而被赐与同学究出身。

二、黄河水灾防治中的兵夫惩罚机制——以士兵惩罚为例

　　从相关史籍的记载来看，宋廷也多有对黄河防治兵卒的惩罚，而对民夫的惩处则极少见到。宋廷对治河兵卒的惩罚，主要是对兵卒逃亡、骚乱给予惩治，以维系治河队伍的稳定和保障黄河水灾防治活动的正常开展。

---

① 《长编》卷176，至和元年二月庚子，第4253页。
② 《长编》卷233，熙宁五年五月癸未，第5647页。
③ 《长编》卷289，元丰元年五月甲戌，第7073页。
④ 《宋史》卷190《兵志四·乡兵一》，第4706页。
⑤ 《长编》卷95，天禧四年六月乙酉，第2195页。
⑥ 《长编》卷13，开宝五年六月戊申，第285页。
⑦ 《长编》卷14，开宝六年八月丁亥，第305页。

为保障黄河防治所需大批兵卒的规模与治理活动的正常运行，宋廷通过在黄河埽所派驻士兵等方式实现对治河兵卒逃亡、骚乱的武力震慑乃至弹压。如针对熙宁五年（1072）正月开修二股河而召集十余万人夫"聚一处功役"①这一情形，宋廷命高阳关路钤辖康庆、大名府路都监高政各领兵一千驻扎在黄河埽所，以对河夫形成武力震慑。元丰元年（1078）闰正月，提举修闭澶州曹村决口所兵马总管燕达曾提议，"所总士卒甚众，如有犯无礼及呼万岁者，即欲豁口处斩；若有扇摇军人，略夺财物，及叫呼动众，为首情重者，亦乞斩讫以闻，为从者减等配千里外牢城"。宋廷采纳了燕达的建议，并专门"诏差云骑第六一指挥为（燕）达牙队"②，以对澶州曹村决口所下辖兵卒予以监督和震慑。元丰二年（1079）八月，修护洛口的一千名兵卒不堪长期的河役而发生骚乱，"以久役思归，奋斧锸排关，不得入，西走河桥，观听汹汹"。面对这一情形，知河阳县吕公孺一面对这些士卒设法安抚，同时又采取强硬手段进行弹压，"索倡首者，黥一人，余复送役所"。③元祐三年（1088）四、五月间，宋廷所遣使者兴役苛重而导致黄河兵卒"劳苦无告，尝有数百人持版筑之械，访求都水使者，意极不善"，这些引发骚乱的兵卒最终也被武力平息，"赖防逻之卒拥拒而散"。④

另一方面，宋廷对逃亡兵卒也通过减轻惩罚一类怀柔政策的运用加以宽待，以劝诱其重返治河队伍。如天禧四年（1020）二月，宋廷下令对滑州役卒逃亡者"限两月首罪，优给口粮，送隶本军。其因罪为部署司所移配者，亦送还本籍。所在揭榜告谕之"⑤，即为了诱使逃亡役卒重返治河队伍而采取一种相对宽容的处罚方式。熙宁五年（1072）五月，对于堵塞黄河决口过程

① 《长编》卷229，熙宁五年正月癸卯，第5576页。
② 《长编》卷287，元丰元年闰正月丙子，第7023页。
③ 《宋史》卷311《吕夷简传·吕公孺附传》，第10215页。
④ 《长编》卷416，元祐三年十一月甲辰，第10115页。
⑤ 《长编》卷95，天禧四年二月壬寅，第2183页。

中的逃亡河卒，神宗也下诏予以宽宥，"逃卒许首身与免罪"①。熙宁九年
（1076），河北路、京东路内大批逃亡河清卒聚众攻掠镇市。针对这种情形，
神宗责令地方官员加强对黄河兵卒的管制、减少兵卒逃亡，"河北、京东时有
结集群盗，攻劫镇市，杀伤官吏，闻多是新条所配河清军亡。其条近虽已冲
革，然前此配人已多，若不措置，河上厢军营率与州郡相远，上下羁束不严，
后日为患不细，可速相度指挥"②。元丰元年（1078）四月，宋廷下令对黄河
逃亡河卒"听自陈免罪"，并要求对所征民夫加以优恤，"仍具被差急夫合如
何优恤，其部夫官分若干等第以闻"③。程昉在神宗朝组织士兵开展河役，也
曾引发士兵的大量逃亡，"取澶卒八百而虐用之，众逃归"。对于这些逃亡河
卒，程颢在其他官员均不敢接纳的情况下，"亲往启门拊劳，约少休三日复
役，众欢踊而入"④，从而避免了一次逃亡河卒酿成的叛乱。

　　总体来看，为保障拥有一支较为稳定而庞大的治河队伍、河役能够顺利
进行，宋廷对治河士兵的逃亡、骚乱既有武力镇压的强硬一面，又有诸多安
抚举措的实施。这种双重举措的结合利用，虽无法消除治河士兵逃亡、骚乱
的发生，但在维系黄河水灾救护中征发力役的规模、治河队伍的稳定方面，
仍发挥着较为有效的作用。

第三节　黄河农田水利资源开发中的奖惩机制

　　为保障黄河水利资源开发活动的有序、有效开展，宋廷也将兴修农田水
利成效的优劣与官员的迁黜直接相连，并不断对相关奖惩制度加以改进和完
善。如前所述，北宋时期黄河农田水利资源的开发突出体现在引黄灌溉、引

---

① 《长编》卷233，熙宁五年五月癸未，第5647页。
② 《长编》卷277，熙宁九年七月辛酉，第6768页。
③ 《长编》卷289，元丰元年四月己卯，第7074页。
④ 《宋史》卷427《道学一·程颢传》，第12715—12716页。

黄淤田两大方面，因此本节也主要从这两个方面展开探讨。

一、 引黄灌溉中的奖惩机制

为了有效地引导众多官员积极投身农田水利的兴修，宋廷的相关奖惩制度也逐步确立并不断加以完善。如乾德元年（963）四月，宋廷明令规定，官吏如能在其辖区内取得兴修水利、垦辟荒田、增加户口等政绩，即可获得相应的奖赏，"凡有利于农而不扰者，有司具具赏格，当议旌酬"，相反"其或陂池不修、田野不辟、桑枣不植、户口流亡、慢政瘝官"① 则要予以降黜。这种要求，自然也涉及黄河农田水利开发的奖惩。此后，类似的奖惩制度、规定不断被推出。如庆历四年（1044）正月，宋廷在诏令中称：

> 自今在官有能兴水利、课农桑、辟田畴、增户口，凡有利于农者，当议量功绩大小，比附优劣，与改转或升陟差遣，或循资、家便，等第酬奖。即须设法劝课，不得却致扰民。其或陂池不修、桑枣不植、户口流亡之处，亦当检察，别行降黜。②

这一规定，实际是对乾德元年（963）所颁诏令的一种重申和完善。两次诏令的颁行，主要目的都是为了更好地推动农田水利资源的开发。此后，类似的奖惩诏令、规定不断被加以重申、强化，如熙宁元年（1068）的《守令四善四最》中即将农桑垦殖、水利兴修提升到考课州县官吏的"劝课之最"③ 高度。熙宁二年（1069），宋廷鼓励官民为农田水利资源开发积极献策，并明确规定官民习知"陂塘、圩埠、堤堰、沟洫利害者，皆得自言"④。假如官民的献策被印证确实有效，宋廷则依据功利大小对相关官员给予酬赏。同时，相关的奖惩规定、奖惩标准在神宗朝也更为明确化、具体化。如熙宁四年

---

① 《宋大诏令集》卷182《劝农诏》，第661页。
② 《宋会要》食货63之180，第6076页。
③ 《宋史》卷163《职官志三·吏部》，第3839页。
④ 《宋史》卷173《食货志上一·农田》，第4167页。

（1071）六月，宋廷在诏令中即明确规定：

> 诸州县当职官如擘画兴修农田水利事……如能完复陂塘渠沟河，
> 或导引诸水淤溉民田，修贴堤岸，或疏决积潦水害，或召募开垦久
> 废荒田委堪耕种，令所属官司结罪以闻。千顷以上，京朝官转一资，
> 幕职、州县官勘会功过、考第、举主，转合入京朝官，或与循资，
> 不拘名次指射优便差遣。五百顷以上，京朝官减三年磨勘，幕职官
> 与循资……三（百）顷以上，京朝官减二年磨勘……二百顷以上，
> 京朝官减一年磨勘，选人并与免选，合免选者与指射家便官。百顷
> 以上，理为劳绩。若只是兴修开垦近岁损坏陂圩、沟河、荒田之类，
> 比附上条顷亩，加一等酬奖。若功利殊常，自从朝廷旌擢。其已系
> 创置增修功利及民者，委官司常行葺治，如至废坏，并当降黜。[①]

这一诏令涉及广泛的农田水利资源开发奖惩，将修复"陂塘渠沟河"、引水灌溉、修筑堤岸、疏决积水乃至开垦荒田等内容，均纳入官员酬奖的范畴。同时，具体的奖惩标准也比较明确，即依据千顷、五百顷、三百顷、二百顷直至一百顷几个等级分别给予相应的官职升迁、减磨勘等酬奖，对于"兴修、开垦近岁损坏陂圩、沟河、荒田""功利殊常"的官员，也给予不同的奖赏。相反，宋廷对维护农田水利不力的官员则要给予相应贬黜。这些规定已包含了相当详尽的奖惩细则，从而也就具有较强的可操作性。

为推动农田水利的迅速发展，针对地方官员组织民众利用黄河实施农田淤灌、修筑河堤及疏导积水等事项，宋廷又在熙宁八年（1075）九月做出了详尽要求。依据官员兴复水利田成效的高低，宋廷制定出了具体的酬奖标准：

> 千顷与第一等酬奖，七百顷（与）第二等，五百顷与第三等，
> 三百顷与第四等，一百顷与第五等。若擘画而不曾监修，及监修而
> 元非擘画，并埋塞废坏不满二十年，而由旧功完复者，各降一等。

---

① 《宋会要》食货61之99，第5923页。

其数少未应赏格者，委提举司保明给公据，以任计酬奖。其功利殊
常者，申寺奏裁。①

这种规定对官员酬奖的标准有了进一步完善，其中对"擘画而不曾监修及监
修而元非擘画"、"埋塞废坏不满二十年而由旧功完复者""数少未应赏格者"
等情形都有了酬奖标准的规范，这是以往的官员酬奖中所未曾涉及的。针对
黄河水灾时农田常被大面积淹毁的情形，宋廷也要求相关官员积极采取有效
措施尽快恢复农田耕作、避免水涝灾害的加重，如熙宁十年（1077）七月，
黄河决口曹村下埽后南泛淮河，由此造成农田大范围被毁。针对这种情形，
宋廷在该年九月即诏令，"应大河决溢，见被水占压民田处，并令当职官司速
行疏畎"②。同年九月，宋廷也下令对黄河泛滥所毁民田"官为疏畎"③。体现
到黄河农田水利资源开发活动的开展中，宋廷对官员的酬赏也多有体现。如
熙宁八年（1075），范子渊在组织大名府许家港黄河的防治中，曾经"赖浚川
杷得复故道，出民田数万顷"④，即通过引导黄河回归主道、疏泄积水而恢复
了大批民田的耕作。到熙宁九年（1076）十二月，宋廷对参与此役的诸多官
吏都给予了追赏。

在北宋时期的黄河水灾防治中，宋廷时常要求地方官员积极疏导农田积
水、引导流民复业，并依据相关官员的实际成效给予对应奖赏。元祐四年
（1089）二月，宋廷采纳吏部侍郎范百禄的奏请而规定，"今后应濒河州县积
水占田处，在任官能为民擘画沟亩，疏导退出良田二百顷以上者，并委所属
保明以闻，到部日与升半年名次；每增一百顷，递升半年名次；及千顷以上
者，比类取旨酬赏；功利大者，仍取特旨"⑤。这种鼓励官员积极疏导积水、
恢复农田的做法，基本沿袭了熙宁八年（1075）的酬奖标准。崇宁二年

---

① 《宋会要》食货61之102，第5924页。
② 《宋会要》方域14之26，第7558页。
③ 《长编》卷284，熙宁十年九月庚戌，第6959页。
④ 《长编》卷279，熙宁九年十二月癸未，第6828页。
⑤ 《长编》卷422，元祐四年二月丙辰，第10221页。

（1103）三月，宋廷采纳蔡京的建议而下令，"如能兴修，依格酬奖，事功显著，优与推恩"①，即依据兴修农田水利的成效对官员给予相应的酬奖。宣和六年（1124）十一月，宋廷在诏令中也称，"访闻外路夏秋之间阴雨积水，占压民田，或河防溃决，冲注乡村。县官坐视，并不措置。如措置有方，实有劳效者，保明以闻，当议特加旌劝"②。靖康元年（1126）八月，宋廷也下令，"命官在任兴修农田水利，依元丰赏格，千顷以上，该第一等，转一官，下至百顷，皆等第酬奖；绍圣亦如之。缘政和续附常平格，千顷增立转两官，减磨勘三年，实为太优"③。整体来看，北宋时期引黄灌溉在哲宗朝到钦宗朝的逐渐衰落，也导致相关的奖惩制度趋于简化。

二、　引黄淤田中的奖惩机制

在利用黄河广泛开展的淤田活动中，宋廷对相关官员的酬奖时有开展。如熙宁五年（1072）十月，宋廷为酬赏侯叔献、周良孺组织淤田的功绩，对二人分别给予"理提点刑狱资序"和"与升一任"④的奖赏。熙宁六年（1073）十一月，同判都水监侯叔献、权发遣监丞俞充、知主簿刘瑾因组织黄河淤田而各被擢升一任，权提点开封府界诸县镇公事吴审礼、刘淑也各减磨勘二年。⑤熙宁八年（1075）闰四月，提举淤田司奏称熙宁七年（1074）取得了淤田5600余顷的成效，为此宋廷对提举官给予减磨勘三年的奖赏。⑥熙宁十年（1077）六月，针对程师孟等人此前"引河水淤京东、西沿汴（河）田"多达9000余顷的显著成果，宋廷下令"权判都水监程师孟减磨勘一年，

---

① 《宋史》卷95《河渠志五·河北诸水》，第2374—2375页。
② 《宋会要》食货59之20—21，第5848—5849页。
③ 《宋史》卷96《河渠志六·东南诸水上》，第2391页。
④ 《长编》卷239，熙宁五年十月辛丑，第5821页。
⑤ 《长编》卷248，熙宁六年十一月乙丑，第6050页。
⑥ 《长编》卷263，熙宁八年闰四月乙未，第6426页。

监丞耿琬三年，管勾官霍翔与有官亲属一名指射差遣，余推恩有差"①。元丰八年（1085）正月，宋廷对利用滹沱河、胡芦河开展淤田的官员也依据功绩大小而"别为三等"②，给予酬奖。相反，如果由于勘察不实等原因而导致引黄淤田活动无法进行或收效甚微，宋廷则会对相关官员给予严厉惩治。如熙宁七年（1074）十一月，针对淤田司在酸枣县、阳武县辖区内引黄河水淤田中"已役兵四五十万，后以地下难淤而止"这一情形，知谏院邓润甫建议"相度官吏初不审议而妄兴夫役，乞加黜罚"。对此，宋廷在遣官勘查后获悉为有关的检计官、按覆官勘验不实，随即"命开封府悉劾之"③。

第四节　黄河漕运、桥梁建设中的奖惩机制

依据黄河漕运物资和纲船能否如期、完好抵达规定地点，宋廷对官员有着相应的奖惩制度和规定，并能根据漕运活动中新情况的不断出现而逐步加以改进和完善。而针对黄河桥梁日常修建和维护成效的优劣，宋廷对相关官员也有着一定的奖惩机制。这些奖惩机制的确立和实施，对黄河漕运、桥梁建设活动的开展有着一定的积极作用和保障。

一、黄河漕运中的奖励机制

宋廷依据黄河漕运官员履行监察职责的情形而有着相应奖励机制的建立和实施。如在黄河竹木运营中，宋廷即根据官员尽职开展运输、防范竹木损失的成效而制定了一系列的奖励制度。如政和二年（1112）十二月，宋廷在敕令中即明确规定，"令〔今〕后应押筏使臣、殿侍、军大将等，如押竹木纲

---

① 《长编》卷283，熙宁十年六月壬辰，第6924页；《宋史》卷426《循吏·程师孟传》载，程师孟在知河东路任上曾"劝民出钱开渠筑堰，淤良田万八千顷"（第12704页）。此从《长编》。
② 《宋史》卷95《河渠志五·河北诸水》，第2372页。
③ 《长编》卷258，熙宁七年十一月壬寅，第6290页。

筏送纳别无少欠，虽有不敷元来径寸，如有纲解大印照验分明，系是元起官物，别无欺弊，仰所属一面取会元发木官司认状外，其管押人听先次依法推赏。如会到别有违碍欺弊，不改推赏，即行改正，依条施行"。政和三年（1113）三月，中书省、尚书省进而指出，"勘会未降上件指挥日前，亦有似此之人，理合一体"。为此，宋廷下令"并依政和二年十二月十三日朝旨施行"①。具体到黄河漕运中，宋廷对官员的酬奖也多有实施。如元符二年（1099）闰九月，宋廷即下令，"兰州造麓材应副会州修仓库、营房、廨宇等，自黄河沿流运致，专委官管勾，事毕推恩"②。

宋廷所制定的捕亡令，对黄河漕运官物的盗毁、水火损毁以及漕船的沉溺等众多方面都有着相应的规定，"诸江、淮、黄河内盗贼、烟火、榷货及抛失纲运，两岸捕盗官同管。其系岸船筏，随地分认"。这种规定，即要求黄河沿岸的捕盗官协同开展对漕船、漕运物资的监管，驻岸船只则按照其各自归属区域实施管理。为推动捕盗官等官员能够积极履行监察职责，宋廷也明确制定了相关的奖励标准，即捕盗官"能检察纲运兵梢不犯故沉溺舟船，或有故而收救官物别无失陷者，任满，减磨勘一年。检官能觉察纲运妄称被水火盗贼、损失官物欺隐入己者，免试"。而对于其他有关人员，宋廷也有着具体的奖赏办法：

> 获故沉溺纲船，及有人居止船虽未沉溺，每只钱五十贯。（因侵盗官物者一百贯。）江河深险处收救得沉溺船所失官物，准给赏三分。收救得流失官船，每只准价不及一百贯，诸河空船钱五贯、重船钱一十贯、江、淮、黄河空船钱一十贯、重船钱二十贯；一百贯以上，诸河给一分，江、淮、黄河给二分。③

依据捕盗官防范漕运兵卒故意沉溺船只、沉船事故发生时能够有效组织救护

---

① 《宋会要》食货45之4，第5596页。
② 《长编》卷516，元符二年闰九月壬申，第12265页。
③ 《宋会要》食货45之8，第5598页。

而避免官物损毁、稽查漕运人员妄称官物被水火损毁或被盗贼窃取而侵吞漕物等不同情形，宋廷分别制订了减磨勘等奖励办法。同时，针对黄河漕运中的催遣、船只沉溺、偷盗货物和防范侵吞、船只与货物救护等诸多问题，宋廷也对不同人员制定了较为明确的奖励准则。在景德二年（1005）十月，宋廷责成三司对开展黄河纲运的官员加以检查，明令"自今后一年般运无疏失者，其部辖殿侍、三司军大将、纲官、纲副每月增给缗钱"[①]。又如政和七年（1117）六月，针对"诸路粮纲情弊甚多，沿流居民无不收买官纲米斛"情形，户部尚书刘昺倡议加强对各路粮纲盗卖行为的打击，"欲令〔今〕后委逐路官司觉察，沿流人户买官物一升，（官员）赏钱十贯；一斗，（官员）赏钱五十贯；至三百贯止。买卖人决配千里外，邻人知情与同罪，不知情减一等"，同时规定"许诸人告捕，犯人自首与免罪"。宋廷批准了刘昺的这一建议，并为了避免"无图之辈因缘生奸，诈诱兵稍〔梢〕复行告捕"[②] 现象的出现而随即将奖赏标准由十贯、五十贯分别调整为一贯、五贯。从这些奖赏规定来看，宋廷对黄河漕运官员的奖励往往是综合利用行政、经济两种手段。

天圣八年（1030）十二月，宋廷对负责向京师漕运解盐的相关人员也规定了明确的奖赏标准：

> 今后西路般盐纲到京交纳数足外，如本纲收到已破耗盐出剩数目五席已上，人员支钱一千二百，纲官一千，副纲八百；十席已上，只倍此数。梢工每席支四百充赏。其人员、纲副五席以下，及本纲内有抛失、少欠，并梢工收到一席已下，即不支赏钱。所有缘河诸处交纳盐货，本纲有收到出剩盐席，仍依在京则例支给一半赏钱，永为定制。[③]

对超额完成解盐运输任务的押运纲官、梢工等人员，宋廷也都有着相应的奖

---

① 《宋会要》食货46之3，第5605页。

② 《宋会要》食货47之7—8，第5615—5616页。

③ 《宋会要》食货46之15，第5611页。

赏。伴随着黄河漕运的大规模开展，宋廷有时也招募富户承担部分漕物的运输，并有相应奖赏措施。如元祐七年（1092）五月，宋廷明确规定，"凤翔府竹木筏，应募土人以家产抵当，及八千贯以上者管押上京。如有抛失亏欠，候交纳了日，给限半年填纳并足与三班借职，半年外与三班差使，又一年与三班借差，过二年即不在酬奖之限。其少欠木植名数，仍将元抵当估价卖填官"①。这种漕运活动的开展，成为黄河漕运的一种补充。元祐七年（1092）十一月，宋廷又下令在黄河漕运中"诏纲运听差管下使臣二员，不妨本职，与催纲使臣一员，及定地分相兼催遣，仍躬亲觉察盗贼"。同时，对于这些官员催遣官物、船只的河段等因素，宋廷在官员任满考核、予以奖惩时也加以考虑：

> 任满，每岁各催过年计官物及八分以上，内白波至泥水闸口，泥水沿汴至京，盗失舟船不及十五只，官物估价不及五百贯，升一年名次。白波向上至渑池阳湖炭场，舟船不及十只，官物不及三百贯，升半年名次……并置印历抄上催出地界、月日时辰、纲分姓名、所装物数、下纳去处，每月本司检察，年终比较，如能获盗卖官物，许比折未获盗失之数。②

这些奖赏规定，涉及漕运官物的诸多方面，并直接与宋廷对官员的考核、升迁相连。

二、 黄河漕运中的惩罚机制

北宋时期黄河漕运物资的损毁受到多种因素的影响，如漕运官兵的盗卖等人为因素即是其中的一个重要方面。官兵盗卖黄河漕运物资现象，早在北宋初期就已出现。如在西北地区向京师的竹木运输中，官兵的盗卖行为就比较普遍。对于官员监察黄河私贩竹木活动的失职，宋廷也予以较为严厉的惩

---

① 《长编》卷473，元祐七年五月壬子，第11288页。
② 《长编》卷478，元祐七年十一月癸卯，第11396页。

治。如太平兴国五年（980）九月，京西转运使、起居舍人程能被责授右赞善大夫，判官、右赞善大夫时载被责授将作监丞，起因即为"坐纵程德玄等于部下私贩竹木，不以告也"①。该年十月，左拾遗韦务升被责授右赞善大夫，"坐为陕西北路转运使日，纵程德玄等于部下私贩竹木，不举劾故也"②。雍熙四年（987）十一月，宋廷在诏令中也指出，运输途中押纲使臣、纲官、团头、水手等人员"通同偷卖竹木，交纳数少，即妄称遗失"。针对这种现象，宋廷要求竹木始发州军和沿黄河所经州县等各级官府应尽快督促纲船离境，"尽时催督出界，违者准盗官物条科罪"③。这种应对举措的实施，是通过缩短纲船在中途滞留时间的方式来减少竹木盗卖现象的发生。对于黄河漕运中偷盗官物行为，宋廷也有着严厉的惩处措施：

> 诸梢工盗本船所运官物者，依主守法，徒罪勒充牵驾，流罪配五百里。本船军人及和雇人盗者，减一等，流罪军人配本州，和雇人不刺面配本城。同保人受赃，及已分重于知情者，以盗论；非同保知而不纠及受赃者，各减同保人罪一等；受赃满二十贯者，邻州编管。诸于管押官物或受雇立案承领官物人名下私揽运送而盗贷者，依主守法减一等。（展转受雇运送而犯者，亦准此。）诸巡防守御人于本地分犯盗者，以盗所监财物论。其盗官物者，从主守法，罪至死，减一等，配千里。（竹木梛团头、水手大下盗本筏官物，梢工盗本船钉板船具者，准此。）诸运送官钱而自贷，罪至流应配者，配本城；至死者，奏裁；即受雇立案承领官物而运载者，同主守法。诸盗官船钉板、船具者，加凡盗一等。④

这种规定既然是面向全国范围的漕运活动而制定，也就同样适用于黄河漕运。

---

① 《长编》卷21，太平兴国五年九月丁未，第479页。
② 《长编》卷21，太平兴国五年十月甲午，第480页。
③ 《宋会要》食货42之3，第5563页。
④ 《宋会要》食货45之10，第5599页。

　　针对黄河漕运中不同河段水运条件的差异，宋廷也将这种因素融入官员惩罚规定的制定中。如大中祥符六年（1013）三月，宋廷即在诏令中正式规定：

　　　黄河自河阳已上至三门，并峡路河江水峻急、系山河，并依旧条外，有黄河自河阳已下，并三门已上至渭桥仓，并诸江、湖、淮、汴、蔡、广济、御河及应是运河，水势调均，本纲抛失重船一只，依旧条徒二年，二只递加一等，并罪止十一只。空船各减一等。押载、押运节级降充长行，纲副勒充稍〔梢〕工，使臣、人员并替，稍〔梢〕工、榜手罪各有差。如收救得粮斛，即以分数定刑。①

可见，对长江、黄河、汴河等诸多河流漕运官员、梢工等官兵的惩罚标准，宋廷至此已做出了进一步的改进。其中，黄河漕运中的"自河阳已上至三门"这一河段仍遵行原有规定，而"河阳已下，并三门已上至渭桥仓"这些河段则被作为平河加以对待。该年四月，宋廷又对山河、平河运输中亏失筏木的惩罚、赔偿规定做出调整，即"筏头以一筏为准，团头、纲副、监官、殿侍以一纲为准。山河以笞，平河以杖。筏头、团头以家赀偿官，不足则杖之。殿侍杖而勿偿……计其所失为十分定罪"。这种调整也是对太平兴国八年（983）所定"平河条格"中惩治黄河漕运失职官员过于严厉、"至有杖背者"② 的一种修订。

　　为减少漕运物资的中途损失，宋廷也严禁官员擅自更改运输路线。如天禧二年（1018）十一月，宋廷明确规定："诸路州、府、军、监自今后应起发上京纲运，所差因便押纲得替幕职、州县官等，并给与驿卷。仍令起发纲运州军责勒文状，委得在路躬亲钤辖，依程赴京，不得取便别路行。犯者，从违制定断。"③ 这种规定，也是为了便于加强对漕运物资的中途监管、防范官

①　《宋会要》食货46之4，第5605页。
②　《宋会要》食货46之4，第5605页。
③　《宋会要》食货46之6，第5606页。

员偷盗。到天圣元年（1023）五月，宋廷也将催促纲运作为黄河、汴河勾当使臣的职责确定下来：

> 乞今后各令于地分内催促纲运，依日限出地分，及令本处使臣递相置历抄上到发月日，候催促出地分，于界首使臣处印押。如内有故住却日数，亦须开说，即不得妄外取索纲运申报。候得替，除栽种到榆柳及充〔元〕条数目外，须是将催过纲船月日抄上历子，命州府与栽种榆柳一处缴连申奏。及捉到偷夹拌和斛斗及少数目，系甚刑名断遣，批书分明，方与酬奖。①

按照这一规定，黄河勾当使臣"得替"条件之一即为催促纲运的成效，由此可见催促黄河纲运的优劣直接关系勾当使臣的升迁。天圣三年（1025）十月，三门白波发运使张慎也建议对抛失黄河漕运物资的舞弊行为加以勘查，"乞自今有诸纲抛失盐粮稍〔梢〕柴诸物，令本司差所属县分令佐亲诣抛失处觉察有无情弊，保明关报本司。所贵照据分明，免有欺弊"②。这一建议，最终也获得批准而得以实施。对于漕船的损毁，宋廷也有着严格的惩罚措施。如天圣六年（1028）十月，宋廷即采纳了大臣"自今如有抛失舟船，其殿侍、军大将信纵有申报患状，并不免抛失罪名"的建议，借以强化官员的监督职责，"所贵杜塞倖门，一向用心部辖"③。天圣七年（1029）十月，据三司奏报，三门白波发运使文洎曾针对黄河食盐运输中的官员奖惩给出了一种相当明确的建议：

> 自家场去河中府五七里，三门集津堆盐务去陕府四十五里，乞委两处同判依例充季点纳下盐货，及乞许三门发运使、判官提举点检。每年上供盐，欲乞钤辖支装堪好明白盐席，分明定样，两平交装上船，无令欺压秤势。及戒约押纲人员钤束梢兵爱护，不得信纵

---

① 《宋会要》食货46之8，第5607页。
② 《宋会要》食货46之10，第5608页。
③ 《宋会要》食货46之11，第5609页。

偷盗拌和。到京，于都监〔盐〕院交纳后，有少欠、拌和不堪盐数，即申解赴省勘罪，依格条等第断遣。沿路偷卖盐货，其买人多乡村凶恶之辈贩卖取利，地分巡检、村者人等隐庇不言。欲乞下本司检坐元降告捉偷盗官物支赏条贯，遍牒沿路州军出榜晓示。许人首告，勘逐不虚，依元条支赏外，如五十斤已上，告人二税外，免户下一年徭役；百斤已上，免二年徭役。犯人如赦后再犯，凶恶不可留在彼者，断讫配五百里外牢城。所犯重，自依重法。经历地分巡检、村者人等知情，并依法严断。纲副知情，自依本条；若不知情，亦乞依粮纲偷盗斛斗例，于本犯人名下减三等定断。其在京盐院所纳船般盐货，并须公平受纳，不得欺压秤势。支绝纵有出剩，不为劳绩。但一界别无少欠，即依元条施行……①

文洎的这一详尽奏请，得到宋廷的批准而被推行。从该建议所涉及的黄河食盐运输奖惩规定来看，涵盖食盐的点检装船、途中守护、防范偷盗、奖励举报等多重方面，并对不同人员都给出了比较具体的奖惩办法、标准，与以往相比有了较大改进和完善。

三、黄河桥梁建设中的奖惩机制

在黄河桥梁的日常修建与维护中，宋廷依据官员管理成效的优劣而有着相应的奖惩。如嘉祐二年（1057）十二月前，澶州官员曾奏报，当地官府在黄河水毁坏浮桥后随即组织人员实施修缮。针对这一情形，宋廷下令奖赏有关人员。针对宋廷的这种做法，中书省则认为，澶州黄河桥梁的破坏是由于官吏监护不严而导致，应追究官员的失职罪责，"法当劾罪"。结果，宋廷又随即下令"追先降修澶州浮桥官吏奖谕诏……既令免勘，而诏亦追罢之"②。元丰四年（1081）十二月，鉴于滑州黄河浮桥修筑完毕，宋廷下令"赐承议

① 《宋会要》食货42之15，第5569页。
② 《宋会要》方域13之22，第7541页。

郎、知将作监丞吴处厚银、绢，及使臣、吏人银、绢有差"①。宣和四年
（1122）四月，针对黄河三山桥在修筑完毕后屡经涨水而未毁坏，宋廷下令对
参与此次桥梁修筑的官员予以褒奖，"赐都水使者孟扬以下转官、赐帛有
差"②。针对黄河桥梁日常维护中的失误，宋廷也会严格追究相关官员的失职
责任。如大观三年（1109）正月，宋廷即规定，"应系桥渡，官为如法修整，
今后擅置及将官桥毁坏者徙二年，配一千里。其官渡桥不修整者杖一百"③。
宣和三年（1121），鉴于天成桥、圣功桥被黄河水毁坏，宋廷也对相关官员给
予严厉制裁，"官吏行罚有差"④。诸如此类事例，可见宋廷对黄河桥梁守护官
员失职行为的处罚是颇为严厉的。

　　总之，北宋时期黄河漕运资源开发、桥梁建设中奖惩机制的建立与运行，
虽在整体上比较简略，但也基本涉及漕物运输、桥梁利用等诸多方面，从而
在推动黄河交通资源的充分利用方面发挥着积极作用。这种奖惩机制的运用，
客观上对遏制官员贪蠹、失职等行为的蔓延也有着一定的积极意义。北宋时
期竹木运营高峰的出现和发展，与该种机制的建立不无密切关联。

---

① 《长编》卷321，元丰四年十二月戊辰，第7745页。
② 《宋会要》方域13之27，第7543页。
③ 《宋会要》方域13之23，第7541页。
④ 《宋史》卷93《河渠志三·黄河下》，第2315页。

第十章　北宋黄河水灾防治的利弊分析

　　针对黄河屡治屡决的局面，宋人多有"虚费天下之财，虚举大众之役，而不能成功，终不免为数州之患，劳岁用之夫"①、"盛宋之隆，河数为败"②一类的批评。元代沙克什认为，北宋时期的黄河治理"其疏导则践禹迹而未臻，其壅塞则拟宣房而过之矣"③。时至现代，姚汉源等学者也认为"北宋倾全力治黄而成效不大，稍胜于放任自流"④。对于北宋的黄河水灾防治，这些论断恐怕有些失于偏颇。北宋黄河水灾防治的长期开展，固然耗费了巨大的人力、物力、财力并在较大程度上影响到宋代社会的整体发展，但同时也在许多方面取得了较为显著的成效。严复曾指出："若研究人心政俗之变，则赵宋一代历史最宜究心。中国所以成为今日现象者，为善为恶，姑不具论，而为宋人之所造就，什八九可断言也。"⑤ 同理，北宋的黄河水灾防治和水利资源开发，在管理制度、技术等方面与前代相比也不乏创新和改进，同时又对后世多有重要影响。北宋黄河水灾防治中诸如水官更迭频繁、各部门相互掣肘等弊端也较为明显，这就极大干扰着治河活动的正常运转。北宋黄河水利

---

① 《宋史》卷91《河渠志一·黄河上》，第2272页。
② 《曾巩集》卷49《本朝政要策·黄河》，第677页。
③ 《河防通议·原序》。
④ 《中国水利史纲要》，第143页。
⑤ 王栻主编：《严复集》，中华书局1986年版，第三册，第668页。

资源的开发，在引黄灌溉、引黄淤田等方面也卓有成效，但却未能长久维系。本章以北宋黄河水灾防治为例，试对其利弊加以探讨。

第一节　黄河水灾防治的改进

伴随着黄河水灾防治活动的长期开展，宋廷逐渐对相关的制度、举措加以改进和调整，并多有治河经验的继承和技术的创新，以保障水灾防治活动的顺利开展。对于北宋黄河水灾防治中经验的继承、防治技术的创新和都水监体制的确立、奖惩机制等内容，本书在前面已多有相关论述。因此，本节主要从制度层面考察北宋黄河水灾防治的改进和提高。

一、　水官的严格选任与替换

（一）水官的严格选任

正所谓"河工之重，首在任用得人"[1]，水官技能、素质的高低、优劣也直接影响到黄河水灾的防治成效。正因如此，宋廷对黄河官员的选任一般遵循较为严格的标准，注意选用一些确实具备治河才能的尽职官员。如太平兴国八年（983）五月，刘吉奉命前往滑州协助地方官员救护房村埽决口，最终成功堵塞了决口。[2] 针对太平兴国九年（984）三月前滑州黄河决口塞而复决这一情形，宋廷在调换相关治河官员的过程中再次选用"有胆勇，不畏强御，明习河堤利害"[3] 的刘吉赶赴滑州。在此次黄河水灾的救护中，刘吉"亲负土，与役徒晨夜兼作"[4]，保证了决口的成功堵塞。刘吉频频参与黄河水灾的

---

① 傅泽洪辑录：《行水金鉴》卷169《官司》，商务印书馆1937年版，第2465页。
② 《长编》卷24，太平兴国八年十二月癸卯，第560页。
③ 《宋太宗实录》卷29，太平兴国九年三月己未，第33页。
④ 《长编》卷25，雍熙元年三月丁巳，第575页。

救护且颇有谋略，因此也被时人称为"刘跋河"①。这些事例也足以说明，杰出的治水才能是宋廷选任黄河官员的一个重要标准。另如宋雄因习知河渠利害，在真宗朝奉命长期防护汴口并最终卒在任上，"居十数年，三迁将作监，不易其任，职务修举，朝廷赖焉"②。知澶州靳怀德在大中祥符年间也尽职于黄河的防护，由此获得真宗"莅官廉勤，不张事势，河上夫役，躬亲巡察"③的高度评价。宋廷对黄河官员的严格选任，在神宗朝、哲宗朝也有着鲜明体现。在神宗、王安石等人选拔都水监官员的过程中，刘彝就因比较熟悉水利事务而被任命为都水监丞。④ 张君平、胡令仪、赵昌言、冯勤威、李仲昌、程昉等人，也均因精于治水而长期被任命为治理黄河官员，如张君平"有吏干，尤明于水利，自议塞河，而朝廷未尝不访以便宜"⑤，杨佐、沈立等人"擅水衡之政，为时所称"⑥。

在治黄官员的选拔标准方面，宋廷也不断加以改进和调整。曾经担任水官、具有丰富治水经验的官员，往往会成为宋廷遴选黄河水官的首选。如天禧四年（1020）十月，宋廷采纳三司使李士衡的提议而紧急命颇富治水才能的陈尧佐"免持服，知滑州"⑦，由他来主持滑州的黄河河役。这种官员选拔方法，在北宋治理黄河官员的选任中也多有运用。如元祐五年（1090）三月，侍御史孙升也建议，"宜选择谙知河事，久曾经历，公忠诚实有守之人，以为水官，使之经营讲究，庶几有补于今日"⑧。对于职责重要的黄河南北两外丞司管下文武都大官，宋廷也秉承"所属河防职务事体非轻，须是谙晓河事之人，方可倚办"的原则，为此而在熙宁以前一般选举曾经巡河两任以上的使

① 厉鹗辑撰：《宋诗纪事》卷3《刘吉》，上海古籍出版社1983年版，第61页。
② 《长编》卷56，景德元年六月壬辰，第1246页。
③ 《长编》卷84，大中祥符八年二月丙寅，第1918页。
④ 《宋史》卷334《刘彝传》，第10729页。
⑤ 《长编》卷105，天圣五年十一月壬戌，第2456页。
⑥ 《宋史》卷333"论赞"，第10705页。
⑦ 《长编》卷96，天禧四年十月己丑，第2219页。
⑧ 《长编》卷439，元祐五年三月戊辰，第10570页。

臣来担任。但是，这种选任标准后来逐渐松动，在元丰年间改为由曾经巡河一任以上的使臣担任，甚至到后来变为"所差都大官，往往不经（巡）河，缓急难以倚办"。直至宣和二年（1120）九月，在工部尚书陆德先等人的倡议下，宋廷又恢复元丰年间的做法，规定"今后依元丰选差曾经一任河埽差遣无遗阙之人充"①。宋廷对都水使者的选任，则有着更为严格的要求，"都水掌河渠水衡之政令，设使者以董治之，非宿于其业、习知其源流者，不在兹选"②。当然，宋代士大夫对这种做法也有着一定的不同看法。如元祐二年（1087）三月，右司谏王觌即指出，"臣窃见朝廷近日用都水使者，必择其尝为水官者，可谓审矣，乃所以失之也……使其人明智不惑，而足以办吾事，虽未尝在河朔，未尝为水官，可用也。使其人暗陋无识，而不足以办吾事，虽久于河朔，尝为水官，果何补哉"③，即主张适当放宽治黄水官的选拔标准。但总体而言，都水监等治河官员的选任一般能够遵循较为严格的标准。

北宋君臣对黄河官员严格选任的重要性也有着较为清醒的认识。如在嘉祐三年（1058）都水监的设立中，仁宗即明确指出，"非慎择才能，则无以成其效"④。熙宁四年（1071），针对黄河水灾的频繁发生、救护活动的不断开展，苏轼也明确指出，"天下之吏为不少矣，将患未得其人。苟得其人，则凡民之利莫不备举，而其患莫不尽去。今河水为患，不使滨河州郡之吏亲行其灾，而责之以救灾之术"。苏轼认为，仅凭都水监的力量难以应对黄河水灾，"夫四方之水患，岂其一人坐筹于京师而尽其利害"⑤，因而建议将黄河沿岸地区的诸多地方官均纳入治河官员的队伍。元祐四年（1089），左谏议大夫刘安

---

① 《宋会要》方域 15 之 29，第 7574 页。
② 刘安上：《刘给谏文集》卷 2 《都水监丞葛仲良为都水使者》，《宋集珍本丛刊》第三十一册，第 518 页，线装书局 2004 年版。
③ 《长编》卷 396，元祐二年三月丙子，第 9661 页。
④ 《宋大诏令集》卷 162 《置在京都水监罢三司河渠司诏》，第 614 页。
⑤ 《历代名臣奏议》卷 37 《治道》，第 501 页。

世也建议，"今后除两制、台省之官、寺监长贰以上，并诸路监司、濒河沿边郡守之类，所系稍重者，令依旧堂除外，其余一切归之吏部"①，由此可见黄河官员的选任也颇受宋廷的重视。在黄河官员的选任中，宋廷也允许一些确实富有治河才能的官员毛遂自荐。如景德元年（1004）七月，许玄豹自称通晓河阴汴口利害而"愿兼领以自效"。最终，许玄豹的请求不仅获得了批准，这还直接影响到宋廷以后对河阴汴口水官的选任，"自是河阴常命知水事者为都监。其后宋雄以鸿胪亦为之"②。在天禧三年（1019）六月黄河决口滑州后，冯守信也曾主动请缨，自称"占籍滑州，颇习堤防利害"③、"少长河上，能知河利害"，并最终成功完成了对滑州黄河决口的堵塞，"河怒动埽，埽且陷，公（冯守信）坐其上指画自若也，遂号其部人，以一日塞之"④。元丰三年（1080）七月，为保障霖雨不绝、黄河水流湍急形势下广武、雄武上下埽的安全，宋廷也明确表示，"须赖谙知水势之人主领处画，则措置不谬，免朝廷忧"⑤，并随即派遣都水监丞陈祐甫前往督视。

宋廷严格选任的大批黄河官员，在黄河水灾防治的实践中也确实发挥了积极作用。如景祐三年（1036）八月，在滑州黄河暴溢、堤岸危急的关键时刻，高继勋不顾年迈而坚持"躬自督役，露坐河上，暮夜犹不辍"⑥，最终成功堵塞了决口。庆历年间，面对"河坏孙陈埽及浮梁"、澶州民众极度恐慌的局面，知澶州张观并未听从他人"趋北原以避水患"⑦的规劝，而是积极组织兵卒增筑堤防并成功阻退河水。黄河鱼池埽在仁宗朝溢水将决时，陈希亮也果断招集河上使者调发禁兵实施堵塞，他本人则"庐于所当决，吏民涕泣更

---

① 《宋朝诸臣奏议》卷48《上哲宗论执政事简得留心远业》，第517页。
② 《宋会要》方域16之1，第7576页。
③ 《长编》卷94，天禧三年七月戊辰，第2161页。
④ 《临川先生文集》卷88《赠太师中书令勤威冯公神道碑》。
⑤ 《长编》卷306，元丰三年七月甲子，第7436页。
⑥ 《宋史》卷289《高琼传·高继勋附传》，第9696页。
⑦ 《宋史》卷292《张观传》，第9765页。

谏，（陈）希亮坚卧不动"①，从而避免了黄河的决口。在黄河泛涨而即将冲溃堤防的情形下，冀州驻泊总管刘阒建议太守开青杨道口以泄洪水，但太守等人却是"莫敢任其责"。最终，刘阒主持了河役的实施，才使冀州城避免了被冲毁的危险，"躬往浚决，水退，冀人赖之"②。为减轻黄河水灾对霸州大成县等地多年的危害，知县阎充国在英宗朝曾率领民众修筑大堤。面对施工中黄河大水突至、民夫溃散的局面，阎充国则声称"民第去，令独死于水"，以致溃逃民夫转而"竭力争赴"③，河堤得以成功修筑。这次黄河大堤的修筑，也使雄州、霸州此后多年不再遭受黄河水灾的侵害。唐恪在徽宗朝曾率士兵积极救护将被黄河冲毁的沧州城，并断然回绝了当时孟昌龄抽调沧州船只和士兵的命令，"都水孟昌龄移檄索船与兵，（唐）恪报水势方恶，舡当以备缓急；沧为极边，兵非有旨不敢遣"④。最终，唐恪不顾孟昌龄的弹劾而加紧施工，最终使沧州城得以转危为安。在开封府阳县内积雨泛溢、黄河将溃的危急关头，知县蒋兴祖亲自率众实施救护，结果"露宿其上，弥四旬，堤以不坏"⑤。在崇宁年间黄河泛决、孟州河埽决口的形势下，知河阳军杜常积极组织民众展开紧急救护，他本人也"亲护役，徙处埽上"，最终在其感召下"役人尽力，河流遂退，郡赖以安"⑥。

（二）不称职水官的替换

宋廷也会依据不同情况，将不谙黄河水利事务的相关官员，进行撤换或调任，以保障黄河水灾防治活动的顺利开展。宋廷对不称职黄河官员的替换，主要包括改命他人和接受官员主动请辞两大方面。

---

① 《宋史》卷298《陈希亮传》，第9920页。
② 《宋史》卷350《刘阒传》，第11085页。
③ 《范忠宣公文集》卷14《朝议大夫阎君墓志》，《宋集珍本丛刊》第十五册，第477页。
④ 《宋史》卷352《唐恪传》，第11118页。
⑤ 《宋史》卷452《忠义七·蒋兴祖传》，第13288页。
⑥ 《宋史》卷330《杜常传》，第10635页。

　　宋廷对不称职黄河官员的替换，在北宋时期黄河水灾防治活动的开展中多有实施。如针对郓州在太宗朝曾出现黄河水涌入城中并在冬季结冰这一情形，知郓州袁廓曾率众"大发民凿取，以竹舆舁出城散积之"，从而暂时化解了危机。但到春季冰融后，这种做法的遗留问题很快就暴露出来，"州城地洼下，流渐自四隅入，民益被其患。于是河大涨，蠡清河浸州，城将陷"。到太平兴国七年（982）七月，明习水事的殿前承旨刘吉被紧急派往郓州开展救护，最终他采用"叠埽于张秋，竭河水回北流入平阴，俄而清河水退"①的方法而避免了郓州城的陷没。可见，宋廷正是采用以刘吉替换袁廓的方式，才得以实现对郓州黄河水灾的成功救护。皇祐元年（1049），河北路内的黄河决溢造成灾民的大量流徙。针对水灾后工部侍郎、平章事陈执中"无所建明，但延接卜相术士"②的表现，宋廷接受其他大臣的建议而改命他为兵部尚书、知陈州。元丰元年（1078）六月，宋廷也曾采纳京东路体量安抚使黄廉的建议，对京东路救护黄河中的不称职水官加以替换，"听于不经水灾若事简县对移，如缺人，即于得替待阙人不依常例奏举"③。元丰二年（1079）九月，鉴于该年提举都大司拟定的人夫、物料规模庞大而初任都水监勾当公事钱曧"不历河事，恐为沿河冒利者所罔，不能究悉底里"④，宋廷决定由都水监主簿陈祐甫代替钱曧开展对人夫、物料的检计。元丰三年（1080）十二月，权知都水监主簿公事李士良也曾提议，"黄河见管大小使臣一百六十余员，并委监丞已上奉举，往往有因缘，未必习知水事。欲乞今后河埽罢举官之制，并委审官西院、三班院选差。其都大提举官即乞且如旧"。宋廷采纳了这一建议，同时下令"仍令内外官司，自来举官泛滥数多处，中书准此立法以闻"⑤。政

---

① 《长编》卷23，太平兴国七年七月甲午，第523页。
② 《长编》卷167，皇祐元年八月壬戌，第4009页。
③ 《长编》卷290，元丰元年六月己酉，第7087页。
④ 《长编》卷300，元丰二年九月壬申，第7299页。
⑤ 《长编》卷310，元丰三年十二月己巳，第7524—7525页。

和五年（1115）十月，中书省弹劾知冀州辛昌宗因"不谙河事"[①] 而贻误了对枣强埽黄河决口的及时救护。结果，宋廷很快选派王仲元代替辛昌宗。靖康元年（1126）二月，鉴于大臣对孟昌龄父子"相继领水衡职，过恶山积，结内侍为之奥主，超取名位，不知纪极。及首建回大河之势，漂没生灵。身不在公，遥分爵赏，每兴一役，干没无数，莫能钩考"[②] 的弹劾，宋廷对孟昌龄父子分别给予落职等处罚，并在此后接连多次加以贬斥。针对部分在黄河防治中过于严苛的官员，宋廷也会及时将其调任。如大中祥符七年（1014）七月，负责固护棣州城南黄河大堤的知棣州、殿中侍御史孙冲被弹劾"守护过严，民输送践堤者亦笞之"[③]，结果宋廷随即另择他人将其替换。

同时，对于黄河水灾防治中的疲老官员，宋廷也会将其替换。如天圣五年（1027）七月，宋廷责成京东路转运司、提点刑狱司"察被水县令佐老疾罢懦不胜任者以闻"[④]。元丰四年（1081）五月，御史满中行对权判都水监张唐民在救治黄河中的平庸、无能给予了严厉批评，指责其"素无风力，加之罢老，平时旷弛，不以河防为意，一有患，则救护经画，朝廷悉遣他官，（张）唐民饱食安居，处之自若，恐非为官择人之意"[⑤]。为此，宋廷改命吕公孺兼权判都水监，将张唐民加以替换。此外，宋廷也会接受部分黄河官员的主动请辞，这也是实现对不称职黄河官员替换的一种手段。如在仁宗朝堵塞澶州黄河决口计划准备启动时，知澶州刘平自称不习河事而被改命为沧州副都总管。[⑥] 嘉祐八年（1063）正月，知杂御史兼判都水监赵抃"辞以不知水事"[⑦]，请求辞去判都水监一职。结果，宋廷改命赵抃为明龙图阁直学士，同时改由知审官院韩赟接任判都水监。

---

① 《宋史》卷93《河渠志三·黄河下》，第2313页。
② 《宋会要》职官69之20，第3939页。
③ 《长编》卷83，大中祥符七年七月丁丑，第1893页。
④ 《长编》卷105，天圣五年七月丁巳，第2444页。
⑤ 《长编》卷312，元丰四年五月甲寅，第7579页。
⑥ 《宋史》卷325《刘平传》，第10500页。
⑦ 《长编》卷198，嘉祐八年正月丙寅，第4789页。

二、　河堤巡防制度的完善

在北宋黄河水灾防治活动中，宋廷也有着河堤巡防制度的逐步建立和广泛实施，以此来减少、避免黄河水灾的发生。淳化二年（991）三月，宋廷在诏令中规定，"今岁时雨霶霈，州〔川〕流暴涨，虑河堤脆薄之处或有蛇鼠所穴，牛羊践履，岸缺成道，积水冲注，因而坏决，以害民田。宜委诸州河堤使、长吏以下及巡河主埽使臣经度行视，预图缮治。苟失备虑，或至坏隳，官吏当真于法"①，要求黄河沿岸各州官员与使者经常开展对黄河大堤的巡视。此后，有关黄河大堤日常巡视的相关制度更进一步明确化。对于黄河防护官员，宋廷也有着诸多的要求与规定。如咸平三年（1000），宋廷下令"缘黄、汴河令佐常巡护堤岸，无得差出，有阙，流内铨即时注拟，勿使乏人"②，并明确规定黄河沿岸官员即使任职期满也要"须水落受代"，知州、通判则要每两个月巡视黄河河堤一次，"县令、佐迭巡堤防，转运使勿委以他职"③，以督促黄河沿岸官员切实履行巡护河堤职责。咸平六年（1003）八月，宋廷再次重申，"沿黄汴河知州、通判每两月迭巡河津"④，以保障黄河巡护活动的正常开展。到景德二年（1005）十月，宋廷更是明令"缘河官吏虽秩满，须水落受代。知州、通判每月一巡堤，县令、佐官迭巡，转运使勿委以他职"⑤，"沿河县令、主簿更互出视堤防"⑥，这在黄河官员巡视黄河大堤的频度要求等方面有了进一步的提高。天禧三年（1019）六月黄河自滑州决口向南汇入淮河后，宋廷也积极开展水灾的救护并派马步都军头翠銮率宣武卒四百人加以巡护，并随即命入内供奉官史崇、杨继斌率马步卒二百四十人巡逻两岸。⑦ 天圣

① 《宋会要》方域14之3，第7547页。
② 《长编》卷47，咸平三年六月丁未，第1019页。
③ 《宋史》卷91《河渠志一·黄河上》，第2260页。
④ 《长编》卷55，咸平六年八月戊寅，第1211页。
⑤ 《长编》卷61，景德二年十月己卯，第1369页。
⑥ 《宋会要》方域14之4，第7547页。
⑦ 《宋会要》方域14之7—8，第7549页。

五年（1027）十二月，宋廷还要求天台埽以下的各路转运使加强对黄河河堤的日常巡护和检查，"如有合行修贴固护，逐处立便施行。小有疏虞，重行朝典"①。庆历八年（1048）八月，宋廷又规定"河北转运使及濒河诸州官未满三年者，毋得代移"②。可见，黄河防治的诸多相关官员均负守护黄河大堤职责，且守护成效的优劣也与日后能否正常升迁、改任直接相连。这种规定也不断被宋廷加以重申和强化，以督促沿河官员确实加强对黄河河堤守护的重视。有关黄河大堤日常巡视制度的建立，对宋廷督促黄河防治相应举措的及时落实自然有着积极意义。

宋廷对黄河沿岸官员巡护河堤的职责要求也日臻具体、详尽。如景德三年（1006）十二月，宋廷规定，黄河沿岸的知州、知军、通判、令佐等官吏，在三年任期内"修护堤埽牢固，别无遗累，得替日免短使，依例磨勘，与家便差遣，令佐亦放选注家便官"③。进而，宋廷在大中祥符九年（1016）四月又规定，黄河沿岸的令佐官在三年任期内需有两年坚守在本县内修护河堤、埽岸，另外一年则差往他县护堤，"亦修护堤，并得牢固者，只免选注合入官，即不注家便"。倘若官员三年均在本县任职，则"修护河堤，别无疏虞，即依先降敕命实行"④。从这种规定的调整可以看出，宋廷对黄河官员守护河堤的职责要求更趋明确，也将官员的升迁、改任直接与修堤、护堤成效相对接。治平三年（1066）六月，宋廷明令"沿河逐县令佐官衔内各带修护，逐州通判专提举修护，并令管河道堤岸，令〔今〕后河事有所责成"⑤，这就意味着护堤职责的逐渐明晰化和黄河守护官员队伍的进一步扩大。不仅如此，宋廷也逐渐明确了参与黄河水灾防护的州县幕职官的职责。如天圣元年（1023）六月，针对鲁宗道所指出的滑州幕职官"多出外县，不亲书名"现

---

① 《宋会要》方域 14 之 12，第 7551 页。
② 《长编》卷 65，庆历八年八月乙酉，第 3965 页。
③ 《宋会要》方域 14 之 5，第 7548 页。
④ 《宋会要》方域 14 之 7，第 7549 页。
⑤ 《宋会要》方域 14 之 20，第 7555 页。

象，宋廷采纳了鲁宗道"并须同共商议，亲书文奏。如有功过，应干修河官，并与知州已下一例施行"① 的建议，即改为依据修治黄河的成效对众多官员一并奖赏或追责。经过此番变动，州县幕职官的升黜也就与其他地方官员守护黄河大堤的成败直接相连。对于黄河水情的日常勘验、防护，宋廷也有着一些较为细致的规定，例如为保障河堤检视结果的准确而采取任用异地官员开展巡查的方法。治平三年（1066）六月，知明州沈扶提议由转运司自邻州选派官员检视黄河泛涨时的疏虞抹岸地段，"先验照水口两头堤身内近经涨水退落痕迹，仔细打量相去堤面高下丈尺，指定系是抹岸，为复冲决，保明申监然后行。其当职官吏若检视官定验不实，乞行严断"②，得到了宋廷的批准。这种做法，主要借助异地官员来保障勘验结果的准确，同时又对负责实际勘验的官员有着严格的职责要求。而对于河堤改移等重大举动，宋廷更是采取相当谨慎的态度，并明确要求相关官员详细陈明原委、获得朝廷批准后才可实施。如大中祥符三年（1010）十二月，宋真宗在与知枢密院王钦若等人的谈话中称，"河防所设，本各有因，官司相度，容易废毁……盖听授之不审，亦兴复之倍艰。可降诏谕沿河官吏及巡河使臣，所管旧日大小堤，并依旧存留，不得专擅移易。内有委实不便，须合改更处，具本处何人规画、于何年修筑及明陈改更利害以闻"③。由此可见，宋廷在河堤变动等重大事项的审核中对相关官员的要求是相当严格、详尽的。

配合以上众多规定的实施，宋廷也时常派遣使者对官员守护河堤的情况加以监督和检查。如太平兴国三年（978）正月，宋廷曾"分遣使十七人治黄河堤，以备水患"④。大中祥符元年（1008）四月，宋廷又规定，"今后入内内侍省、内侍省巡更互逐年差使臣巡黄、汴河堤"⑤，从而将遣使巡视与地方

---

① 《宋会要》方域14之11，第7551页。
② 《宋会要》方域14之20，第7555页。
③ 《宋会要》方域14之5，第7548页。
④ 《长编》卷19，太平兴国三年正月辛丑，第421页。
⑤ 《宋会要》职官36之4，第3073页。

黄河官员的日常巡护综合加以利用，并将这种遣使巡视的做法常态化、制度化。大中祥符五年（1012）正月，宋廷专门派遣使臣分赴黄河、汴河、御河沿岸州军，"申谕守臣谨护堤岸"①。此外，宋廷也较为注意黄河水灾救护活动结束后的河堤巡护，以防范黄河决溢的再次发生。如元丰元年（1078）三月，针对曹村黄河决水已回归故道但并不通畅这种情形，宋廷命都水监派遣一名监丞"于上流王供等埽往来照管，及别差官提点下流堤埽"②。同年五月，韩永式建议对曹村新修马头加以后续防护，"乞且留诸处役兵一月，候马头不垫，新堤增固，委都大提举所减放，实选役兵万人，俟过涨水听还"③，对此宋廷也予以批准。

结合水灾防治的实际情况，宋廷也注意对河堤巡防制度中某些不合理规定的改进和调整。如景德元年（1004）前，宋廷所遣巡河使者也要因黄河的决溢而被一并治罪，"每岁遣使阅视黄、汴河堤，回日具委保以奏，异时有坏决，连坐其罪"。对此，部分官员认为"修护渠，各有官属，使者暂往，安可专责"④，从而推动宋廷在景德元年（1004）二月宣布废除这种连坐规定。元丰三年（1080）六月，御史满中行对此前曹村黄河决溢中只有都水监现任官员受惩的做法也表达了不同看法，认为"窃以河防坚固，非朝夕可致"。宋廷接受了这一提议，改为"以供职久近为差"⑤，即转为依据到官日限法而对河决相关官员给予相应惩治。这些调整应该说更符合黄河防护的实际，也标志着相关规定的逐步改进和完善。元丰五年（1082）四月，河北都转运司也指出，"都水监专领河事，平时措置，本司初不与闻，近岁决溢，则均任其责。今新旧埽崖废置闭塞之际，实系本路公私休戚"，建议"许令本司同议，如不

---

① 《长编》卷77，大中祥符五年正月己卯，第1750页。
② 《宋会要》方域15之1，第7560页。
③ 《长编》卷289，元丰元年五月庚辰，第7074页。
④ 《宋会要》方域14之4，第7547页。
⑤ 《宋会要》方域15之5，第7562页。

赐允从，乞免同坐"①，即主张废除以往黄河防治中长期执行的地方转运司与都水监官员一同连坐的规定，最终也获得了宋廷的批准。

宋廷对盗决黄河河堤活动的防范，也是黄河巡防中的一个重要部分，并有着相关惩处规定和举措的制定、实施。如淳化年间，针对大名府内"豪猾辈畜〔蓄〕刍茭者利厚价，欲售之，诱奸人穴其堤使溃"现象，知天雄军赵昌言即对其给予严厉打击，"公（赵昌言）知之，仗剑露刃，尽取豪刍廪积给用，其蠹遂绝"②。张方平也曾指出，"今黄河横腹心之内，汴渠为输委之本，若奸人窥伺，潜有决凿，污潴我良田，损垫我邑屋，阻绝我运路，则是肘腋之下更生一役"，为此建议"其汴渠、黄河堤障，益望择勤干吏，密为分地巡逻，以讥察奸人"③。张方平的提议，主张加强对盗决黄河、汴河河堤的防范，防止河决并保护农田、保障漕运畅通。宋廷对黄河河堤盗决行为的防范、惩治，也是不断强化。如元祐六年（1091）十二月，宋廷采纳工部的提议，对盗拆黄河埽缆木岸出台了严厉的惩罚规定，"以持杖窃盗论，其退背处减一等，即徒以上罪于法不该配者，亦配邻州"。同时，针对相关官员的有效防范或失于觉察，宋廷也规定"每获一人，杖罪赏钱十贯，徒罪十五贯，流罪二十贯。巡防军人不觉盗每次，使臣三次，合杖六十"④。这些条文，对盗拆黄河埽缆木料行为的处罚、官员是否尽职护堤的奖惩都做出了明确规定。元祐七年（1092）八月，针对黄河梢木被偷拆现象的频繁出现，宋廷又接受都水监南外丞李孝博的建议，下令"南北两丞地向着埽岸，每埽各置船一只"，用于"遇夜于埽下巡视"⑤。为加强对人为开决河堤活动的打击，宋廷在元符三年（1100）重新恢复了元祐年间的做法，明确规定"故盗决河堤堰，不以赦

① 《长编》卷325，元丰五年四月戊午，第7818页。
② 《玉壶清话》卷5，第51页。
③ 《张方平集》卷19《平戎十策·备奸》，第267页。
④ 《长编》卷468，元祐六年十二月丙子，第11187页。
⑤ 《长编》卷476，元祐七年八月癸丑，第11337页。

降原减"①。宋廷对盗决黄河河堤的严厉惩处，在《宋刑统》中也有着"故决堤防者，徒三年"②的法律规定。为了有效加强对盗决黄河河堤行为的打击，宋廷也积极鼓励民众告发盗决河堤行为，并对告发者给予较为丰厚的奖赏。崇宁元年（1102）二月，宋廷采纳都水监的建议，鼓励官民举报盗决堤堰的行为，同时对举报者也制定了较高的赏赐标准，"立定支赏钱一百贯文。如内有徒中告首之人，乞与免罪，亦支钱一百贯充赏"③。此举的实施，对防范人为盗决堤堰活动无疑有着一定的积极作用。

三、 水情奏报制度和灾前预防

在对黄河水灾的长期防治中，宋廷要求地方官员及时奏报黄河水情，以便迅速制定和实施相关防护、救治举措。宋廷对于执行黄河水情奏报制度不力的官员，会给予较为严厉的惩治。同时，加固河堤、迁民避患等灾前预防举措的实施，对防范黄河水灾的发生、减轻水灾的危害也可发挥一定的有效作用。

（一）黄河水灾防治中的水情奏报制度

为及时了解黄河水情的变化和做出相应部署，宋廷要求相关官员将黄河水势变化、堵塞决口进展情况等信息迅速上报，从而逐渐建立起一套黄河水情监控体系。如开宝三年（970）七月、宝元元年（1038）六月，宋廷即先后明确要求地方官府"立报水旱期式"④、"每旬上雨雪状"，⑤ 以加强对地方水旱灾情的及时掌握。这种诏令的颁行，自然也对地方官府有着监控和汇报黄河水情的要求，以便宋廷采取相应举措、防范灾情蔓延。在北宋黄河水灾防

① 《文献通考》卷173《刑考十二·赦宥》，考1497。
② 《宋刑统》卷27《杂律·不修堤防盗决堤防》，第488页。
③ 《宋会要》方域16之25，第7588页。
④ 《宋史》卷2《太祖本纪二》，第31页。
⑤ 《长编》卷122，宝元元年六月甲申，第2874页。

治活动的长期开展中，黄河水情及时奏报的规定也不断被重申和强化。天圣五年（1027）八月，针对滑州黄河决口迟迟不能堵塞的情形，宋廷责令京西转运使"自今每五日一次具修河次第、修叠步数、堤岸平安闻奏"①，以便及时获知黄河河役进展情况。为了便于黄河水情的及时传递，宋廷在熙宁年间对黄河水情奏报制度也有了较大改进。如熙宁三年（1070），宋廷即下令，"须急速公事方得用申状施行"。那么，地方官府向宋廷的黄河水情申报也应有着这种"申状"的利用，"但要事务早集而已"②。熙宁六年（1073）十月，宋廷还下令准许都水监、司农寺、提举在京诸司库务"自今并许直牒阁门上殿"③，这种制度调整对黄河水情的奏报也极为有利。元丰元年（1078）三月，针对都水监负责的调拨汴口水势、连通淮河与汴河水运一事，宋廷下令，"其曹村决口水虽已还故道，三日一具疏浚次第以闻"④。由此可见，宋廷出于对汴河漕运的重视而在水情奏报的速度方面要求更高。到绍圣二年（1095）七月，宋廷在诏令中又明确重申，"沿黄河州军，河防决溢，并即申奏"⑤。这些制度的调整和改进，也标志着黄河水情奏报制度的逐步完善。

　　在水情奏报制度不断被强化的过程中，宋廷对违反黄河水情奏报相关规定的官员则要给予严惩。如开宝四年（971）十一月，针对澶州官员上奏黄河决口、冲注郓州和濮州情况过于迟缓，太祖"怒官吏不时上言，遣使按鞫"，以致知澶州杜审肇被免职、通判姚恕"坐法诛，投其尸于河"⑥。这表明宋廷对黄河水情奏报迟误的惩治是相当严厉的。天禧元年（1017）九月，"留意农事，每以水旱为忧"⑦ 的仁宗也曾"谕诸州非时灾沴不以闻者论罪"⑧。熙宁

---

① 《宋会要》方域 14 之 12，第 7551 页。
② 《长编》卷 229，熙宁五年正月壬寅，第 5572—5573 页。
③ 《长编》卷 247，熙宁六年十月丙申，第 6031 页。
④ 《宋会要》方域 16 之 10，第 7580 页。
⑤ 《宋史》卷 93《河渠志三·黄河下》，第 2308 页。
⑥ 《长编》卷 12，开宝四年十一月庚午，第 273 页。
⑦ 《长编》卷 122，宝元元年六月己卯，第 2874 页。
⑧ 《宋史》卷 8《真宗本纪三》，第 163 页。

七年（1074），宋廷责成都水监"诘官吏不以水灾闻者"①。宋廷对这些违反奏报制度官员的严惩，既说明地方官员在实际执行中存在着一定的弊端，也是朝廷强化黄河河情奏报制度的必要举措。

黄河水情奏报制度虽不断被宋廷强化、改进，但仍有地方官员隐瞒不报等弊端的存在。由于已经奏报辖区内雨泽丰顺、作物丰收有望而因此获得褒奖，或出于明哲保身等动机，部分官员在辖区内出现严重的水旱灾害时常常不将灾情及时上报宋廷，从而并不能严格执行黄河水情奏报制度。如熙宁十年（1077）八月，文彦博指出，"今河朔、京东州县，人被患者莫知其数，嗷嗷吁天，上轸圣念，而水官不能自讼，犹汲汲希赏"②。这种地方官员隐瞒灾情的现象，在北宋时期的黄河水灾防治中也有着一定的存在。针对这种状况，宋廷有着相应的应对措施。如绍圣四年（1097）五月，针对各路官员"于秋夏之间以雨足岁丰为奏"后而将灾情隐瞒不报的情形，左司谏郭知章建议"下诸路州军，严行约束，虽已奏丰稔而或继有非常水旱者，并具灾伤上闻"③，得到了宋廷的批准。但是，黄河水情奏报制度在现实中的执行情况却依旧存在着一定的弊病。例如，范子渊、张问二人在元丰六年（1083）八月分别被给予追一官和罚铜二十斤的处罚，罪责即是"（范）子渊坐开河奏死士〔亡〕夫不实，（张）问坐上书误也"④。元符二年（1099），邹浩也曾尖锐指出，"臣窃见近年官吏，讳言百姓灾伤等事，习成风俗。故虽朝廷遣使出外，亦多不以实闻，民情不获上通，王泽不获下究，率由于此，为害不细"⑤。邹浩所称的这种情形，在北宋地方官员执行黄河水情奏报制度的过程中同样也有着一定的体现。

同时，宋廷也要求将黄河水灾施救方案等相关决策迅速传达到地方埽所，

---

① 《宋史》卷92《河渠志二·黄河中》，第2284页。
② 《宋史》卷92《河渠志二·黄河中》，第2284页。
③ 《长编》卷487，绍圣四年五月甲子，第11570页。
④ 《宋会要》职官66之25，第3880页。
⑤ 《长编》卷512，元符二年七月庚戌，第12189页。

以便更好、更及时地协调、指导黄河水灾防治活动的开展。如元祐元年
（1086）四月，尚书省建议，"欲今后军期、河防、赈救、伤灾之类书、录黄，
并从本省直降札下诸处施行讫。其书、录黄付本曹，并该载难尽，但系急速，
不可稽缓，并事体重者，亦依此施行"①，这一建议得到宋廷批准后被加以执
行。元符元年（1098）三月，尚书省也曾奏请，"进奏院承受尚书省、枢密院
实封及应入急脚递文字，并即时发。又承受捕盗、赈济、灾伤、河防紧急及
制书并朝廷文字应入马递者，并当日发"②，同样得到了批准。这些事例的出
现，也足见宋廷对黄河方案、决策传递的重视。作为北宋黄河水灾管理体系
中一部分，这种制度改进自然有利于中央与地方官府间信息的快速传递，从
而有助于治河方案、决策的及时执行。

（二）黄河水灾的灾前预防

在北宋的黄河水灾防治中，宋廷借助加固河堤、事先迁民避患等措施，
可减轻黄河水灾的危害或避免黄河决溢的发生。如天禧三年（1019）十二月，
都官员外郎郑希甫指出，通利军至澶州一段黄河"堤岸沙淤，虑将来堙塞河
口，水迁旧河，冲注溢岸"。为此，他提议"望令逐州军增筑旧堤一二尺备
之"③，这一建议获得了宋廷的批准。天圣初年，瀛州景城县令西门成允针对
当时的大霖雨指出，"前幸河安流，今万有一决，吾民其为鱼"，为此而"白
州预为堤"，但遭到其他官员的极力反对。最终，西门成允排除异议而力主修
堤，"调夫二万，横起大堤二"，结果"甫半，水已大至，躬昼夜趣成之，邑
赖以免"，④ 成功避免了景城县城的被毁。沧州在仁宗朝的黄河决溢被堵塞后，
知沧州李寿朋认为北流河道狭窄而必将再次决溢，决定迁徙大批民众，结果

---

① 《长编》卷375，元祐元年四月庚子，第9096页。
② 《长编》卷496，元符元年三月丙寅，第11801页。
③ 《宋会要》方域14之8，第7549页。
④ 《忠肃集》卷13《赠谏议大夫西门公墓志铭》，第262页。

"谕居人徙避，后三县四镇果垫焉"①。熙宁年间，类似的做法在黄河水患加剧的形势下也被普遍运用。如知冀州鲁有开就曾力排众议、未采纳他人"郡无水患，何以役为"的主张，极力坚持"豫备不虞，古之善计"，力主加固黄河大堤以备水患，结果第二年"河决，水果至，不能冒堤而止"②。在黄河决口曹村埽后，知郓州王克臣也迅速开展对郓州城外黄河大堤的加固，并未认同其他官员"河决澶渊，去郓为远，且州徙于高，八十年不知有水患，安事此"的主张。结果，大堤刚刚修筑完毕黄河水就汹涌而至，"水大至，不没者才尺余。复起甬道，属之东平王陵埽，人得趋以避水"③。鉴于澶州"河滨之土疏恶善隤，北城之隅，复当三埽之敝。夏秋洪流暴溢，浸淫泛滥，大为州患"的情形，庆历年间三任太守郭承祐、张奎、叶清臣都曾加固城池以防黄河水患，但最终"或营或止，卒不克就"。之后，在治平三年（1066）九月至十一月期间，李中师组织人员"引铁丘之土以易朽壤；市津门之木以增崇构。且也调赤籍之伍以纾民力，资回图之钱以省官用……大凡役六邑义勇、两埽，河清诸铺兵总若干人，为城五千七百七十步有畸，而外郭水濠之长如之……西距河墙别为长堤三千五百三十步，所以止横水啮城之害也"④，成功将修筑澶州城墙与防御黄河水灾有效结合在一起。熙宁九年（1076）正月，同管勾都水监公事范子渊曾奏称，"北京第六埽许村港连二股河，恐向去涨水，复致漫溢为患。今欲自南岸鱼肋埽接治水埽增筑一堤"⑤，也获得宋廷的批准而得以实施。熙宁十年（1077）七月，黄河在澶州决溢并一路向南冲注。在洪水抵达徐州前，知徐州苏轼组织民众提前防范，"水未至，使民具畚锸，畜土石，积刍茭，完窒隙穴，以为水备"，结果"故水至而民不恐"⑥，避免了徐

① 《宋史》卷291《李若谷传·李寿朋附传》，第9742页。
② 《宋史》卷426《循吏·鲁有开传》，第12698—12699页。
③ 《宋史》卷250《王审琦传·王克臣附传》，第8819页。
④ 《苏魏公文集》卷64《澶州重修北城记》，第981—982页。
⑤ 《长编》卷272，熙宁九年正月己巳，第6659页。
⑥ 《苏辙集·栾城集》卷17《黄楼赋（并叙）》，第335页。

州城的淹没。元丰三年（1080）四月，针对此前"河决曹村，水至郓州城下，明年山水暴至，漂坏城北庐舍"的情形，知郓州贾昌衡、李肃之"相继议筑遥堤以捍水患。至是堤成，役夫六千，一月毕"①，修筑遥堤长达二十里。在某些特殊情形下，宋廷也会预先采取一定的措施来加强对黄河大堤的守护。如大中祥符元年（1008）四月，宋廷派遣使者四人分至郓州、濮州等地加强黄河河堤的防护，"以驰道所历，谨备豫也"②。这些加固河堤、事先迁民避患举措的预先实施，对防范黄河水灾危害是相当奏效的。

即使是距离黄河较远的京师开封，也相当注意对黄河水患的防范，"国家都汴，处大河之下流，其所恃以为固者，埽岸坚而法制严也"③，"京城上流诸处埽岸，虑有壅滞冲决之患，不可不豫为经画"④。北宋时期许多黄河水灾防治举措的实施，也明显体现出极力保障京师安全这一特征。如大中祥符四年（1011）十月，鉴于白波发运判官史莹极力坚持"请于氾水孤栢岭下缘南岸山趾开叠汴口，必可久远水势均调"，真宗反复遣官赴汴口进行勘察。内侍都知阎承翰在奉命勘察后指出，"今河流并依南岸，若就开汴口，取河东注，至于京师，亦可忧虑。且请于下流开减水四道以防泛溢"⑤，最终宋廷采纳这一建议而否决了史莹的主张。阎承翰的方案，也充分考虑到要使京师避免遭受黄河泛决的威胁。元丰元年（1078）春季，宋廷曾调集大量兵夫兴役，"欲凿故道以导之，不行则决河北岸王莽河口，任其所之"⑥，这种举措的实施主要就是要防范黄河向南冲注京师。元丰五年（1082）十月，提举汴河堤岸司奏报，"洛口广武埽大河水涨，沦塌堤岸，坏下闸斗门。万一入汴，人力无以枝梧，密迩都城，不可不深虑"⑦。对此，宋廷紧急派遣都水监官员前往督治。正是

① 《长编》卷303，元丰三年四月丁巳，第7387页。
② 《宋会要》方域14之5，第7548页。
③ 《宋朝诸臣奏议》卷45《上徽宗论水灾》，第475页。
④ 《宋史》卷93《河渠志三·黄河下》，第2308页。
⑤ 《宋会要》方域16之2—3，第7576—7577页。
⑥ 《涑水记闻》卷15，第302页。
⑦ 《长编》卷330，元丰五年十月辛亥，第7946页。

在这种意识的影响下，对于京师颇为重要的雄武埽、广武埽也就成为宋廷防治黄河水灾的重点。如元丰六年（1083）二月，吏部侍郎李承之建议，"臣谓宜于理水堤外，魏楼减水河之东，修大堤，际河下接滑州界大堤，依向着地分，量置河清兵及选官分巡，岁增榆柳。其汴南岸亦准此，仍于临汴常积梢桩，以备修塞，万一不虞，得以固守，障其东行，可使还河，似为经久之利"①。针对这一倡议，宋廷迅速派遣都水监官员进行实地勘察，但最终因工程浩大、难以实现而未能实施。在元祐八年（1093）七月广武埽形势危急的形势下，哲宗担忧"广武去洛河不远，须防涨溢下灌京师"②，为此他紧急派遣王宗望前往救护。这些举措的不断实施，对保障京师开封的安全、预防黄河的冲注也颇为必要。

四、 河议的复核

针对有关黄河河役的分歧、决策，宋廷也有着相应的复核机制，即通过遣官实地勘察、大臣奏陈等方式以做出最终的决断，从而确定是否兴役、兴役时间等重大事项。在黄河河役兴作中，宋廷对遣官实地勘察这一手段多有运用。如景祐元年（1034）十月，针对大名府官员请求尽快修塞横陇埽决口的提议，宋廷最初派遣王沿等人前往勘察，得到了"河势奔注未定，且功大，未可遽兴"的回奏。随即，宋廷又派遣侍御史知杂事杨偕、入内押班王惟忠、阁门祇候康德舆再次进行勘验，结果杨偕等人则奏称，"欲且兴筑两岸马头，令缘堤预积刍稿。俟来年秋，乃大发丁夫修塞"③。最终，宋廷参考两次勘验的结果而决定在第二年开展对横陇埽的堵塞。元丰四年（1081）八月，权判都水监李立之在奉命勘察黄河小吴埽决口后回奏，"臣自决口相视河流，至乾宁军分入东、西两塘，次入界河，于劈地口入海，通流无阻。今检计当修立东西堤防，计役三百十四万四千工"。针对李立之的奏报，宋廷随即改命知制

① 《长编》卷333，元丰六年二月辛亥，第8016页。
② 《宋史》卷93《河渠志三·黄河下》，第2306页。
③ 《长编》卷115，景祐元年十月辛酉，第2703页。

诰、知谏院舒亶和度支副使、直史馆蹇周辅"再相视检计"①，以最终确定是否采纳李立之的建议。元丰五年（1082）十二月，都水使者范子渊奏请"案视卫州王供埽引道大河可否、利害，更乞增差夫役万人，于所决巧妇涡下预开一河"及"具开修王供埽等处画一事"②，对此宋廷也派遣吏部侍郎李承之、入内供奉官冯宗道再次勘验。借助一些大臣的奏陈，宋廷也可对部分黄河河役的开展做出对应调整乃至中止河役。如元丰年间，针对都水使者"欲凿渠郭南，引大河东趋金堤，调工费甚急"这一情形，韩绛认为"故道在澶渊，而傍府横引河，功必不就，徒耗财力，骇恐魏人使流徙，非计也"③，最终经他接连三次上奏才促使宋廷下令中止此役。

对于一些大型的黄河河役，宋廷也充分运用廷议的方式做出最终决断，以避免河策失误。如庆历八年（1048）八月，判大名贾昌朝建议由京东路州军修葺黄河旧堤以引水东流、渐复故道，然后再堵塞横陇、商胡二河口，并认为此举对黄河防护十分有利。对于贾昌朝这一工程量巨大的治河方案，宋廷因一时间无法定夺而"诏待制以上并台谏官亟详定利害以闻"④。皇祐三年（1051）九月，针对黄河决口商胡、郭固后所形成的"中外章疏交上，所执不同"局面，宋廷也"诏三司河渠司与两制、台谏官同议塞商胡、郭固决河"⑤，同时命河北都转运使吕公弼、提举河堤綦仲宣参加这一讨论。至和二年（1055）九月，勾当河渠司事李仲昌提议导黄河水入六塔河，使黄河归复横陇旧河以缓解危急。针对这一计划，宋廷也"令两制以上、台谏官与河渠司同详定开故道、修六塔利害以闻"⑥。这种河议复核制度的广泛应用，对宋廷确定黄河水灾救护的决策相当必要，避免了人力、物力、财力的无谓浪费。

---

① 《长编》卷315，元丰四年八月壬午，第7634页。

② 《长编》卷331，元丰五年十二月戊辰，第7989页。

③ 杜大珪：《名臣碑传琬琰集》卷10《韩献肃公绛忠弼之碑》，台湾文海出版社1969年版，第162页。

④ 《长编》卷165，庆历八年八月辛巳，第3965页。

⑤ 《长编》卷171，皇祐三年九月己未，第4109页。

⑥ 《长编》卷181，至和二年九月丁卯，第4371页。

从这些方面来看，北宋时期的河议复核制度有其合理性、必要性。客观而言，北宋黄河水灾救护中河役开展复验、复议制度的实施，对规避某些不必要河役的实施可以发挥一定的制约作用，可避免人力、物力、财力的巨大浪费。

总体而言，水官的严格选任、河堤巡防制度的完善、河议的复核等举措的实施、运用，客观上对保障北宋时期黄河水灾救护活动的及时、有效开展发挥了积极作用。这对降低黄河决溢的危险、减轻黄河水灾的危害、慎重开展黄河河役和避免无谓的人力、物力、财力浪费，无疑都有着积极意义。当然，就北宋时期黄河水灾防治的进步来讲，这些方面也只是其中的重要构成部分而并非全部。

第二节　黄河水灾防治的弊端

相对于黄河水灾防治的诸多改进和提高，北宋时期黄河水灾防治的长期开展也暴露出一系列问题和弊病。水官更迭频繁、冗官严重、官员贪蠹、各自为政、河议反复等弊端，在北宋时期的黄河水灾防治实践中体现得就较为明显。而这些问题、弊端产生的深层次根源，则与北宋时期的政治体制存在着密切的联系。

一、水官更迭频繁与冗官现象严重

（一）水官更迭频繁

受北宋官僚体制的影响，黄河官员任期短暂、更替频繁这一特点在黄河水灾防治中有着鲜明体现。如宋廷规定南、北外都水监丞等官员"三年一替"[①]、"或一岁再岁而罢，其有谙知水政，或至三年"[②]，这对黄河水灾防治

---

① 王栐撰，诚刚点校：《燕翼诒谋录》卷1，中华书局1981年版，第4页。
② 《宋史》卷165《职官志五·都水监》，第3921页。

活动的开展就相当不利。受"三年一替""或一岁再岁而罢"制度的限制，大批颇具治水才能的官员难以长久留在黄河治理任上，而在同一治水官职上的连任则更为罕见。本书后面所附的"附表 10－1：北宋都水监历任官员简表"，共涉及都水监相关官员 91 人，其中只有为数极少的官员在黄河治理中曾得以连任同一水官，如吴安持在元祐六年（1091）十二月被批准再任都水使者①、北外都水监丞李伟在元祐七年（1092）十月被批准"于任满日令再任"②、都水监丞梁防在宣和三年（1121）九月被准许"职事修举，可令再任"③。这种"都水无常员，遇兴役即差官"④ 的做法，造成了治水官员频繁更迭和许多官员不求有功、但求无过的苟且心态，"有志事功者，方欲整革宿弊而已迁他司；无志职业者，往往视官府如传舍"⑤。这样一种官员管理体制，自然使众多水官无法安心于黄河河务，"今乃不待席暖，数见换易，前官视事日浅未究设施，而后官已至，端绪复乱，人怀苟且，迄无成功"⑥。北宋时期，士大夫们对这种现实情况也不乏批评、指责。如元祐二年（1087），文彦博即对当时官员更迭太速的弊端给予了严厉批评，"臣以中外任官移替频速，在任不久，有如驿舍，无由集事，何以致治？……并外任监司及亲民之官，并须久任。此系朝廷致治之本，不可忽也。今乞与三省更申明祖宗旧法，遵守施行"⑦。文彦博指出的这种现象，在北宋黄河水官的任用中有着突出体现。黄河官员的频繁更迭，自然不利于某些重大举措的推行和官员才能的充分发挥，同时也极易导致部分官员出于自保而得过且过。如元祐五年（1090），殿中侍御史

---

① 《长编》卷 468，元祐六年十二月庚辰，第 11187 页。
② 《长编》卷 478，元祐七年八月辛酉，第 11383 页。
③ 《宋会要》方域 15 之 30，第 7574 页。
④ 《汴京遗迹志》卷 12《杂志一·宋官制沿革》，第 198 页。
⑤ 杜范：《清献集》卷 13《相位条具十二事》，《宋集珍本丛刊》第七十八册，第 447 页，线装书局 2004 年版。
⑥ 张纲：《华阳集》卷 14《乞久任札子》，《宋集珍本丛刊》第三十八册，第 486 页，线装书局 2004 年版。
⑦ 《文潞公文集》卷 29《奏中外官久任事》，《宋集珍本丛刊》第五册，第 405 页。

上官均曾指出，"政事之废举，既系在官之能否，又系任用之久近。任久则于政事能详知得失以尽其才，而无灭裂之患；遽易则略于职事，不足骋其智术，而有苟简之弊"①。针对宋代官员更替频繁的弊端，刑部侍郎王觌在元祐六年（1091）也给予了严厉批评，认为"诸路监司移易频数，座席未暖，已或有欲去之心；职事不安，岂能为经久之计"，并建议"立监司久任之法，明诏诸路监司以久任之意，使才高虑远者有所施为，因循苟简者知其无以逃责"②。这种官员转换频繁、不安于职事的弊端，在北宋黄河水灾防治中长期、普遍存在。对于都水监官员熟悉水政但不能充分发挥其长处的弊端，枢密直学士、知邓州郭知章在崇宁元年（1102）七月时也给予了尖锐批评；"都水监，水官也，朝夕从事于河上，耳目之所闻见，心志之所思虑，议论之所缀接，莫非水也。河流之曲折高下，利害之轻重本末，宜熟知之矣。今使水官不得尽其职，而惑于浮议，臣恐河事一误，则北方之民未得安堵而乐业"③。北宋时期黄河官员的频繁更迭，使水官才能、优势的发挥受到严重影响。

（二）冗官现象严重

伴随着黄河水灾防治活动的开展，相关的机构、人员设置也逐渐膨胀。在这一过程中，其他一些部门、人员逐渐被并入都水监等机构，这是造成黄河水官体系机构臃肿、人员庞大的一个重要因素。如熙宁七年（1074）八月，宋廷曾责令河北转运使与外都水监丞司共同"相度减省河上冗占官吏以闻"④，这就说明当时外都水监等机构内部的冗官现象已较为严重。熙宁九年（1076）五月，宋廷又下令废除开封府界沟河司，"以其事隶都水监。时以开治修浚渐成，故省专官也"⑤。但是，类似这种调整必然会造成都水监官员队伍的扩大。

① 《宋朝诸臣奏议》卷73《上哲宗乞讲求内外久任之法》，第803页。
② 《宋朝诸臣奏议》卷73《上哲宗乞监司久任》，第803—804页。
③ 《宋会要》方域15之22，第7570页。
④ 《长编》卷255，熙宁七年八月己巳，第6232页。
⑤ 《长编》卷275，熙宁九年五月壬申，第6731页。

崇宁五年（1106）正月，宋廷曾在诏令中明确指出，"以冗员猥多，虽略曾裁损，其数尚繁。所有提举盐香、矾茶、买木、学士〔事〕、水利等司并县丞、教授、市易官之类，宜子细相度，如徒费廪禄，于事无益，即可罢者（罢）之、可兼者并省之，并疾速条具闻奏，务在简易，利及公私"①。这种"冗员猥多"的弊病，在黄河水灾防治官员的设置中相当突出。石公弼在徽宗朝曾对黄河官员体系中的冗官现象多有批评，从而推动宋廷下令罢除都水监知埽官六十名。② 宣和四年（1122）七月，部分大臣指出，在恩州常年修筑黄河堤道的过程中，"都水监行催促工料等事为名，举辟文武官甚多，至于百二十余员，例皆受牒家居，系名本监，漫不省所领为何事，其间曾至役所者十无一二焉"③。对此，宋廷随即下令除保留正差官 11 名外，其他官员全部加以罢除。但诸如此类的举措，对庞大的黄河官员队伍而言却是影响甚微，也就无法真正扭转都水监体系官员队伍日益冗滥的态势。这种严重的冗官问题，随着黄河水灾救治活动的发展而日趋显著，并成为长期困扰北宋河政发展的一大沉疴。

二、 官员贪蠹、 渎职与欺压河卒

北宋黄河水灾防治活动的频繁、长期开展，往往需要大量人力、物力、财力的投入，这也为部分官员的贪蠹提供了可乘之机。如天圣十年（1032）三月，部分大臣即明确指出，"诸州知州、总管、钤辖、都监，多遣军卒入山伐薪烧炭，（军卒）以故贫不胜役，亡命为盗"④。可见，这种地方官员私役士兵"伐薪烧炭"的做法在当时颇为普遍。尽管"治赃吏最严"⑤ 的原则早在宋初即已确立，但官吏贪污的现象在北宋黄河河役的频繁开展中仍相当严

---

① 《宋会要》职官 8 之 7，第 2561 页。
② 《宋史》卷 348《石公弼传》，第 11032 页。
③ 《宋会要》方域 15 之 30，第 7574 页。
④ 《宋会要》刑法 2 之 17—18，第 6504 页。
⑤ 《廿二史札记校证》卷 24《宋初严惩赃吏》，第 525 页。

重。如元丰三年（1080）四月，御史满中行曾对黄河治理中官员相互勾结、贪污勒索大行其道的现象多有揭露，"都水监丞及巡河使臣按行河上，纵吏受贿。而逐埽军司、壕寨人员、兵级等第出钱，号为常例。稍不如数，则推擿过失，追扰决罚。苦于诛求，至借官钱应办"。对此，宋廷派遣转运判官孙迥前往调查，同时明令"后应犯在赦后者，皆根勘论如法"①。宋廷的这种诏令，对黄河官员贪污现象的震慑作用却是相当有限。元祐四年（1089）九月，范祖禹即指出，"夫水官欲兴河役，正如边臣欲生边事，官员、使臣利于功赏俸给，吏胥、主典利于官物浩大，得为奸幸，豪民利于贵售梢草，濒河之人利于聚众营为。凡言回河之利者，率皆此辈，非为国家计也"②。此语虽不无夸张的成分，但这种黄河水灾防治中的官员贪蠹弊端确实在部分官员中客观存在。苏辙也曾揭露，北宋黄河官员在物料的日常管理、使用中盗卖或假托失火、治河损耗物料等现象比较普遍，"减水河役迁延不止，耗蠹之事，十存四五，民间窃议"③，"今取之良民之家，而付之河埽使臣壕寨之手，费一称十，出没不可复知……河埽稍〔梢〕桩之类，纳时数目不足，及私行盗窃，比之他司官物，最不齐整；及其觉知欠少，或托以火烛，或诿以河决，虽有官司，无由稽考"④。在黄河物料的日常保管中，官员多有盗卖物料的现象，"逐埽所积薪刍之备，其退无涯，不可按验，由是缘而侵盗，鲜能禁止"⑤。孙升在元祐六年（1091）正月也曾直斥，"河埽使臣、壕寨自来欺弊作过，偷谩官司物料习以成风"⑥。毫无疑问，黄河河役的不断开展为官员的贪蠹提供了诸多便利，尤其是在一些大型河役中更是如此。在北宋时期黄河水灾防治活动中，类似的贪蠹现象层出不穷。此外，官员在筹措黄河物料的过程中也多有贪污、

---

① 《长编》卷303，元丰三年四月壬子，第7386页。
② 《长编》卷433，元祐四年九月乙未，第10451页。
③ 《长编》卷438，元祐五年二月戊申，第10562页。
④ 《长编》卷444，元祐五年六月辛酉，第10696页。
⑤ 《河防通议》卷上《河议第一·堤埽利病》，第2页。
⑥ 《长编》卷454，元祐六年正月甲申，第10887页。

勒索等现象的出现。如政和七年（1117）八月，宋廷在诏令中对此即有着相应的揭露，"访闻河朔郡县凡有逐急应副河埽梢草等物，多是寄居命官子弟及举人、伎术、道僧、公吏人等别作名字揽纳，或干托时官权要，以揽状封送令佐，恣其立价，多取于民。或民户陪贴钱物，郡县为之理索，甚失朝廷革弊恤民之意"①。宣和七年（1125）十一月，针对诸多黄河埽所"每至涨水危急，旋行科拨人夫，配买梢草，急于星火，官吏寅缘为奸"现象的广泛存在，宋廷下令，"自今后并于河防免夫钱内预行置办，并优立价直雇夫役使，不得于仓卒之际却行差科"②，以期减少物料采购中官员的趁机贪污。靖康元年（1126）二月，御史中丞许翰严厉抨击孟昌龄父子在长期组织黄河河役中多有贪污资财的劣迹，"妄设堤防之功，多张梢桩之数，穷竭民力，聚敛金帛"③。另外，北宋黄河官员的贪蠹在征招黄河河卒等环节中也时有发生，"黄河诸埽自来招填缺额兵士，多是干系人作弊，乞取钱物"④，可见部分官员利用职权从中勒索钱财。宋廷虽不乏惩贪举措的实施，但仍无法遏制这一顽疾。

北宋时期黄河防治的屡屡失败，与治水官员的渎职现象不无密切关联。在北宋黄河水灾救护的长期开展中，官员渎职的现象也是屡见不鲜。如淳化四年（993）九月，太宗在诏令中称，此前的澶州黄河决溢"盖由知州郭赞苟务贪荣，不图御患，使万井之邑，坐成污潴。一方之民，化为鱼鳖"，为此而痛斥知澶州、工部侍郎郭赞等人，并派御史彻查其罪，"当议寘于严科"⑤。熙宁七年（1074）十一月，同管勾外都水监丞程昉因"被旨相度河事而不躬往，及劾罪，称误会朝旨，该德音特罚之"⑥，从而被罚铜三十斤。熙宁十年（1077）十月，针对"已差修塞决河提举官日久，今皆在京师，未见端绪"的

---

① 《宋会要》方域 15 之 28，第 7573 页。
② 《宋会要》方域 15 之 32，第 7575 页。
③ 《宋史》卷 93 《河渠志三·黄河下》，第 2316 页。
④ 《宋会要》方域 15 之 25，第 7572 页。
⑤ 《宋大诏令集》卷 185 《赐澶州北城军人百姓诏》，第 672 页。
⑥ 《长编》卷 258，熙宁七年十一月癸卯，第 6290 页。

情形，神宗认为"可令一员先往豫计兵夫宿寨，趣什物、薪粮有备，庶兴功之际，率皆整办，不至乏事"①，并随即派遣判都水监宋昌言先行赴任。相对于黄河水灾救护的紧迫性，该黄河官员缺失、物料准备滞缓的严重危害也是可想而知。俞充在神宗朝奉命救护黄河曹村决口后，曾依据其见闻奏陈河防十余事，其中即指出，"水衡之政不修，因循苟且，浸以成习。方曹村决时，兵之在役者仅十余人，有司自取败事，恐未可以罪岁也"②。这样一种治河兵员严重不足、河政管理懈怠的情形，是与黄河官员的渎职直接相关的，使日常的河堤维护、水灾救治无法取得实效。元符元年（1098）十一月，针对此前齐州、郓州、滨州、沧州等地遭遇的黄河水患，监察御史蔡蹈认为这是由于北外都水丞司"自去年七月以至今年，一岁之间，略无措置，以备捍御"的结果。为此，宋廷责令追究相关官员的失职罪责，同时命梁铸"根究河水泛溢去处，系是何官司管认及应有罪之人，具状以闻"③。诸多官员渎职现象的大量存在，自然给北宋时期黄河水灾防治的开展带来极大的不利，造成黄河决溢危险的加重。

在北宋黄河水灾防治、救护活动的开展中，治河士兵的抽调、移用等环节也存在官员舞弊行为，这也是整个北宋时期无法杜绝的一大顽疾。对此，沈立在《河防通议》中即多有批评，并将河清兵被改作他用视为宋朝河政三大弊端之一，"河清谙熟河役，却令上纲杂役，客军去营三二千里，逃死者十四五，故谓两失制置"，并指出"救弊之急，莫若先择使领之兵，不令他役，然后商胡北决水，复金堤故道，则劳费自减其半矣，堤防可责完固矣。若然，则河患或几乎息欤"④。熙宁年间，三司使李师中曾针对当时黄河的频繁决溢多有上奏，"异时州郡类以河清卒应他役，岁更调夫，若客军代从事，以不

---

① 《长编》卷285，熙宁十年十月庚辰，第6971页。
② 《宋史》卷333《俞充传》，第10702页。
③ 《长编》卷504，元符元年十一月己酉，第11999页。
④ 《河防通议》卷上《河议第一·堤埽利病》，第2—3页。

习，亡溺者叵计"，建议"增募河清，立冗占法，遂以不扰平民"①。治河士兵被大量移用、改用大批民众来承担黄河治理的做法，不仅会造成大量人员的伤亡，而且对黄河水灾的及时、有效救治也极为不利，甚至会造成水灾救治的严重延误。如熙宁十年（1077）秋季黄河曹村下埽的决溢，就因治河士兵的严重缺失造成了相当严重的后果，"积年稍背去，吏惰不虔，樸积不厚，主者又多以护埽卒给它役，在者十才一二，事失备豫，不复可补塞。堤南之地，斗绝三丈，水如覆盎破缶，从空中下"，最终导致黄河南泛冲入淮河而"灌郡县九十五……水所居地为田三十万顷"。② 元丰四年（1081）七月，宋廷下令"差在京备军，将作监见修营厢军壮役、杂役，狭河崇胜、奉化，共一万人，并河北澶州以下退背岸河清万五千人，与鄜延、环庆、熙河路转运司并同经制财利马甲等，令一面分劈贴补并诸般差使"③，这也涉及对诸多河清兵的抽调。军粮运输等活动的开展，有时也会调拨河清兵补充人力。如元丰五年（1082）二月，叶康直负责为西北宋军运输军粮，一时间出现所需数十万厢军兵员不足的情形。为此，宋廷即命"诸处役兵并权罢，令诸路转运使划刷厢军……并令都水监刷黄、汴河河清及客军共万三千人，赴陕西团结。厢军、河清等并隶泾原路制置司"④。元祐五年（1090），苏辙曾弹劾王世安在修治黄河河埽中私自役用河清兵，"差河清兵士掘井灌园，虽罢知军，仍擢为京西南路都监，乞追回新命，下所属按治"。针对这一现象，宋廷下令罢免王世安京西南路都监，"其违法事，令都水监依条施行，若不该责降，却与枢密院差遣"⑤。在黄河防治、救护活动的长期开展中，宋廷虽不断对治河兵卒抽调、私役等现象屡加禁止，但仍无法有效遏制，以致"河清兵士为修河司诸

---

① 《忠肃集》卷12《右司郎中李公墓志铭》，第253页。
② 《宋文鉴》卷76《澶州灵津庙碑文》，第1101页。
③ 《长编》卷314，元丰四年七月丙午，第7608页。
④ 《长编》卷323，元丰五年二月己未，第7781页。
⑤ 《长编》卷449，元祐五年十月己酉，第10794—10795页。

处抽使，所存无几"① 一类情形时有出现。直至宣和元年（1119），李纲对黄河守卒大量被抽调、河堤失于防护的情形也多有批评和揭露，"比年以来，玩习苟简，护卫之卒，散于抽差，备御之储，耗于转易。河啮堤防，日朘月削，恬不加恤"②。可以说，治河士兵的抽调、移用等弊病在北宋黄河水灾防治中长期存在且无法加以根除，这也成为治河役力不足的一个重要原因。正因如此，黄河水灾发生时常面临防护兵卒不足的窘境，这对黄河水灾救护的及时、有效开展是极为不利的，甚至会造成河役的延误和灾情的加剧。

三、 漕运、 战争等因素的干扰

北宋黄河水灾防治活动的开展，也时常受到漕运的影响。当黄河治理与汴河等河流的漕运开展发生矛盾冲突时，北宋的治河活动往往要让位、服从于漕运的运行，这一特征在汴河漕运的开展中表现最为显著。所谓"陂湖河渠之类，久废复开，事关兴运"③，也明显体现出这一指导思想。正因如此，部分黄河治理举措的实施要服从于汴河漕运的保障，这就难免影响到部分治河举措的正常实施。如元丰二年（1079）七月，都大提举导洛通汴司指出，"洛河清水入汴，已成河道，疏浚司依旧搅起沙泥，却致淤填，乞权罢疏浚"④，这一建议被宋廷采纳。元丰五年（1082）十二月，提举黄河堤防司奏称，黄河自恩州临清县西面向东冲入御河，"冲刷河身，深浚至恩州城下，水行湍悍，御河堤下阔不能吞伏水势"，为此建议"河水未涨以前，下手闭塞，并归大河"。对此，宋廷则回复称，在"不碍漕运及灌注塘泺"⑤ 的前提下才可实施提举黄河堤防司的这一倡议。绍圣元年（1094）七月，哲宗曾告诫执政大臣，"闻河埽久不修，故几坏者数处……昨日报洛水又大溢注于河，若广

① 《太史范公文集》卷17《乞罢河役状》，《宋集珍本丛刊》第二十四册，第249页。
② 《宋朝诸臣奏议》卷45《上徽宗论水灾》，第475页。
③ 《苏轼文集》卷30《杭州乞度牒开西湖状》，第863页。
④ 《长编》卷299，元丰二年七月辛未，第7267页。
⑤ 《长编》卷323，元丰五年二月乙亥，第7790页。

武埽坏，大河与洛水合而为一，则清汴不通矣，京都漕运殊可忧"，为此而准备紧急派遣吴安持、王宗望开展对广武埽的修护，"苟得不坏，过此亦须措置为久计"①。通过这一事件，我们也可看出宋廷在河役开展中注重保护漕运这一指导思想。宣和元年（1119）六月，宋廷诏令"陈留县等处应开决河口地速行修闭"，并责成都提举汴河堤岸司、洛口都大司"依已降指挥，疾速放水行纲运，不管〔得〕小有阻节〔截〕"。不仅如此，宋廷同时还命尚书省"继日催促"②，其唯恐阻碍漕运的态度由此可见一斑。诸如此类做法，在相关史籍中是相当常见的。

　　此外，战争、灾荒等因素的作用，也会导致部分北宋黄河水灾救护、防护举措的中断，从而影响到水灾救护的正常开展。战争因素对黄河治理的影响，除了前面所述诸如东流、北流之争等大的方面外，在黄河防治中的一些细微方面也有着一定体现。如在北宋中期的宋夏战争中，宋廷为补充前线士兵的不足而下令停止京东西路的水利施工，结果导致"罢役数年，渐已湮塞"③。元祐元年（1086）二月，宋廷下令，"以未得雨泽，权令罢修黄河，其诸路兵夫，并放归元来去处"④。元祐五年（1090）二月，宋廷也曾下令，"去冬愆雪，今未得雨，外路旱暵阔远，宜权罢修黄河"⑤，导致修筑减水河被中止。该年三月，因西北边境大量用兵的缘故，宋廷"诏诸处役兵并罢，令诸路转运司划刷京东西、河东北、淮南厢军，又令都水监刷河清及客军共三万余人赴陕西团结"⑥，这三万余人中黄河、汴河河清兵及客军即多达一万三千人。诸如以上做法，也从一个侧面反映出北宋治河活动的开展容易受外来因素的干扰而被迫停止，由此不能维系水利建设的连续性、长期性，造成对

---

　　① 《宋会要》方域15之19，第7569页。
　　② 《宋会要》食货47之8，第5616页。
　　③ 《宋会要》食货61之93，第5920页。
　　④ 《长编》卷365，元祐元年二月乙丑，第8755页。
　　⑤ 《长编》卷438，元祐五年二月辛丑，第10554页。
　　⑥ 《宋史》卷189《兵志三·厢兵》，第4644页。

黄河的治理缺乏一种长远的规划。

四、 各部门间的相互掣肘

各部门各自为政、相互掣肘的现象，在北宋时期黄河水灾防治活动的开展中也屡见不鲜。由于权力分配等问题，都水监与地方转运司、提举常平司、提点刑狱司等部门之间长期存在着配合不力、相互掣肘的矛盾。这种矛盾在都水监和转运司之间体现得最为明显。在北宋黄河水灾防治中，转运司在黄河治理中事权的扩大也经历了一个较为漫长的演变过程。天圣八年（1030），宋廷"始诏河北转运司计塞河之备"[1]，这为以后转运司治黄事权的扩大提供了有利条件。都水监设立后，转运司与都水监的矛盾也日益激化。如熙宁五年（1072）四月，王安石对地方转运使故意刁难程防治河活动的现象就多有批评，"转运使即不肯应副买梢草，又以为无地安置物料"[2]。元丰七年（1084）七月，王拱辰针对黄河水灾救护中的体制弊端也给予了尖锐的揭露，"河水暴至，数十万众号叫求救，而钱谷禀转运，常平归提举，军器工匠隶提刑，埽岸物料兵卒即属都水监，逐司在远，无一得专，仓卒何以济民"。因此，王拱辰建议"望许不拘常制"。对此，宋廷规定，"事干机速，奏覆牒禀所属不及者，如所请"[3]，即在形势危急、来不及奏报的情况下才允许官员"不拘常制"。元祐元年（1086）七月，御史中丞刘挚也指出，"大河职事，河北转运司言之，则属转运司，都水言之，则属都水矣，夫二者必有一得，则亦必有一失矣"[4]。同年，河北转运判官杜纯也曾给予尖锐批评，"臣行洺州，水浸城且坏，调急夫而漳河都大司乃有卒七百不敢用遣应急修捍，则称当禀外丞，暨关外丞则执不可，此由事责各异，条禁相妨"[5]。这种事权不统、分

---

① 《宋史》卷91《河渠志一·黄河上》，第2267页。
② 《长编》卷232，熙宁五年四月辛未，第5634页。
③ 《宋史》卷92《河渠志二·黄河中》，第2287页。
④ 《长编》卷383，元祐元年七月甲申，第9342页。
⑤ 《鸡肋集》卷62《朝散郎充集贤殿修撰提举西京嵩山崇福宫杜公行状》。

工不定现象的长期存在，对黄河水灾的防治、救护而言，难免会带来政出多门、彼此观望的弊端。

客观而言，在北宋时期黄河水灾防治活动的不断开展中，诸如都水监与地方转运司、提举常平司、提点刑狱司等部门之间协调不力乃至互相掣肘的现象，极大制约了黄河水灾防治活动的顺利进行。如元符二年（1099）八月，监察御史兼权殿中侍御史石豫指出，此前阖村黄河水涨时水势本不湍悍，当时如及时救护则无决溢危险，但结果却是"有司坐视不救，意谓上流决溢，则下流减杀，盖河口易以闭塞，侥幸逃责。以致今日全河北流，潆浸人户、田苗，成此大患"①。为此，石豫建议宋廷遣官追查相关官员观望、坐视不救的罪责。这种黄河水患不能得以及时救护结果的出现，与都水监、转运司之间协调不力直接相关。在元符二年（1099）黄河决口内黄埽、河水北流后，宋廷将救助黄河的事务交付转运司，"责州县共力救护北流堤岸"。针对这种情形，水部员外郎曾孝广在该年九月时建议，"都水北外丞无所职任，及南外丞有怀、卫都水地分亦属河北路，今来不可独异而使观望疑惑。欲乞并归转运司，于本司置河渠案及属官，分治责办州县修护河埽，自然上下检察，内外简省"。对此，工部提议采纳曾孝广的建议，"所有合措置事件，令转运司别具条析奏取朝廷指挥"②，最终得到宋廷的批准。这种结果的出现，表明黄河治理的主导权又开始由都水监转归转运司。此后，黄河治理、救护的主导权到徽宗朝又重新转归都水监，但都水监、转运司之间的矛盾、冲突仍接连不断。

部门间各自为政的弊病，多体现为黄河水灾救助中诸多官员彼此间的相互掣肘。如大中祥符八年（1015）二月，京西转运使陈尧叟倡议开修滑州小河以分黄河水势，河北转运使李士衡以此举将为患魏州、博州而加以反对。针对这种分歧，真宗也直斥官员们"各庇所部，非公也"，并在遣使勘察后决

---

① 《长编》卷514，元符二年八月戊子，第12221页。
② 《长编》卷515，元符二年九月甲子，第12249页。

定"规度自杨村北治之，复开汉河于上游，以泄其壅塞"①。针对天禧四年（1020）六月滑州天台山的黄河决溢，宋廷鉴于"天台决口去水稍远"而只是实施了简单的救治。等到滑州西南大堤修筑完毕后，宋廷又将救护重心转向天台山决口，"乃于天台口旁筑月堤"，但随后也有许多人建议对并不牢固的月堤重新修葺。面对他人重修月堤的这种提议，修河都部署冯守信则推诿称，"吾奉诏止修西南埽，此非所及也"，并随后奉诏赶赴京师。冯守信的做法，直接导致黄河最终再次从天台山下决口，以致当时"人皆以罪（冯）守信"②。崇宁二年（1103）五月，都水使者赵霆也指出，"契勘管埽岸文官，见今南北两丞地分，未有官员注授处甚多。盖缘文臣管埽岸事，下与巡河监场为敌，上为都大、埽司所统，凡举执事，动有牵制。惟能雷同含糊，漠然不顾，然后可以自保，而复有失职连坐之患；不能雷同含糊，则必深中小人祸机"③。可见，受北宋黄河治水体制的制约，某些河官为明哲保身而在黄河水灾的救护、防治中平庸无为、无所建树。这种体制的客观存在，为黄河水灾防治所带来的弊端是相当明显的，"监埽使臣与都水修护官及本州知通同兼管辖，凡有缮治，必候协谋，方听令于省，转取朝旨而后行。其有可行之事，为一人所沮，则遂为之罢；有不可兴之功，为一人所主，则或为之行。上下相制，因循败事"④。因此，北宋时期黄河水灾救护的诸多失败，也与这种体制的弊端密切相关。

五、 水官的碌碌无为与效率低下

在消除唐末五代藩镇割据弊端、加强中央集权的过程中，北宋政权"因唐、五季之极弊，收敛藩镇，权归于上，一兵之籍，一财之源，一地之守，

---

① 《长编》卷84，大中祥符八年二月甲寅，第1917页。
② 《长编》卷95，天禧四年六月丙申，第2198—2199页。
③ 《宋会要》方域15之23，第7571页。
④ 《河防通议》卷上《河议第一·堤埽利病》，第2页。

皆人主自为之也"①。在北宋政权严密防范地方官员专权的指导思想和官僚体制下，诸多地方事务的决策权被收归中央，官员的选任"一切循'资'，造成了宋代士大夫不求奋励事功、但务墨守成规以保无过的精神状态，助成了支配两宋数百年的保守政风"②，诸多官员不求有功、但求无过的庸政习气颇为普遍。在这种政治环境下，大批官员在处理事务中畏首畏尾、碌碌无为，"但求免罪，不问成功。前后相推，上下相蔽"③，这在黄河水灾的救助中也有着鲜明体现，"一遇水旱，牵掣顾望，不敢专决"④。许多官员在黄河水灾救护中不敢承担责任，缺乏果断之举，而相关机构在应对黄河水灾中也是一再拖延、互相推诿以致贻误救护良机。从这一方面来讲，北宋黄河水灾的频发、水灾危害的加剧，与此也不无密切关系。如咸平年间，部分大臣曾直斥"三司官吏积习依违，文牒有经五七岁不决者，吏民抑塞，水旱灾沴，多由此致"⑤。在嘉祐元年（1056）四月李仲昌等人主持的堵塞商胡北流、导黄河水入六塔河失败后，众多官员因此而受到严惩。在这种形势下，诸多官员力求自保而导致"由是议者久不复论河事"⑥局面的出现。范仲淹在知苏州任上，曾针对苏州等地的水利修建弊端多有批评，"畎浍之事，职在郡县，不时开导，刺史、县令之职也。然今之世，有所兴作，横议先至，非朝廷主之，则无功而有毁。守土之人，恐无建事之意矣"⑦，而这种现象在黄河水灾的防治、救护中也普遍存在。元祐二年（1087），左司谏朱光庭曾指出，在黄河水灾救护中"水官不任其责，侥幸成功，则自称已力以冀重赏；以至败事，则推过朝廷苟免重责"⑧。元祐七年（1092）六月，赵偁对黄河水灾防治的弊病也多有批评，

---

①《叶适集·水心别集》卷10《外稿·始议二》，第759页。

②邓小南：《宋代文官选任制度诸层面》，河北教育出版社1993年版，第118页。

③李觏著，王国轩点校：《李觏集》卷28《寄上孙安抚书》，中华书局1981年版，第308页。

④《救荒活民书》卷1，第7页。

⑤《宋史》卷284《陈尧佐传·陈尧叟附传》，第9586页。

⑥《宋史》卷91《河渠志一·黄河上》，第2273页。

⑦《范仲淹全集·范文正公文集》卷11《上吕相公并呈中丞咨目》，第266页。

⑧《历代名臣奏议》卷250《水利》，第3283页。

"祖宗河制谨严，岁使结罪，比年有司不欲任固护之责，为已私便。上下官吏，欺蔽成风，偷安弛职，不恤民物，亡〔无〕事则受赏，有急则议弃"①。

北宋时期行政效率的低下，在黄河水灾防治中也有着突出体现。北宋时期政策变更频繁、行政效率低下等弊端，在宋代和后世都时常受到人们的批评和指责，如清代顾炎武即称"宋世典常不立，政事丛脞，一代之制，殊不足言"②。抛开"一代之制，殊不足言"的评价有失偏颇外，"政事丛脞"却是一语中的。具体到北宋黄河水灾防治中，这一特征在一些重大治河策略的制定、实施中尤为明显。北宋黄河治理策略的制定固然有比较慎重的一面，但有时河策的久议不决也会造成错失水灾救护有利时机的严重后果。如张问在仁宗朝担任提点河北刑狱期间适逢黄河决口，当时张问即指出，"曹村、小吴南北相直，而曹村当水冲，赖小吴堤薄，水溢北出，故南堤无患。若筑小吴，则左强而右伤，南岸且决，水并京畿为害"。为解决这种矛盾，张问建议"独可于孙、陈两埽间起堤以备之"③。这一提议被宋廷交给水官讨论而最终迟迟不能决议，最终导致小吴埽决口。元祐元年（1086）三月，右司谏苏辙对宋廷处理政务的"迂缓之弊"也多有批评：

> 昔官制未行，如此等事皆执政批状，直付有司，故径而易行；自行官制，遂罢批状，每有一事，辄经三省，誊写之劳，既已过倍，勘当既上，小有差误，重复施行，又经三省，循环往复，无由了绝。
>
> 至于疆场机事，河防要务，一切如此，求事之速办，不可得也。④

苏辙的言论，可谓切中宋廷行政效率低下、"迂缓之弊"的要害，而这种弊端在黄河水灾防治的长期开展中也成为困扰河政发展的一大羁绊。相对于黄河水灾来临时需要相关官员当机立断、迅速采取有效水灾救助举措的客观要求，

---

① 《长编》卷474，元祐七年六月戊寅，第11317页。
② 顾炎武撰，陈垣校注：《日知录校注》卷15《宋朝家法》，安徽大学出版社2007年版，第888页。
③ 《宋史》卷331《张问传》，第10662页。
④ 《长编》卷373，元祐元年三月辛巳，第9034—9035页。

这种诸多救助举措层层上报、"循环往复，无由了绝"的管理体制，造成"求事之速办，不可得也"也就难以避免。诸多黄河决溢的救护，往往因此而错失良机。

有些官员即使敢于在黄河水灾危急时刻不顾制度限制而及时采取相应举措加以救护，但也往往会由此遭到其他大臣的弹劾。如在元丰七年（1084）黄河突然决口大名府西部的形势下，郑仅紧急调用保甲教阅人员，"尽籍以行，先他邑至，决河遂塞"。宋廷所遣使者即对郑仅擅自调用保甲人员的做法进行弹劾，后经文彦博、王拱辰等人为其辩护才得以"诏释不治"[1]，但仍然"犹坐罚金"[2]。正是在这种僵化体制下，北宋黄河水灾的防治就存在着这样一种奇怪现象，即真正敢于有所作为的官员往往更容易遭到其他大臣的弹劾、非议，碌碌无为、尸位素餐者却往往平安无事。也正是在这样一种管理体制下，部分官员在黄河防治中虽然能够结合实际情形敢于灵活实施相应举措，但往往会在事后及时奏报宋廷、主动请罪。如元丰六年（1083）四月，都水监丞李士良即曾自劾，"沧州清池埽旧以御河西岸作黄河新堤，堤薄，地下，不能制水，已相度用御河东堤治为黄河大堤，奏俟朝旨。昨为春夫已至役所，臣遂令都大巡河官创筑生堤一道，签上御河东堤，有不待朝旨专辄之罪"[3]，最终被宋廷免于处罚。

六、　水官选任的弊病

北宋黄河水官的选任长期存在着一定的弊端和乱象，这也是北宋黄河水灾防治中始终无法加以克服的一大顽疾。治河官员的任用，多存在着相关官员任人唯亲、任人唯私的现象。如天圣元年（1023）四月，宋廷在赏赐堵塞

---

① 《长编》卷347，元丰七年七月乙卯条注文，第8333页；《宋史》卷353《郑仅传》载郑仅仍因受到宋廷所遣使者的弹劾而被处以罚金（第11146页）。此从《长编》。

② 《宋史》卷353《郑僅传》，第11146页。

③ 《长编》卷334，元丰六年四月戊申，第8045—8046页。

黄河决口有功官员时，少府监薛颜等人乘机举荐刑部尚书林特从子林克俭为阁门祗候。最终，仁宗"以（林）克俭非有功状，虽已从（薛）颜等所荐，乃诏自今臣僚奏举使臣为阁门祗候，三班院具劳绩取旨"①。在这一事件中，薛颜对林克俭的举荐无疑是存有私心的。元祐六年（1091）正月，侍御史孙升弹劾都水使者吴安持在选任黄河水官的过程中存在专权、不法行为：

> 吴安持建议欺罔，不顾朝廷利害，不恤国家费用，不爱生灵性命，但欲凭藉事权，以为奸私。今河上所差官，非权势亲旧，则是本家勾当之人。今略举四人：内苗松年系户部侍郎苗时中之侄，见差收支物料，却以驱磨为名，在京端闲请受；刘守信、尹涣、张资三人，皆是吴安持勾当之人。内张资见欠市易官钱物二千余贯，于法勒任差遣之人，（吴）安持违法抽差，本人又欠熟药所官钱八百贯，有朝旨押付，本府本监并不发遣；又与张资正行管勾，（吴）安持自出付身，不曾申取朝廷指挥，任情违法不公。②

而在元符元年（1098）十一月，针对河北监司官员们联合推荐权北外都水丞窦讷为北外都水丞一事，权殿中侍御史邓棐即尖锐指出，"（窦）讷乃执政大臣之婿，监司贪附贵权，急于媚灶，忘其分守，越职论荐，曾不顾忌，请正犯分附势之罪"③。最终，宋廷决定对李仲、陈系、王勇各罚赎金二十斤。蔡京等人在北宋末期把持朝政期间，也曾染指黄河官员的选拔，"孟昌龄父子河防之役……淫朋比德，各从其类"④。这种通过官员徇私而被任命为黄河水官的人员，对黄河水灾的防治只能是有害无利、遗患无穷。诸如"大臣之议，违法悖理，决不可为，而协力主张，胶固为一，去岁所罢，今岁复存，顺之者任用，违之者斥去，虽被圣旨，犹复迁就，以便其私"⑤，这种情形在北宋

---

① 《长编》卷100，天圣元年四月己酉，第2321页。
② 《长编》卷454，元祐六年正月甲申，第10888页。
③ 《长编》卷504，元符元年十一月己酉，第11999页。
④ 《宋会要》选举23之12，第4615页。
⑤ 《长编》卷438，元祐五年二月戊申，第10563页。

黄河水灾防治的开展中确实较为普遍。

北宋时期逐步确立起来的崇文抑武方针，在黄河水灾防治中也有着一定的体现。宋廷对诸多黄河水官的任命，不乏对文官的选用，"今世用人，大率以文词进。大臣，文士也；近侍之臣，文士也；钱谷之司，文士也；边防大帅，文士也；天下转运使，文士也；知州郡，文士也"①。但与此同时，文官轻视水官的现象在北宋黄河水灾救治中也普遍存在，从而产生了一定的消极影响。如熙宁二年（1069）六月，宋廷任命司马光"都大提举修二股工役"。对此，吕公著即颇有异议，认为"朝廷遣（司马）光相视董役，非所以褒崇近职、待遇儒臣也"②，结果导致宋廷取消了对司马光的这种任命。元祐二年（1087）四月，顾临在宋廷正式实施回河东流时被任命为天章阁待制、河北都转运使。对此，诸多大臣也提出异议，如苏轼、李常、王古、邓温伯、孙觉、胡宗愈、梁焘等人即认为，"（顾）临资性方正，学有根本，慷慨中立，无所回挠。自处东省，封驳论议，凛然有古人之风。侥幸之流，侧目畏惮。忽去朝廷，众所嗟惜，宜留寘左右，以补阙遗，别选深知河事者往使河北⋯⋯都漕之职，在外岂无其人，在朝求如（顾）临者，恐不易得"③，"或者谓缘黄河，辍（顾）临干治。（顾）临之所学，实有大于治河。治河之才，固有出（顾）临之上者。欲望朝廷选深知河事者以使河北，且留（顾）临在朝廷，以尽忠亮补益之节"④。宋廷最终并未采纳苏轼等人的意见，而是坚持对顾临的任命，但这一事件也足以反映出文官在很大程度上不屑于担任水官这种风气。元祐八年（1093）二月，吕大防在与苏辙议论河事的过程中，甚至直言"水官弄泥弄水，别用好人不得"⑤，更是公然表达了他对黄河治水官员的蔑视。

---

① 《宋端明殿学士蔡忠惠公文集》卷18《任才》，《宋集珍本丛刊》第八册，第88页。
② 《宋史》卷91《河渠志一·黄河上》，第2277页。
③ 《宋史》卷344《顾临传》，第10939页。
④ 《长编》卷398，元祐二年四月癸巳，第9704页。
⑤ 《长编》卷481，元祐八年二月辛未，第11451页。

七、 河议反复多变

黄河防治策略的制定与废止，也存在举事草率、反复多变的问题特点，这在东流、北流之争中更是得以充分显现。伴随着政治斗争的发展，北宋黄河治理策略的制订与实施也变得更加复杂或多有反复、迁延不决，"自大河有东、北流之异，纷争十年，水官无所适从"①。如元丰年间，宋廷在黄河防治策略的制定中即反复不定，"每有一议，朝廷辄下水官相度，或作或辍，迄莫能定"②。元祐元年（1086）四月，御史中丞刘挚也揭露，河北转运司此前曾提议开展迎阳故道河役以分减大吴新河水势，"谓如此则新河下流数十州县尽免水患"。但是，在获悉宋廷将对此役遣使勘验后，河北转运司又"遽变为孙村之说"。在使者到来后，李南公、范子奇竟又推翻"孙村之说"。针对李南公、范子奇在治河策略方面的不断反复，刘挚弹劾他们实际上并未亲至河上加以考察，"（李）南公等身任职司，河事实在所部，固宜考见底里，然后为言，而乃惯习欺罔，妄图功利……公然反复，轻侮君父，转大议是非如反掌，视一方安危如儿戏"，为此建议宋廷对其严加惩治。殿中侍御史吕陶也抨击李南公、范子奇等人"同异两端，情涉侮玩"③，提议对二人予以严惩以示警诫。最终，李南公、范子奇均被给予罚铜十斤、展二年磨勘的处罚。对于北宋时期黄河水灾防治中河议反复的弊病，侍御史王岩叟在元祐二年（1087）四月也给予了相当严厉的批评：

> 臣伏以朝廷知大河横流为北道之患，日益以深，故遣使，命水官相视便利，欲顺而导之，以拯一路生灵于垫溺，甚大惠也。臣窃意朝廷默有定论，必能纾患矣，然昔者专使未还，不知何疑而先罢议；洎专使反命，不知何所取信而议复兴。既敕都水使者总护役事，

---

① 《宋史》卷330《王宗望传》，第10636页。
② 《宋史》卷95《河渠志五·御河》，第2357页。
③ 《长编》卷374，元祐元年四月己丑，第9056—9057页。

调兵起工，有定日矣，已而复罢。数十日间，而变议者再三，何以示四方？他日虽有命令，真不可易，谁将信之？夫利害之际，自古以来，不能无二三之说，必朝廷之上力主一议，断而必行，乃克有济。不容一人之言辄废大事大议，而易与易夺，臣恐天下有以窥朝廷也。①

在此，王岩叟所指出的黄河防治中"数十日间，而变议者再三"这种情形，在北宋时期的黄河河役开展中也确实客观存在，这自然为河役的顺利实施设置了诸多羁绊。元祐五年（1090）二月，翰林学士苏辙指出，黄河防治活动开展中"大臣之议，违法悖理，决不可为，而协力主张，胶固为一，去岁所罢，今岁复存"②的情形并不少见。对于北宋时期黄河水灾救治中的这一弊端，南宋时期的朱熹也多有批评，"秀才好立虚论事，朝廷才做一事，哄哄地哄过了，事又只休。且如黄河事，合即其处看其势如何，朝夕只在朝廷上哄，河东决西决"③。

北宋时期黄河河议反复现象的形成，与当时社会环境下言论相对自由的政治氛围存在着密切联系，而这种政治氛围也在一定程度上助长了空谈风气的盛行，"但行文书，不责事实"④、"空谈无实，坐废迁延"⑤。宋廷所倡行的"异论相搅"⑥指导思想，客观上对空谈风气的出现有着较大影响。正因如此，诸多士大夫在黄河水灾防治中敢于频频发表一些不切实际的主张，而这对黄河水灾的防治却无济于事。北宋大臣"于一事之行，初议不审，行之未几，即区区然较其失得，寻议废格。后之所议未有以愈于前，其后数人者，又复訾之如前。使上之为君者莫之适从，下之为民者无自信守，因革纷纭，是非

---

① 《长编》卷399，元祐二年四月丁未，第9731—9732页。
② 《长编》卷438，元祐五年二月戊申，第10563页。
③ 《朱子全书·朱子语类》卷127《本朝一·太祖朝》，第十八册，第3969页。
④ 《李觏集》卷28《寄上孙安抚书》，第308页。
⑤ 《宋论》卷9《钦宗》，第161页。
⑥ 《长编》卷213，熙宁三年七月壬辰，第5169页。

贸乱，而事弊日益以甚矣"①、"论建多而成效少"②，这些特征在黄河水灾防治活动的开展中体现得相当突出。因立场、出发点的不同，诸多大臣针对北宋黄河水灾防治所提出的建议也存在着较大的分歧，这相应增加了水灾治理的复杂性。如元祐四年（1089）十一月，给事中范祖禹指出，"凡论河役，正如边事，搢绅之儒则言和戎，介胄之士则言征伐。今问儒者，必欲息民；若问水官，必欲兴事"③，这种现象在黄河水灾治理的实践中也比较普遍。治河举措的无休止争论，极易造成黄河水灾救护最佳时机的丧失和部分救治活动的中止，"河事素来议论不一，遂致中辍"④，从而造成水灾危害的加剧和救护难度的进一步增加。

总之，相对于一系列监管、奖励举措的实施和机制的建立，北宋黄河水灾防治中官员贪蠹、各部门相互掣肘、治河效率低下等弊端也是层出不穷。同时，为保障汴河漕运的运营、军事行动的开展，部分黄河水灾救护举措的推行也深受羁绊。一些重大救治举措的制定、实施，往往多有犹疑不决、河议反复等现象，从而贻误水灾救护的有利时机。凡此种种，都是北宋时期黄河水灾防治中长期存在、始终无法克服的弊病，而这些弊端又是封建专制制度所无法克服的，从而为北宋时期黄河水灾防治的发展设置了极大的障碍。

---

① 《宋史》卷173《食货志上一·农田》，第4156—4157页。
② 《宋史》附录《进宋史表》，第14255页。
③ 《长编》卷435，元祐四年十一月壬申，第10479页。
④ 《长编》卷421，元祐四年正月己亥，第10203页。

结　　语

在经历了唐末五代较长时期的纷争、动荡后，北宋时期的黄河更是呈现出一种频繁决溢乃至改道的严峻形势，由此也引发北方地区大规模的人员伤亡与迁移、农业生产条件和城镇、交通的严重破坏以及财富损耗巨大、社会秩序动荡等一系列问题。面对黄河水灾的不断发生，宋廷综合运用钱粮赈贷和赐与、提供临时住所、赋税减免和缓征、河役兴作的调整以及以工代赈、招募灾民为兵、灾民转移、徙城、徙军等多种举措积极加以应对。北宋时期的黄河水灾救助举措已相当完备，这对水灾救助的开展发挥了重要而有效的作用，其中的以工代赈等救助手段也多为后世所继承。中国古代荒政发展的完善，在北宋时期黄河水灾救助中也得到了鲜明的印证。但北宋时期黄河水灾的频繁产生和防治活动的长期开展，也对北方社会的发展产生了重要而深远的影响，成为北宋时期经济重心南移中的重要推力之一。

伴随着黄河决溢的不断涌现、防治活动的持续开展，北宋时期的黄河水灾防治也逐步形成了比较完备的人力、物料筹措和检计机制。人力筹措中征调士兵、科调民夫、雇募民夫等多种手段的综合运用，物料筹措中采集、征收、购买、调配、捐助等方式的整体利用，都标志着北宋时期的黄河水灾防治已达到了一个新的高度。尤其是嘉祐三年（1058）都水监为主导的黄河防治体制的正式确立，更有利于北宋时期频繁的黄河河役中人力、物力、财力的有效组织、协调和"专置职守……以成其效"① 目标的实现，也标志着中国古代黄河防治体制的重大变革。这种以都水监为主导的黄河防治体制，也多被金、元、明、清等王朝加以继承和完善，如"宋都水监之属，有都提举八人，元祐时又令转运使副皆兼都水事，此即今日（清代）河道之职"、"宋之河堤判官，即今（清代）河工、同知以下等专理河务者也。开封、大名府、郓、澶等州长吏各兼本州河堤使，即今知县之兼理河务者也"② 即是很好的佐证。

北宋时期的黄河水灾防治，在经验、技术等方面既有着对修筑堤岸、植树护堤等传统技术的继承和运用，又有着对土方测量、水尺等技术的广泛应用和水情奏报制度、灾前预防机制的建立，这对日常水情的监测和传递、水灾防范以及救护举措的及时实施都可发挥有效作用。北宋时期黄河水灾防治中河埽的创置和普及，更是在黄河水灾防治实践中发挥了重要功效。这些丰富的黄河水灾防治经验和技术，不仅有力推动了北宋时期黄河水灾防治活动的有序开展，也对后世的黄河防治产生了重要而深远的影响，如黄河河埽修筑技术即为金、元、明、清乃至近现代在黄河水灾防治时利用并改进，"木龙之制，创始于宋……贾鲁塞北河口，亦曾用之，自后其法久不传。清代用之，则自乾隆始"③。清代时期顺厢法、丁厢法等黄河防治技术的出现，也与北宋时期颇为完善的河埽制作技术存在着密切的关联；沈立系统总结治河方法和技术、"采摭大河事迹、古今利病"而撰成的《河防通议》这一重要黄河水利著作，虽经金代、元代的部分补充和完善，但其主体内容却是完成于北宋时期，被后世奉为黄河水灾防治的圭臬，"治河者悉守为法"④；北宋黄河水情监测、传递制度的产生，也对明清时期黄河水情传递制度的完善有着重要影响。

① 《长编》卷188，嘉祐三年十一月己丑，第4534页。
② 纪昀：《历代职官表》卷59《河道各官》，上海古籍出版社1989年版，第1138页。
③ 中央水利实验处编：《中国水利图书提要》之171，《木龙书（三卷）》，中央水利实验处1944年版。
④ 《宋史》卷333《沈立传》，第10698页。

借助黄河而广泛实施的农田灌溉、淤田、黄河故道与退滩地开垦等活动，也使北宋时期北方地区的农业生产得以显著恢复和发展，并将黄河农田水利资源的开发推进到一个新高度。尤其是熙丰年间广泛实施的引黄淤田，更是在技术、规模等方面都达到了中国古代的一个顶峰。这些成效的取得，对推动北方地区水利田的扩大、种植结构的变化、南北方生产技术的交流，也都产生了积极作用；北宋时期黄河漕运资源的开发，集中体现为粮食运营和官私竹木运营的长期开展。北宋的黄河漕粮运输，其整体的漕运规模尽管无法与隋唐时期相提并论，但仍具有一定的重要地位和较强的军事色彩。其中，黄河中下游间的漕粮运输更是占据主导地位，但因北宋经济、军事形势的变化和漕运条件的恶劣而在嘉祐四年（1059）基本终止，而黄河下游、上游区域内的粮食漕运虽规模较为有限却得以长期维系。受京师营缮、黄河水灾防治、官员谋利等因素的驱动，宋廷借助黄河这一重要水运通道常年自西北地区获取大批的竹木，并不断打击官僚贵族对黄河竹木专营利益的侵占，保障了大批黄河物料运输活动的开展，从而颇具规模和特色。

北宋时期黄河水灾防治与水利资源开发中诸多制度、技术、经验的取得，足以为后世继承和借鉴，但其教训也是多方面的。如受政治体制的影响，宋廷虽有都水监为主导的黄河防治体制的确立、严格选任水官和河堤巡防、河议复核、官员奖惩等机制的建立，但黄河水灾防治中却无法避免众多部门各自为政乃至相互掣肘、冗官严重而效率低下等弊端；黄河水灾防治和水利资源开发颇受政治、经济、军事等形势波动的影响和干扰，淤田活动的衰退、多次强行挽河东流等局面的出现都是如此；水灾防治和水利资源开发中竹木的长期、大规模砍伐，也对黄河中上游广大区域内植被、水土保持造成极大危害，成为导致黄河水灾加剧的一个重要因素。诸如此类的教训，也值得后人深刻反思并引以为戒。

参考文献

一、主要古籍 （以引用先后为序）

颜昌峣著，夏剑钦、边仲仁校点：《管子校释》，岳麓书社 1996 年版。

（汉）班固撰，颜师古注：《汉书》，中华书局 1975 年版。

（明）顾炎武：《天下郡国利病书》，《四部丛刊》本。

（宋）晁补之：《鸡肋集》，《四部丛刊》本。

（宋）李焘：《续资治通鉴长编》，中华书局 2004 年版。

（元）脱脱等：《宋史》，中华书局 2007 年版。

（清）徐松等辑：《宋会要辑稿》，中华书局 2006 年版。

（元）马端临：《文献通考》，中华书局 1999 年版。

（宋）钱若水撰，燕永成点校：《宋太宗实录》，甘肃人民出版社 2005 年版。

（宋）佚名：《宋大诏令集》，中华书局 1997 年版。

（宋）陈均：《皇朝编年纲目备要》，中华书局 2006 年版。

（宋）杨仲良：《续资治通鉴长编纪事本末》，台湾文海出版社 1966 年版。

（宋）王称：《东都事略》，台湾文海出版社 1979 年版。

（明）黄淮、杨士奇编：《历代名臣奏议》，上海古籍出版社 1989 年版。

（宋）周必大：《周益公文集》，《宋集珍本丛刊》本，线装书局 2004 年版。

（宋）苏辙撰，陈宏天、高秀芳点校：《苏辙集》，中华书局 1999 年版。

（宋）吕陶：《净德集》，《丛书集成初编》本，中华书局 1985 年版。

（宋）赵汝愚编，北京大学中国中古史研究中心点校整理：《宋朝诸臣奏议》，上海古籍出版社 1999 年版。

（宋）王安石：《临川先生文集》，《四部丛刊》本。

（宋）晁说之：《嵩山文集》，《四部丛刊》本。

（宋）张方平撰，郑涵点校：《张方平集》，中州古籍出版社 2000 年版。

（宋）王安石：《王文公文集》，上海人民出版社 1974 年版。

（宋）晁说之：《景迂生集》，台湾商务印书馆 1986 年影印文渊阁《四库全书》本。

（宋）刘敞：《公是集》，《宋集珍本丛刊》本，线装书局 2004 年版。

（宋）陈襄：《古灵先生文集》，《宋集珍本丛刊》本，线装书局 2004 年版。

（宋）郑獬：《郧溪集》，《宋集珍本丛刊》本，线装书局 2004 年版。

（宋）黄庭坚：《山谷全书》，《宋集珍本丛刊》本，线装书局 2004 年版。

（宋）窦仪等：《宋刑统》，法律出版社 1999 年版。

（宋）楼钥：《攻媿集》，《四部丛刊》本。

（宋）包拯著，杨国宜校注：《包拯集校注》，黄山书社 1999 年版。

（宋）欧阳修：《欧阳文忠公文集》，《四部丛刊》本。

（宋）罗大经撰，王瑞来点校：《鹤林玉露》，中华书局 1997 年版。

（宋）石介：《徂来石先生文集》，中华书局 1984 年版。

（宋）司马光撰，邓广铭、张希清点校：《涑水记闻》，中华书局 1989 年版。

（清）吴之振、吕留良、吴自牧选，管庭芬、蒋光煦补：《宋诗钞》，中华书局 1986 年版。

（清）傅泽洪辑录：《行水金鉴》，商务印书馆 1937 年版。

（宋）陈均：《皇朝编年纲目备要》，中华书局 2006 年版。

（宋）孙觌：《鸿庆居士集》，台湾商务印书馆 1986 年影印文渊阁《四库全书》本。

（宋）朱熹撰，朱杰人、严佐之、刘永翔主编：《朱子全书》，上海古籍出版社、安徽教育出版社 2002 年版。

（宋）李濂撰，周宝珠、程民生点校：《汴京遗迹志》，中华书局 1999 年版。

（宋）彭百川：《太平治迹统类》，《四部丛刊》本。

（清）阮元校注：《十三经注疏》，中华书局 1985 年版。

（宋）董煟：《救荒活民书》，《丛书集成初编》本，中华书局 1985 年版。

（宋）李心传撰，胡坤点校：《建炎以来系年要录》，中华书局 2013 年版。

（明）解缙：《永乐大典》，中华书局 1986 年版。

（宋）夏竦：《文庄集》，《宋集珍本丛刊》本，线装书局 2004 年版。

（宋）王辟之撰，吕友仁点校：《渑水燕谈录》，中华书局 1997 年版。

（宋）真德秀：《西山文集》，《四部丛刊》本。

（清）陆曾禹：《康济录》，台湾商务印书馆 1986 年影印文渊阁《四库全书》本。

（宋）邵博撰，刘德权、李雄剑点校：《邵氏闻见后录》，中华书局 1983 年版。

（宋）李元纲：《厚德录》，《全宋笔记》本，大象出版社 2013 年版。

（宋）刘挚撰，裴汝诚、陈晓平点校：《忠肃集》，中华书局 2002 年版。

（宋）贺铸：《庆湖遗老诗集》，《宋集珍本丛刊》本，线装书局 2004 年版。

（宋）王应麟：《玉海》，广陵书社 2003 年版。

（宋）孙逢吉：《职官分纪》，上海古籍出版社 1992 年版。

（元）脱脱等：《金史》，中华书局 2005 年版。

（宋）吕祖谦编，齐治平点校：《宋文鉴》，中华书局 1992 年版。

（宋）章如愚：《群书考索》，广陵书社 2008 年版。

（宋）王明清：《挥麈录》，世纪出版集团上海书店出版社 2001 年版。

（宋）梅尧臣：《宛陵先生文集》，《宋集珍本丛刊》本，线装书局 2004 年版。

（宋）王曾：《王文正公笔录》，《全宋笔记》本，大象出版社 2008 年版。

（宋）李埴撰，燕永成校正：《皇宋十朝纲要校正》，中华书局 2013 年版。

（宋）范祖禹：《太史范公文集》，《宋集珍本丛刊》本，线装书局 2004 年版。

（宋）范仲淹著，李勇先、王蓉贵校点：《范仲淹全集》，四川大学出版社 2002 年版。

（宋）张师正：《括异志》，《四部丛刊》本。

（清）黄以周等辑补：《续资治通鉴长编拾补》，上海古籍出版社 1986 年版。

（宋）苏舜钦：《苏学士文集》，《宋集珍本丛刊》本，线装书局 2004 年版。

（宋）蔡襄：《宋端明殿学士蔡忠惠公文集》，《宋集珍本丛刊》本，线装书局2004年版。

（宋）石介：《徂徕石先生文集》，中华书局1984年版。

（宋）杨杰：《无为集》，《宋集珍本丛刊》本，线装书局2004年版。

（宋）尹洙：《河南先生文集》，《宋集珍本丛刊》本，线装书局2004年版。

（宋）范纯仁：《范忠宣公文集》，《宋集珍本丛刊》本，线装书局2004年版。

（宋）刘宰撰，王勇、李金坤校证：《京口耆旧传校证》，江苏大学出版社2016年版。

（宋）胡宿：《文恭集》，《丛书集成初编》本，中华书局1985年版。

（宋）赵鼎臣：《竹隐畸士集》，台湾商务印书馆1986年影印文渊阁《四库全书》本。

（宋）李昭玘：《乐静先生李公文集》，《宋集珍本丛刊》本，线装书局2004年版。

（宋）陈次升：《谠论集》，台湾商务印书馆1986年影印文渊阁《四库全书》本。

（元）沙克什：《河防通议》，《丛书集成初编》本，中华书局1985年版。

（宋）魏岘：《四明它山水利备览》，浙江省地方志编纂委员会编《宋元浙江方志集成》本，杭州出版社2009年版。

（清）岳濬：《山东通志》，台湾商务印书馆1986年影印文渊阁《四库全书》本。

（清）王士俊：《河南通志》，台湾商务印书馆1986年影印文渊阁《四库全书》本。

（宋）熊克：《中兴小纪》，台湾文海出版社1968年版。

（宋）沈括著，金良年点校：《梦溪笔谈》，上海书店出版社2003年版。

（宋）周淙：《乾道临安志》，浙江省地方志编纂委员会编《宋元浙江方志集成》本，杭州出版社2009年版。

（宋）范镇：《东斋记事》，中华书局1980年版。

（元）李好文：《长安志图》，台湾商务印书馆1986年影印文渊阁《四库全书》本。

（宋）魏泰：《东轩笔录》，中华书局1983年版。

（宋）韩琦撰，李之亮、徐正英笺注：《安阳集编年笺注》，巴蜀书社2000年版。

（宋）吕中撰，张其凡、白晓霞整理：《类编皇朝大事记讲义》，上海人民出版社2013年版。

（宋）郑樵：《通志》，中华书局 2012 年版。

（宋）程大昌：《北边备对》，《全宋笔记》本，大象出版社 2008 年版。

（清）厉鹗：《辽史拾遗》，台湾商务印书馆 1986 年影印文渊阁《四库全书》本。

（宋）叶适撰，刘公纯、王孝鱼、李哲夫点校：《叶适集》，中华书局 1961 年版。

（宋）释文莹撰，郑世刚、杨立扬点校：《玉壶清话》，中华书局 1997 年版。

（宋）张耒：《柯山集》，《丛书集成初编》本，中华书局 1985 年版。

（清）刁包：《易酌》，台湾商务印书馆 1986 年影印文渊阁《四库全书》本。

（宋）李纲著，王瑞明点校：《李纲全集》，岳麓书社 2004 年版。

（宋）杨时撰，林海权校理：《杨时集》，中华书局 2018 年版。

（宋）佚名：《靖康要录》，台湾文海出版社 1967 年版。

（明）王夫之著，舒士彦点校：《宋论》，中华书局 2003 年版。

（宋）苏颂著，王同策、管成学、颜中其等点校：《苏魏公文集》，中华书局 1988 年版。

（清）魏源著，中华书局编辑部编：《魏源集》，中华书局 2009 年版。

（宋）宋祁：《景文集》，《丛书集成初编》本，中华书局 1985 年版。

（宋）王安中著，徐立群点校：《初寮集》，河北大学出版社 2017 年版。

（清）王昶：《金石萃编》，中国书店 1985 年版。

（宋）朱弁：《曲洧旧闻》，中华书局 2002 年版。

戴建国点校：《庆元条法事类》，《中国珍稀法律典籍续编》本，黑龙江人民出版社 2002 年版。

孔凡礼点校：《苏轼文集》，中华书局 1986 年版。

（宋）司马光：《增广司马温公全集》，《宋集珍本丛刊》本，中华书局 2004 年版。

（宋）黄震著，张伟、何忠礼主编：《黄震全集》，浙江大学出版社 2013 年版。

（宋）韦骧：《钱塘集》，台湾商务印书馆 1986 年影印文渊阁《四库全书》本。

（宋）朱熹撰，朱杰人、严佐之、刘永翔主编：《朱子全书》，上海古籍出版社、安徽教育出版社 2002 年版。

（宋）杨时：《龟山集》，《宋集珍本丛刊》本，线装书局 2004 年版。

（清）康有为著，汤志钧编：《康有为政论集》，中华书局 1998 年版。

（宋）吕祖谦：《历代制度详说》，上海古籍出版社 1992 年版。

（清）朱鹤龄：《尚书埤传》，台湾商务印书馆 1986 年影印文渊阁《四库全书》本。

（唐）魏征、令狐德棻：《隋书》，中华书局 1973 年版。

（唐）杜佑撰，王文锦、王永兴、刘俊文、徐庭云、谢方点校：《通典》，中华书局 2003 年版。

（宋）曾巩撰，陈杏珍、晁继周点校：《曾巩集》，中华书局 1984 年版。

（北魏）郦道元撰，陈桥驿校证：《水经注》，中华书局 2007 年版。

（唐）李肇：《唐国史补》，台湾商务印书馆 1986 年影印文渊阁《四库全书》本。

（明）顾祖禹撰，贺次君、施和金点校：《读史方舆纪要》，中华书局 2005 年版。

（宋）苏辙：《龙川略志》，中华书局 1997 年版。

（宋）陈师道撰，李伟国点校：《后山谈丛》，中华书局 2007 年版。

（宋）洪迈：《容斋随笔》，上海古籍出版社 1998 年版。

（清）陈梦雷：《古今图书集成》，中华书局、巴蜀书社 1985 年版。

（宋）文彦博：《文潞公文集》，《宋集珍本丛刊》本，线装书局 2004 年版。

（宋）李攸：《宋朝事实》，台湾文海出版社 1967 年版。

（宋）潘汝士撰，杨倩描、徐立群点校：《丁晋公谈录》，中华书局 2012 年版。

（清）陆心源：《宋史翼》，中华书局 1991 年版。

（宋）余靖：《武溪集》，《宋集珍本丛刊》本，线装书局 2004 年版。

（宋）邵伯温撰，李剑雄、刘德权点校：《邵氏闻见录》，中华书局 1983 年版。

（宋）强至：《祠部集》，《丛书集成初编》本，中华书局 1985 年版。

（宋）陆佃：《陶山集》，《丛书集成初编》本，中华书局 1985 年版。

（宋）韩元吉：《南涧甲乙稿》，《丛书集成初编》本，中华书局 1985 年版。

（清）赵翼著，王树民校证：《廿二史札记校证》，中华书局 2001 年版。

（清）王栻主编：《严复集》，中华书局 1986 年版。

（清）厉鹗辑撰：《宋诗纪事》，上海古籍出版社 1983 年版。

（宋）刘安上：《刘给谏文集》，《宋集珍本丛刊》本，线装书局 2004 年版。

（宋）杜大珪：《名臣碑传琬琰集》，台湾文海出版社 1969 年版。

（宋）王栐撰，诚刚点校：《燕翼诒谋录》，中华书局 1981 年版。

（宋）杜范：《清献集》，《宋集珍本丛刊》本，线装书局 2004 年版。

（宋）张纲：《华阳集》，《宋集珍本丛刊》本，线装书局 2004 年版。

（宋）李觏著，王国轩点校：《李觏集》，中华书局 1981 年版。

（明）顾炎武撰，陈垣校注：《日知录校注》，安徽大学出版社 2007 年版。

（清）纪昀：《历代职官表》，上海古籍出版社 1989 年版。

（宋）徐梦莘：《三朝北盟会编》，上海世纪出版股份有限公司、上海古籍出版社 2008 年版。

（宋）丁特起：《靖康纪闻》，《全宋笔记》本，大象出版社 2008 年版。

二、 今人著作 （以引用先后为序）

周魁一、谭徐明：《中华水利与交通志》，上海人民出版社 1998 年版。

邹逸麟：《千古黄河》，（香港）中华书局 1990 年版。

张念祖：《中国历代水利述要》，天津华北水利委员会图书馆 1932 年。

郑肇经：《中国水利史》，上海商务印书馆 1951 年版。

张含英：《历代治河方略述要》，上海书店 1992 年版。

黄河水利委员会编辑室：《征服黄河的伟大事业》，河南人民出版社 1955 年版。

岑仲勉：《黄河变迁史》，人民出版社 1957 年版。

邓云特：《中国救荒史》，台湾商务印书馆 1978 年版。

武汉水利学院编：《中国水利史稿》，水利电力出版社 1987 年版。

姚汉源：《中国水利史纲要》，水利电力出版社 1987 年版。

周卓怀：《宋代河患探源》，香港奔流出版社 1990 年版。

邹逸麟：《黄淮海平原历史地理》，安徽教育出版社 1993 年版。

王颋：《黄河故道考辨》，华东理工大学出版社 1995 年版。

漆侠：《宋代经济史》，河北人民出版社 2001 年版。

郑学檬：《中国古代经济重心南移和唐宋江南经济研究》，岳麓书社 2003 年版。

史念海：《黄土高原历史地理研究》，黄河水利出版社 2001 年版。

张文：《宋朝社会救济研究》，西南师范大学出版社 2001 年版。

周魁一：《中国科学技术史·水利卷》，北京科学出版社 2002 年版。

曹家齐：《宋代交通管理制度研究》，河南大学出版社 2002 年版。

姚汉源：《黄河水利史研究》，黄河水利出版社 2003 年版。

黄河水利委员会：《黄河水利史述要》，黄河水利出版社 2003 年版。

程有为：《黄河中下游地区水利史》，河南人民出版社 2007 年版。

邱云飞：《中国灾害通史·宋代卷》，郑州大学出版社 2008 年版。

李华瑞：《宋代救荒史稿》，天津古籍出版社 2014 年版。

孙绍骋：《中国救灾制度研究》，商务印书馆 2005 年版。

张全明：《两宋生态环境变迁史》，中华书局 2015 年版。

董煜宇：《两宋水旱灾害技术应对措施研究》，上海交通大学出版社 2016 年版。

王星光、张强、尚群昌：《生态环境变迁与社会嬗变互动——以夏代至北宋时期黄河中下游地区为中心》，人民出版社 2016 年版。

［日］吉冈义信著，薛华译：《宋代黄河史研究》，黄河水利出版社 2013 年版。

［日］长濑守：《宋元水利史研究》，日本株式会社国书刊行会 1983 年版。

陈峰：《漕运与古代社会》，陕西人民教育出版社 1997 年版。

邹逸麟：《椿庐史地论稿》，天津古籍出版社 2005 年版。

石涛：《北宋时期自然灾害与政府管理体系研究》，社会科学文献出版社 2010 年版。

程民生：《中国北方经济史》，人民出版社 2004 年版。

汪圣铎：《两京梦华》，中华书局 2001 年版。

龚延明：《宋代官制辞典》，中华书局 1997 年版。

汪圣铎：《两宋财政史》，中华书局 1995 年版。

陶晋生：《宋辽关系史研究》，台湾联经出版事业公司 1984 年版。

李华瑞：《宋夏关系史》，河北人民出版社 1998 年版。

李华瑞：《宋夏史研究》，天津古籍出版社 2006 年版。

漆侠：《王安石变法》（增订本），河北人民出版社 2001 年版。

郑连第等主编：《中国水利百科全书》（水利史分册），中国水利水电出版社 2004 年版。

张芳：《中国古代灌溉工程技术史》，山西教育出版社 2009 年版。

新郑市文物管理局编：《新郑碑刻文集》，香港国际出版社 2004 年版。

吴琦：《漕运与中国社会》，华中师范大学出版社 1999 年版。

邓小南：《宋代文官选任制度诸层面》，河北教育出版社 1993 年版。

中央水利实验处编：《中国水利图书提要》，中央水利实验处 1944 年版。

三、 参考论文 （以引用先后为序）

［日］青山定雄：《发达的宋代内河运输》，《中国史研究动态》1981 年第 5 期。

石凌虚：《宋金时期山西地区水运试探》，《太原师专学报》1987 年第 2 期。

韩桂华：《宋代纲运研究》，台湾地区文化大学史学研究所 1992 年博士学位论文。

李埏：《宋初秦陇竹木——读史札记之一》，《云南社会科学》1992 年第 4 期。

陈峰：《宋代漕运管理机构述论》，《西北大学学报》1992 年第 4 期。

陈峰：《北宋漕运押纲人员考述》，《中国史研究》1997 年第 1 期。

陈峰：《略论北宋的漕粮》，《贵州社会科学》1997 年第 2 期。

陈峰：《北宋的漕运水道及其治理》，《孝感师专学报》1997 年第 3 期。

陈峰：《简论宋代漕运与武职押纲队伍及舟卒》，《绍兴文理学院学报》2010 年第 1 期。

汪天顺、程云霞：《北宋前期的秦陇木业经营》，《固原师专学报》1999 年第 2 期。

黄纯艳：《论宋代发运使的演变》，《厦门大学学报》2003 年第 2 期。

张田芳：《浅析北宋对秦陇林业的开发》，《兰州工业高等专科学校学报》2010 年第 1 期。

马正林：《历史上的渭水水运》，《西北师大学报》1958 年第 2 期。

黄盛璋：《历史上的渭河水运》，《西北师大学报》1958 年第 2 期。

王坤：《宋代津渡管理研究》，安徽师范大学 2011 年硕士学位论文。

汤开建：《北宋"河桥"考略》，《青海师范大学学报》1985 年第 5 期。

周宝珠：《宋代黄河上的三山浮桥》，《史学月刊》1993 年第 2 期。

董光涛：《北宋黄河泛滥及治理之研究》，《花莲师专学报》1974 年第 6 期、1976 年第 8 期、1977 年第 9 期、1978 年第 10 期。

王质彬：《北宋治河浅探》，《人民黄河》1980 年第 2 期。

邹逸麟：《宋代黄河下游横陇北流诸道考》，《文史》1981 年第十二辑。

刘菊湘：《北宋黄河及其治理》，《陕西师大学报》1990 年第 2 期。

刘光亮：《略论欧阳修至和河议》，《吉安师专学报》1995 年 11 月增刊。

王元林：《宋金时期黄渭洛汇流区河道变迁》，《中国历史地理论丛》1996 年第 4 辑。

〔日〕远藤隆俊：《北宋时代の黄河治水论议》，1998 年《"环境问题"から见た中国史》。

王红：《北宋三次回河东流失败的社会原因探讨》，《河南师范大学学报》2002 年第 2 期。

张旭平、田洪梅：《黄河下游河道变迁的历史考察》，《中学历史教学参考》2003 年第 6 期。

韦公远：《古代黄河的修防制度》，《水利天地》2003 年第 9 期。

任贵松：《北宋黄河埽所研究》，河南大学 2011 年硕士学位论文。

王军：《北宋河议研究》，东北师范大学 2011 年硕士学位论文。

崔孔熙：《北宋年间滑州决溢和浚州分流》，《黄河史志资料》1985 年第 1 期。

周魁一：《元丰黄河曹村堵口及其他》，《水利学报》1985 年第 1 期。

薛培元：《宋代农田水利的开发》，《北京农业大学学报》1957 年第 1 期。

周宝珠：《宋代北方的淤田》，《史学月刊》1964 年第 10 期。

杨德泉、任鹏杰：《论熙宁农田水利法实施的地理分布及其社会效益》，《中国历史地理论丛》1988 年第 1 期。

王志彬：《北宋引黄放淤的历史经验》，《人民黄河》1982 年第 6 期。

贾恒义：《北宋引浑灌淤的初步研究》，《农业考古》1989 年第 1 期。

汪家伦：《熙宁变法期间的农田水利事业》，《晋阳学刊》1990 年第 1 期。

郭文佳：《论宋代劝课农桑兴修水利的举措》，《农业考古》2009 年第 3 期。

马祥芳：《北宋北方淤田若干问题初步研究》，陕西师范大学 2011 年硕士学位论文。

［日］伊原弘：《河畔の民——北宋末の黄河周边を事例に》，《中国水利史研究》2001 年第 29 号。

颜清洋：《略论北宋的河患河议与河工》，《史原》1978 年第 8 期。

梁太济：《两宋的夫役征发》，《宋史研究集刊》，浙江古籍出版社 1986 年版。

程民生：《中国古代北方役重问题研究》，《文史哲》2003 年第 6 期。

马玉臣：《试论熙丰农田水利建设的劳力与资金问题》，姜锡东、李华瑞主编《宋史研究论丛》第六辑，河北大学出版社 2005 年版。

刘瑞芝：《宋代西北林木业述略》，《史学月刊》1998 年第 5 期。

江天健：《北宋河北路造林之研究》，宋史座谈会主编《宋史研究集》第三十二辑，台北：兰台出版社 2002 年版。

魏华仙：《北宋治河物料与自然环境——以梢芟为中心》，《四川师范大学学报》2010 年第 4 期。

张宇明：《北宋人的治河方略》，《人民黄河》1988 年第 2 期。

李华瑞：《北宋治理黄河的技术和费用》，陕西师范大学中国历史地理研究所、西北历史环境与经济社会发展研究中心编《历史地理学研究的新探索与新动向（004）》，三秦出版社 2008 年版。

韩茂丽：《北宋时期黄土高原的土地开垦与黄河下游河患》，《人民黄河》1990 年第 1 期。

袁冬梅：《对宋代黄河水灾原因的分析》，《乐山师范学院学报》2004 年第 9 期。

戴庞海、陈峰：《北宋政府治理黄河的主要措施》，《华北水利水电学院学报》2009 年第 3 期。

张芳：《宋代水尺的设置和水位量测技术》，《中国科技史杂志》2005 年第 4 期。

李令福：《宋元明时代泾渠上的水则》，《华北水利水电学院学报》2011 年第 1 期。

聂传平：《宋代环境史专题研究》，陕西师范大学 2015 年博士学位论文。

方豪：《宋代河流之迁徙与水利工程》，《方豪六十自定稿》，学生书局 1969 年版。

［日］伊藤敏雄：《宋代の黄河治水机构》，《中国水利史研究》1987 年第 16 号。

牛楠：《北宋都水监管理中的责任追究——以黄河水患治理为视角》，《安阳师范学院学报》2013 年第 3 期。

牛楠：《北宋都水监治河体制探析——以黄河水患为视角的考察》，《华北水利水电学院学报》2013 年第 4 期。

牛楠：《北宋都水监与治水体制研究》，安徽师范大学 2014 年硕士学位论文。

郑成龙：《北宋都水监研究》，广西师范大学 2014 年硕士学位论文。

李月红：《北宋时期河北地区的御河》，《中国历史地理论丛》2000 年第 4 期。

孟昭锋：《论宋代黄河水患与行政区划的变迁》，《兰台世界》2012 年第 21 期。

李大旗：《北宋黄河河患与城市的迁移》，《史志学刊》2017 年第 1 期。

苏兆翟：《宋金时期黄河下游自然环境与人口变迁关系初探》，《传承》2011 年第 5 期。

廖寅：《首都战略下的北宋黄河河道变迁及其与京东社会之关系》，《中国历史地理论丛》2019 年第 1 辑。

［日］远藤隆俊：《河狱——宋代中国の治水と党争》，《高知大学教育学部研究报告》2002 年第 62 期。

邹逸麟：《北宋黄河东北流之争与朋党政治》，张其凡、李裕民主编《徐规教授九十华诞纪念文集》，浙江大学电子音像出版社 2009 年版。

董光涛：《宋代黄河改道与辽金之关系》，台湾地区私立文化学院史学研究所研究生 1970 年硕士学位论文。

石涛：《黄河水患与北宋对外军事》，《晋阳学刊》2006 年第 2 期。

刘菊湘：《北宋河患与治河》，《宁夏社会科学》1992 年第 6 期。

王照年：《北宋黄河水患研究》，西北师范大学 2005 年硕士学位论文。

邱云飞：《宋朝水灾初步研究》，郑州大学 2006 年硕士学位论文。

李华瑞：《北宋治河与防边》，氏著《宋夏史研究》，天津古籍出版社 2006 年版。

赫治清：《中国古代自然灾害与对策研究》，《中国古代灾害史研究》，中国社会科学出版社 2007 年版。

周珍：《北宋仁宗时期黄河水患应对措施研究——以河北东路为中心》，上海师范大学 2008 年硕士学位论文。

李延勇：《北宋社会控制途径研究——以庆历八年河北水灾为例》，东北师范大学 2008 年硕士学位论文。

冯鼎：《北宋水利管理考述》，四川师范大学 2008 年硕士学位论文。

苏兆翟：《北宋河政探析——以黄河为例》，《菏泽学院学报》2011 年第 1 期。

刘芳心：《北宋开封水系研究》，上海师范大学 2012 年硕士学位论文。

周浩：《北宋中期水灾处置研究》，重庆师范大学 2016 年硕士学位论文。

程遂营：《唐宋开封的气候和自然灾害》，《中国历史地理论丛》2002 年第 1 期。

梁太济：《两宋的夫役征发》，《宋史研究集刊》，浙江古籍出版社 1986 年版。

苗书梅：《朝见与朝辞——宋朝知州与皇帝直接交流方式初探》，朱瑞熙、王曾瑜、姜锡东、戴建国主编《宋史研究论文集》，上海人民出版社 2008 年版。

陈峰：《北宋定都开封的背景及原因》，《历史教学》1996 年第 8 期。

漆侠：《宋太宗与守内虚外》，《探知集》，河北大学出版社 1999 年版。

高恩泽：《北宋时期河北"水长城"考略》，《河北学刊》1983 年第 4 期。

程民生：《北宋河北塘泺的国防与经济作用》，《河北学刊》1985 年第 5 期。

李克武：《关于北宋河北塘泺问题》，《中州学刊》1987 年第 4 期。

史念海：《宋明时期陕西北部黄河两侧的设防》，《河山集·四集》，陕西师范大学出版社 1991 年版。

魏天安、李晓荣：《北宋时期河南的农业开发》，《中州学刊》2001 年第 4 期。

杨德泉、任鹏杰：《论熙丰农田水利法实施的地理分布及其社会效益》，《中国历史地理论丛》1988 年第 1 期。

程民生：《论宋代陕西路经济》，《中国历史地理论丛》1994 年第 1 期。

郭正忠：《宋代黄河中游的商人运输队——略论"垣曲县店下样"的社会经济意义》，《中州学刊》1983 年第 3 期。

张杨：《宋金桥梁建造与维护管理研究》，河北大学 2011 年硕士学位论文。

王战扬：《北宋河道巡查管理机制初探——以黄河、汴河为中心》，《中国历史地理论丛》2017 年第 4 期。

徐海亮：《历代中州森林变迁》，《中国农史》1988 年第 4 期。

后　记

　　2001 年 9 月，在经历了四年的中学历史教学工作后，我开始到河北大学宋史研究中心攻读硕士学位，这也算是初步实现了自己此前的一个夙愿。随后，在导师李华瑞老师的指导下，我先后开展了硕士、博士学位论文的资料搜集和撰写，最终博士学位论文《北宋黄河中下游治理若干问题研究》在 2007 年 6 月顺利通过答辩。在博士学位论文的完成中，李老师对我论文的结构设计、资料查阅乃至细节上的完善都给予了悉心指导和反复审阅，令我的学术成长受益良多并得以顺利完成学业。李老师渊博的学识、严谨的学术精神，也值得我长期学习。即使在我博士毕业后，李老师仍非常关心我的学术发展，不断给予诸多帮助和督促。天资愚钝的我在学术道路上的蹒跚前行和所取得的点滴成绩，是与李老师多年的热忱关心和不吝支持密不可分的，借此衷心深表谢忱！同时，对当初参加我博士学位论文答辩并提出宝贵意见的王增瑜、魏明孔、孙继民、杨倩描、邢铁诸位先生及校外匿名评审的专家学者，对学习中给予我诸多关心和支持的宋史研究中心的姜锡东、汪圣铎、刘秋根等老师及诸位师友，一并深表谢意！

　　本书是在我的博士学位论文基础上逐步修改、完善而成，对书稿修改中曾给予宝贵建议的专家学者深表感谢。最初之所以选择北宋黄河水利这一方向作为自己的研究目标，主要也是由于在学习中深感北宋时期黄河水患的发生、治理等诸多问题在中国古代史上颇为突出、颇具特色且相当复杂，因此决定围绕这一方面开展相关探讨并获得了李老师的同意。本书拖延至今才得以出版，缘于自己总感觉对北宋黄河水利史许多问题的探讨仍有深化的必要，因此力图通过反复修改使书稿更为完善。再则，也是由于自身的拖沓、惰性所致，每念及此颇感汗颜。本书在许多方面可能仍多有不足，但毕竟也是我多年关注、研究宋代黄河水利史的一个成果总结。至于其学术价值如何，则有待学界专家学者的评判。

　　本书出版获得教育部省属高校人文社会科学重点研究基地河北大学宋史研究中心建设经费、河北大学中国史"双一流"学科建设经费、河北大学历史学强势特色学科经费、河北大学燕赵高等研究院学科建设经费资助。

郭志安

2020 年 2 月 20 日于河北大学宋史研究中心